"十二五"普通高等教育本科国家级规划教材

江苏"十四五"普通高等教育本科规划教材

新型工业化·新计算·计算机学科系列

Web 程序设计

（第6版）

吉根林　顾韵华/主　编

洪刚　吴军华　殷红先/副主编

新形态·立体化

精 品 系 列

電子工業出版社

Publishing House of Electronics Industry

北京·BEIJING

内 容 简 介

本书是“十二五”普通高等教育本科国家级规划教材、江苏“十四五”普通高等教育本科规划教材。本书以 JSP 程序设计技术为主线来介绍 Web 程序设计的方法与技术，使读者学会建立网站，学会开发 Web 应用系统。全书共 10 章，包括 Web 基础知识与开发运行环境；HTML、CSS 与 XML；JavaScript 程序设计；JSP 基本语法与内置对象；Servlet 与 JavaBean；JSP 数据库应用；JSP 实用组件；JavaScript 框架与技术；Java EE 框架技术；JSP 综合应用实例。全书配有大量例题，部分章节还安排了习题和上机实验，并免费提供 PPT 教学课件。

本书可作为高校计算机科学与技术、软件工程、网络工程、电子商务、人工智能、数据科学与大数据技术、信息管理与信息系统、现代教育技术等相关专业教材，也可作为 Web 程序开发人员实用的技术参考书。

图书在版编目（CIP）数据

Web 程序设计 / 吉根林，顾韵华主编. -- 6 版.
北京 ：电子工业出版社，2025. 8. -- ISBN 978-7-121
-50830-1

Ⅰ. TP393.092.2

中国国家版本馆 CIP 数据核字第 2025E6S595 号

责任编辑：戴晨辰
印　　刷：三河市龙林印务有限公司
装　　订：三河市龙林印务有限公司
出版发行：电子工业出版社
　　　　　北京市海淀区万寿路 173 信箱　　邮编：100036
开　　本：787×1092　1/16　印张：21　字数：551 千字
版　　次：2002 年 8 月第 1 版
　　　　　2025 年 8 月第 6 版
印　　次：2025 年 8 月第 1 次印刷
定　　价：69.90 元

凡所购买电子工业出版社图书有缺损问题，请向购买书店调换。若书店售缺，请与本社发行部联系，联系及邮购电话：（010）88254888，88258888。

质量投诉请发邮件至 zlts@phei.com.cn，盗版侵权举报请发邮件至 dbqq@phei.com.cn。

本书咨询联系方式：dcc@phei.com.cn。

前　　言

承蒙广大读者的支持，本书自第 1 版出版以来，被几十所高校选为相关课程教材，已连续印刷几十次。在第 5 版出版后的几年中，Web 程序开发技术又有了新的发展，从服务教学、服务读者的角度看，本书还需进一步更新、完善。为此，有必要对第 5 版进行修订。

本书是“十二五”普通高等教育本科国家级规划教材、江苏“十四五”普通高等教育本科规划教材，是精品课程和优秀教材建设的成果。

本次修订保持原书的基本风格，根据 Web 程序开发技术的发展，对内容做了以下调整：

（1）以 JSP 程序设计技术为主线来介绍 Web 程序设计的方法与技术。

（2）坚持“Web 程序设计”课程的教学目标，使读者学会建立网站，学会开发 Web 应用系统。

（3）对部分章节的内容进行了重组、更新和优化，进一步提高本书的先进性和实用性。

具体修订情况如下：

（1）根据 Web 程序开发技术的发展和目前常用技术，将第 8 章“表达式语言和标签”替换成“JavaScript 框架与技术”，主要内容包括 JavaScript 框架和库概述、Vue 框架及应用、AJAX 技术、Web 数据可视化等。

（2）对 Java EE 框架技术的相关内容进行了重组、更新和优化，将 Struts 2 框架替换成 Spring MVC 框架，并重点介绍 Spring MVC 框架技术。

（3）对第 1 章“Web 基础知识与开发运行环境”和第 2 章“HTML、CSS 与 XML”的内容进行了较大幅度的更新和优化，删去了一些过时的内容，更新了一些新的技术内容，充实了 Web 知识体系。

（4）对第 3 章“JavaScript 程序设计”和第 7 章“JSP 实用组件”进行了重组、更新和优化，进一步充实了相关内容，使内容组织更加合理。

（5）由于 Web 开发工具和运行环境的升级，因此我们在新的开发环境下重新运行了书中的一些程序示例，更新了运行结果截图。

本书参考教学时数为 90～100 学时，其中理论教学 54～60 学时，上机实验 36～40 学时。全书配有大量例题，部分章节还安排了习题和上机实验。

本书配套丰富的教学资源，任课教师可在华信教育资源网 http://www.hxedu.com.cn 注册后免费下载。欢迎任课教师及时反馈您的授课心得和建议。

本书由吉根林教授和顾韵华教授担任主编，并统稿、定稿。其中，第 1 章由南京师范大学吉根林教授执笔；第 2、3、4 章由南京信息工程大学顾韵华教授执笔；第 5、6 章由南京工业大学吴军华副教授执笔；第 7、9 章由南京师范大学洪刚老师执笔；第 8 章由洪刚老师和顾韵华教授共同执笔；第 10 章由南京师范大学殷红先老师执笔。在本次修订过程中，得到了电子工业出版社的支持，在此表示衷心的感谢！

由于编者水平有限，本书难免存在疏漏与不足之处，恳请广大读者与同行给予批评指正。编者联系方式：glji@njnu.edu.cn。

编者

于南京

目　　录

第 1 章　Web 基础知识与开发运行环境

本章介绍开发 Web 应用程序必备的基础知识，包括 Web 工作原理、Internet 网络协议、网站架构与后端开发技术、网页设计技术、Web 应用程序开发工具与运行环境，以及网站安全问题，为读者学习 Web 应用程序设计方法和开发技术打下基础。

1.1　Web 工作原理

目前，Internet 已经成为世界上最大的信息宝库，但是 Internet 上的信息资源既没有统一的目录，也没有统一的组织和系统，它们分布在世界各地的计算机系统中。人们为了充分利用 Internet 上的信息资源，迫切需要一种方便快捷的信息浏览和查询工具，在这种情况下，Web 诞生了。

Web，全称为 World Wide Web，缩写为 WWW。Web 有许多译名，如环球网、万维网、全球信息网等。如果有一台计算机与 Internet 相连，那么不管它是通过什么方式连入 Internet 的，任何人都可以通过该计算机上的浏览器（Browser）访问位于 Internet 上任何位置的 Web 站点。但什么是 Web，目前尚无公认的准确定义。简单地说，Web 是一种体系结构，通过它可以访问分布于 Internet 主机上的链接文档。这一说法包含以下几层含义。

（1）Web 是 Internet 提供的一种服务。尽管这几年 Web 的迅猛发展使得有人甚至误认为 Web 就是 Internet，但事实上，Web 是基于 Internet、采用 Internet 协议的一种体系结构，因此它可以访问 Internet 的每个角落。

（2）Web 是存储在全世界 Internet 计算机中、数量巨大的文档的集合，或者可以通俗地说，Web 是世界上最大的电子信息仓库。

（3）Web 上的海量信息是由彼此关联的文档组成的，这些文档称为主页（Home Page）或页面（Page），它是一种超文本（Hypertext）信息，而使其连接在一起的是超链接（Hyperlink）。由于超文本的特性，用户可以看到文本、图形、图像、音频、视频等多媒体信息，这些媒体称为超媒体（Hypermedia）。

（4）由于 Web 的内容保存在 Web 站点（Web 服务器）中，而且用户可通过浏览器访问 Web 站点，因此 Web 是一种浏览器/服务器（Browser/Server，简称 B/S）结构。也就是说，Web 实际上是一种全球性通信系统，它通过 Internet 使计算机相互传送基于超媒体的数据信息。

（5）由于 Web 以一些简单的操作方式（如单击鼠标）连接全球范围内的超媒体信息，因此，它易于使用和普及。基于 Web 开发的各种应用不仅易于跨平台实现、开发成本较低，而且这些应用几乎不需要培训用户。

近年来，Web 得到了迅猛的发展，如今的 Web 应用已远远超出了原先人们对它的设想。它不仅成为 Internet 上最普遍的应用，而且正是由于它的出现，Internet 普及推广的速度才大大提高了。

Web 具有以下特点。

（1）Web 是一种超文本信息系统。Web 的超链接使得 Web 文档不再像书本一样是固定的、线性的，而是可以从一个位置迅速跳转到另一个位置、从一个主题迅速跳转到另一个相关主题。

（2）Web 是图形化的和易于导航的。Web 之所以能够迅速流行，一个很重要的原因就是它具有在一页上同时显示图形、图像和其他超媒体的性能。在 Web 之前，Internet 上的信息只有文本形式，Web 则提供将图形、图像、音频、视频信息集于一体的特性。同时，Web 是非常易于导航的，只需要从一个链接跳转到另一个链接，就可以在各页面、各站点之间进行切换了。

（3）Web 与平台无关。无论系统的软、硬件平台是什么，都可以通过 Internet 访问 Web。Web 对系统平台没有限制。

（4）Web 是分布式的。对 Web 而言，没有必要把大量图形、图像、音频、视频信息都放在一起，可以将它们放在不同的站点上，只要通过超链接指向所需的站点，就可以使存放在不同物理位置上的信息实现逻辑上的一体化。对用户来说，这些信息是一体的。

（5）Web 具有新闻性。Web 站点上的信息是动态的、经常更新的。因为信息的提供者可以经常对站点上的信息进行更新，所以用户（浏览者）可以得到最新的信息。

（6）Web 是动态的、交互的。由于人们开发了多种 Web 动态技术，因此现在的用户能够方便地定制页面。以 JSP（Java Server Pages）、ASP（Active Server Pages）、ASP.NET 和 PHP（起初是 Personal Home Page 的缩写，后来更名为 Hypertext Preprocessor，超文本预处理器）为代表的动态技术使 Web 从静态的页面变成可执行的程序，从而大大提高了 Web 的动态性和交互性。Web 的交互性还表现在它的超链接上，因为通过超链接，用户可以自行决定自己的浏览顺序和所到站点。

Web 是一种典型的 B/S 结构。这种结构将计算机应用分成三个层次，即客户端浏览器层、Web 服务器层和数据库服务器层。B/S 结构有许多优点，它简化了客户端的维护，使所有的应用逻辑都可以在 Web 服务器上配置。B/S 结构突破了传统的客户端/服务器（Client/Server，简称 C/S）结构中局域网对计算机应用的限制，用户可以在任何地方登录 Web 服务器，按照用户角色执行自己的业务流程。Web 通过 HTTP（HyperText Transfer Protocol，超文本传输协议）实现客户端浏览器和 Web 服务器的信息交换，其基本工作原理如图 1-1 所示。

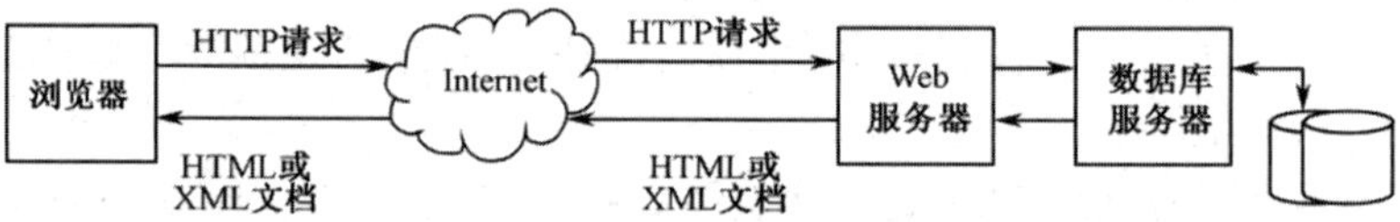

图 1-1　Web 的基本工作原理

Web 浏览器是一种 Web 客户端程序，用户要想浏览 Web 页面，就必须在本地计算机上安装浏览器软件。通过在浏览器地址栏中输入 URL（Uniform Resource Locator，统一资源定位器），浏览器将 Web 服务器中特定的网页文件下载到客户端计算机中，并将其打开。因此，从本质上讲，浏览器是一种特定格式的文档阅读器，它能根据网页内容，对网页中的各种标记进行解释和显示；同时，浏览器也是一种程序解释机，如果网页中包含客户端脚本程序，那么浏览器将执行这些客户端脚本程序的代码，从而增强网页的交互性和动态效果。

在 Web 系统中，Web 服务器有两层含义：一是指安装了 Web 服务程序的计算机；二是指 Web 服务器程序，它可以管理各种 Web 文件，并为提出 HTTP 请求的浏览器提供 HTTP 响应。要使一台计算机成为一台 Web 服务器，不仅需要配置服务器操作系统，如 UNIX、

Windows、Linux 等网络操作系统，还要安装专门的信息服务器程序，如 Windows 所提供的 Internet 信息服务器（Internet Information Server，IIS）。在大多数情况下，Web 服务器和浏览器处于不同的机器上，但它们也可以并存在同一台机器上。

Web 服务器向浏览器提供服务的过程大致可以归纳为以下步骤。

（1）用户在客户端启动浏览器程序，在浏览器地址栏中输入要访问的网页地址，即 URL。

（2）域名服务系统（DNS）进行域名解析，找到 Web 服务器的 IP 地址，向该地址指向的 Web 服务器发出请求。Web 服务器在接到浏览器的请求后，将 URL 转换成页面所在服务器的文件路径名。

（3）如果 URL 指向的是普通 HTML（HyperText Markup Language，超文本标记语言）文档，那么 Web 服务器会将 HTML 文档通过 HTTP 协议直接传送给浏览器，由浏览器解释和执行。HTML 文档中可能包含用 Java、JavaScript、ActiveX、VBScript、C#、Python 等编写的应用程序，服务器也会将它们随 HTML 文档一同传送给浏览器，在浏览器所在的机器上执行。

（4）如果 HTML 文档中嵌有 JSP、PHP 或 ASP.NET 程序，那么 Web 服务器就会运行 JSP、PHP 或 ASP.NET 程序，并将结果传送给浏览器。Web 服务器在运行 JSP、PHP 或 ASP.NET 程序时，还可能调用数据库服务器和其他服务器。

（5）URL 也可以指向 VRML（Virtual Reality Modeling Language）文档。只要浏览器配置了 VRML 插件，或者客户端安装了 VRML 浏览器，就可以接收 Web 服务器发送的 VRML 文档。

Internet 资源分布在全球，要找到所需资源就必须有一种说明该资源存放在哪台计算机的哪条路径中的定位信息。URL 就是用来确定某资源位置的方法。

URL 的概念实际上并不复杂，就像指定一个人要说明他的国别、地区、城镇、街道、门牌号一样，URL 指定 Internet 资源位于哪台计算机的哪个目录中。URL 通过定义资源位置的抽象标识来定位网络资源，其格式如下：

```
<信息服务类型>：//<信息资源地址>/<文件路径>
```

<信息服务类型>是指 Internet 的协议名，包括 ftp（文件传输服务）、http（超文本传输服务）、gopher（Gopher 服务）、mailto（电子邮件地址）、telnet（远程登录服务）、news（提供网络新闻服务）和 wais（提供检索数据库信息服务）。

<信息资源地址>指定一个网络主机的域名或 IP 地址。在有些情况下，主机域名后面还要加上端口号，域名与端口号之间用冒号（:）隔开。这里的端口是指操作系统用来辨认特定信息服务的软件端口。在一般情况下，服务器程序采用标准的保留端口号，因此用户在输入 URL 时可以省略它们。例如：http://www.hxedu.com.cn。

1.2　Internet 网络协议

Internet 是由各种不同类型、不同规模、独立管理和运行的主机或计算机网络组成的一个全球性特大网络。Internet 使用的网络协议是 TCP/IP 协议，凡是连入 Internet 的计算机都必须安装和运行 TCP/IP 协议软件。

1.2.1　TCP/IP 协议

TCP/IP 协议是一个协议集，其中最重要的是 TCP 协议和 IP 协议，因此，通常将这些协议简称为 TCP/IP 协议。

TCP/IP 协议把整个网络分成 4 个层次：应用层、传输层、网络层和物理链路层。它们都建立在硬件基础之上。图 1-2 所示为 OSI 参考模型与 TCP/IP 参考模型的对照。

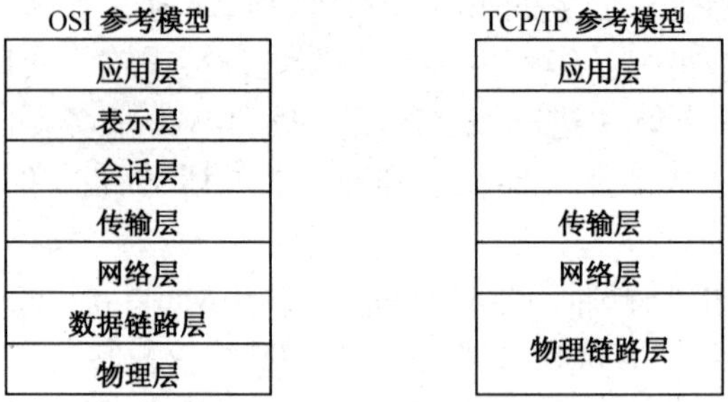

图 1-2　OSI 参考模型与 TCP/IP 参考模型的对照

（1）应用层。它是 TCP/IP 参考模型的最高层，向用户提供一些常用应用程序，如电子邮件服务等。应用层包括所有的高层协议，并且总是不断有新的协议加入。主要的应用层协议如下。

- 网络终端协议 Telnet：用于实现 Internet 的远程登录功能。
- 文件传输协议 FTP：用于实现 Internet 的交互式文件传输功能。
- 简单电子邮件协议 SMTP：用于实现 Internet 的电子邮件收发功能。
- 网络文件系统 NFS：用于网络中不同主机间的文件系统共享。
- 域名服务系统 DNS：用于实现从网络设备域名到 IP 地址的映射服务。
- 超文本传输协议 HTTP：用于在 Web 浏览器和服务器之间传输 Web 文档。

（2）传输层。传输层的主要功能是负责应用进程之间的端到端通信。传输层定义了两种协议：传输控制协议 TCP 和用户数据报协议 UDP。

（3）网络层。网络层也叫 IP 层，负责处理 Internet 中计算机之间的通信，向传输层提供统一的数据包。它的主要功能有 3 个：一是处理来自传输层的分组发送请求；二是处理接收的数据包；三是处理互联的路径。

（4）物理链路层。它的主要功能是接收网络层的 IP 数据报，通过网络向外发送；接收并处理从网络传来的物理帧，抽出 IP 数据报，向 IP 层发送。该层是主机与网络的实际连接层。

1.2.2　HTTP 协议

HTTP 协议是专门为 Web 设计的一种网络协议，它属于 TCP/IP 参考模型中的应用层，位于 TCP/IP 协议的顶层。因此，它在设计和使用时以 TCP/IP 协议中的其他协议为基础。例如，它要通过 DNS 进行域名与 IP 地址的转换，要建立 TCP 链接进行文档传输。

Web 浏览器和服务器用 HTTP 协议来传输 Web 文档。HTTP 协议采用基于客户端请求、服务器响应的工作模式，其定义的事务处理由以下 4 个步骤组成。

（1）客户端与服务器建立连接。

（2）客户端向服务器提出请求。

（3）如果请求被接受，那么服务器返回响应，在响应中包括状态码和所需的文件。

（4）客户端和服务器断开连接。

1.3　网站架构与后端开发技术

1.3.1　网站架构

Web 应用程序是一种使用 HTTP 协议作为核心通信协议、通过 Internet 让 Web 浏览器和服务器通信的计算机程序，因此，一个网站架构需要考虑硬件架构和软件架构，如图 1-3 所示。

硬件架构包括交换机、服务器等设施。服务器根据客户需求和网站的目标群体、访问流量、应用大小、复杂程度可分为 Web 服务器、图片服务器、页面服务器、数据库服务器、应用服务器、日志服务器等。

软件架构包括网络操作系统、数据库、支撑工具等，其中，网络操作系统可以选择 Windows、Linux、UNIX；数据库可以选择 Oracle、SQL Server、PostgreSQL、MySQL 等；支撑工具可以选择 Tomcat、Jboss、IIS 等。

一个简单的网站仅需要一台 Windows 计算机，安装 JDK 作为 Java 运行环境，安装 Tomcat 作为 Web 服务器，安装 MySQL 作为数据库服务器，将应用部署在 Tomcat 服务器上即可。当然，如果想让 Internet 上的 Web 用户能够访问这个网站，就需要为这个网站申请一个 IP 地址或域名。

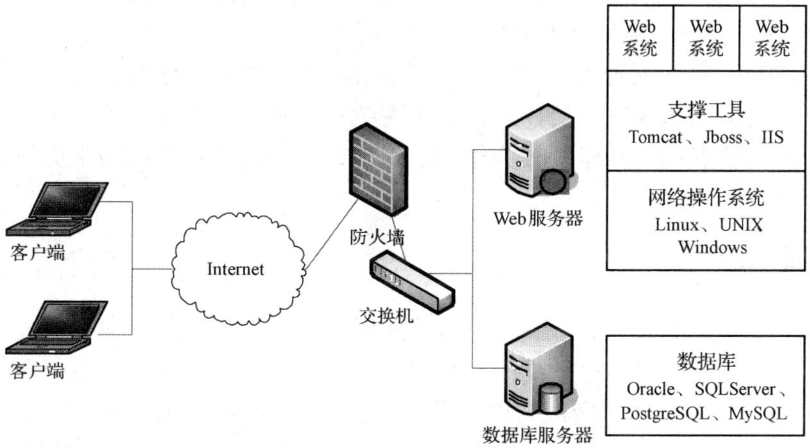

图 1-3　网站架构

1.3.2　Web 后端开发技术

Web 后端开发是指使用服务器端技术来构建和维护 Web 应用程序。这些应用程序通常具有与数据库交互、处理用户请求、验证和授权访问、安全性和性能优化等功能。

常见的 Web 后端开发技术包括以下几个部分。

（1）编程语言：常用的编程语言包括 Java、Python、Ruby、C#等。其中，Java 和 C#通常使用相关的框架（如 Spring、Spring Boot、ASP.NET 等）来加快开发速度。

（2）服务器：常见的服务器包括 Apache、Nginx、IIS 等。这些服务器可以处理来自客户端的请求，并将其转发给后端应用程序进行处理。

（3）数据库：Web 应用程序通常需要使用数据库来存储和检索数据。常见的数据库包括 Oracle、SQL Server、MySQL、PostgreSQL 等。

（4）框架：常用的后端框架有 Django（Python）、Ruby on Rails（Ruby）、ASP.NET（C#）、

Spring Boot（Java）等。这些框架提供了一系列已经实现好的功能和工具，简化了开发过程。

（5）API：在 Web 后端开发中，常常需要设计和开放 API 供前端或其他应用程序使用。API 设计和实现需要遵循一定的规范和协议，如 RESTful API。

1.4 网页设计技术概述

网站开发的全过程大致分为 5 个阶段：策划与定义、网页设计、程序开发、测试和发布。首先要根据建站目的和定位进行策划与定义，确定网站风格、栏目、布局方式等；然后要进行网页设计和程序开发。其中网页设计包括静态网页设计和动态网页设计，静态网页和动态网页的主要区别在于：动态网页包含需要在服务器上运行的程序，而静态网页不包含。

1.4.1 静态网页

静态网页是网站建设的基础，它是相对于动态网页而言的，是指没有后台数据库、不含服务端程序的网页。静态网页无须经过服务器的编译或解释，直接加载到客户端浏览器上显示。早期的网站都是采用静态网页制作的。静态网页主要采用 HTML 编写，也可以采用 XML 等语言编写，其文件扩展名是.htm 和.html 等。目前的静态网页开发主要使用网页开发工具，如 Dreamweaver 等。静态网页可以包含文本、图像、音频、动画、客户端脚本和 Java、JavaScript、ActiveX、VBScript、C#、Python 程序等。

静态网页的优点是访问速度快、安全性高，因为静态网页不包含需要在服务器上运行的程序，其客户端的访问请求只需要让服务器传递数据，所以不涉及服务器程序的运行及后台数据库的读取；其缺点是更新维护较为烦琐。因此，静态网页主要适用于更新较少的展示型网站。

1.4.2 动态网页

动态网页指内容可根据不同情况动态变化的网页，它是当前网页的主流形式。实现动态网页除了要设计网页，还要通过数据库和编程来使其具有更多动态交互的功能。因为动态网页中通常包含服务器端脚本，所以文件名常以 asp、aspx、jsp、php 等为后缀。

动态网页的主要优点：一是具有良好的交互性，可以实现灵活强大的程序控制功能，动态网页会根据用户的请求而动态改变和显示内容，如用户登录、各类管理功能等；二是动态网页一般以数据库技术为基础，有利于网站内容的更新，可以大大降低网站维护的工作量。动态网页的主要缺点：一是因为需要数据库处理，所以动态网页的访问速度有所减慢，但随着服务器性能及网络带宽的提升，其影响已经较小；二是技术复杂，开发难度较高。动态网页涉及数据库技术、服务器编程技术，技术复杂程度比静态网页高很多，动态网页服务器空间配置也比静态网页要求高。

动态网页的实现一般采用客户端（前端）编程和服务器端（后端）编程两种程序设计方法。

（1）客户端编程就是客户端浏览器下载服务器上的程序来执行相关动态服务工作。开发人员把客户端代码编写到 HTML 文件中，当用户提出对某个网页的请求时，这些客户端代码和 HTML 文件代码一起以响应方式返回提出请求的浏览器。常见的客户端编程技术有 VBScript、JavaScript、Java Applet 等。

（2）服务器端编程就是将开发人员编写的代码保存在服务器上，当用户提出对某个网页的请求时，这个请求所要访问的网页代码会在服务器端执行，其执行结果将以 HTML 文件代码的形式传回浏览器，这样一来，浏览器就只需接收代码执行结果。常见的服务器端编程技术有 PHP、JSP、ASP、ASP.NET。

1. PHP

PHP 于 1994 年由 Rasmus Lerdorf 创建，最开始是 Rasmus Lerdorf 为了维护个人网页而制作的一个简单的用 Perl 语言编写的程序。1995 年，PHP1.0 发布，之后发布了多个版本，2008 年，PHP5 发布。PHP 是一种跨平台的服务器端嵌入式脚本语言，是一种易于学习和使用的服务器端脚本语言，嵌入 HTML 文档，大量地借用 C、Java 和 Perl 语言的语法，并耦合 PHP 本身的特性，形成了自己的独特风格。PHP 支持目前绝大多数的数据库，Web 开发人员使用 PHP 能够快速地写出生成动态网页的脚本代码，只需要很少的编程知识就能使用 PHP 建立一个真正的交互式 Web 站点。PHP 是完全免费的，可以从 PHP 官方网站自由下载，还可以不受限制地获得源代码，并加入自己需要的功能。

PHP 具有以下特点。

（1）支持多种系统平台，包括 Windows、UNIX 和 Linux。

（2）强大的数据库操作功能。PHP 提供丰富的数据库操作函数，它为各种流行数据库，包括 Linux 平台的 PostgreSQL、MySQL、Solid、Oracle，以及 Windows 平台的 SQL Server，都设计了专门的函数，使得操作这些数据库变得十分方便。

（3）易于与现有的网页融合。PHP 与 ASP、JSP 一样，可以与 HTML 结合使用。它与 HTML 具有非常好的兼容性，使用者可以直接在脚本代码中加入 HTML 标记，或者在 HTML 标记中加入脚本代码，从而更好地实现页面控制，提供更加丰富的功能。

（4）具有丰富的功能。PHP 提供结构化特性、面向对象设计、数据库处理、网络接口使用及安全编码机制等全面的功能。

（5）可移植性好。只需要进行很少的修改即可将整个网站从一个平台移植到另一个平台，如从 Windows 平台移植到 UNIX 平台。

2. JSP

JSP（Java Server Pages）是 Sun 公司于 1999 年 6 月推出的网站开发语言，它是基于 Java Servlet 及整个 Java 体系的 Web 开发技术，利用这一技术可以建立先进、安全和跨平台的动态网站。它完全解决了目前 ASP、PHP 的一个通病——脚本级执行。

JSP 与 ASP 在技术方面有许多相似之处。两者都是为实现动态网页制作而提供的技术支持环境，都能帮助程序开发人员实现应用程序的编写与自带组件的网页设计，都能替代 CGI 使网站建设与发展变得简单又快捷。由于它们来源于不同的技术规范，因此实现的基础不同，即对 Web 服务器的要求不同。基于 JSP 技术的应用程序比基于 ASP 的应用程序更易于维护和管理。

JSP 技术具有以下优点。

（1）内容生成与显示分离。使用 JSP 技术，网页开发人员可以使用 HTML 或 XML 标记来设计网页，使用 JSP 标记或小脚本来生成网页上的动态内容（内容是动态的，可以根据用户请求发生变化）。动态生成的内容被封装在标记和 JavaBeans 组件中，并且捆绑在小脚本上，所有的脚本都在服务器端运行。

在服务器端，服务器使用 JSP 引擎来解释 JSP 标记和小脚本，生成客户端请求的内容，并将结果以 HTML 或 XML 页面形式返回给浏览器。这有助于作者保护自己的代码，又能保证任何基于 HTML 的 Web 浏览器的完全可用性。

（2）可重用的组件。绝大多数 JSP 页面依赖于可重用的、跨平台的组件来执行应用程序所要求的复杂处理，如使用 JavaBeans 或 Enterprise JavaBeansTM 组件。开发人员可以共享各种组件，这种基于组件的方法提高了开发效率。

（3）采用标记简化页面开发。JSP 技术使用 XML 标记封装了许多与动态内容生成相关的功能，开发人员使用这些标记就可以进行设计，而不必进行编程。

（4）适应更广泛的平台。JSP+JavaBean 可以在大多数 Web 服务器平台上使用。著名的 Web 服务器 Apache 能够很好地支持 JSP，由于 Apache 广泛应用在 Windows、UNIX 和 Linux 操作系统上，因此 JSP 有更广泛的运行平台。

（5）易于连接数据库。Java 中连接数据库的技术是 JDBC（Java DataBase Connectivity）。很多数据库系统，如 Oracle、Sybase、SQL Server 和 Access 等，都带有 JDBC 驱动程序，Java 程序通过 JDBC 驱动程序与数据库相连，执行查询数据、提取数据等操作。另外，Sun 公司还开发了 JDBC-ODBC bridge，使用此项技术，Java 程序就可以访问带有 ODBC 驱动程序的数据库了。

3. ASP.NET

ASP.NET 又称 ASP+，它是 Microsoft 公司于 2001 年推出的一种用于创建 Web 应用程序的编程模型。它在结构上几乎完全是基于组件和模块化的。Web 应用程序的开发人员使用这个开发环境可以实现更加模块化、功能更强大的应用程序。

ASP.NET 具备开发网站应用程序的一切解决方案，包括验证、缓存、状态管理、调试和部署等全部功能。在代码编写方面的特色是将页面逻辑和业务逻辑分开，它分离程序代码与显示内容，让丰富多彩的网页更容易编写。在 ASP.NET 中，所有程序都保存在服务器端，由服务器编译和执行。当第一次执行一个程序时，服务器会进行编译，当再次执行这个程序时，会在服务器端直接执行已编译好的程序代码，因此 ASP.NET 程序的执行速度有较大的提高。对实现同样功能的程序而言，ASP.NET 使用的代码量比 ASP 要小得多。从深层次说，ASP.NET 与 ASP 的主要区别体现在以下三个方面。

（1）效率。ASP 是一个脚本编程环境，只能用 VBScript 或 JavaScript 这样的非模块化语言来编写代码。当 ASP 程序完成之后，在每次请求时都要解释和执行。这就意味着，它在使用其他语言编写大量组件时会遇到困难，并且无法实现对操作系统的底层操作。ASP.NET 则是建立在.NET 框架之上的，它可以使用 Visual Basic、C#、J#这样的模块化程序设计语言，并且因为它只在第一次执行时进行编译，之后的执行不需要重新编译就可以直接运行，所以速度和效率比 ASP 高得多。

（2）可重用性。在编写 ASP 应用程序时，ASP 代码和 HTML 混合在一起。只要有需要，就可以在任意位置插入一段代码来实现特定的功能。这种方法表面上看起来很方便，但实际上会产生大量烦琐的页面，很难让人读懂，导致代码维护困难。ASP.NET 则可以实现代码和内容的完全分离，使得维护更方便。

（3）代码量。当使用 ASP 时，所有要实现的功能均需要通过编写代码来实现。例如，为了保证一个用户数据提交页面的友好性，当用户输入错误时，应显示错误的位置，并尽量把用户原来的输入显示在控件中。对于这样一个应用，若使用 ASP 来实现，就需要开发人员编写大量的代码。而在 ASP.NET 中，开发人员只要预先说明，ASP.NET 就可以自动实现这样的功能。因此，相对来说，如果要实现同样的功能，那么使用 ASP.NET 比使用 ASP 的代码量要小得多。

1.4.3　网页的设计风格

网页不仅是传递信息的载体，也是一种艺术作品，其类型不同，设计风格也有所不同，设计师对各种网页构成元素进行合理布局、优化调整，使网页的设计风格既能体现主题，又能反映独特的设计理念，从而让浏览者以最佳的状态来领会网页所要表达的诉求。网页设计风格是指页面上的视觉元素组合在一起的整体形象展现给人的直观感受。这个整体形象包括网站的定位、创意、版式、页面布局、页面内容、配色、字体、交互性等因素，网站风格一般与整体形象一致，例如企业网站风格应与企业的行业性质、企业文化、提供的相关产品或服务特点相呼应。

当进行网页设计策划时，通常需要考虑网站定位、网站结构、网页版式设计、网页视觉原理等要素。网站定位主要确定网站想要表达的主题，如企业门户、专题网站等。网站结构是指各页面组织的方式，包括层次结构、线性结构和网状结构这三种基本结构。网页版式设计需要处理各元素相互依赖、相互配合和相互组织的关系，体现出构成方式的规律性，包括比例、对称、均衡、渐变、节奏、统一、变化等。网页的视觉原理需要注重视觉突出、整体感及视线移动规律等，以有效传递网页的视觉信息。

1.5　Web 应用程序开发工具与运行环境

开发 Web 应用程序需要 Web 浏览器、Web 服务器、开发工具包及数据库。

用 JSP 开发 Web 应用程序对浏览器的要求并不是很高，任何支持 HTML 的浏览器都可以使用。

Web 服务器是运行及发布 Web 应用程序的容器，只有将开发的 Web 应用程序放置到该容器中，才能使网络中的所有用户通过浏览器来访问它。开发 JSP 应用所采用的服务器主要是与 Servlet 兼容的 Web 服务器，比较常用的有 WebLogic、WebSphere 和 Tomcat 等。Tomcat 更为流行，它是 Apache-Jakarta 开源项目中的一个子项目，是一个小型的、轻量级的、支持 JSP 和 Servlet 技术的 Web 服务器，它已经成为学习开发 JSP 应用的首选，本书示例均在 Tomcat 上调试和运行。

Eclipse 是一个基于 Java 的、开放源码的、可扩展的应用开发平台，它为开发人员提供了一流的 Java 集成开发环境（Integrated Development Environment，IDE）。它是一个可以用于构建集成 Web 和应用程序开发工具的平台，因此本书采用 Eclipse 作为开发工具。

任何应用程序的开发与使用几乎都需要用到数据库，用来存储需要的信息、数据。JSP 支持所有流行的数据库，如 Oracle、SQL Server、Access 和 MySQL 数据库，本书示例均在 SQL Server 或 MySQL 上调试和运行。

1.5.1　JDK 的下载、安装与配置

JDK（Java Develop Kit，Java 开发工具包）包括运行 Java 程序所必需的 JRE 环境及开发过程中常用的库文件，是 Tomcat 作为 Web 服务器必须具备的。在使用 JSP 设计页面之前，必须安装 JDK，截至编写本书时，JDK 的最新版本为 JDK 21，在 Oracle 官方网站的 Java 下载网页中即可下载，有解压版和安装版两种，建议初学者选择安装版。JDK 安装过程比较

简单，只需在选择合适的版本后，按照默认设置安装。如果是解压版，那么必须配置环境变量。本书示例使用的版本是 Java SE 8.0（1.8.0）。

用 Eclipse 作为开发环境一般不需要对 JDK 进行配置。但是，若需要手动编译 Java 程序，如 JavaBean、Servlet 等，则需要配置 Java 开发环境 path 和 classpath。

配置过程如下。

（1）在桌面上右击“我的电脑”，在弹出的快捷菜单中选择“属性→高级→环境变量”命令，在“系统环境变量”中，新建变量名为“JAVA_HOME”、值为 JDK 的安装路径，一般是“C:\Program Files\Java\jdk1.8.0_91”。

（2）在“系统环境变量”中，编辑或新建变量名“path”及“classpath”，其中 path 的值为“.;%JAVA_HOME%\bin\;”，classpath 的值为“.;%JAVA_HOME%\lib;%JAVA_HOME%\lib\dt.jar;%JAVA_HOME%\lib\tools.jar”。

在 Windows 中打开命令提示符，输入 javac 命令，若出现如图 1-4 所示的 javac 使用帮助，则表明 JDK 安装、配置成功。

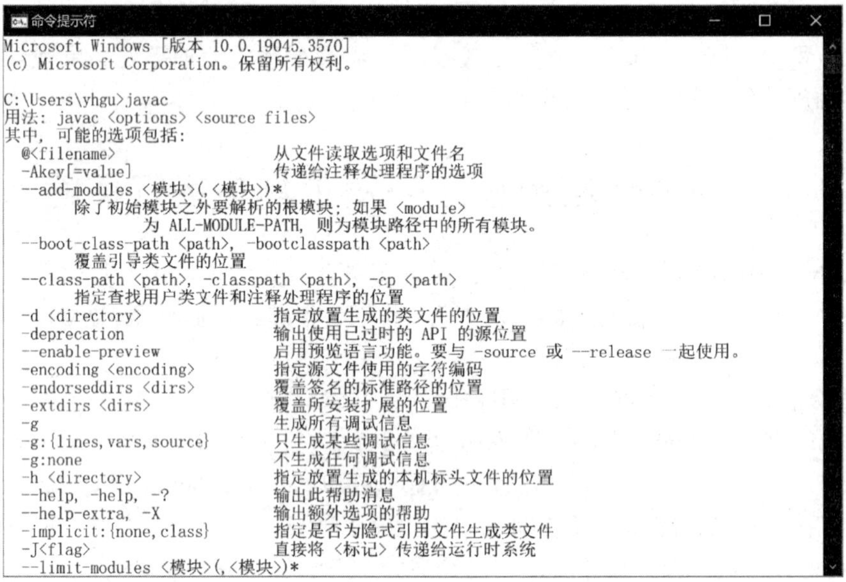

图 1-4 javac 使用帮助

1.5.2 Tomcat 的下载、安装与配置

Tomcat 是 Apache 软件基金会（Apache Software Foundation）的 Jakarta 项目中的一个核心项目，由 Apache、其他一些公司及个人共同开发而成，是一个小型的、轻量级的、支持 JSP 和 Servlet 技术的 Web 服务器，而且是一个免费的、开放源码的 Web 服务器，它已经成为学习开发 JSP 应用的首选 Web 服务器。

首先在 Apache 的 Tomcat 官方网站下载 Tomcat，截至编写本书时，最新版本为 Tomcat 11.0，有解压版和安装版两种，建议初学者选择安装版。在选择合适的版本后，只需要按照默认设置进行安装。本书示例使用的版本是 Tomcat 8.5.92。

然后启动 Tomcat，并在浏览器地址栏中输入 http://localhost:8080，若出现如图 1-5 所示的 Tomcat 启动界面，则表明 Tomcat 安装、配置成功。

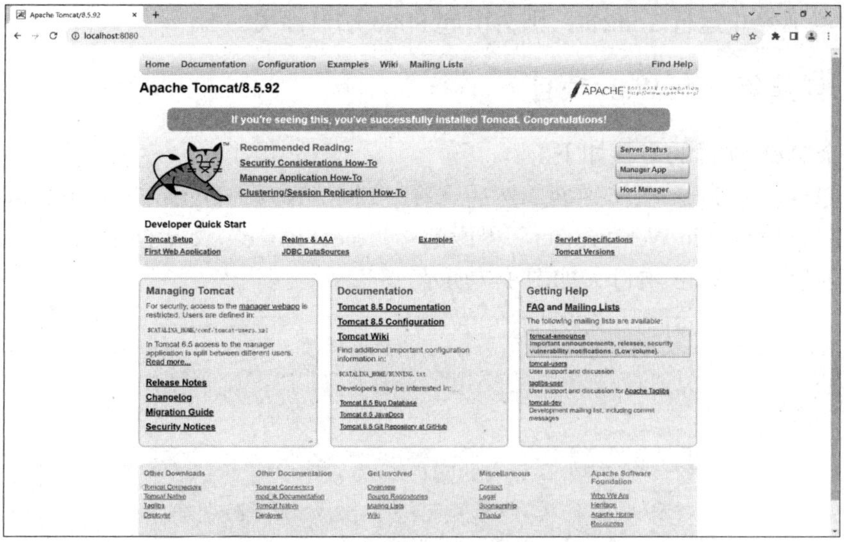

图 1-5　Tomcat 启动界面

1.5.3　Eclipse 的下载、安装与配置

Eclipse 是一个开放源码的、基于 Java 的可扩展开发平台。实际上，Eclipse 只是一个框架和一组服务，用于通过插件和组件来构建开发环境。但是，现在的 Eclipse 附带了一个标准的插件集，为开发人员提供了一流的 Java 集成开发环境，是一个可以用于构建集成 Web 和应用程序开发工具的平台。

首先在 Eclipse 官方网站上下载 Eclipse，本书下载的是 eclipse-java-photon-R-win32-x86_64.zip，然后进行解压，该软件无须配置即可使用。

接着启动 Eclipse，在解压后的 eclipse 目录中双击 eclipse.exe，设置 workspace 路径，进入如图 1-6 所示的 Eclipse 工作界面。

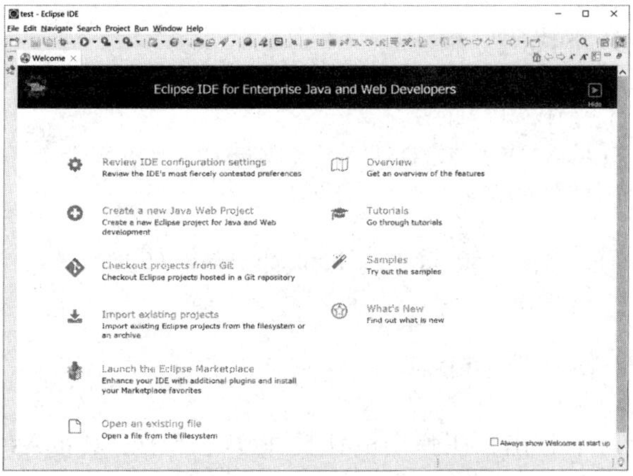

图 1-6　Eclipse 工作界面

1.6　一个简单的 Web 应用程序示例

在 JDK、Tomcat、Eclipse 安装成功后，就可以开发 Web 应用程序了，这里要注意的是，在用 Eclipse 运行 Web 应用程序前，应该停止运行 Tomcat，这是因为 Eclipse 自身内置了一

个 Tomcat，若不停止运行 Tomcat，则会引起 8080 端口冲突。

1.6.1 创建第一个 Web 项目

创建一个 Web 项目的步骤如下。

（1）首先进入 Eclipse 工作界面，然后选择“File→New→Dynamic Web Project”命令，在打开的“New Dynamic Web Project”界面的“Project name”文本框中输入“ch_1”，其他用默认值，创建一个 Web 项目，如图 1-7 所示。

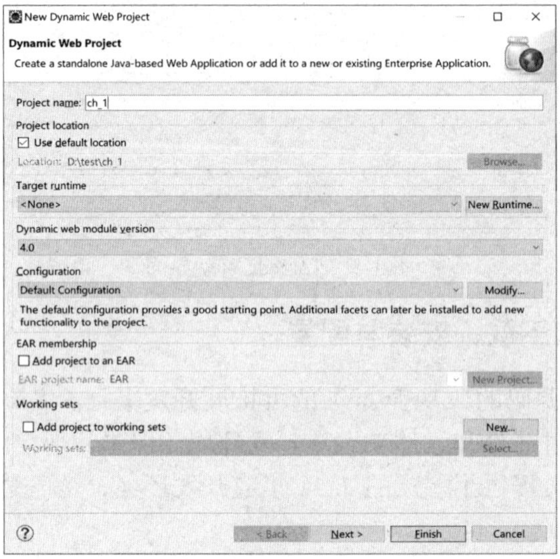

图 1-7　创建一个 Web 项目

（2）在左边的项目资源管理器 Project Explorer 中，右击项目名“ch_1”，在弹出的快捷菜单中选择“New→JSP File”命令，新建一个 JSP 文件 index.jsp，路径采用默认值 WebContent，这时会提供一个 JSP 模板。

（3）在模板中输入以下代码。

```
<%@ page language="java" contentType="text/html; charset=UTF-8"
     pageEncoding="UTF-8"%>
<!DOCTYPE html PUBLIC "-//W3C//DTD HTML 4.01 Transitional//EN"
     "http://www.w3.org/TR/html4/loose.dtd">
<html><head>
<meta http-equiv="Content-Type" content="text/html; charset=UTF-8">
<title>这是标题</title></head>
<body>
<h1>你好，这是第一个 JSP 页面</h1>
</body></html>
```

（4）在代码编辑窗口中右击，在弹出的快捷菜单中选择“Run As→Run on Server”命令，在“Run on Server”界面中选择“Tomcat”选项运行程序，运行结果如图 1-8 所示。

（5）在 Eclipse 中第一次运行程序时，需要配置 Tomcat 路径。在“Run on Server”界面中选择“Tomcat”选项后，打开“New Server Runtime Environment”界面，单击“Tomcat installation directory”文本框右侧的“Browse”按钮，选择 Tomcat 的安装目录，本书选择“D:\programs\apache-tomcat-8.5.92”，如图 1-9 所示。

图 1-8　运行结果

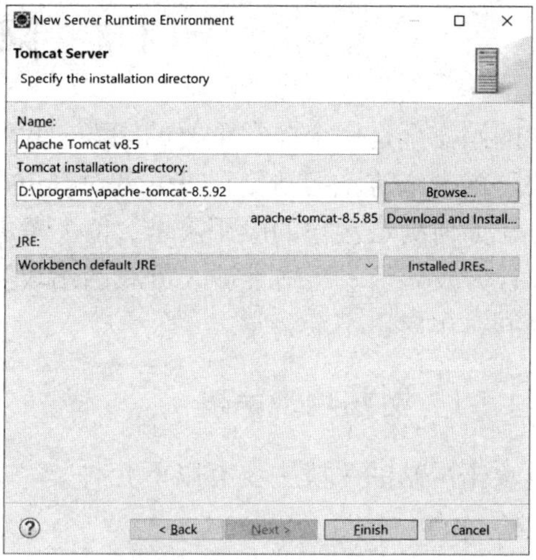

图 1-9　配置 Tomcat 路径

1.6.2　目录结构

（1）在 Eclipse 开发环境中，要保证为项目 ch_1 创建的文件都在 WebContent 子目录中，否则在程序中跳转或引用资源（比如图片、CSS、jsp 文件等）时需要指明其所在路径。

（2）项目的 Java 程序在 src 子目录中。

（3）编译后的字节码在 build 子目录的 classes 子目录中。

（4）在 WebContent 下面有一个名为 WEB-INF 的子目录，注意该名称必须大写，在 WEB-INF 目录中有一个 lib 子目录，这些都是新建项目时自动创建的，目录结构如图 1-10 所示。web.xml 文件必须位于 WEB-INF 目录中，项目需要的 jar 包必须复制到 lib 子目录中（如 SQL Server 数据库包 sqljdbc4.jar、Oracle 数据库包 ojdbc6.jar、标记文件 javax.servlet.jsp.jstl-1.2.1.jar 等）。

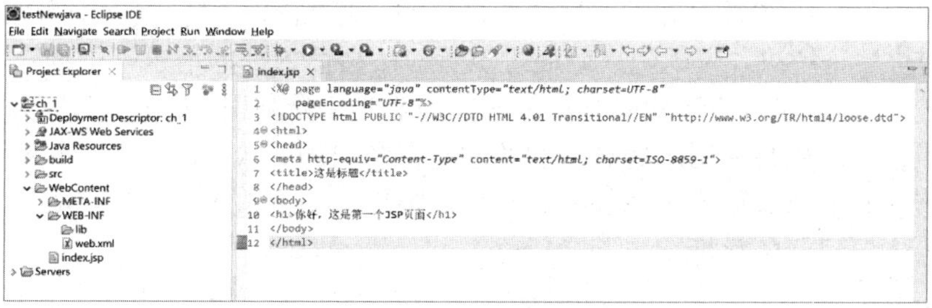

图 1-10　目录结构

1.6.3　应用程序部署

在 Eclipse 中成功开发项目后，需要将其发布到 Web 服务器上。

最简单的方法是，首先在 Tomcat 安装目录的 webapps 子目录中新建一个子目录，然后将 Eclipse 项目的 WebContent 目录中的文件（包括目录）全部复制到新建的子目录中，并将 Eclipse 项目的 build 子目录中的 classes 子目录复制到新建的子目录的 WEB-INF 目录中。

启动 Tomcat，打开浏览器，在地址栏中输入 http://localhost:8080/ch_1/index.jsp 即可打开 index.jsp 网页，其中 ch_1 就是在 webapps 目录中新建的子目录名。如果要打开的文件是 index.jsp，那么可以省略地址中的 index.jsp，运行结果如图 1-8 所示。

1.7 网站安全问题

网站安全是一个非常重要的问题。我们要采取有效措施保护网站安全，例如，采取一系列的防御措施防止网站受到攻击者对其进行的挂马、篡改网页等攻击。由于网站设计人员更多考虑如何满足用户的应用需求，很少考虑网站应用开发过程中所存在的漏洞，因此很多网站设计开发人员、网站维护人员对网站攻防技术了解甚少。在正常使用过程中，即便存在安全漏洞，用户也不会察觉。

1.7.1 网站攻击手段

攻击网站的手段主要有以下几种。

1. SQL 注入

对与后台数据库进行交互的网站而言，如果没有对用户输入数据的合法性进行全面的判断，就会使应用程序存在安全隐患。攻击者可以在提交正常数据的 URL 或表单输入框中提交一段精心构造的数据库查询代码，使后台应用程序执行这段攻击数据库的 SQL 代码，攻击者根据应用程序返回的结果，能够获得某些敏感数据，如管理员密码、保密商业资料等。

2. 跨站脚本攻击

网页可以包含由服务器生成的、由客户端浏览器解释的文本和 HTML 标记，如果不可信的内容被引入到网页中，那么无论是网站还是客户端，都没有足够的信息来识别这种情况并采取保护措施。攻击者如果知道某网站上的应用程序接收跨站点脚本的提交，他就可以在网站上提交用于完成攻击的脚本，如 JavaScript、VBScript、ActiveX、HTML 或 Flash 等内容，这些攻击者提交到网站上的脚本一旦被普通用户点击，就会在用户的客户端上执行，完成从截获账户、更改用户设置、窃取和篡改 Cookie 到弹出虚假广告的种种攻击行为。

随着攻击向应用层发展，传统网络安全设备不能有效地解决目前的安全威胁，网络中的应用部署面临的安全问题必须通过一种全新设计的、高性能的、防护应用层攻击的安全防火墙——应用防火墙来解决。应用防火墙通过执行应用会话内部的请求来处理应用层。应用防火墙专门保护 Web 应用通信流和所有相关的应用资源免受利用 Web 协议发动的攻击。应用防火墙可以阻止将应用行为用于恶意目的的浏览器和 HTTP 攻击。这些攻击包括利用特殊字符或通配符修改数据的数据攻击、设法得到命令串或逻辑语句的逻辑内容攻击，以及以账户、文件或主机为主要目标的目标攻击。

3. DNS 攻击

攻击者利用常见的洪水攻击，攻击 DNS 服务器，从而使域名解析失败、IP 地址被转向，导致网站服务器无法访问。

1.7.2 网站的保护与安全措施

针对一些网站攻击手段，可以采取下列网站保护与安全措施。

1. 安全配置

关闭不必要的服务、安装操作系统的最新补丁、将服务升级到最新版本并安装所有补丁、根据服务提供者的安全建议进行配置等措施有助于保证服务器本身的安全。

2. 防火墙

防火墙是指一个由软件和硬件设备组合而成、在内部网和外部网之间、专用网与公共网之间的边界上构造的保护屏障，用于保护内部网免受攻击者的侵入。防火墙主要由服务访问规则、验证工具、包过滤和应用网关 4 个部分组成，防火墙就是一个位于计算机和它所连接的网络之间的软件或硬件。安装必要的防火墙，能够阻止各种扫描工具的试探与信息收集，甚至可以阻止来自某些特定 IP 地址的机器链接，从而为服务器增加防护层。

3. 漏洞扫描

因为现在很多网站都存在 SQL 注入漏洞、上传漏洞等漏洞，而攻击者可以通过 SQL 注入漏洞进行 SQL 注入攻击，通过上传漏洞进行木马上传，等等，所以网站安全检测中很重要的一步就是网站的漏洞扫描。有一些在线的网站漏洞检测工具，可以免费进行漏洞扫描和网站安全检测。

4. 木马检测

网站被挂马是非常普遍的事情，同时也是最令人头疼的一件事。因此，在网站安全检测中，网站是否被挂马是很重要的一个指标。最简单的检测网站是否被挂马的方法是，直接提交网站的 URL 到杀毒软件在线安全中心进行木马检测。如果网站被挂马了，那么要暂时关闭网站，及时清除木马或木马链接的页面地址。

5. 入侵检测

利用入侵检测系统进行实时监控，发现正在进行的攻击行为和攻击前的试探行为，记录攻击者的来源和攻击的方法步骤。

6. 代码优化

优化网站代码，避免 SQL 注入等攻击手段，检查代码中可能出现的漏洞，经常对代码进行测试和维护。

7. 建立网络信息安全管理体系

建立网络信息安全管理体系可以强化员工的信息安全意识，规范组织信息安全行为，在信息系统受到侵袭时，确保业务持续开展并将损失降到最低。

网络信息安全管理体系一般包括四个方面：第一是总体方针；第二是安全管理组织体系；第三是涵盖物理、网络、系统、应用、数据等方面的统一安全策略，分别从物理安全、网络安全、系统安全、应用安全、数据安全、病毒防护、安全教育、应急恢复、口令管理、安全审计、系统开发、第三方安全等方面提出了规范的安全策略要求；第四是可操作的安全管理制度、操作规范和流程。

在建立网站时如何保证网站的安全性呢？下面进行简单介绍。

（1）开源程序的安全性保障。

开源程序的源码是公开的，如果不进行一些设置，就很容易被不法分子利用并攻击，当使用开源程序建立网站时，必须关注系统的漏洞问题，以及开源系统的升级和补丁，及时把漏洞补上。

（2）网站的账号信息及地址的修改。

开源程序的网站后台地址都是有规律的，在建立网站完成之后一定要修改后台地址，这样会增加攻击的难度，同时，要设置验证码和账号密码的复杂度。

（3）信息更新的安全性。

在网站建立以后，往往要对网站进行维护，有时会通过 FTP 或 SSH 等工具连接到网站服务器的文件目录，上传修改后的源码文件，在进行网站相关文件上传时，一定要事先检查文件的安全性，对.js、.exe（可执行文件）、.sh（可执行脚本）等文件必须加以检查，防止恶意文件上传到网站的服务器目录中。

（4）服务器的安全性。

保证网站的服务器安全是网站运维人员的职责，但是很多网站并没有进行服务器的安全维护。一些相关的服务器安全设置是必须要进行的，包括正常开启服务器的防火墙、设置服务器登录账号和密码的强度要求、设置服务器的故障告警提醒等，其中服务器的故障告警指的是当服务器出现故障时，网站运维人员能够在短时间内收到告警提醒，以便在网站出现故障时可以尽快恢复。

（5）网站日志的分析检查。

网站的日志可以在服务器和网站的后台查看，服务器的日志可以在 Web 服务器相关日志文件中查看，如 Apache、Tomcat 等。建议在网站后台设置相关的访问记录功能，以便在网站出现安全问题时可以快速查找原因，例如，可以在网站的后台记录用户访问的 IP 来源、访问次数、停留时间、访问的页面等。

本 章 小 结

本章主要介绍了 Web 程序开发的基础知识，包括 Web 的工作原理、Internet 网络协议、网站架构与后端开发技术、网页设计技术、Web 应用程序开发工具与运行环境，以及网站安全问题等。

Internet 是由各种不同类型、不同规模、独立管理和运行的主机或计算机网络组成的一个全球性特大网络。Internet 使用的网络协议是 TCP/IP 协议，凡是连入 Internet 的计算机都必须安装和运行 TCP/IP 协议软件。TCP/IP 协议是一个协议集，其应用层主要有超文本传输协议 HTTP、远程登录协议 Telnet、文件传输协议 FTP 和域名服务系统 DNS 等。

Web 是一种基于浏览器/服务器模式、采用 Internet 网络协议的体系结构，是一种基于 Internet 的超文本信息系统。网站开发的全过程大致分为 5 个阶段：策划与定义、网页设计、程序开发、测试和发布。网页设计包括静态网页设计和动态网页设计，静态网页和动态网页的主要区别在于：动态网页包含需要在服务器上运行的程序，而静态网页不包含。

动态网页的实现一般采用客户端（前端）编程和服务器端（后端）编程两种方法。客户端编程就是客户端浏览器下载服务器上的程序来执行有关动态服务工作。常见的客户端编程技术有 VBScript、JavaScript、Java Applet 等。服务器端编程就是将开发人员编写的代码保存在服务器上，当用户提出对某个网页的请求时，服务器执行这个请求所要访问的页面代码，并把执行结果以 HTML 文件的形式传回浏览器。常见的服务器端编程技术有 PHP、JSP、ASP 和 ASP.NET。

网站的硬件架构包括交换机、服务器等设施，软件架构包括网络操作系统、数据库、支撑工具等。

网站安全是一个非常重要的问题。有些网站防御措施过于落后，常常受到攻击者的攻击。攻击者的攻击手段包括 SQL 注入、跨站脚本攻击、DNS 攻击等。为了防止攻击者的攻击，可以采取安全配置、防火墙、漏洞扫描、木马检测、入侵检测、代码优化等一系列网站保护与安全措施，同时要建立网络信息安全管理体系。

习　题　1

1.1　试简述 Web 的特点及应用。

1.2　试描述 Web 服务器向浏览器提供服务的基本过程。

1.3　网站开发过程分为哪几个阶段?

1.4　网页设计有哪些技术？请列举主要的动态网页设计技术。

1.5　TCP/IP 协议分为哪几个层次？每个层次的主要功能是什么？

1.6　请解释下列网络协议的作用。

　　Telnet　SMTP　FTP　DNS　HTTP　TCP　IP

1.7　名词解释。

　　域名　URL　IIS　PHP　JSP　ASP　B/S　C/S　框架

1.8　计算机网站的硬件构架包括哪些部件？

1.9　Web 后端开发涉及哪些技术？

1.10　攻击网站主要有哪些手段？网站的保护与安全措施有哪些？

1.11　尝试进行 JDK 的下载、安装与配置操作。

1.12　尝试进行 Tomcat 的下载、安装与配置操作。

1.13　尝试进行 Eclipse 的下载、安装与配置操作。

第 2 章　HTML、CSS 与 XML

随着 Web 页面的内容和表现手法越来越丰富，将其结构、表现和行为分离成为趋势。目前 Web 页面的设计通常分为三个相对独立的资料层，分别是结构（Structure）层、表现（Presentation）层和行为（Behavior）层。对应的标准也分为三种：结构化标准（主要包括 HTML 和 XML）、表现标准（主要指 CSS）和行为标准（主要包括对象模型和脚本语言）。

HTML 是创建 Web 页面的基础。使用 HTML 组织 Web 页面，可以放置文本、图像、音频、视频，以及表单和超链接等可以进行交互的内容。CSS（Cascading Style Sheets，层叠样式表）是 W3C 制定的一套扩展样式标准。它扩充了 HTML 标记的属性设定，称为 CSS 样式，并且配合脚本程序，可以使页面的表现方式更为灵活，更具动态特性。XML（eXtensible Markup Language，可扩展标记语言）是万维网联盟（World Wide Web Consortium，W3C）于 1998 年 2 月发布的标准，它是元标记语言，可应用于 Web 开发的许多方面。

2.1　HTML

2.1.1　HTML 简介

HTML 是在 Web 上建立超文本文件的语言。它源于“标准通用标记语言”（Standard Generalize Markup Language，SGML）的设计概念。SGML 的目的是使网络上的文档格式统一，易于交流。SGML 采用“标记”进行描述。SGML 标记（tag）是指文档中的特定记号，用于控制文档内容的显示格式，即文档格式定义。HTML 沿用 SGML“文档格式定义”的概念，通过标记与属性描述文本的语义，并提供从一个文件到另一个文件的链接或一个文件内部不同部分之间的链接。

HTML 自 1993 年 6 月由互联网工程工作小组（IETF）作为工作草案发布以来，已先后推出了 HTML 2.0、HTML 3.0、HTML 3.2、HTML 4.0、XHTML 等多个版本。其中 HTML 3.0 和 HTML 4.0 对于网页设计尤为重要。HTML 3.0 提供了很多优秀特性，如表格、文字绕排和复杂数学元素的显示等。1997 年 12 月推出的 HTML 4.0 将 HTML 语言推向一个新高度，该版本倡导两个理念：一是将文档结构和显示样式分离；二是更广泛的文档兼容性。HTML 4.0 对之前版本的标记进行了扩充，它将页面中的文字及图像等都作为对象来处理，并通过脚本语言程序对其特性和变化予以控制。由于同时期 CSS 的配套推出，更使得 HTML + CSS 的网页制作能力达到了新的高度。1999 年 12 月，W3C 推出改进版的 HTML 4.01，该版本成熟可靠，是被广泛采用的标准。2000 年底，W3C 公布了 XHTML 1.0。XHTML（eXtensible HyperText Markup Language）是一种增强的 HTML，具有更强的规范性、可扩展性和灵活性。

虽然 W3C 不断推进 HTML 规范标准，但由于历史原因，Internet 上仍存在大量不规范的 HTML 网页。为了大力推动 Web 标准化，一些公司联合起来，成立了 Web 超文本应用技术工作组（Web Hypertext Application Technology Working Group，WHATWG）。WHATWG 致力于 Web 表单和应用程序，而 W3C 专注于 XHTML 2.0。2006 年双方决定进行合作，创建新版 HTML，即后来的 HTML5。HTML5 草案前身为 Web Applications 1.0，由 WHATWG 于

2004 年提出，2007 年被 W3C 接受。2008 年推出第一份 HTML5 正式草案，2014 年发布 HTML5 推荐标准。HTML5 是一个突破性的版本，旨在实现跨平台、规范化和更强的媒体支持。

2.1.2　HTML 文档结构

HTML 是一种标记语言（markup language），采用一套标记（markup tag）描述页面。HTML 标记用于将 HTML 文档划分成不同的逻辑部分（如段落、标题等），它描述文档的结构，与属性一起向浏览器提供该文档的格式化信息，以传递文档的内容和外观特征。

1. 示例——创建“Web 程序设计”课程网站主页面

为使读者对 HTML 文件有一个整体了解，先看一个 HTML 文件示例。

【例 2-1】创建“Web 程序设计”课程网站主页面，如图 2-1 所示。

该页面以表格作为页面的总布局方式，在页面设计中使用了常用的 HTML 标记，包括表格、表单、文字显示控制、图像、超链接、水平线、换行、分段、页面背景图像等。用记事本打开该页面对应的 HTML 文档，其内容如下。

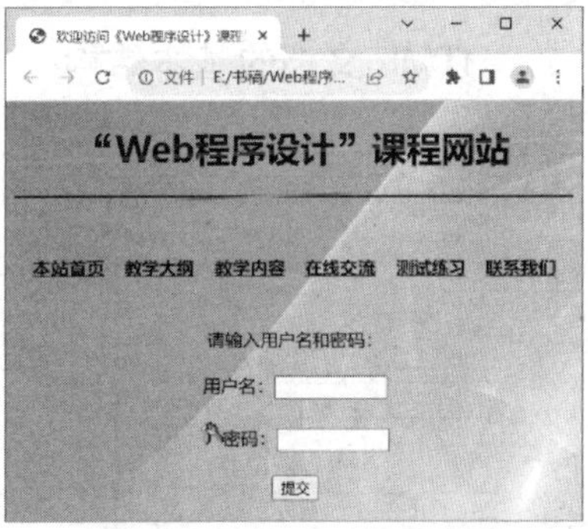

图 2-1　“Web 程序设计”课程网站主页面

```
<!DOCTYPE html PUBLIC "-//W3C//DTD HTML 4.01 Transitional//EN"
    "http://www.w3.org/TR/html4/strict.dtd">
<html>
    <head>
    <meta http-equiv="Content-Type" content="text/html; charset=utf-8">
    <title>欢迎访问《Web 程序设计》课程网站</title></head>

    <body background="bg.jpg">
    <div align="center"><h1>“Web 程序设计”课程网站</h1></div>

    <hr color="blue" border="2"><br>
    <table width="497" border="0" align="center">
    <tr>
        <th width="120" scope="col"><br>
        <strong><a href="home.html">本站首页</a></strong></th>
        <th width="120" scope="col"><br>
        <strong><a href="jxdg.aspx">教学大纲</a></strong></th>
        <th width="120" scope="col"><br>
        <strong><a href="jxnr.aspx">教学内容</a></strong></th>
        <th width="120" scope="col"><br>
        <strong><a href="zxjl.aspx">在线交流</a></strong></th>
        <th width="120" scope="col"><br>
        <strong><a href="cslx.aspx">测试练习</a></strong></th>
    </tr>
    </table>
    <br><br>
      <form>
```

声明文档类型

文档头部标记

体部起始标记，并设置页面背景图像

分段，设置标题文字格式

加入水平线，换行

表格，显示系统功能选项

```
        <center>请输入用户名和密码：<br><br>
            用户名：<input type=text name="xm" size=10 value=""><br><br>
        <img src="passwd.gif" width="20" height="20">密码：
        <input type=password name="kl" size=10 value=""><br><br>
            <input type=submit name="ok" value="提交">
        </center>
    </form>
    <!-- 表单结束 -->
  </body>
  </html>
```

（输入用户名和密码表单；注释；体部结束标记和文档结束标记）

由例 2-1 可知，HTML 文档是普通文本文件，可用任何文本编辑器进行编辑，通常文件扩展名为.htm 或.html。双击 HTML 文件即可在浏览器中显示页面内容。

2. HTML 文档的基本结构

HTML 文档的基本结构如图 2-2 所示。

```
<!DOCTYPE html PUBLIC "-//W3C//DTD HTML 4.01 Transitional//EN"
          "http://www.w3.org/TR/html4/strict.dtd">
<html>
<head>
文档头部
</head>
<body >
文档体部
</body >
</html>
```

图 2-2　HTML 文档的基本结构

HTML 页面以<html>标记开始，以</html>标记结束。在它们之间是头部和体部。头部用<head>…</head>标记界定，一般包含网页标题，以及文档属性参数等不在页面上显示的网页元素。体部是网页的主体，其内容均会反映在页面上，用<body>….</body>标记来界定，页面的内容组织在其中。页面的内容主要包括文字、图像、动画、超链接等。

（1）HTML 标记：由尖括号“<”“>”和若干字符构成，如<html>。通常成对出现，前一个是起始标记，后一个为结束标记，如<html>…</html>、<head>…</head>等，这类标记称为双标记。但也有部分标记非成对出现，这类标记称为单标记，如例 2-1 中出现的换行标记
。HTML 标记是对英文字母大小写不敏感的。

（2）HTML 元素：指从起始标记到结束标记之间的所有内容，描述了文档的显示内容和格式。例如，<title>欢迎访问“Web 程序设计”课程网站</title>，它是一个 HTML 元素，表示将“欢迎访问“Web 程序设计”课程网站”显示于浏览器的标题栏中。大部分 HTML 元素都可以嵌套，如<body><p>This is a jsp page.</p></body>，它包含 2 个 HTML 元素。HTML 文档是由若干 HTML 元素构成的。

（3）HTML 属性：大部分标记都可以有属性，用于向浏览器提供更多信息。属性通常在开始标记中设置，以“属性名=值”形式设定。示例如下：

```
<a href="home.html">本站首页</a>
```

其中，a 是标记名，告诉浏览器这是一个超链接，而 href 为属性，指出超链接的目标网页。

有些标记还可以包括事件属性，如<body>标记的 onload 事件。事件是指针对页面元素或控件的、可识别的操作，如按下按钮、页面加载完成等。当设置事件代码之后，一旦该事件被触发，事件代码就会被执行。事件代码可用脚本语言编写，目前常用的脚本语言为 JavaScript。脚本程序标记为<script>，language 属性指出脚本语言的名称。例如，若使用 JavaScript 脚本语言，则设置为<script language="JavaScript">。

（4）<!DOCTYPE>标记：从例 2-1 和图 2-2 可以看到，有一个特殊标记<!DOCTYPE>。该标记必须位于 HTML 文档的第一行，作用是声明文档的类型，以通知浏览器用相应的文档类型定义 DTD（Document Type Definition）来解析文档。HTML 4.01 规定了三种文档类型，即 strict、transitional 和 frameset。

（5）HTML 注释：格式为<!--注释内容-->，如<!--表单结束-->。

3. HTML 的全局属性

HTML 全局属性是指适用于大多数 HTML 标记的属性，常用的全局属性有 class、id、style、title 等。其中，class 为元素指定一个或多个类名，用于 CSS 样式的选择器；id 为元素指定一个唯一的标识符，用于 JavaScript 操作和 CSS 样式的选择器；style 为元素指定内联样式，可以直接在 HTML 标记中设置元素的样式；title 为元素提供显示的信息，当鼠标指针悬停在该元素上时，将显示相应信息。CSS 及其使用方法将在 2.3 节中讨论。

除此之外，还有 hidden、lang、dir、contenteditable 等全局属性，读者可查阅资料了解。

2.1.3 HTML 基本标记

HTML 标记可分为头部标记和体部标记。

1. 头部标记

头部标记指可包含于<head>与</head>之间的标记，其主要作用是指示浏览器在何处可以找到样式表，以及提供元信息等。头部标记包括<head>、<title>、<base>、<link>、<meta>、<script>和<style>等，常用标记的含义如下。

- <head>…</head>：HTML 文档头部起始和结束标记。
- <title>…</title>：HTML 文档的标题，是显示于浏览器标题栏的字符串。
- <style>…</style>：CSS 样式定义，详见 2.3 节。
- <meta>："元"标记，位于<head>与<title>标记之间，提供网页信息。

其中，<meta>标记主要用来为搜索引擎提供页面主题相关信息，包括 HTTP 标题信息（http-equiv）和页面描述信息（name）。<meta>标记的三种主要属性如下。

- name：meta 名字，用于描述网页，当它与 content 配合使用时，可以说明网页内容，以便搜索引擎进行查找和分类。
- http-equiv：说明 content 属性内容的类别。
- content：定义页面内容，如果是一些特定内容，那么要与 http-equiv 属性配合使用。

name 与 content 属性配合使用的部分含义如下。

- 若 name="keywords"，则 content 为搜索引擎提供的关键字列表。
- 若 name="description"，则 content 与页面内容相关。
- 若 name="author"，则 content 为作者信息。
- 若 name="copyright"，则 content 为版权信息。

http-equiv 与 content 属性配合使用的部分含义如下。

- 若 http-equiv="content-Type"，则 content 中是页面使用的字符集。
- 若 http-equiv="refresh"，则 content 中是页面刷新的时间。
- 若 http-equiv="expires"，则 content 中是页面在缓存中过期的日期。

具体示例如下：

```
<meta name="keywords" content="news, flood">
//设定关键字为 news, flood
<meta name="description " content="关于洪涝灾害的新闻">
//设定网页描述为"关于洪涝灾害的新闻"
```

```
<meta http-equiv="content-Type" content="text/html; charset=utf-8">
//设定网页所使用的字符集为 utf-8
<meta http-equiv="expires" content="Aug,30,2023 00:00:00 GMT">
//设定网页在缓存中过期的日期为 2023-8-30，一旦过期，就需要到服务器上重新下载
```

2. 体部标记

基本的体部标记包括<body>标记、文字显示和段落控制标记、图像标记、超链接标记、列表标记等，用来在网页中插入文本、表格、超链接、多媒体等各类对象，以及进行排版。

1）<body>标记

<body>和</body>标记用于表明 HTML 文档体部的开始和结束，<body>标记的属性如表 2-1 所示。

表 2-1 <body>标记的属性

属　性	取　值	含　义	默 认 值
bgcolor	颜色值	页面背景颜色	#FFFFFF
text	颜色值	文字的颜色	#000000
link	颜色值	待链接的超链接对象的颜色	无
alink	颜色值	链接中的超链接对象的颜色	无
vlink	颜色值	已链接的超链接对象的颜色	无
background	图像文件名	页面背景图像	无
topmargin	整数	页面显示区距窗口上边框的距离，以像素为单位	0
leftmargin	整数	页面显示区距窗口左边框的距离，以像素为单位	0

<body>标记示例如下：

```
<body topmargin=5 background="bg1.jpg" text="#ff0000" link="yellow" vlink="#00ff00">
```

HTML 文档中许多标记都有颜色控制，颜色值在 HTML 中有两种表示方法。

① 用 RGB 值表示。用颜色的十六进制 RGB 值表示，形如#RRGGBB。如#ff0000 表示红色，#0000ff 表示蓝色。

② 用英文单词表示。如 red 表示红色，blue 表示蓝色。

2）文字显示和段落控制标记

文字显示标记主要有字体、字号、颜色，段落控制标记用于显示对象的分段。常用的文字显示和段落控制标记如表 2-2 所示。

表 2-2 常用的文字显示和段落控制标记

标　记	含　义
<font></font>	以属性 face、size、color 控制文字的字体、字号、颜色等显示特性
<I></I>	斜体
<B></B>	粗体
<U></U>	加下画线
	下标
	上标
<big></big>	大字体
<small></small>	小字体
<h1> ~ <h6>	标题格式，数字越大，显示的标题字号越小
<p></p>	分段标记，属性有 align：left 为左对齐；center 为居中对齐；right 为右对齐
<div></div>	块容器标记，其中的内容是一个独立段落
<hr>	分隔线，属性有 width（线的宽度）、color（线的颜色）
<center></center>	文字居中显示

【例 2-2】一个包含文字显示和段落控制标记的 HTML 文件示例如下。

```
<html><head><title>文字显示和段落控制</title></head>
<body background="bg1.jpg" text="#ff2222">
<center><h1>一级标题</h1></center><hr width=90% color=green>
<font face="黑体" size=7 color="0000ff">这是黑体，大小为 7 号，蓝色</font><br>
<p>这是一个段落<br>
<I>这是斜体</I><B>这是粗体</B><U>这是下画线字体</U>
<big>这是大字体</big><small>这是小字体</small>
这是下标字体<sub>1</sub>这是上标字体<sup>2</sup><br>
<font face="楷体" size=6 color="cc8888">
<I><B><U>这些标记还可以混合使用</U></B></I></font></p>
<p align=center>这是另一个段落<br>
<B>    以下是转义序列</B><br>
&lt; 小于号；&gt; 大于号；&amp; 与号；&quot;双引号；例如:a&gt;b</p>
</body></html>
```

例 2-2 在浏览器中显示的效果如图 2-3 所示。

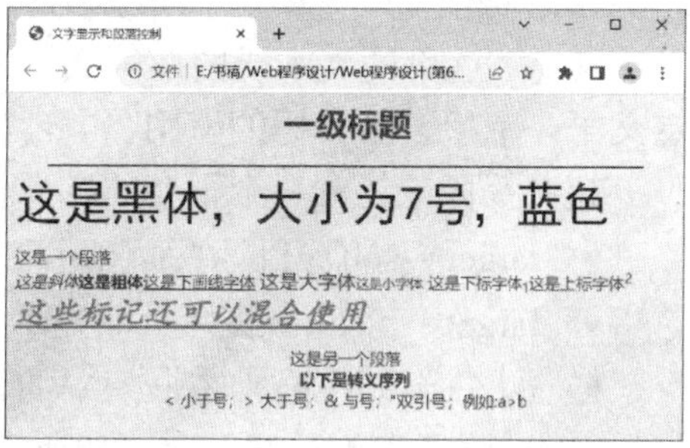

图 2-3　例 2-2 在浏览器中显示的效果

本例有两点需要说明。

① 转义序列。在 HTML 文档中有些符号有特殊用途，如"<"">"等，它们相当于高级语言的关键字，如果要在 HTML 文档的正文中显示它们，就必须使用转义序列。最常用的转义序列是 （空格），如果需要显示一个或多个空格，那么必须使用该转义序列。其他常用的转义序列还有<（小于）、>（大于）、&（与）、"（双引号）。若要显示 x<y，则在 HTML 文档中需书写为 x<y。

② 换行标记
。在 HTML 文档中输入的硬回车符并不能让浏览器显示换行，若要使浏览器在指定处换行，则须使用标记
实现。

3）图像标记

图像标记<img>可以向页面中插入一幅图像。示例如下：

```
<img src="images/a.gif" border=0 width=200 height=100 alt="示例">
```

<img>标记的属性包括以下几个。

① src：指明图像文件的地址。该属性值必须指明，可以采用本地文件形式，也可以采用 URL 形式，如 http://www.phei.com.cn/images/logo.gif。网页中常用的图像文件格式包括 GIF 格式（.gif）、JPEG 格式（.jpg、.jpeg）和 PNG 格式（.png）等。

② border：指明图像边框的粗细，值为整数。值为 0 表示无边框；值越大，边框越粗。

③ width：图像宽度，值为整数，单位为像素。若不指出该属性值，则浏览器默认按图像的实际尺寸显示。

④ height：图像高度，值为整数，单位为像素。若不指出该属性值，则浏览器默认按图像的实际尺寸显示。

⑤ alt：当图像无法显示时，将显示该属性值。

4）超链接标记

超链接（Hyperlink）是网页对象之间或文档元素之间的链接，由超链接标记<a>实现。超链接包括两部分：一部分是显示在本页面中的可被触发的超链接文本或图像（称为"热点"），另一部分是用来描述超链接被触发后要链接到的 URL 信息。超链接标记的格式如下：

```
<a href="URL 信息">超链接文本或图像</a>
```

href 属性是必备属性，指出超链接的目标 URL 信息，分为以下三种情况。

① 目标页面位于另外的主机或采用非 HTTP 协议，此时采用绝对 URL 格式，即协议名://主机名[/目录信息]。示例如下：

```
http://www.phei.com.cn
http://www.phei.com.cn/person/szj98/index.html
ftp://ftp.phei.com.cn
mailto:wang@163.com
```

② 若目标页面位于本主机，则可以采用相对 URL 代替绝对 URL。例如，若目标页面的 HTML 文档与本 HTML 文档位于同一子目录中，名为 des1.html，则超链接标记可简化为以下格式：

```
<a href="des1.html">超链接文本</a>
```

③ 超链接的目标也可以是文件的特定位置（称为“锚点”，anchor），此时需用超链接标记的 name 或 id 属性来定义超链接的引用名，格式如下：

```
<a id="锚点名">文本或图像等页面元素</a>
```

注意，这里的文本或图像等页面元素并不被特殊显示，也不会触发超链接的跳转，它仅定义了一个超链接目标的引用名。当需跳转到该目标时，将“#锚点名”赋予 href 属性即可。

超链接标记还有一个很有用的属性 target，它指明目标页面显示的窗口。其含义如下：

- target=_self：目标页面显示于当前窗口或框架中，为默认值。
- target=_blank：目标页面显示于一个新的浏览器窗口中。
- target=_top：通常在框架中的超链接才设置该值，表示目标页面显示于整个浏览器窗口中，而不是显示在框架所在窗口中。
- target=_parent：目标页显示在父级框架中，当<a>标记本身在顶层时，其效果与_self 相同。
- target=框架名：目标页面显示于指定框架所在的窗口中。

【例 2-3】三种 URL 应用示例。

```
<html><head><title>超链接 URL</title></head><body>
单击<a href="xp.html" target=_blank><b>这里</b></a>可以看见我的照片<br>
单击<a href="http://www.phei.com.cn"><b>这里</b></a>可以进入电子工业出版社<br>
单击<a href="mailto:test@163.com"><b>这里</b></a>可以给我发邮件<br>
单击<a href="#aaa"><b>这里</b></a>可以转到我的简历<br>
<a id="aaa">我的简历：</a></body></html>
```

HTML 可以将一幅图像划分为多个区域，每个区域对应不同的超链接，称为图像热区链接。包含热区的图像又称映射图像。采用<map>和<area>标记创建图像热区链接的代码如下：

```
<img src=图像地址  usemap="#映射图像名称">
<map name = "映射图像名称">
        <area shape="热区形状" coords="热区坐标"  href ="URL">
        <area shape="热区形状" coords="热区坐标"  href ="URL">
        …
</map>
```

<map>标记用于定义映射图像。<area>标记用于定义图像热区，有 shape 和 coords 属性，分别用于设置区域形状和坐标位置，<area>标记属性的取值及其含义如表 2-3 所示。在<area>的坐标系中，原点是图像的左上角，X 轴向右为正向，Y 轴向下为正向。

表 2-3　<area>标记属性的取值及其含义

shape 取值	含　义	coords 取值	含　义
circle	圆形	x,y,r	(x,y)为圆心坐标，r 为半径
rect	矩形	x1,y1,x2,y2	(x1,y1)为左上角坐标，(x2,y2)为右下角坐标
poly	多边形	x1,y1,x2,y2, x3,y3…	(x1,y1)、(x2,y2)、(x3,y3)为多边形各顶点的坐标

【例 2-4】创建图像热区链接。

```
<html><head><title>图像热区链接</title></head>
<body><img src="yueliang.jpg" width="390" height="236" usemap="#kt">
<map name="kt" id="kt">
    <area shape="circle" coords="40,40,30"   href="例 2-3.html" target="_blank">
    <area shape="rect" coords="90,30,150,100"   href="例 2-1.html" target="_blank">
</map></body></html>
```

5）列表标记

列表标记用于产生不同格式的列表，有以下三种类型。

① 无序列表（unordered list）：<ul>列表项</ul>。

② 有序列表（ordered list）：<ol>列表项</ol>。

③ 定义列表（definition list）：<dl>列表项</dl>。

【例 2-5】三种列表标记应用示例。

```
<html><head><title>课表</title></head>
<body><b>今天我要上以下课程</b>
<ul><li>操作系统</li><li>数据结构</li></ul><!--无序列表-->
<b>今天我要上以下课程</b>
<ol><li>操作系统</li><li>数据结构</li></ol><!--有序列表-->
<dl><dt><b>局域网</b></dt><!--定义列表-->
    <dd>局域网是指将小范围内的数据设备经过通信系统连接起来的计算机网络</dd></dl>
</body></html>
```

三种列表标记应用示例在浏览器中的显示效果如图 2-4 所示。

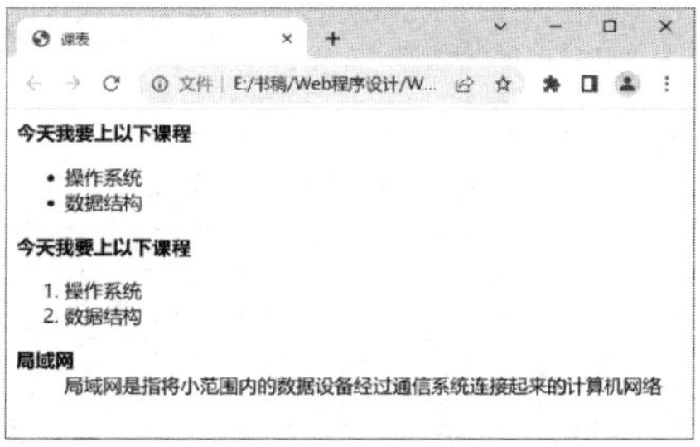

图 2-4　三种列表标记应用示例在浏览器中的显示效果

2.1.4　表格

HTML 表格是由一个表格名称（标题）加上一行或多行表格内容所构成的块状结构。

1. 表格定义

表格定义的语法结构如下：

```
<table>
  [<caption>表名</caption>]
  [<thead><tr><th>列标题</th>…</tr></thead>]
  <tbody>
        <tr>
```

```
            <td>表格内容</td>
            {<td>表格内容</td>}
        </tr>
        …
    </tbody>
    [<tfoot><tr><td>表项</td>…</tr></tfoot>]
</table>
```

<table>和</table>标记用于界定表格结构的开始和结束；<caption>标记中的内容是表名；“<thead><tr><th>列标题</th>…</tr></thead>”用于定义表格各列的标题；<tbody>…</tbody>中是表的各行内容；<tr>和</tr>标记用于界定一个表格行的开始和结束，一个表格行可以包含多个表格项，每个表格项的内容和显示特性由<td>和</td>标记来定义；<tfoot>…</tfoot>标记用于定义表尾部项。<thead>、<tbody>、<tfoot>标记通常用于对表格内容进行分组，它们都可以省略。

2. 表格属性

<table>标记、<tr>标记和<td>标记的属性用来定义表格的显示特性，其中<table>标记的属性描述整个表格的显示特性，行控制标记<tr>的属性定义该行的显示特性，表格项控制标记<td>的属性定义该项的显示特性。<table>标记、<tr>标记、<td>标记的属性分别如表 2-4、表 2-5 和表 2-6 所示。

表 2-4 <table>标记的属性

属性名	取值	含义	默认值
border	整数	表格边框粗细。当其值为 0 时，表格没有边框；值越大，表格边框越粗	0
width	百分比	表格宽度，以相对于充满窗口的百分比计算（如 60%）	100%
	整数	表格宽度，以像素为单位	
cellpadding	整数	每个表项内容与表格边框之间的距离，以像素为单位	0
cellspacing	整数	表格边框之间的距离，以像素为单位	2
bordercolor	颜色值	表格边框的颜色	#000000
background	图像文件名	表格的背景图像	无
align	left | center | right	表格的位置	left

表 2-5 <tr>标记的属性

属性名	取值	含义	默认值
align	left | center | right	本行各表格项的横向排列方式	left（左对齐）
bgcolor	颜色值	本行各表格项的背景颜色	#000000
valign	top | middle | bottom	本行各表格项的纵向排列方式	middle
width	百分比值 | 整数	本行宽度（受<table>标记的 width 属性值制约）	无
height	整数	本行高度，以像素为单位	无

表 2-6 <td>标记的属性

属性名	取值	含义	默认值
align	left | center | right	本表格项的横向排列方式	left（左对齐）
bgcolor	颜色值	本表格项的背景颜色	#000000
valign	top | middle | bottom	本表格项的纵向排列方式	middle
width	百分比值 | 整数	本表格项宽度（受<table>标记和<tr>标记的 width 属性值制约）	无
height	整数	本表格项高度，以像素为单位（受<tr>标记的 height 属性值制约）	无
background	图像文件名	本表格项的背景图像	无
colspan	整数	按列横向结合。当其值为 2 时，表示本表格项在宽度上占用 2 列	1
rowspan	整数	按行纵向结合。当其值为 2 时，表示本表格项在高度上占用 2 行	1

【例 2-6】简单表格示例。本例只给出主要表格的部分文本，其余部分读者可以很容易补全。简单表格示例在浏览器中的显示结果如图 2-5 所示。

```
<table border=1 cellspacing=2 cellpadding=4>
<caption >物资列表</caption >
<thead> <tr><th>商品类别</th><th>数量</th></tr> </thead>
<tr><td>日用百货</td><td>10</td></tr>
<tr><td>电器</td><td>20</td></tr>
<tr><td>轿车</td><td>5</td></tr>
</table>
```

【例 2-7】复杂表格示例。其中每行列数及每列行数都不同，利用<td>标记的 colspan 和 rowspan 属性可对表格的单元格进行灵活的控制。复杂表格示例在浏览器中的显示结果如图 2-6 所示。

图 2-5　简单表格示例的显示结果

图 2-6　复杂表格示例的显示结果

```
<html><head><title>复杂表格</title></head>
<body topmargin=4>
<table border=3 bordercolor=blue align=center cellspacing=3 cellpadding=6>
<caption>专业设置及在校生人数表</caption>
<thead><tr align=center bgcolor=mediumturquoise>
<th><strong>学院名</strong></th>
<th colspan=4><strong>专业及人数</strong></th></tr></head>
<tbody><tr align=center><td rowspan=6>计算机学院</td>
<td colspan=4 bgcolor=ddeeff>计算机科学与技术专业</td></tr>
<tr align=center><td>2016 级</td><td>2017 级</td><td>2018 级</td><td>2019 级</td></tr>
<tr align=center ><td>200 人</td><td>200 人</td><td>250 人</td><td>320 人</td></tr>
<tr align=center ><td colspan=4 bgcolor=ddeeff >软件工程专业</td></tr>
<tr align=center><td>2016 级</td><td>2017 级</td><td>2018 级</td><td>2019 级</td></tr>
<tr align=center><td >100 人</td><td>180 人</td><td>200 人</td><td>200 人</td></tr>
<tr align=center><td rowspan=3>外语学院</td>
<td colspan=4 bgcolor=ddeeff >英语专业</td></tr>
<tr align=center><td>2016 级</td><td>2017 级</td><td>2018 级</td><td>2019 级</td></tr>
<tr align=center ><td >100 人</td><td>80 人</td><td>50 人</td><td>40 人</td></tr></tbody>
<tfoot><tr align=center ><td>总计</td><td >400 人</td><td>460 人</td>
<td>500 人</td><td>560 人</td></tr></tfoot>
</table></body><html>
```

2.1.5　表单

表单提供图形用户界面的基本元素，包括按钮、文本框、单选按钮、复选框等，是 HTML 实现交互功能的主要接口，用户通过表单向服务器提交数据。表单的使用包括两部分：一部分是用户界面，提供用户输入数据的元件；另一部分是处理程序，可以是客户端程序，在浏览器中执行，也可以是服务器处理程序，处理用户提交的数据并返回结果。本节仅介绍前一部分，即如何利用 HTML 提供的表单及相关标记生成用户界面，后一部分涉及 JavaScript、JSP 程序设计，将在后续章节中介绍。

1. 表单定义

表单定义的语法如下：

```
<form method="get|post" action="处理程序名">
   [<input type=输入域种类  name=输入域名>]
   [teaxtarea 定义]
   [select 定义]
</form>
```

<form>标记最重要的属性是 method 和 action，它们的含义如下。

- method：取值为 post 或 get。二者的区别：get 方法将在浏览器的 URL 栏中显示所传递变量的值，而 post 方法不显示；在服务器端的数据提取方式也不同。
- action：取值为一个 URL，指出处理用户所提交数据的程序位置。可处理用户提交的数据的服务器程序种类较多，如 JSP、ASPX、PHP 等。

<form>标记的属性还包括 name、id、autocomplete、target、accept-charset 和 novalidate 等。

2. 表单的输入域

不同类型的输入域为用户提供灵活多样的输入数据的方式，表单的输入域有 3 种类型。

- 以标记<input>定义的多种输入域，其类型包括 text、radio、checkbox、password、hidden、button、submit、reset 和 file 等。
- 以标记<textarea>定义的文本域。
- 以标记<select>和<option>定义的下拉列表。

【例 2-8】表单输入域示例。本例在浏览器中显示的效果如图 2-7 所示。

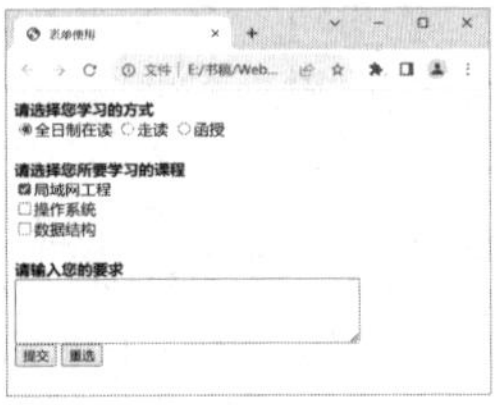

图 2-7　表单输入域示例的显示效果

```
<html><head><title>表单使用</title></head>
<body><b>请选择您学习的方式</b><br>
<form method=get action="http://www.phei.com.cn/cgi-bin/run1">
<input type=radio checked>全日制在读
<input type=radio>走读
<input type=radio>函授<br><br>
<b>请选择您所要学习的课程</b><br>
<input type=checkbox value="yes" name="局域网工程" checked>局域网工程<br>
<input type=checkbox value="yes" name="操作系统">操作系统<br>
<input type=checkbox value="yes" name="数据结构">数据结构<br><br>
<b>请输入您的要求</b><br>
<textarea name="comment" rows=4 cols=50></textarea><br>
<input type=submit name="ok" value="提交">
<input type=reset name="re-input" value="重选"></form></body></html>
```

不同的输入域用于接收不同的用户输入内容，常用的表单输入域如表 2-7 所示。

表 2-7　常用的表单输入域

输入域名称	说　明
text（文本框）	可输入一行文字。例如： <input type=text name="xm" size=10 value="">
radio（单选按钮）	当有多个选项时，只能选择其中一项。例如： 走<input type=radio name= "Rad" value="v1" checked> 留<input type=radio name="Rad" value="v2">
checkbox（复选框）	当有多个选项时，可以选择其中多项。例如： 签字笔 <input type=checkbox name="ch1" checked> 钢笔<input type=checkbox name="ch2"> 圆珠笔<input type=checkbox name="ch3">
submit（提交按钮）	将数据传递给服务器。例如： <input type=submit name="ok" value="提交">
password（密码输入框）	用户输入的字符以“*”显示。例如： 输入密码：<input type=password size=12>
reset（重置按钮）	将用户输入的数据清除。例如： <input type=reset name="re-input" value="重选">
hidden（隐藏域）	在浏览器中不显示，但可以通过程序取值或改变其值。主要用于浏览器向服务器传递数据而不想让浏览器用户知道的情形。例如： <input type=hidden name=hiddata value="HidValue" >
button（按钮）	普通按钮，按下后的操作需由程序完成。例如： <input type=button value="去我的主页">
textarea（文本域）	可输入多行文字。例如： <b>请输入您的要求</b> <textarea name="comment" rows=4 cols=20></textarea>
select（下拉列表）	在多个可选项中选择，定义方法见下面的说明。
file（文件域）	一般用于选择文件。例如： <input type="file" name="F1" size=20>

<input>标记最重要的两个属性是 name 和 value，用于向表单处理程序传递参数名称和值。

当提供给用户的选择项目较多时，为节省显示空间，可使用表单的下拉列表输入域。

定义下拉列表要用到<select>和<option>两个标记，其语法如下：

```
<select name=下拉列表名 multiple>
    <option value=设定值>表项内容</option>
    …
</select>
```

属性 multiple 是可选项，若定义该属性，则下拉列表中的多项都可被选中。

例如，下面的代码定义了一个含有 3 个选项的下拉列表：

```
<form method=post action="http://www.phei.com.cn/cgi-bin/choice">
<select name="水果">
    <option value="苹果">苹果</option>
    <option value="梨子" selected>梨子</option>
    <option value="香蕉">香蕉</option>
</select>
</form>
```

2.1.6　框架（frame）

框架（frame）又称帧。框架可用于页面布局，将浏览器显示窗口分割成多个相互独立的区域，每个区域可以显示独立的 HTML 页面。

1. 框架定义

框架的定义较为特殊，首先确定如何分割窗口，然后建立描述窗口分割的主文件，最后为每个框架建立相应的 HTML 文件。

主文件的内容如下：

```
<!DOCTYPE html PUBLIC "-//W3C//DTD HTML 4.01 Transitional//EN"
    "http://www.w3.org/TR/html4/frameset.dtd"><!--声明使用框架集模式-->
<html><head>[头部标记]</head>
    <frameset>{<frameset>...</frameset>}
        <frame>
        <frame>
        ...
    </frameset>
    [<noframes>字符串</noframes>]
</html>
```

其中，标记<frameset>定义窗口分割的方式（横向或纵向）和大小，<frameset>标记可以嵌套，内层的<frameset>标记表示对已分割的窗口进行再分割的方式和大小。注意，<frameset>标记与<body>标记不可同时使用。<frame>标记需与<frameset>标记配合使用来创建框架，它指明框架所对应的 HTML 文件。<frame>标记的个数应与其所属的<frameset>标记分割的框架数目相同，与窗口的对应关系是按排列顺序逐个对应。<noframes>标记定义了当浏览器不支持框架时所显示的内容。目前主流浏览器均已支持框架。<framset>标记和<frame>标记的主要属性如表 2-8 和表 2-9 所示，它们描述了窗口的特性及框架中页面显示的特性。

表 2-8 <framset>标记的主要属性

属性名	取值	含义	默认值
rows	百分比	将窗口上、下（横向）分割，给出每个框架高度占整个窗口高度的百分比。例如："25%,75%" 表示将窗口分为上、下两个框架，高度分别为总窗口高度的 25%和 75%。值的一部分也可用 "*" 表示，如 "25%,*"，表示最后一个框架的高度是减去其他框架已用高度后的高度	无
	整数	将窗口上、下（横向）分割，给出每个框架高度的像素点数。例如："100,600" 表示将窗口分为上、下两个框架，高度分别为 100 像素和 600 像素。值的一部分也可用 "*" 表示，含义同上	
cols	百分比	将窗口左、右（纵向）分割，值的格式和含义与 rows 属性类似	无
	整数		
frameborder	yes|no	框架边框是否显示	yes
bordercolor	颜色值	框架边框颜色	gray（灰）

表 2-9 <frame>标记的主要属性

属性名	取值	含义	默认值
src	HTML 文件名	框架对应的 HTML 文件	无
name	字符串	框架的名字，可在程序和<a>标记的 target 属性中引用	无
noresize	无	不允许用户改变框架的大小	无
scrolling	yes|no|auto	框架边框是否出现滚动条	auto
marginwidth	整数	框架内容与左、右边缘之间的距离，以像素为单位	0
marginheight	整数	框架内容与上、下边缘之间的距离，以像素为单位	0

【例 2-9】利用框架将窗口分成 3 个子窗口，分别命名为 win001、win002 和 win003，在子窗口 win001 对应的页面中设置 2 个超链接，用户单击超链接后目标页将显示于 win002 中。

主文件代码如下：

```
<html><head><title>框架示例</title></head>
```

```
        <frameset rows="360,*" bordercolor="green">
            <frameset cols="30%,*">
                <frame src="frame1.html" scrolling="no" name="win001">
                <frame src="frame2.html" name="win002">
            </frameset>
        <frame src="frame3.html" noresize marginwidth=5 name="win003">
        </frameset>
</html>
```

文件 frame1.html 的代码如下：

```
<html><head><title>左边框架</title></head>
<body><a href="frame2.html" target="win002">第一章</a><br><br>
<a href="第二章.html" target="win002">第二章</a></body></html>
```

文件 frame2.html 的代码如下：

```
<html><head><title>第一章</title></head>
<body><h1>第一章　绪论</h1><br>本章简述课程的要点...<br><br>
<a href="frame2.html">返回</a></body></html>
```

文件 frame3.html 的代码如下：

```
<html><head><title>第三个框架</title></head>
<body><h2>联系人地址：test@gu.com</h2></body></html>
```

框架示例在浏览器中显示的效果如图 2-8 所示。

例 2-9 在左上子窗口对应的文件 frame1.html 中设置了 2 个超链接，它们被触发后，相应目标页面将显示于右上子窗口（win002）中，这是通过在 frame1.html 的标记<a>中设置 target 属性来指定的。这种方法在页面设计中经常被使用，它可以保持超链接不被目标文件覆盖。

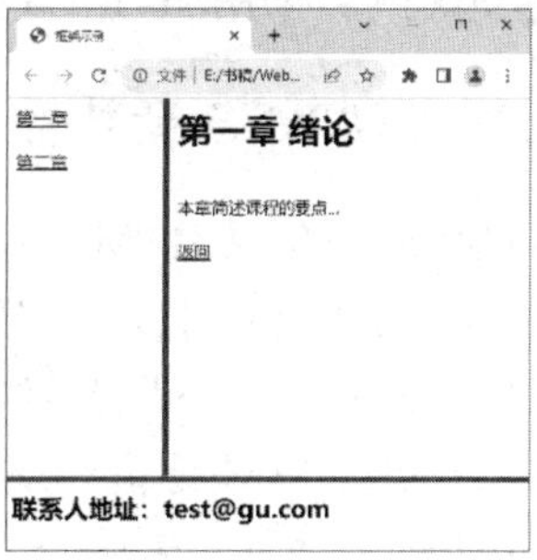

图 2-8　框架示例在浏览器中显示的效果

2. 浮动框架 iframe

浮动框架又称内联框架或嵌入式框架，采用<iframe>标记创建。<iframe>标记可以在 HTML 文档中定义一个特定的窗口（框架），并在窗口中加载指定的 URL。iframe 浮动框架使网页设计更加灵活，可以实现页面内容共享，并可以通过 JavaScript 程序进行窗口间的通信。<iframe>标记须在 body 元素中使用，最基本的语法如下：

```
<iframe src="URL" ></iframe>
```

属性 src 指明框架所显示文档的 URL；<iframe>标记的属性有 name、noresize、scrolling、marginwidth、marginheight 等，与<frame>标记的相应属性含义相同；此外，<iframe>增加了 width、height 属性，分别指明框架的宽度和高度，以及 frameborder 属性，指明是否显示边框。

【例 2-10】 浮动框架示例。创建 2 个 iframe 框架，分别加载指定的页面。

```
<html><head><title>浮动框架示例</title></head>
<body>
    <iframe src="../例 2-1.html" id="f1" width="800" height="180" frameborder="0"></iframe>
    <iframe src="../例 2-4.html" id="f2" width="800" height="200" scrolling="no"></iframe>
</body></html>
```

浮动框架示例在浏览器中显示的效果如图 2-9 所示。

图 2-9　浮动框架示例在浏览器中显示的效果

2.2　HTML5

HTML5 具有良好的标准性、多设备跨平台、自适应网页设计、提高可用性和改进用户友好体验、更多的多媒体元素支持、对站点优化的更好支撑等优点。HTML5 已经不是单纯的一种标记语言，它是一门综合技术，除了最基本的 HTML、CSS、JavaScript 外，还能够提供音视频、图像动画、本地存储等各种重要接口，为下一代 Internet 应用提供了全新平台。越来越多的网页采用 HTML5 进行开发，目前主流浏览器均已支持 HTML5。

2.2.1　HTML5 新特性

HTML5 是在原 HTML 基础上发展而来的，保留了大部分以前的 HTML 标记，保持与原有 HTML 4.01 和 XHTML 的兼容性。

HTML5 废弃了一些之前版本的标记和属性，包括 basefont、big、center、font 和 frameset 等，主要原因是这些标记和属性可以采用 CSS 更好地替代，或者影响可使用性等。

HTML5 新增了一些标记和属性，主要用于增强对页面结构性、多媒体和应用程序等的支持，将在 2.2.2 节中讨论。

HTML5 具有以下主要的新特性。

① 语义特性。HTML5 赋予了网页更好的意义和结构。HTML5 的语义化标记使得页面的内容结构化，见名知义。例如：<section></section>，<article></article>。

② 跨平台运行。从 PC 浏览器到手机、平板电脑，甚至是智能电视，只要用户的设备支持 HTML5，基于 HTML5 的 Web 程序就可以运行。

③ 简单易用性。相对于 HTML4.01，HTML5 更加简单易用。HTML5 的属性精简表示方法可以大大提高 HTML 文本的传输效率，HTML5 Web Form 提供强大的表单验证机制。

④ 用户友好性。引入视频（video）、音频（audio）、画布（Canvas）等标记元素，提高用户体验度，支持地理位置服务、本地数据存储等新特性。

2.2.2　HTML5 新增标记和功能

为丰富 Web 体验，HTML5 增加了对 Web 应用、流媒体及游戏开发等方面的支持，主要包括语义化标记、智能表单、新增接口、音视频、Canvas 画布和 Web 存储等。

1. 新的 DOCTYPE 和字符集

HTML5 将 DOCTYPE 化繁为简，将其简化为<!DOCTYPE html>，所有 HTML5 文档均

以此开头。字符集的声明简化为<meta charset="utf-8">。

2. 语义化标记

语义化标记旨在让标记含义一目了然，使得网页文档结构清晰，方便阅读，有利于团队合作开发。同时也方便其他设备（如屏幕阅读器、移动设备）以语义的方式来渲染网页，并且有利于搜索引擎理解页面各部分之间的关系。HTML5 新增的主要语义化标记有<article>、<header>、<footer>、<section>等，如表 2-10 所示。

表 2-10 HTML5 新增的主要语义化标记

标 记	含 义
<article>	用于在页面中表示一套结构完整且独立的内容
<header>	标记头部区域的内容
<footer>	标记尾部区域的内容
<section>	定义页面中的一块区域
<aside>	定义页面的侧边栏
<nav>	定义导航类辅助内容
<figure>、<figcaption>	定义图像与文字

其中，新增的<header>、<footer>、<nav>、<article>、<aside>等语义化标记用于定义页面中各区域的位置，如图 2-10 所示；在页面结构中，<section>标记表示的区域可以有多个。

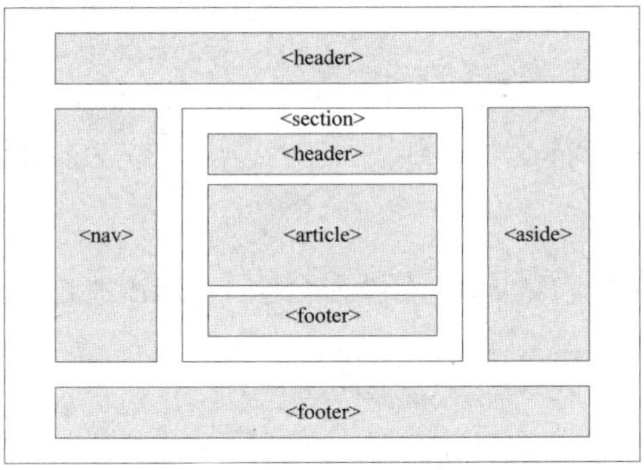

图 2-10 HTML5 的语义化标记的位置

<figure>、<figcaption>语义化标记建立了文字与图像的内在联系。示例如下：

```
<figure>
    <img src="photo1.png" alt="about John" />
    <figcaption><p>This is an image about John</p></figcaption>
</figure>
```

上述语句建立了图像文件 photo1.png 与文字“This is an image about John”的关联，可使搜索引擎更好地获取语义。

3. 智能表单

HTML5 新增了 datalist、keygen 和 output 表单元素，为表单<form>和<input>标记新增了一些类型和属性，以实现信息的智能收集与处理，使得原来需编写 JavaScript 或后台程序才能完成的功能，现在只需设定标记的相应属性。<input>标记新增的输入类型主要包括 email、url、number、日期时间类型（date，time，datetime 等）、color、search、range、tel 等；新增的属性主要包括 autocomplete、autofocus、pattern、required、placeholder 等。

1）新增表单元素

① datalist：创建输入域的选项列表，由<option>标记列出各选项。datalist 元素与 select

元素作用类似，但二者有以下几点不同：一是 datalist 元素须在<form><input>中使用，而 select 元素在<form>中使用；二是 datalist 元素除了包含列出的选项，用户还可自己输入选项值；三是 select 元素可以多选，而 datalist 元素不可以多选。例如，以下语句为一个 datalist 表单元素示例，其页面效果如图 2-11 所示。

```
<datalist id="fruit">
    <option value="苹果">
    <option value="香蕉">
    <option value="橙子">
</datalist>
```

② keygen：创建密钥对，当提交表单时，私钥存储在本地，公钥发送到服务器。

③ output：用于定义不同类型的输出，如计算或脚本输出。以下语句为一个 output 表单元素示例，其页面效果如图 2-12 所示，其中 range 是新增的 input 表单元素类型，用于显示一个滑动条。

```
<form action="#" method="get" oninput="o.value=parseInt(x.value)">
0<input type="range" id="x" value="60" max="100" min="0 "step="1">100<br><br>
您选择的值是：<output name="o" for="x">60</output>
```

图 2-11　datalist 表单元素示例的页面效果

图 2-12　output 表单元素示例的页面效果

2）input 元素新增类型

① email 类型：自动校验输入内容是否为合法 E-mail 地址。例如，以下语句的页面效果如图 2-13 所示。

```
E-mail: <input type="email" name="user_email">
```

② url 类型：在浏览器中自动将用户输入的值转化为合法的 URL 参数。例如，以下语句的页面效果如图 2-14 所示。

```
URL:<input type="url" name="user_url"   />
```

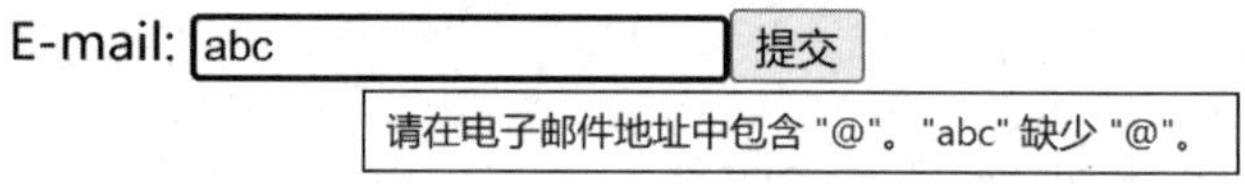

图 2-13　自动校验输入内容是否为合法 E-mail 地址

图 2-14　url 类型

③ number 类型：包含数值的输入域，能对接收的数字进行限制。例如，以下语句的页面效果如图 2-15 所示。

```
Points:<input type="number" name="points" min="1" max="10" step="1" value="5" />
```

④ 日期时间类型：用于选择日期时间等，包括 date（选择年、月、日）、month（选择年和月）、week（选择年和周）、time（选择小时和分钟）、datetime（选择 UTC 时间）、datetime-local（选择本地时间）。例如，以下语句的页面效果如图 2-16 所示。

```
Date:<input type="date" name="user_date"   />
```

⑤ color 类型：创建一个颜色选择器。例如，以下语句的页面效果如图 2-17 所示。

```
请选择颜色: <input type="color" name="color" value="#ff0000">
```

⑥ search 类型：创建一个搜索框。PC 端浏览器对该类型的处理与<input type="text">相

同，而在移动端浏览器上，将显示搜索键。例如，以下语句在手机上显示的页面效果如图 2-18 所示。

```
<input type="search" name="user_search"   />
```

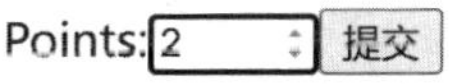

图 2-15　number 类型

图 2-16　日期时间类型

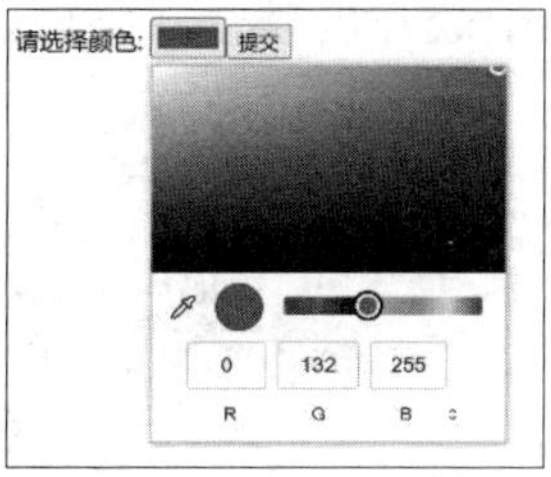

图 2-17　color 类型

图 2-18　search 类型（手机显示）

⑦ range 类型：创建一个滑动条，属性有 max（最大值）、min（最小值）、value（默认值）和 step（步长）。上文介绍 output 表单元素的示例语句给出了 range 类型的定义，页面效果如图 2-12 所示。

⑧ tel 类型：创建一个电话号码字段，PC 端浏览器对该类型的处理与<input type="text">相同，而在移动端浏览器上，将弹出数字键盘。

3）*input 元素新增属性*

① autocomplete 属性：值为 on 或 off，当值为 on 时，浏览器自动存储用户输入的内容。

② autofocus 属性：当设置 autofocus 属性时，页面加载完成后自动聚焦到<input>标记。

③ pattern 属性：<input>标记的验证属性，该属性的值是一个正则表达式，通过这个表达式可以验证输入内容的有效性。有关正则表达式的内容请见 3.1.8 节。示例如下：

```
用户名：<input type="text" name="uname" pattern="^[a-zA-Z]\w{2,7}" title="必须以字母开头，包含字符或数字，长度是 3~8"/><br/>
密码：<input type="text" name="pwd" pattern="\d{6}" title="必须输入 6 个数字" /><br />
```

④ required 属性：布尔型属性，包含此属性的表单元素必须被填写。若在发送时仍为空，则浏览器会给出相关提示。

⑤ placeholder 属性：又称占位符，用于提示用户在输入字段中应输入的内容。示例如下：

```
您的姓名：<input type="text" placeholder="请输入您的真实姓名" name="uname"><br />
```

HTML5 新增的表单属性还包括<form>标记的 autocomplete、novalidate，以及<input>标记的 form、formaction、formenctype、list 等，限于篇幅，这里不再赘述，请读者自行查阅有关规范。

4. 音视频支持

在 HTML5 出现之前，Web 页面访问音视频主要是通过 Flash、Activex 插件及 Microsoft 公司的 Silverlight 实现的。但由于安全、性能及不适用移动设备等问题，这些技术都将逐渐被 HTML5 替代。HTML5 通过标记<audio>和<video>支持嵌入式的媒体，使开发人员能够方便地将媒体嵌入 HTML 文档。

<audio>标记支持 MP3、WAV 和 Ogg 格式的音频文件；<video>标记支持 MP4、Ogg 和

WebM 格式的视频文件。但不同的浏览器版本可以支持的格式有差异，例如，IE9.0 以后的版本只支持 MP4 格式，Chrome 6.0 以后的版本支持 3 种视频格式等，读者可以自行查阅参考资料。

通过控制<video>标记的属性，可以设置网页视频的呈现方式。<video>标记的属性包括 src（视频的属性）、poster（视频封面，在未播放时显示的图片）、preload（预加载）、autoplay（自动播放）、loop（循环播放）、controls（浏览器自带的控制条）、width（视频宽度）、height（视频高度）。

【例 2-11】在网页中嵌入视频，并且可以进行播放控制。

```
<!DOCTYPE html>
<html><title>HTML5 Video Example</title>
<video src="./test.mp4"    width="640" height="480" controls="controls" >
您的浏览器暂不支持 HTML5 的<video>标记！
</video></html>
```

若在支持<video>标记的浏览器中播放该视频，则可以得到如图 2-19 所示的效果。

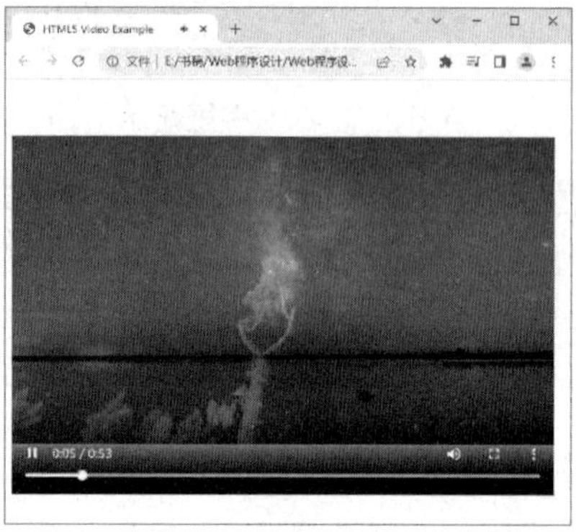

图 2-19　播放视频效果

5. 新增应用接口

在 HTML5 出现之前，HTML 可以通过 JavaScript 调用应用接口来操作页面元素，例如 DOM API（详见 3.5 节）。HTML5 新增的接口包括网络接口（WebSokets API）、地理定位接口（Geolocation API）等。这里简要介绍 Geolocation API。

Geolocation API 可使用户在 Web 页面中共享位置，使用位置感知服务。识别地理位置的一些应用就可以使用它来显示地图、导航和其他与用户当前位置有关的信息。HTML5 Geolocation 位置信息来源于经纬度和其他特性，以及获取这些数据的途径，如 GPS、Wi-Fi 或蜂窝站点等。常用浏览器 Chrome、Firefox、Opera 和 Safari 等都支持地理定位。

支持 Geolocation API 的浏览器会定义 navigator.geolocation 属性，用于获取用户的位置信息。navigator.geolocation 属性最基本的方法是 getCurrentPosition()，若该方法成功执行，则返回地理数据对象，其中包含了用户地理位置信息，主要有：coords.latitude，用户地理位置的十进制纬度；coords.longitude，用户地理位置的十进制经度；coords.accuracy，用户地理位置的精度，以米为单位；coords.altitudeAccuracy，用户地理位置的海拔精度，以米为单位。

【例 2-12】Geolocation API 用法示例。

```
<!DOCTYPE html>
<html><head><title>Geolocation API 用法示例</title></head>
<body><p id="geo_loc"></p>
<script type="text/javascript" >
if (navigator.geolocation)              //若浏览器支持地理定位
    {   navigator.geolocation.getCurrentPosition(showGeoPosition,showError)          }
else
    {   document.getElementById('geo_loc').innerHTML="您的浏览器不支持地理定位！"  }
function showGeoPosition(pos)     //显示地理位置函数
{ document.getElementById('geo_loc').innerHTML="经度："+pos.coords.longitude+"<br>纬度："
                                    +pos.coords.latitude+"<br>海拔："+pos.coords.altitudeAccuracy ;
}
```

```
function showError(err)              //显示出错信息函数
{    document.getElementById('geo_loc').innerHTML=err.code+"<br>"+err.message;    }
</script></body></html>
```

HTML5 新增的内容还有 Canvas 画布和 Web 存储等。

<Canvas>标记让开发人员可以在网页上绘制图像，并且提供接口以供开发人员使用 JavaScript 进行编程。通过<Canvas>标记的多重变化，开发人员可以在网页上尽情展示各种各样的样式效果，而不仅仅局限于使用 DIV+CSS 的传统样式。

HTML5 提供了 localStorage 和 sessionStorage 这两个对象，实现长久和临时的离线存储，解决了 Cookie 存储的安全问题和容量问题。有关技术细节请读者自行查阅资料。

2.2.3　HTML5 页面示例

由于 HTML5 强调内容与显示样式的分离，因此利用 HTML5 设计页面通常都要通过层叠样式表（CSS）来控制显示样式，关于 CSS 的详细内容请见 2.3 节。

【例 2-13】采用 HTML5 语义化标记和 CSS 设计如图 2-20 所示的页面，其中图 2-20（a）是页面在 PC 端浏览器中的显示效果，图 2-20（b）是在 PC 端浏览器中模拟手机显示的页面效果。

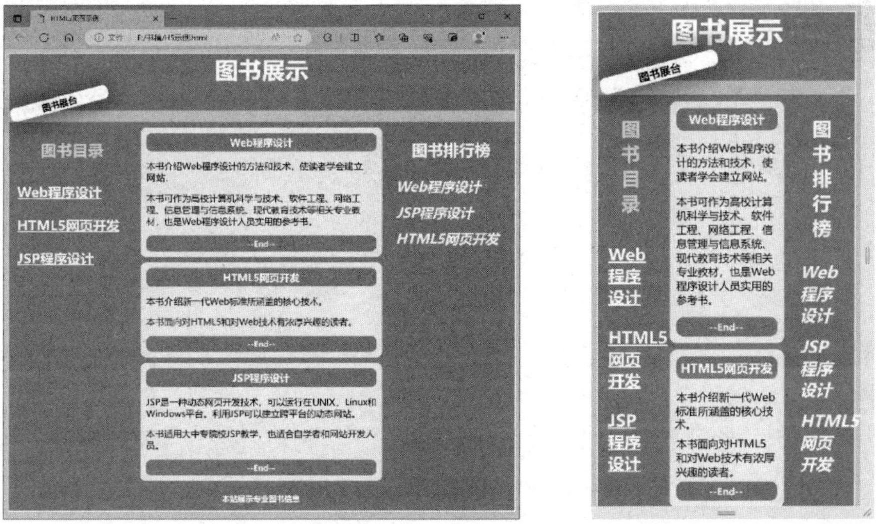

（a）在 PC 端浏览器中的显示结果　　（b）模拟手机显示的页面效果

图 2-20　HTML5 页面示例

该页面的 HTML5 代码如下：

```
<!DOCTYPE html>
<html><head><meta charset="utf-8">
<title>HTML5 页面示例</title>
<meta name="viewport" content="width=device-width, initial-scale=1.0,
                                    maximum-scale=1.0, user-scalable=no">
<link rel="stylesheet" href="test2.css"></head>
<body>
  <header>
      <h1>图书展示</h1>
      <h4>图书展台</h4>
  </header>
  <div id="container">
    <nav>
```

```
            <h3>图书目录</h3>
            <a href="http://www.phei.com.cn ">Web 程序设计</a>
            <a href="http://www.phei.com.cn ">HTML5 网页开发</a>
            <a href="http://www.phei.com.cn ">JSP 程序设计</a>
        </nav>
            <section>
                <article>
                    <header><h1>Web 程序设计</h1></header>
                    <p>本书介绍 Web 程序设计的方法和技术，使读者学会建立网站。</p>
                    <p>本书可作为高校计算机科学与技术、软件工程、网络工程、信息管理与信息系统、现代教育技术等相关专业教材，也是 Web 程序设计人员实用的参考书。</p>
                    <footer><h2>--End--</h2></footer>
                </article>
                <article>
                    <header><h1>HTML5 网页开发</h1></header>
                    <p>本书介绍新一代 Web 标准所涵盖的核心技术。</p>
                    <p>本书面向对 HTML5 和对 Web 技术有浓厚兴趣的读者。</p>
                    <footer><h2>--End--</h2></footer>
                </article>
                <article>
                    <header><h1>JSP 程序设计</h1></header>
                    <p>JSP 是一种动态网页开发技术，可以运行在 UNIX、Linux 和 Windows 平台。利用 JSP 可以建立跨平台的动态网站。</p>
                    <p>本书适用大中专院校 JSP 教学，也适合自学者和网站开发人员。</p>
                    <footer><h2>--End--</h2></footer>
                </article>
            </section>
            <aside>
                <h3>图书排行榜</h3>
                <p>Web 程序设计</p>
                <p>JSP 程序设计</p>
                <p>HTML5 网页开发</p>
            </aside>
            <footer><h2>本站展示专业图书信息</h2></footer>
    </div>
</body>
</html>
```

关于该 HTML5 页面的说明如下。

（1）HTML5 标记<meta name="viewport"…>可以使网页的宽度自动适应移动设备屏幕的宽度，格式如下：

```
<meta name="viewport" content="width=device-width, initial-scale=1,
                    maximum-scale=1, user-scalable=no">
```

其中，width=device-width 表示页面宽度是设备屏幕的宽度；initial-scale、minimum-scale、maximum-scale 分别表示初始、最大、最小缩放比例；user-scalable= yes | no 表示用户是否可以调整缩放比例。

（2）语句<link rel="stylesheet" href="test2.css">指明页面显示样式在 test2.css 中定义。test2.css 样式文件采用了相对宽度的布局与元素，使页面能根据屏幕宽度调整布局，如“font-size:2em;”样式定义字号为默认大小的 2 倍。样式文件 test2.css 内容如下：

```
body { background-color:#CCCCCC;    max-width:100%;   border:solid;   border-color:#FFFFFF; }
```

```
header { background-color:#F26E22; display:block;  color:#FFFFFF;       text-align:center; }
h1 { font-size:2em;  margin:0em; }
h2 { font-size:1.5em;  margin:0em;  text-align:center;  color:#F26E22; }
h3 {  font-size:1.5em;  margin:0em;  text-align:center;  color:#F26E22; }
h4 {  color:#000000;  background-color:#FFFFFF;  display:block;  -webkit-border-radius: 0.55em;
      -moz-border-radius: 0.55em; border-radius: 0.55em;
      -webkit-box-shadow: 0.125em 0.125em 2.5em #222222;
      -webkit-transform:rotate(-15deg);  -moz-box-shadow: 0.125em 0.125em 2.5em #222222;
      -moz-transform:rotate(-15deg);  position:absolute;padding:0.125em 3.125em;
      top:0em;  left:-6.25em;  text-align:center;  width:5em;  font-size:1em;
      }
header h2{ font-size:1.5em;  margin:0em; }
nav { display:block;  width:25%;float:left; }
nav a:link,nav a:visited {
          display:block;  border-bottom:0.1875em solid #F26E22;
          padding:0.105em; text-decoration;none;
          font-weight:bold;  font-size:1.5em;  margin:0.3125em;
 }
nav a:hover { color:#FFFFFF; background-color:#F26E22; }
nav h3 { margin:2em;  color:#DDDDDD; }
a { color:#FFFFFF;  }
a:hover { text-decoration:underline; }
#container { background-color:#888888; }
section { display:block; width:50%; float:left; }
article {  background-color:#EEEEEE; display:block;  margin:0.625em;  padding:0.625em;
          -webkit-border-radius: 0.625em; -moz-border-radius: 0.625em; border-radius: 0.625em;
 }
article header {  -webkit-border-radius: 0.625em; -moz-border-radius: 0.625em;
                  border-radius: 0.625em;padding:0.3125em;
 }
article footer {  -webkit-border-radius: 0.625em;  -moz-border-radius: 0.625em;
                  border-radius: 0.625em;padding:0.3125em;
 }
article h1 { font-size:1.125em;  }
aside { display:block;  width:25%;float:left;  }
aside h3 { margin:2em;  color:#FFFFFF;  }
aside p { margin:1em;  color:white; font-weight:bold; font-style:italic; font-size:1.5em; }
footer { clear:both; display:block;  background-color:#F26E22;
        color:#FFFFFF; text-align:center; padding:0.75em;
      }
footer h2 { font-size:0.875em; color:#FFFFFF; }
```

2.3 CSS

CSS 是用于表现 HTML 或 XML 等文件样式的语言规范，还可以配合各种脚本语言动态地对网页中的元素进行样式控制。CSS 能够将网页的样式与内容分离，提高了网页的可维护性和可扩展性。

2.3.1 为什么需要 CSS

HTML 中的显示特性是通过标记的属性来设置的，一旦设置就难以变化，且不能由程序控制，具有很大的局限性。CSS 是 W3C 为弥补 HTML 在显示属性设定上的不足而制定的一套扩展样式标准。它扩充了 HTML 标记的属性设定，称为 CSS 样式，并且通过脚本程序控制，可以使页面的表现方式更为灵活，更具动态特性。

所谓“层叠”，实际上是将显示样式独立于显示内容，进行分类管理，如分为字体样式、颜色样式等，需要使用样式的 HTML 文件进行套用。CSS 标准重新定义了 HTML 中原来的文字显示样式，并增加了一些新概念，如类、层等，可为文字重叠、定位等提供更丰富多彩的样式。CSS 常与 DIV 配合应用，进行网页布局设计。CSS 具有以下特点。

（1）表现和内容分离：将设计部分剥离出来放在一个独立样式文件中，HTML 文件只负责内容，样式交给 CSS 来实现。

（2）强大的控制能力：CSS 将对象引入 HTML，从而可以使用 JavaScript 脚本控制网页的显示效果，除了控制文本属性，如字体、字号、颜色等，还可以设计复杂的网页样式，如对象位置、图像效果、网页布局等。

（3）易于页面维护、更新及改版：DIV+CSS 页面通常将 HTML 和 CSS 文件分开，只需修改 CSS 文件就可以更新页面。

（4）提高网页浏览速度：CSS 可提供多种样式，以减少 GIF 动画的使用，DIV+CSS 布局较表格布局减少了页面代码，从而能设计出规模更小、下载速度更快的网页。

1996 年 W3C 发布 CSS 规范的第一版 CSS1，较全面地规定了文档的显示样式，包括选择器、样式属性等。1998 年推出 CSS2，2004 年修订为 CSS2.1，包含了 CSS1 的所有功能，并扩充了选择器和属性，包括布局、定位、浮动等多种功能。CSS 的最新版是 CSS3，它于 1999 年开始制定，兼容之前的版本。由于页面样式设计越来越复杂，W3C 决定将 CSS3 分成一系列模块，包括盒子模型、列表、超链接方式、语言、背景和边框、文字特效、多栏布局等模块，引入了许多新的特性和功能，包括动画、过渡、阴影、圆角、渐变等。这些模块大多都经历了草案、候选推荐和正式推荐的阶段，目前得到了主流浏览器的支持。CSS3 仍在不断开发中。本节以 CSS2.1 为主要依据介绍 CSS 样式表语言，在 2.3.7 节中介绍 CSS3。

2.3.2 样式表的定义和引用

样式表定义是 CSS 的基础，它的作用是告知浏览器如何呈现文件。先来看一个使用 CSS 定义 HTML 文件的例子。

【例 2-14】 下面是一个使用 CSS 对文字显示特性进行控制的 HTML 文件。

```
<html><head><title>CSS 示例</title>
<meta http-equiv="Content-Type" content="text/html; charset=utf-8">
<style type="text/css">
h1 {font-family:"隶书", "宋体";color:#ff8800}
.text {font-family: "宋体"; font-size: 14pt; color: red}
</style></head>
<body topmargin=4><h1>这是一个 CSS 示例！ </h1>
<span class="text">这行文字应是红色的。
</span></body> </html>
```

本例在浏览器中的显示结果如图 2-21 所示。

图 2-21 使用 CSS 对文字显示特性进行控制

该例使用了<style>标记，用于对 CSS 样式进行集中管理。<style>标记中定义了 h1 对象样式和一个类选择器.text，<h1>和</h1>之间的文字套用 h1 对象的样式，而<span>和

</span>之间的文字因定义了其类名为 text，故其套用类选择器.text 定义的样式。

1. 样式表的定义

样式是 CSS 的最小语法单位，每个样式包含两个部分：选择器（selector）和规则（rule）表，语法格式如下：

```
选择器{ 规则表}
```

选择器又称选择符，是指要引用样式的对象，如例 2-14 中的 h1、.text。CSS 选择器类型丰富、表达能力强大。

规则表是由一个或多个样式属性组成的样式规则，各个样式属性间由分号隔开，每个样式属性的定义格式如下：

```
样式属性名：属性值
```

样式定义中可以加入注解，格式如下：

```
/*字符串*/
```

例如，font-family: "宋体"、color:red 等均为样式属性的定义。以下是样式定义表的 2 个示例。

```
例① p { font-family: "宋体";
        color:darkblue;
        background-color:yellow;
        font-size:9pt;      /*字体大小*/
      }
```

```
例② h1,h2 { font-family:"隶书", "宋体";
            color:#ff8800;
            text-align:center;
          }
```

例①定义了一个样式表，供 HTML 文件的<p>标记使用，而例②也定义了一个样式表，供 HTML 文件的<h1>和<h2>标记使用。

在例②中，选择器由两个 HTML 标记组成，表示两种对象均遵循该样式定义。通常可以把描述同一个对象的样式集中在一起定义，如例①；当对象的样式很多时，也可以按照样式的类别分开定义。例如，例①也可以采用以下定义：

```
p { font-family: "宋体"; font-size:9pt;}
p { color:darkblue; background-color:yellow;}
```

2. CSS 选择器

CSS 选择器是一种匹配模式，用于匹配需要应用样式的对象。根据表达匹配对象方式的不同，CSS 选择器大致可分为基本选择器、属性选择器、伪类选择器和组合选择器等类型。其中，基本选择器根据 HTML 标记名、id 或类名进行匹配；属性选择器根据属性或属性值进行匹配；伪类选择器根据特定状态进行匹配；组合选择器则根据对象之间的特定关系进行匹配。

1）基本选择器

基本选择器包括标记选择器、通用选择器、类选择器和 id 选择器 4 种，基本选择器的名称、定义格式、含义及示例如表 2-11 所示。

表 2-11　基本选择器的名称、定义格式、含义及示例

选择器名称	定义格式	含　义	示　例
标记选择器（tag selector）	①E {规则表} ②E,F,… {规则表}	E,F,…为 HTML 标记，匹配指定的 HTML 标记，当有多个标记时，称为多元素选择器	a { color: red; font-size:9pt;} h1,h2,h3{ color: green; }
通用选择器（通配符选择器）（universal selector）	* {规则表}	匹配所有标记，不需要调用，浏览器自动为所有的元素使用样式	* { color: red; }

续表

选择器名称	定义格式	含　义	示　例
类选择器 （class selector）	①类名｛规则表｝ ②标记名.类名｛规则表｝	匹配 class 属性符合“类名”或“标记名.类名”的元素	.text {font-family: "宋体"; font-size: 14pt; color: red} p.back { background-color:#666666;}
id 选择器 （id selector）	#id 名｛规则表｝	匹配 id 属性符合“id 名”的元素，id 名不能以数字开头	#colorid1 { color:green;}

2）属性选择器

属性选择器可以为具有特定属性的 HTML 元素设置样式。定义格式如下：

```
E[attribute] { 规则 1; 规则 2; …}
```

其中 E 为 HTML 标记，可以省略；attribute 为属性。属性选择器的格式、含义及示例如表 2-12 所示。

表 2-12　属性选择器的格式、含义及示例

选择器格式	含　义	示　例
[attribute]	匹配具有指定属性的元素	[id]{background-color: red;}
[attribute=value]	匹配具有指定属性值的元素	[id="i2"]{background-color:green;}
[attribute ~=value]	匹配包含指定属性值的元素	[class~="c2"]{font-size: 28px; background-color: blue;}
[attribute |=value]	匹配属性值为 value 或以 value-为前缀的元素	[title|="ti"]{font-size: 36px; color:white; background-color: yellow;}

【例 2-15】CSS 属性选择器示例。本例先在页面中添加 5 个 DIV 块，并定义基本样式，再通过使用属性选择器来实现不同 DIV 块的样式设置。

```
<html><head><title>CSS 属性选择器示例</title>
<style type="text/css">
div {width:80%;line-height:50px; margin-top:20px;background-color:gray;color:white; }
[id]{background-color: red;}
[id="i2"]{background-color:green;}
[class~="c2"]{font-size: 28px; background-color: blue;}
[title|="ti"]{font-size: 36px; background-color: yellow;color:black; }
</style></head>
<body><div>one</div><div id="i2">two</div><div id="i3">three</div>
<div id="i4" class="c1 c2 c3">four</div><div title="ti-hi">five</div></body></html>
```

例 2-15 在浏览器中的显示结果如图 2-22 所示。

3）伪类选择器和伪元素选择器

伪类是特殊的类，可以区别标记的不同状态，定义格式如下：

```
E：伪类名 { 属性：值 }
```

其中 E 为 HTML 标记，可以省略；伪类名是由系统定义的，表示标记状态。常用伪类名有 active、hover、link、visited、first-child、last-child 等。伪类用 class 属性指定。

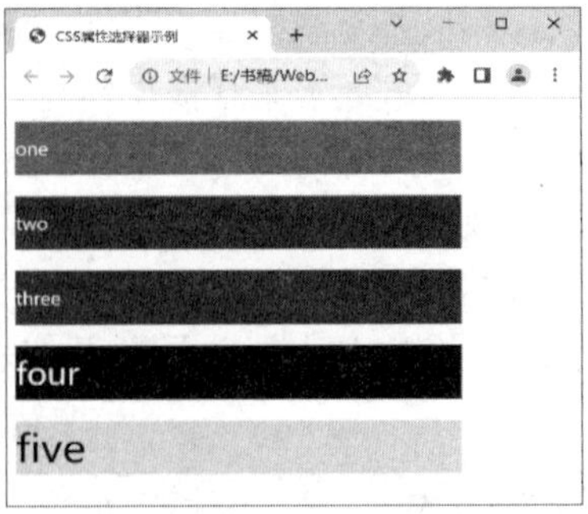

图 2-22　CSS 属性选择器示例的显示结果

伪类的一个常见的应用是指定超链接（<a>）的不同显示方式，包括未访问超链接（link）、已访问超链接（visited）和鼠标指针悬停于超链接（hover）时的样式。示例如下：

```
a:visited {color: #0000FF; text-decoration: none}
a:link {font-family: "宋体"; font-size: 9pt; color: #0000FF; text-decoration: none}
```

```
a:hover {font-family: "宋体"; font-size: 12pt; color: #003333;
        background-color: #FFCC99; text-decoration: none}
```

伪元素选择器的定义与伪类选择器类似，它用于设置元素的部分样式。定义格式如下：

```
E :: 伪元素名 { 属性: 值 }
```

其中 E 为 HTML 标记，可以省略；伪元素名也是由系统定义的，表示匹配要求。常用伪元素名有 first-line（匹配元素的第一行）、first-letter（匹配元素的第一个字符）等。例如，以下样式定义可用于设置元素的首行、首字母的样式：

```
p::first-line{ color: read; font-size: 48px; }
p::first-letter { font-size: 64px; }
```

注意，在 CSS2 中，伪元素的定义与伪类一样，都采用“:”，而 CSS3 为了表示两者的区别，采用了“::”。

4）组合选择器

组合选择器是对基本选择器的扩展，是根据对象之间的特定关系（如标记的父子关系、兄弟关系等）进行匹配的。常用组合选择器的名称、定义格式、含义及示例如表 2-13 所示。

表 2-13 常用组合选择器的名称、定义格式、含义及示例

选择器名称	定义格式	含 义	示 例
后代选择器	E F {规则表}	匹配属于标记 E 的后代元素 F	div p { font-weight: bold; }
子元素选择器	E>F {规则表}	匹配属于标记 E 的子元素 F	div>p { background-color: yellow; }
相邻兄弟选择器	E+F {规则表}	匹配与 E 相邻的兄弟元素 F	h3 + div { font-size:18pt; }

【例 2-16】 CSS 组合选择器示例。本例通过使用 3 种组合选择器，实现对具有父子关系或兄弟关系的 div、p、h3 元素的样式设置。

```
<html><head><title>CSS 组合选择器示例</title>
<style type="text/css">
div p { background-color: yellow; }
p > em { font-size:24pt; }
h3 + div { font-size:18pt; } </style></head>
<body><div><p>后代选择器-part1</p><section><p>后代选择器-part2</section></p></div>
<p>子元素选择器：<em>HTML 超文本标记语言</em></p>
<h3>相邻兄弟选择器</h3><div>h3 相邻同级元素</div>
<div>非 h3 相邻同级元素</div></body></html>
```

例 2-16 在浏览器中的显示结果如图 2-23 所示。

3. 样式引用

HTML 文档引用样式的方式主要有外部样式表、内部样式表和内联样式等。

1）外部样式表

创建好的样式表以 CSS 文件（通常扩展名为.css）格式存储。若某个 HTML 文档需使用该样式表，则在该文档头部用<link>标记链接到相应 CSS 文件即可。该方式可以在多个 HTML 文档间共享样式表，便于样式表的维护。例 2-17 说明了链接到外部样式表的方法。

【例 2-17】 先将样式定义存放于文件 style.css 中，再在 css1.html 中链接到该文件。style.css 文件包含的内容如下：

```
h1 {font-family:"隶书","宋体";color:#ff8800}
p {background-color:yellow;color:#000000}
.text {font-family: "宋体"; font-size: 14pt; color: red}
```

HTML 文件 css1.html 要引用该样式表，其文件内容如下：

```
<html><head><title>链接外部 CSS 文件示例</title>
<link rel=stylesheet type="text/css" href="style.css" media=screen></head>
```

```
<body topmargin=4 >
<h1>这是一个链接外部 CSS 文件的示例！</h1>
<span class="text">这行文字应是红色的。</span>
<p>这一段的底色应是黄色。</p></body></html>
```

例 2-17 在浏览器中的显示结果如图 2-24 所示。

图 2-23　CSS 组合选择器示例的显示结果

图 2-24　例 2-17 在浏览器中的显示结果

注意，CSS 样式文件不包含<style>标记，因为它是 HTML 标记，而不是 CSS 样式。

在 HTML 文件头部使用多个<link>标记就可以链接到多个外部样式表。<link>标记的属性主要有 rel、href、type 和 media。rel 属性定义链接的 CSS 样式文件和 HTML 文档之间的关系，通常取值为 stylesheet。href 属性指出 CSS 样式文件；type 属性指出样式的类别，通常取值为 text/css；media 属性指定接收样式表的显示终端，默认值为 screen（显示器）。

引用外部样式表也可以采用@import 声明方式，格式为@import URL("CSS 文件")。

2）内部样式表

内部样式表是指在 HTML 文档头部的<style>标记中嵌入的样式表，其作用范围是本 HTML 文档。例 2-14 就使用了内部样式表。

在<style>标记内样式表定义的前后加上注释符<!--...-->的作用是使不支持 CSS 的浏览器忽略样式表定义。<style>标记的属性 type 用于指明样式的类别，默认值为 text/css。

3）内联样式

内联样式又称行内样式，是在 HTML 标记中引用样式定义的，方法是将标记的 style 属性值设置为所定义的样式规则。由于样式是在标记内部使用的，所以被称为“内联样式”。

示例代码如下：

```
<h1 style="font-family:'隶书', '宋体';color:#ff8800">这是一个 CSS 示例！</h1>
<p style= "color:red;background-color:yellow ">......</p>
<body style= "font-family: '宋体';font-size:12pt;background:yellow ">
```

此时，样式定义的作用范围仅限于此标记范围之内。style 样式定义可以和原 HTML 属性一起使用。示例代码如下：

```
<body topmargin=4 style="font-family: '宋体';font-size:12pt;background:yellow">
```

style 属性是随 CSS 扩展出来的，它可以应用于除 basefont、script、param 外的体部标记。还要注意，若要在一个 HTML 文件中使用内联样式，则必须在该文件的头部对整个文档进行单独的样式表语言声明，声明语句如下：

```
<meta http-equiv= "Content-type " content= "text/css ">
```

内联样式主要用于样式仅适用于单个页面元素的情况。因为它将样式和要展示的内容混在一起，所以会失去样式表的优点，表现在样式定义和内容不能分离。因此这种方式应尽量少用。

上述引用 CSS 样式的方式可以混合使用，见例 2-18。

【例 2-18】设有样式表文件 st.css 和 HTML 文件 example_css.html，内容如下。本例在浏览器中的显示效果如图 2-25 所示。

文件 st.css：

```
h2 {font-family:"隶书";color:#ff8800}
p {color:black;background-color:yellow;font-size:12pt;}
.text {font-family: "宋体"; font-size: 16pt; color: red}
```

文件 example_css.html：

```
<html><head><title>CSS 综合应用示例</title>
<link rel=stylesheet type="text/css" href="st.css">
<style type="text/css">
a:visited {color: #0000FF; text-decoration: none}
a:link {font-family: "宋体"; font-size: 20pt;
        color: #0000FF; text-decoration: none}
a:hover { font-family: "宋体"; font-size: 12pt; color: #003333;
          background-color: #FFCC99; text-decoration: none}
</style></head>
<body topmargin=4 >
<h2>这是一个 CSS 样式文件综合示例！</h2>
<span class="text">这行文字应是红色的。</span>
<p>这一段的底色应是黄色。</p>
<a href="a.htm">超链接</a><br><br>
<div style="font-size:14pt;color:darkred;">CSS 样式有：<br>
外部样式表、内部样式表和内联样式</div></body></html>
```

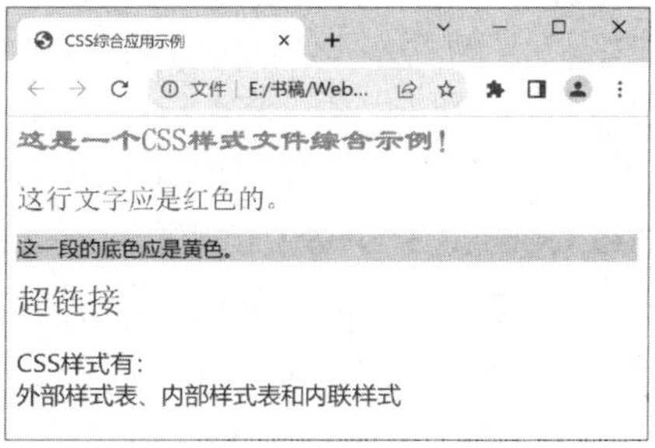

图 2-25　例 2-18 在浏览器中的显示效果

本例样式定义中的 a:link、a:visited、a:hover 分别定义超链接在未被访问、已被访问和鼠标指针悬停于超链接时的特性。

2.3.3　样式的优先级

CSS 样式遵循继承性和层叠性规则，并有不同的优先级，确保样式可以准确地发挥作用。

1. 样式的继承

看下面的例子。

```
<html><head><title>样式继承</title>
<style type="text/css">
h2 { color:red;}
</style></head>
<body><h2><u>DIV</u></strong>标记的作用</h2></body></html>
```

在<style>标记中定义了<h2>标记的样式；而在<body>标记中，<u>、</u>标记被包含在<h2>、</h2>中。那么<u>标记是否引用<h2>的样式呢？回答是肯定的。这就是样式继承的概念：将包含其他标记的标记称为父标记，将被包含的标记称为子标记，子标记将继承父标记的样式。在本例中，包含在<u>和</u>之间的文字“DIV”将显示为红色。

样式的继承还有一种特殊形式——相对值继承方式，即以百分比继承。示例如下：

```
<style>
p.class1 {font-size:12pt;}
p.class2 {font-size:200%}
p.class3 {font-size:100%}
</style>
```

若在体部有以下语句。

```
<p class="class1">第一段</p>
```

```
<p class="class2">第二段</p>
<p class="class3">第三段</p>
```

则该样式的相对值继承示例在浏览器中的显示效果如图 2-26 所示。

图 2-26　样式的相对值继承示例

本例中的 p.class2 和 p.class3 样式的 font-size 属性分别以 200%、100%的比例继承 p.class1 的 font-size 属性值，即两者的 font-size 值分别为 200% × 12pt=24pt、100%×12pt= 12pt。

2. 样式的作用顺序

样式的作用域指对一个标记而言，究竟哪个样式起作用。提出这个问题的原因在于，对一个标记来说，可能有多个样式都符合生效条件。示例如下：

```
<html><head><title>样式的作用顺序</title>
<style type="text/css">
    p { color:red; font-size:22pt;}
    p.c1{color:green; font-size:12pt; }
    p {font-size:16pt;text-align:center;}
</style></head>
<body><p style="color:blue">第一段</p>
<p class="c1">第二段</p><p>第三段</p></body></html>
```

在这个例子中，针对<p>标记定义了三个样式表，都对<p>标记中的文字和布局方式进行了设置。而体部共出现了三个<p>标记，那么它们分别应该应用哪个样式表呢？

样式表的作用优先顺序遵循以下四条原则。

① 内联样式中定义的样式优先级最高。

② 层叠型：即其他样式表按其在 HTML 文件中出现或被引用的顺序定义优先级，越在后出现，优先级越高。

③ 选择器的作用顺序由高到低为：id 选择器、类选择器、标记选择器。

④ 未在任何文件中定义的样式，将遵循浏览器的默认样式。

依据这些原则，对上例进行分析。第一个<p>标记使用了内联样式，该内联样式定义了文字颜色 color 为 blue，而在内部样式表中第一个和第三个<p>标记样式定义了 color、text-align、font-size 属性，并且两个标记中都有 font-size 属性，显然只有后一个值生效。因此第一个<p>标记套用的样式值为：color—blue，font-size—16pt，text-align—center。同理可以分析出第二个<p>标记套用的样式值为：color—green，font-size—12pt，text-align—center。而第三个<p>标记套用的样式值为：color—red，font-size—16pt，text-align—center。其余显示属性均采用浏览器默认值，该页面样式的显示效果如图 2-27 所示。

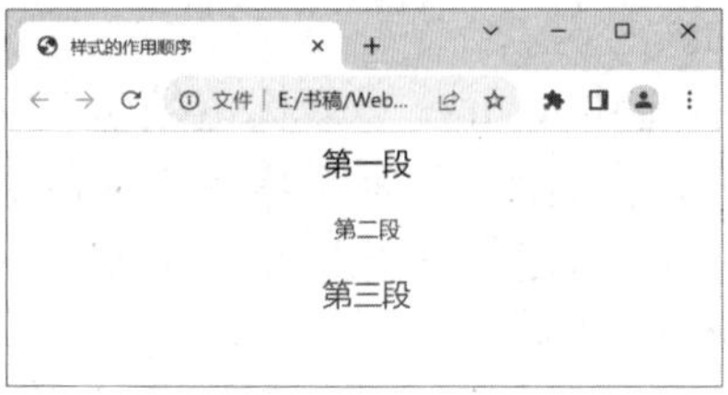

图 2-27　样式的作用顺序示例

由上例可以看出，当同时引用多个样式时，样式的作用顺序比较复杂，应特别注意。如果希望一个属性的值不被其他样式定义中相同属性的定义所覆盖，可用特定参数!important。例如，若将前例中第一个<p>样式定义改为：

```
p { color:red; font-size:22pt !important;}
```

则浏览器显示的“第一段”、“第二段”和“第三段”的字号都将变为 22pt。

2.3.4　CSS 基本属性

CSS 基本属性包括字体属性、颜色及背景属性、文本属性、列表属性、表格属性等。

1. 字体属性

字体属性包括字体（font-family）、字号（font-size）、字体风格（font-style）、字体加粗（font-weight）、字体变化（font-variant）及字体综合设置（font）等属性。字体属性的含义明确，使用简单，下面用一个示例来说明其用法。

【例 2-19】 CSS 字体属性用法示例。本例在浏览器中的显示结果如图 2-28 所示。

```
<html><head><title>字体样式示例</title>
<style type="text/css">
body {font-family:"宋体","隶书";}
p {font-size:24pt;}
p.weight_1{font-weight:100;}
p.weight_9{font-weight:900;}
p.font_i{font-style:italic;}
span {font-size:18pt;}
span.font_n {font-variant:normal;}
span.font_v {font-variant:small-caps;}
span.font_all {font: italic 30px bold;}
</style></head>
<body><p class="weight_1">第一段</p>
<p class="weight_9">第二段（加粗字体）</p><p class="font_i">第三段（斜体）</p>
<span class="font_n">This is Mary.</span><br><span class="font_v">This is Mary.</span><br><br>
<span class="font_all">这一行是字体综合设置：斜体、加粗，还可指定字高</span></body></html>
```

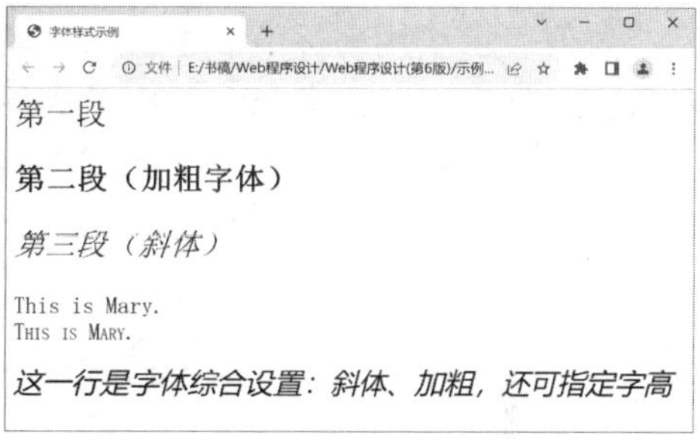

图 2-28　CSS 字体属性用法示例的显示结果

2. 颜色和背景属性

颜色属性指定页面元素的颜色，背景属性指定页面的背景颜色或背景图像的属性。颜色和背景属性包括前景颜色（color）、背景颜色（background-color）、背景图像（background-image）、背景重复（background-repeat）、背景附属方式（background-attachment）、背景图像位置（background-position）及背景属性（background）。表 2-14 列出了常用的颜色和背景属性。

表 2-14　常用的颜色和背景属性

属性名	可取值	含义	示例
color	英文单词 #RRGGBB #RGB	指定页面元素的前景颜色	h1{color:red} h2{color:#008800} h3{color:#080}
background-color	英文单词 #RRGGBB #RGB transparent	指定页面元素的背景颜色	body {background-color:white} h1{background-color:#0000F0} p { background-color:transparent}
background-image	统一资源定位器 URLs none	指定页面元素的背景图像	body {background-image:url(bg.gif)} p { background-image: url(http://www.phei.com.cn/bg.jpg)}
background-repeat	repeat repeat-x repeat-y no-repeat	指定一个被指定的背景图像被重复的方式。默认值为 repeat	body {background-repeat:no-repeat} p {background-repeat:repeat-x}
background-attachment	scroll fixed	指定背景图像是否跟随页面内容滚动。默认值为 scroll	body {background-attachment:fixed}

续表

属 性 名	可 取 值	含 义	示 例
background-position	数值表示法 关键词表示法	指定背景图像的位置	body {background-position:30% 70%} p {background-position:bottom left}
background	背景颜色、背景图像、背景重复、背景位置	背景属性综合设定	body {background:url(bg1.gif) green repeat-y fixed left 20pt}

背景图像位置（background-position）属性可以确定背景图像的绝对位置，这是 HTML 标记不具备的功能。该属性只能应用于块级元素和替换元素(包括 img、input、textarea、select、object)。background-position 值的表示有两种方式：数值表示法和关键词表示法。

数值表示法用坐标值表示位置，坐标原点是背景图像位置属性所属元素的左上角。数值表示法又分为百分比表示和长度值表示两种。百分比表示的格式为：*X*% *Y*%；长度值表示的格式为：*X*pt *Y*pt。它们的含义如图 2-29 所示。

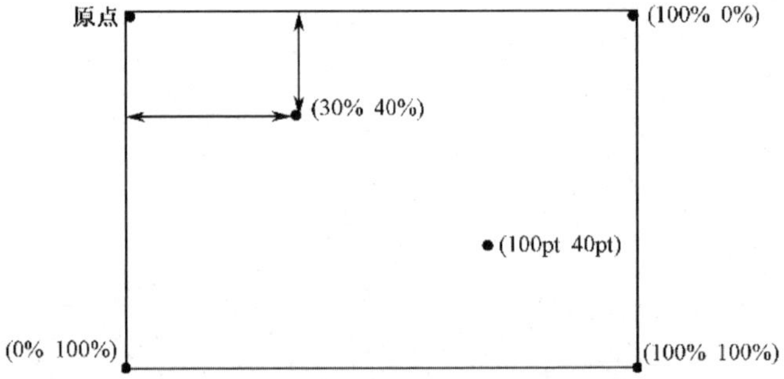

图 2-29　background-position 值的含义

例如，值 100pt 40pt 表示指定图像会被放于其所属元素的左起 100pt、上起 40pt 的位置。

关键词表示法以相应的英文单词表示位置。横向关键词有 left、center、right，纵向关键词有 top、center、bottom。关键词含义如下：

```
top left=left top=0% 0%
top=top center=center top=50% 0%
top right=right top=100% 0%
left=left center=center left=0% 50%
center=center center=50% 50%
right=right center=center right=100% 50%
bottom left=left bottom=0% 100%
bottom=bottom center=center bottom=50% 100%
bottom right=right bottom=100% 100%
```

百分比和长度值的两种表示方法可以混用，如 30% 10pt，但不能和关键词表示法混用。在数值表示法中，如果只指定一个值，那么该值作为横向值，纵向值默认为 50%。例如：background-position:30%与 background-position:30% 50%的效果相同。

【例 2-20】CSS 颜色和背景属性的用法示例。在浏览器中的显示结果如图 2-30 所示。

```
<html><head><title>颜色和背景属性的使用</title><style>
body {background-image:url(bg1.gif);background-repeat:repeat-y;}
p {color:green;background-color:aqua;background-image:url(bg2.gif);
background-repeat:no-repeat; background-position:40% 40pt}</style></head>
<body><p>这是一段文字<br>本段有一张不同于 body 的背景图<br>
它从 40% 40pt 处开始显示<br>并且不重复<br><br><br></p><br><br>
背景属性也可以用在 style 属性中，例如：<br>
```

```
<table width=90% border=2 cellpadding=50 cellspacing=2>
<tr><td style="color:darkred;text-align:right;background-repeat:no-repeat;
background-image:url(bg3.jpg);background-position:bottom left">
<span>本格背景图在[0% 100%]处</span></td>
<td style="color:red;background-repeat:no-repeat;
      background-image:url(bg3.jpg);background-position:top right">
<span>本格背景图在[100% 0%]处</span>
</td></tr><table></body></html>
```

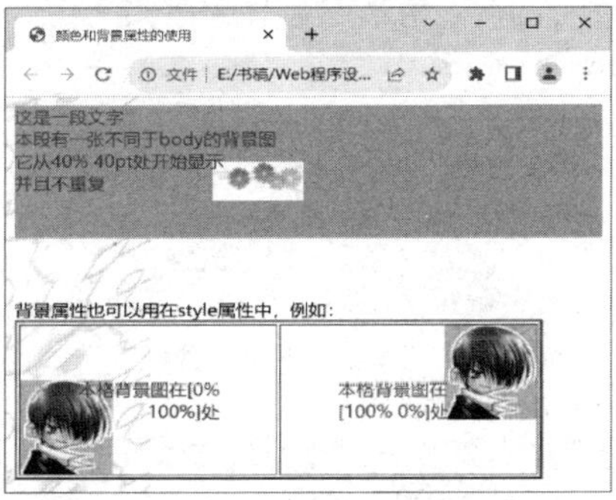

图 2-30　颜色和背景属性的用法示例在浏览器中的显示结果

3. 文本属性

文本属性用于设置文字的显示特性，包括字符间隔（letter-spacing）、文本修饰（text-decoration）、大小写转换（text-transform）、文本横向排列（text-align）、文本纵向排列（vertical-align）、文本缩排（text-indent）、行高（line-height）。表 2-15 列出了常用的文本属性。

表 2-15　常用的文本属性

属　性　名	可　取　值	含　　义	示　　例
letter-spacing	长度值|normal	设定字符之间的间距	h1 {letter-spacing:8pt} p {letter-spacing:14pt}
text-decoration	none|underline| overline| line-through| blink	设定文本的修饰效果，line-through 是删除线，blink 是闪烁效果。默认值为 none	a:link,a:visited,a:active { text- decoration:none}
text-align	left|right|center| justify（将文字均分展开对齐）	设置文本横向排列对齐方式	p {text-align:center} h1 {text-align:right}
vertical-align	baseline|super| sub|top|middle| bottom|text-top| text-bottom|百分比	设定元素纵向对齐方式。值的含义见下面的说明。默认值为 baseline	img.mid { vertical-align:50%} span.sup { vertical-align:super} span.sub { vertical-align:sub}
text-indent	长度值|百分比	设定块级元素第一行的缩进量	p { text-indent:30pt} h1 { text-indent:10%}
line-height	normal|长度值| 数字|百分比	设定相邻两行的间距。默认值为 normal	p { line-height:200%} p { line-height:30pt}

相关说明如下。

① vertical-align 属性的默认值为 baseline，表示该元素与其上级元素的基线对齐。当该属性的值为百分比时，表示在其上级元素的基线上变化的比例。该属性的其他值包括：super（上标）、sub（下标）、top（垂直向上对齐）、middle（垂直居中对齐）、bottom（垂直向下对齐）、text-top（文字向上对齐）、text-bottom（文字向下对齐）。

② line-height 属性值默认为 normal，表示由浏览器自动调整行间距；当该属性的值为数

字时，表示行间距等于文字大小乘以该数字所得的数值；当该属性的值为百分比时，表示行间距为字大小的百分比。例如，若字的大小为 14pt，line-height 属性值为 200%，则行间距为 14pt×200%=28pt。

【例 2-21】CSS 文本属性的用法示例。

```
<html><head><title>文本属性用法</title>
<style type="text/css">
h2.space {letter-spacing:10pt;}
p.ind {text-indent:20pt;color:darkred;background-color:#FFAAAA}
h3.dec {text-decoration:line-through}
p.hei1{line-height:16pt}
p.hei2 {line-height:32pt}
span.super {vertical-align:super;}</style></head>
<body>
<h2 class="space">本行字符间距是 10pt</h2>
<p class="ind">本段文字起始缩进 20pt，<br>后面可以跟正文。</p>
<h3 class="dec">本行文字带有删除线。</h3>
<p class="hei1">本行与下一行的间距为 16pt，<br>本行与上一行的间距为 16pt。</p>
<p class="hei2">本行与下一行的间距为 32pt，<br>本行与上一行的间距为 32pt。</p>
本行的 X 和 Y 带有上标：X<span class="super">3</span>+Y
<span class="super">3</span></body></html>
```

例 2-21 在浏览器中的显示结果如图 2-31 所示。

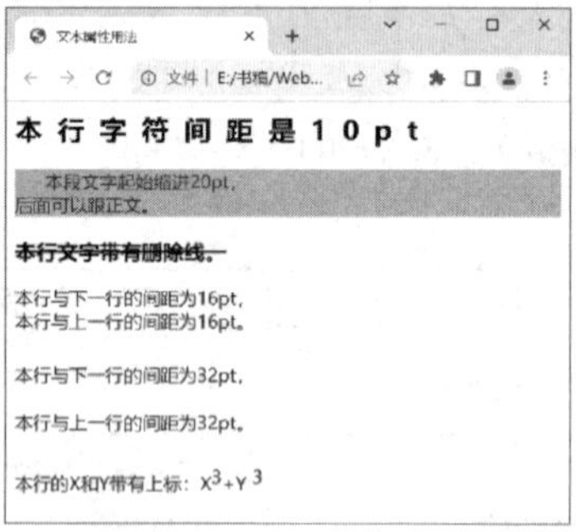

图 2-31　CSS 的文本属性用法示例在浏览器中的显示结果

4. 列表属性

列表属性用于设置列表标记（<ol>和<ul>）的显示特性，包括 list-style-type、list-style-image、list-style-position、list-style 等，它们的名称、取值及含义如表 2-16 所示。

【例 2-22】CSS 列表属性用法示例。

```
<html><head><title>列表属性用法</title>
<style type="text/css">
ul.ul { list-style-image:url("a.png"); list-style-position:outside;}
ol.ol { list-style-type:upper-roman; list-style-position:inside;}
</style></head>
<body><h3>计算机系</h3>
<ul class="ul">
    <li>计算机科学与技术 2022（1）班</li>
    <li>计算机科学与技术 2022（2）班</li></ul>
<h3>电子系</h3>
<ol class="ol">
    <li>电子信息工程 2022（1）班</li>
    <li>电子信息工程 2022（2）班</li></ol>
</body></html>
```

表 2-16　列表属性的名称、取值及含义

属 性 名	取　值	含　义
list-style-type	无序列表值： disc|circle|square； 有序列表值： decimal|owuer-roman| upper-roman|lower-alpha|upper-alpha； 共用值：none	列表项的项目符号。disc—实心圆点；circle—空心圆；square—实心方形；decimal—阿拉伯数字；lower-roman—小写罗马数字；upper-roman—大写罗马数字；lower-alpha—小写英文字母；upper-alpha—大写英文字母；none—不设定

续表

属性名	取值	含义
list-style-image	url（URL）	使用图像作为项目符号
list-style-position	outside|inside	设置项目符号是否在文字里，并与文字对齐
list-style	项目符号、位置	综合设置列表项属性

5. 表格属性

表格属性用于设置表格元素的显示特性，常用的 CSS 表格属性如表 2-17 所示。

表 2-17　常用的 CSS 表格属性

属性名	取值	含义
border-collapse	collapse | separate	设置是否合并表格边框，collapse 为合并表格边框
border-spacing	长度值 [长度值] 如：10px;或者 10px 5px;	设置相邻单元格之间的间距。若只设置 1 个值，则水平间距和垂直间距均为该值；若设置 2 个值，则分别为水平间距和垂直间距
width	长度值或百分比	设置表格的宽度
height	长度值	设置单元格的高度
background-color	颜色值	设置表格的背景颜色
padding	长度值	设置边框和表格内容之间的间距
caption-side	top | bottom	设置表格标题的位置
border	边框的粗细、线条样式、颜色等； 如：border: 1px solid red;	综合设置表格的边框属性

【例 2-23】CSS 表格属性用法示例。

```
<html><head><title>CSS 表格属性</title>
<style type="text/css">
table { border-collapse: separate; border-spacing:5px; width:80%; border:2px solid red; }
caption{ caption-side: bottom;   font-size:20pt; }
th{ height:30px; border:2px solid red; text-align: center; background-color: #ccc; }
td { border:1px solid blue; padding:5px; } </style></head>
<body><table><caption >物资列表</caption >
<thead> <tr><th>商品类别</th><th>数量</th></tr> </thead>
<tr><td>日用百货</td><td>10</td></tr>
<tr><td>电器</td><td>20</td></tr>
<tr><td>轿车</td><td>5</td></tr></table></body></html>
```

例 2-23 在浏览器中的显示结果如图 2-32 所示。

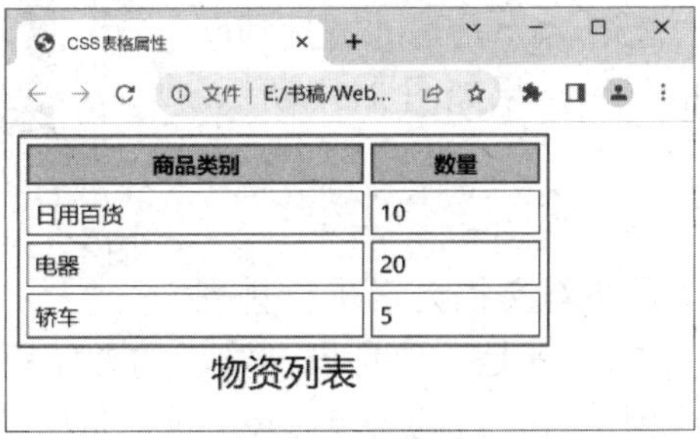

图 2-32　CSS 表格属性用法示例的显示结果

2.3.5　CSS 盒子模型

CSS 盒子模型（Box Model）是把 HTML 页面中的元素视作一个方形的盒子，每个盒子都由元素的内容（content）、内边距（padding）、边框（border）和外边距（margin）组成，如图 2-33 所示。盒子模型是在网页设计中经常用到的 CSS 技术所使用的一种思维模型。

content 是 HTML 元素内容，可以是文字或图片，它有高度（height）和宽度（width）属性；padding 是填充，即内边距；border 是边框，通常有大小和颜色等属性；margin 是外边距，即与其他盒子的距离。应用盒子模型进行页面设计的大多是块元素，包括 body、p、div、table、td、h1~h6 等，主要采用方框属性进行设置。

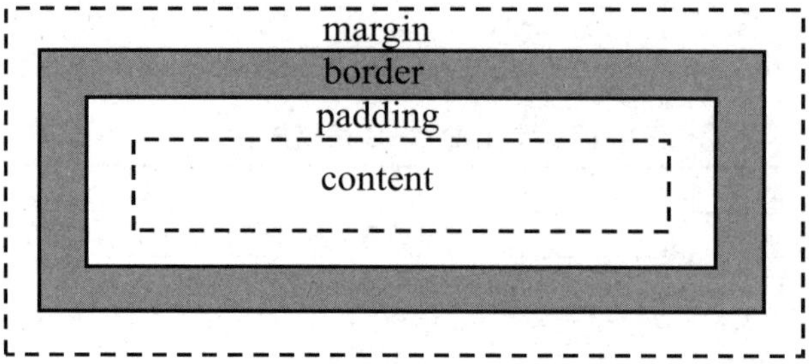

图 2-33　CSS 盒子模型

方框属性用于设置元素的边界、边框等属性值，方框属性包括外边距（margin）、内边距（padding）、边框（border）等，这部分属性繁多，设置方法复杂，详见附录 B（CSS 样式表属性）。下面通过例 2-24 说明常用的方框属性的用法。

【例 2-24】方框属性用法示例。

```
<html><head><title>方框属性用法示例</title>
<style type="text/css">
table { border: 1px solid red;}
p { background-color:#ddeeff; margin-top:10; margin-right:30; margin-bottom:10; margin-left:30;
    border-width:20pt; border-style:groove; border-color:blue;
    padding:20pt; width:200; height:80; } </style> </head>
<body><table><tr><td>
<p>这是本段的开始文字！本行距段边框 20pt。</p>
</td></tr></table></body></html>
```

例 2-24 定义了标记<p>的方框属性：上下边框与其上级元素（本例中是表<table>）的边界距离为 10，左右边框与其上级元素的边界距离为 30；边框宽度为 20pt；边框的样式是 3D 凹线；边框颜色为 blue；<p>标记中的内容与边框的距离为 20pt；<p>元素的宽度和高度分别是 200、80。例 2-24 的显示结果如图 2-34 所示。

图 2-34　方框属性用法示例的显示结果

2.3.6　CSS 页面布局

在网页设计中，页面布局是指对文档元素进行排列显示的规则。网页布局最基本的要求是，要考虑浏览者的方便程度并能够明确地传达信息，以及兼顾网页设计的审美，给浏览者一定的视觉享受。网页布局就是把网页的各种构成要素，如文字、图像、图标等，合理地排列起来。以前常使用表格来对页面进行布局，随着 CSS 技术的发展，使用 CSS（层叠样式表）+DIV（层）对页面进行布局已成为最常用的方式。CSS+DIV 页面布局使网页实现表现与内容的分离，即网站的结构、表现、行为三者分离，具有易于维护、显示效果好、浏览器兼容性好、下载速度快、满足不同终端需要等优点。

CSS 布局相关的属性包括浮动属性和定位属性。

1. 浮动属性

根据布局显示特点，CSS 将 HTML 元素分为块元素、内联元素和内联块元素。块元素独占一行，元素的高度、宽度及边距等均可设置，div、form、h1~h6、p、ul、ol、table-tr-td 等为块元素。内联元素又称行内元素，在一行内显示，没有自己的形状，不可定义宽度、高度等属性，span、a、strong、u、sub 等为内联元素。内联块元素也在一行内显示，可以定义宽度、高度等属性，img、input、label、textarea、select 等为内联块元素。

在默认情况下，块元素独占一行，如果需要让多个块元素在同一行中显示，就要采用 CSS 浮动属性。CSS 浮动属性可使块元素向左或向右浮动。常用的 CSS 浮动属性如表 2-18 所示。

表 2-18　常用的 CSS 浮动属性

属性名	取值	含义
float	left | right | none	设置是否浮动及浮动方向
clear	left | right | both | none	清除浮动，即设置元素的相应侧不允许出现浮动元素
display	block | inline | inline-block | none	设置元素显示方式
overflow	visible | hidden | scroll | auto	设置内容溢出边框时的处理方式

CSS 浮动属性可使块元素浮动，如将多个 DIV 框显示于一行，可用于页面布局。浮动属性也可应用于图像，使文本围绕在图像周围。下面用例 2-25 说明这些用途。

【例 2-25】利用 CSS 浮动属性实现页面的两栏布局，并使文字围绕在图像周围。

```
<html><head><title>CSS 浮动属性</title>
<style type="text/css">
* { margin:0; padding:0; }
.main{ width:620px; height:420px; }
.left { background-color:yellow; float:left; height:100%; width:100px; margin-left:2px; }
.right { background-color:#ddeeff; margin-left:5px; float:left; height:100%; width:500px; }
img.float{ float:left;}img.nofloat {clear:both}</style></head>
<body><div class="main">
<div class="left">左边功能栏</div>
<div class="right"><img class="float" src="hua.gif">
左边这幅图像是一束花。这些文字应围绕鲜花图像显示。……<br>
<img class="nofloat" src="img2.jpg"><br>这些文字不围绕在卡通图像两边。
</div></div></body></html>
```

例 2-25 的显示结果如图 2-35 所示。

2. 定位属性

CSS 提供用于二维和三维空间定位的属性，包括 top、left、position。利用它们可以将元素定位于其他元素的相对位置或绝对位置。

1）top、left、position 属性

top 属性设置元素与窗口上端的距离；left 属性设置元素与窗口左端的距离；position 属性设置元素位置的模式。top 和 left 属性通常配合 position 属性使用。

position 有三种取值，默认值为 static。

- absolute：绝对位置，原点在所属块元素的左上角。
- relative：相对位置，该位置是相对 HTML 文件中本元素的前一个元素的位置。
- static：静态位置，按照 HTML 文件中各元素的先后顺序显示。

【例 2-26】CSS 二维定位属性用法示例。本例在浏览器中的显示结果如图 2-36 所示。

```
<html><head><title>二维定位属性用法</title>
<style type="text/css">
```

```
p { font-size:12pt; color:green; }
div.block1 { position:absolute; top:80; left:120; width:200; height:200;
             background-color:#ddeeff; }
img.pos1 { position:relative; top:20; left:20; width:80; height:80; }
div.block2 { position:absolute; top:80; left:420; width:200;height:200;
             background-color:#ddeeff; }
img.pos2 { position:absolute; top:20; left:20; width:80; height:80; }</style></head>
<body><div class="block1"><img class="pos1" src="img1.gif"><br>
<p>这是一幅鲜花图像。</p></div>
<div class="block2"><img class="pos2" src="img1.gif"><br>
<p>这是一幅鲜花图像。</p></div></body></html>
```

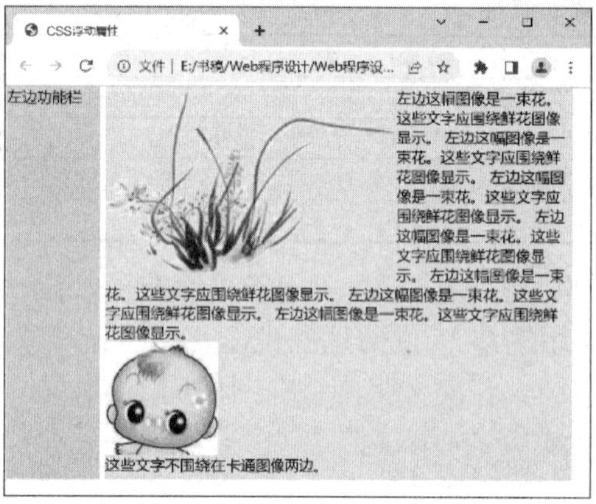

图 2-35　例 2-25 的显示结果

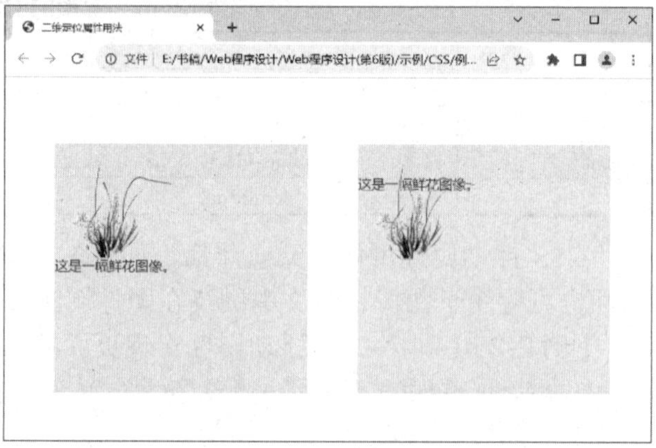

图 2-36　CSS 的二维定位属性用法示例的显示结果

2）三维空间定位

CSS 允许在三维空间中定位元素，与之相关的属性是 z-index，z-index 与 top 和 left 属性结合使用。z-index 将页面中的元素分成多个“层”，通过将多个层进行“堆叠”来营造出三维空间效果。z-index 的取值为整数，可以为正，也可以为负。值越大，表示在堆叠层中所处层级越高；值为 0 表示基准；值为负表示位置在 z-index=0 的元素之下。

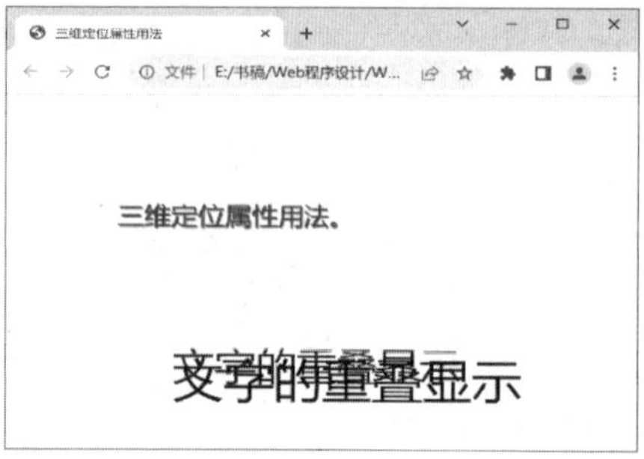

图 2-37　三维定位属性用法示例的显示结果

【例 2-27】三维定位属性用法示例。本例在浏览器中的显示结果如图 2-37 所示。

```
<html><head><title>三维定位属性用法</title>
<style type="text/css">
span { font-size:18pt;}
span.level2 { position:absolute; z-index:2; left:100;top:100; color:red;}
span.level1 { position:absolute; z-index:1; left:101;top:101; color:green;}
span.level0 { position:absolute; z-index:0; left:102;top:102; color:yellow;}
p.lev1 { position:absolute; top:200;left:150; z-index:2; font-size:34pt;color:blue;}
p.lev2 { position: absolute; top:200 ;left:150; z-index:-2;
         font-size:28pt;color:darkred; }</style></head>
<body><span class="level2">三维定位属性用法。</span>
<span class="level1">三维定位属性用法。</span>
<span class="level0">三维定位属性用法。</span>
<p class="lev1">文字的重叠显示</p><p class="lev2">文字的重叠显示</p>
</body></html>
```

2.3.7　CSS3 新增选择器和属性

CSS3 是最新的 CSS 标准，通常所说的 CSS3，指的是 CSS2.1 发布之后的新内容。CSS3 按模块进行开发，包括盒子模型、列表、超链接方式、语言、背景和边框、文字特效、多栏布局等模块，每个模块包含特定的功能，可以独立分级。

CSS3 支持设计更丰富的网页样式；增加了新的选择器，可以更精确地选择 HTML 元素并应用样式；引入了新的样式属性，可以实现更多的页面效果，并减少图片和 JavaScript 的使用；提供了更强的布局能力，可以更灵活地布局页面，适应不同的设备和屏幕。

1. CSS3 新增选择器

CSS3 新增的选择器主要有兄弟选择器、新的属性选择器、新的伪类选择器等，主要的新增选择器如表 2-19 所示。其中兄弟选择器又称普通兄弟选择器，是对 CSS2 相邻兄弟选择器的扩展；而新的属性选择器扩展了字符串匹配的能力。CSS3 新增了一批伪类选择器和伪元素选择器，扩展了对文档结构、元素状态等的处理能力，表 2-19 列出了部分新增的伪类选择器和伪元素选择器，定义格式中的 E 为 HTML 标记，可以省略。

表 2-19　主要的新增选择器

选择器名称	定义格式	含　义	举　例
兄弟选择器	E~F {规则表}	匹配标记 E 的所有兄弟元素 F	div~p { color:red; font-size:10pt;}
属性选择器	[attribute^=value]	匹配属性值以 value 开头的元素	[id^="nav"] { font-size: 18pt; }
	[attribute$=value]	匹配属性值以 value 结束的元素	[id$="nav"] { color: red; }
	[attribute*=value]	匹配属性值包含 value 的元素	[id*="nav"] { color: yellow; }
伪类选择器	E:root	匹配 HTML 文档根元素，即<html>	:root { font-size:30px; }
	E:nth-child(n)	匹配父元素的第 n 个子元素，子元素编号从 1 开始	p: nth-child(2) { color:red; }
	E:nth-last-child(n)	匹配父元素的倒数第 n 个子元素	p: nth-last-child(2) { color:red; }
	E:last-child	匹配父元素的最后一个子元素	p: last-child { color:red; }
	E:first-of-type	匹配父元素下与其使用同样标记的第一个子元素	p: first-of-type { color:red; }
	E:nth-of-type(n)	匹配父元素下与其使用同样标记的第 n 个子元素	p: nth-of-type(2) { color:red; }
伪元素选择器	E:enabled	匹配激活的元素，常用于表单或超链接	:enabled {font-family:"楷体"}
	E:disabled	匹配不可用的元素，常用于表单或超链接	:disabled{font-family:"宋体"}
	E:checked	匹配处于选中状态的元素	:checked {outline:red dashed 2px;}
	E:not(selector)	反向选择，匹配不符合选择器 selector 的元素	p.not(.black){color:green;}

【例 2-28】CSS3 新增选择器示例。本例在浏览器中的显示结果如图 2-38 所示。

```
<html><head><title>CSS3 新增选择器</title>
<style type="text/css">
p~p { color:red; font-size:10pt; }
li[id^="i2"]{background-color:blue;color:white}
.fruit div{ border:1px solid red; width:60%;font-weight: bold;}
.fruit div:nth-child(3){ font-size:20pt;}</style></head>
<body><p>兄弟选择器</p><p>p 同级元素-1</p><p>p 同级元素-2</p>
<ul><li>程序设计基础</li><li id="i2_term">数据结构</li></ul>
<div class="fruit"><div>苹果</div><div>梨子</div><div>香蕉</div></div>
</body></html>
```

2. CSS3 新增属性

CSS3 新增的属性包括文本字体、背景、2D/3D 转换、动画、多列、渐变和弹性盒子模型等多种类型，极大地提升了 CSS 表达页面视觉效果的能力和布局能力。

1）CSS3 部分类型的新增属性

CSS3 部分类型的新增属性如表 2-20 所示，类型包括文本字体、背景、圆角框。这些属性提升了 CSS 对文本、背景及块元素的样式表达能力。

表 2-20　CSS3 部分类型的新增属性

属性类型	属 性 名	属 性 值	含 义
文本字体	text-shadow	X 轴偏移量 Y 轴偏移量 阴影模糊半径 阴影颜色 例如：2px 2px 2px #ccc	为文本添加阴影
	text-overflow	clip | ellipsis	当文本溢出元素边框时的处理方式
	word-wrap	normal | break-word	单词换行方式
	word-break	normal | break-all | keep-all	单词自动换行方式
背景	background-origin	border-box | padding-box | content-box	背景覆盖的起点
	background-clip	border-box | padding-box | content-box	背景覆盖的范围
	background-size	cover | contain | 长度 | 百分比	设置背景的大小
圆角框	border-radius	长度 | 百分比	创建圆角框

【例 2-29】 CSS3 新增属性示例。本例在浏览器中的显示结果如图 2-39 所示。

```
<html><head><title>CSS3 新增属性</title>
<style type="text/css">
h3 {text-shadow:5px 5px 5px #aaa;}
p { color:red; font-size:20pt;width:400px;border:1px solid;
        text-overflow:ellipsis;overflow:hidden;white-space:nowrap;}
div{width:100px;height:80px;margin:5px;border:1px solid blue;padding:10px;border-radius:20px;}
</style></head>
<body>
<h3>CSS3 新增属性</h3>
<p>CSS3 新增的属性包括文本字体、背景、2D/3D 转换、动画、多列、渐变和弹性盒子模型
   等多种类型</p><div>圆角框</div></body></html>
```

图 2-38　CSS3 新增选择器示例的显示结果

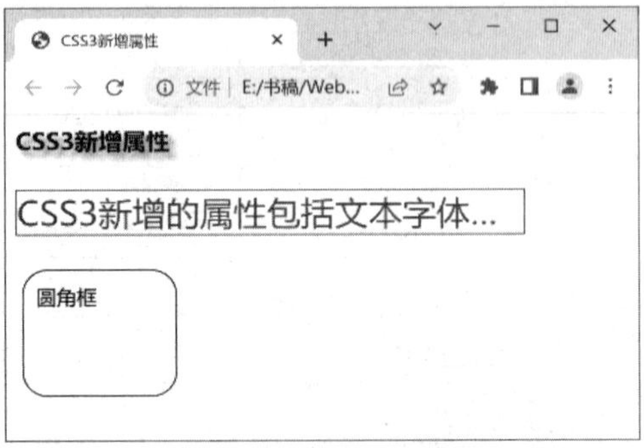

图 2-39　CSS3 新增属性示例的显示结果

2）CSS3 动画

使用 CSS3 动画属性能方便地创建动画，从而实现之前在网页中采用动画图像、Flash 或 JavaScript 实现的效果。CSS 动画是使网页元素从一种样式变化为另一种样式的过程。常见的动画效果有平移、旋转、缩放等。CSS 实现动画的方式也有多种，包括用 transition（过渡）属性实现动画、用 transform（转换）属性实现动画、用 animation（动画）属性实现动画等。下面简要说明用 transition 属性实现动画的方法。

transition 是 CSS3 的过渡属性，该属性可使元素从一种样式过渡到另一种样式。transition 的定义需要指定以下内容。

① transition-property：需要变化的 CSS 属性。

② transition-duration：完成过渡效果需要的时间单位（毫秒或秒）。

③ transition-timing-function：过渡函数，常用函数包括 liner（匀速）、ease（从慢到快再到慢）、ease-in（变快）、ease-out（变慢）、ease-in-out（先变快再变慢）。

④ transition-delay：动画效果的延迟触发时间（单位为毫秒或秒）。

【例 2-30】CSS3 动画示例。

```
<html><head><title>CSS3 动画</title>
<style type="text/css">
.ani{ width: 100px;height: 100px;background: aqua;padding:50px;font-size:30px;
      transition-property: width,height,background-color,border-radius;
      transition-duration: 1s;
      transition-timing-function: liner;
      transition-delay: 200ms; }
.ani:hover{ width: 150px;height: 150px;background: yellow;border-radius: 30%; }</style></head>
<body><div class="ani">动画框</div></body></html>
```

例 2-30 在浏览器中显示的初始页面如图 2-40（a）所示，将鼠标指针移至“动画框”所在区域，页面将产生渐变动画，矩形框将在 1s 内渐变为圆角框，渐变后的状态如图 2-40（b）所示。

（a）初始页面　　（b）渐变后的状态

图 2-40　CSS3 动画示例

3）CSS3 弹性盒子模型（Flex Box Model）

CSS3 弹性盒子（Flex Box）模型是为了适应 PC、平板、手机等多种设备屏幕而引入的一种新的布局模式。弹性盒子模型使用灵活，可以水平布局、垂直布局，还可以调换顺序、设置百分比等。弹性盒子由弹性容器（flex container）和弹性子元素（flex item）组成。若要使用弹性盒子，则首先要创建一个弹性容器，可以通过设置 display 属性的值为 flex 或 inline-flex 来将元素定义为弹性容器，然后就可以在弹性容器中放置多个弹性子元素来进行布局了。

弹性盒子模型的布局属性较多，常用的属性是 flex-direction，用于定义子元素的排列方向，取值包括 row（横向从左到右排列）、row-reverse（反转横向排列）、column（纵向排列）、column-reverse（反转纵向排列）。

【例 2-31】CSS3 弹性盒子示例。id 为 container 的 div 元素就是一个弹性盒子，该弹性盒子中包含了 3 个 div 弹性子元素，采用了横向从左到右排列的布局方式。本例在浏览器中的显示结果如图 2-41 所示。

```
<html><head><title>CSS3 弹性盒子示例</title>
<style type="text/css">
#container { display:flex; width:200px; height:150px; flex-direction: row; }
#box1, #box2, #box3{width:50px; padding:20px;}
#box1{background:aqua; }      #box2{background:yellow; }
```

```
#box3{background:orange; } </style></head>
<body><div id="container"><div id="box1">BOX1</div>
<div id="box2">BOX2</div><div id="box3">BOX3</div></div></body></html>
```

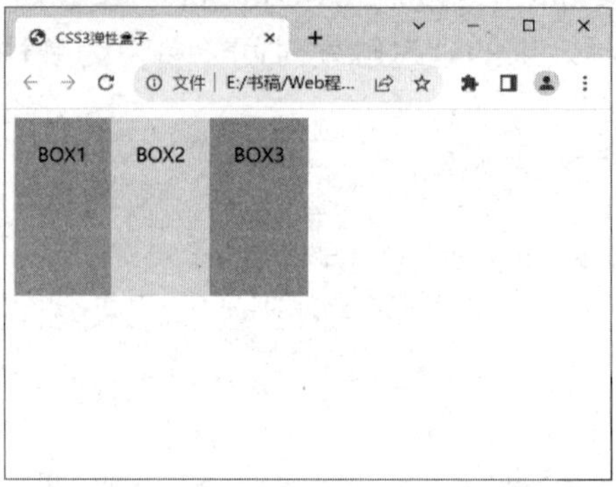

图 2-41　CSS3 弹性盒子示例的显示结果

2.4　XML

可扩展标记语言 XML 是一种标记定义语言，又称元语言。XML 可用于数据存储和传输，已成为重要的 Internet 标准，是不同应用程序之间进行数据交换的规范。XML 的主要应用包括应用程序间的数据传输、配置文件和小型数据库。

2.4.1　XML 概述

1. XML 的特性

（1）实现应用程序之间的数据交换。XML 是跨平台的，提供了在不同应用程序之间进行数据交换的规范，是一种公共的交互平台。

（2）数据与显示分离。一个 XML 文档并不能决定数据的显示效果，数据的显示效果需要由其他语言来确定（如 CSS 样式），XML 显示数据的原理如图 2-42 所示。

（3）数据分布式处理。XML 文档在传送给用户后，用户可以通过各类应用软件从 XML 文档中提取数据，进而对数据进行各种处理，如编辑、排序等。XML 文档对象模型（Document Object Model，DOM）允许使用脚本语言或其他编程语言处理 XML 数据，使得数据可以在各客户端中处理，而不必都集中在 Web 服务器上，实现了数据的分布式处理，如图 2-43 所示。

此外，XML 还具有可扩展性强、易学易用等特点。

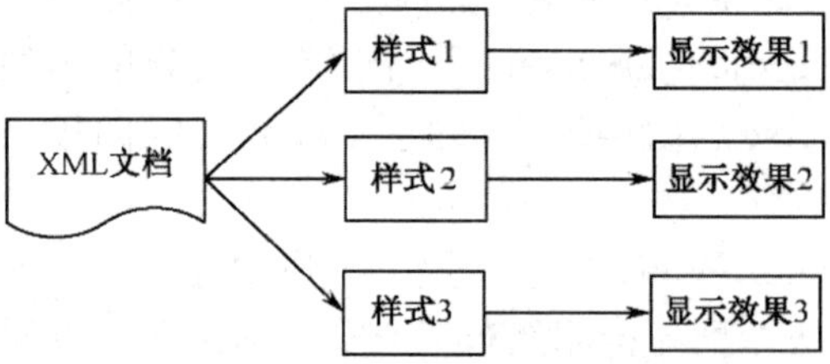

图 2-42　XML 显示数据的原理

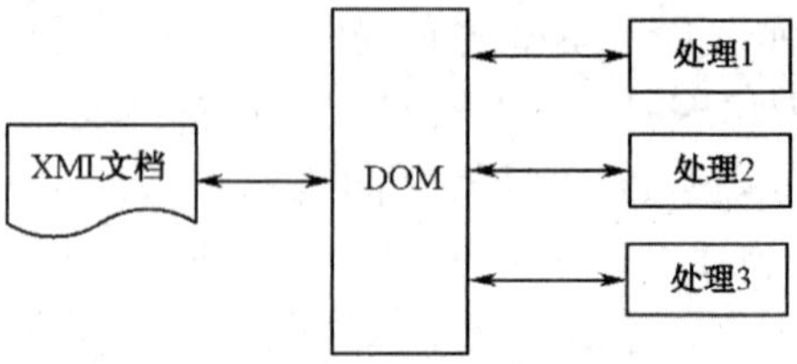

图 2-43　XML 数据分布式处理

2. XML 文档处理流程

XML 文档的处理流程如图 2-44 所示。

图 2-44　XML 文档的处理流程

整个处理过程分为以下 3 个阶段。

① 编辑。使用通用的文字处理软件或专用的 XML 编辑工具生成 XML 文档。

② 解析。对 XML 文档进行语法分析和合法性检查。读取其中的内容，通常以树形结构交给后续的应用程序进行处理，后续程序通常为浏览器或其他应用程序。

③ 浏览。将由 XML 解析器传来的 XML 树形结构以用户需要的格式显示或处理。

2.4.2　XML 文档结构

1. XML 文档的组成

XML 定义了如何标记文档的一套规则，可根据需要给标记取任何名字，如<BOOK>、<TITLE>、<AUTHOR>等。下面是一个格式正确的 XML 文档示例。

【例 2-32】XML 文档示例。

```
<?xml version='1.0' standalone='yes' ?>
<?xml-stylesheet type="text/css" href="Example.css"?>
<INVENTORY>
   <BOOK>
      <TITLE>The Adventures of Huckleberry Finn</TITLE>
      <AUTHOR>Mark Twain</AUTHOR>
      <BINDING>mass market paperback</BINDING>
      <PAGES>298</PAGES>
      <PRICE>$5.49</PRICE>
   </BOOK>
   <BOOK>
      <TITLE>Leaves of Grass</TITLE>
      <AUTHOR>Walt Whitman</AUTHOR>
      <BINDING>hardcover</BINDING>
      <PAGES>462</PAGES>
      <PRICE>$7.75</PRICE>
   </BOOK>
</INVENTORY>
```

由上述代码可知，XML 文档中不包含格式信息，而是定义了<BOOK>、<TITLE>、<AUTHOR>等标记来表示数据的真实含义。XML 标记包括定界符（即<>）及用定界符括起来的文本。

与 HTML 类似，在 XML 中，标记也是成对出现的。位于前面的是开标记，如<BOOK>、<TITLE>、<AUTHOR>等，而位于后面的是闭标记，如</BOOK>、</TITLE>、</AUTHOR>等。与 HTML 不同的是，在 XML 中，闭标记是不可省略的。另外，标记是区分大小写的，如<BOOK>和<Book>是两个不同的标记。标记和开/闭标记之间的文字结合在一起构成元素。所有元素都可以有自己的属性，属性采用"属性/值"对的方式写在标记中。

XML 文档主要由序言和文档元素组成。在文档元素之后可包括注释、处理指令和空格等。

1）序言

例 2-32 给出的示例文档的序言由两行组成：第一行是 XML 声明，用于说明这是一个 XML 文档，其中给出了版本号，还包括一个独立文档声明（standalone = 'yes'），该声明可以被某些 XML 文档用来简化文档处理。XML 声明是可选的。第二行有一条处理指令，该处理指令告诉应用程序使用文件 Example.css 中的 CSS，其目的是给有关 XML 应用程序提供信息。

2）文档元素

XML 文档元素是以树形分层结构排列的，元素可以嵌套在其他元素中。XML 文档必须只有一个顶层元素，称为文档根元素，类似于 HTML 中的 body 元素，其他所有元素都嵌套在其中。在例 2-32 中，文档元素是 INVENTORY，其起始标记是<INVENTORY>，结束标记是</INVENTORY>，内容是两个嵌套的 BOOK 元素。

在 XML 文档中，文档元素指出了文档的逻辑结构，并且包含了文档的信息内容。一个典型的文档元素有起始标记、元素内容和结束标记。文档元素内容可以是字符、数据、两者的组合或其他（嵌套的）元素。

2. 创建 XML 文档的基本规则

一个格式正确的文档是符合最小规则集的文档，它可以被浏览器或其他程序处理。下面是创建格式正确的 XML 文档的一些基本规则：

① 文档必须有一个顶层元素，所有其他元素都必须嵌入到其中。

② 元素必须被正确地嵌套。

③ 每个元素必须同时拥有开标记和闭标记。

④ 开标记中的元素类型名必须与相应闭标记中的元素类型名完全匹配。

⑤ XML 是区分大小写的。例如，下面的元素是非法的。

```
<TITLE>Leaves of Grass</Title>
```

3. 给元素添加属性

在一个元素的开标记中，可以包含一个或多个属性。属性由属性名、等号及属性值组成。属性名可以由用户任意定义。例如，下面的 PRICE 元素包含一个名为 Type 的属性，它被赋值为 retail。

```
<PRICE  Type= "retail" > $12.50 </PRICE>
```

在了解了 XML 文档的基本规则后，就能够编写一个规范的 XML 文档了。但是这个 XML 文档可能无法准确地描述客观事物，这是因为还没有一个更加详细的规范来约束 XML 文档，即还缺乏 XML 数据的底层数据结构。为此，人们制定了两个对 XML 文档进行约束的规范：文档类型定义 DTD（Document Type Definition）、XML Schema。其中，XML Schema 是继 DTD 之后的第二代用于描述 XML 文档的规范，功能更为强大。符合 XML 语法规则的 XML 文档被称为规范的 XML 文档，又称良构的 XML 文档，而符合 DTD 或 XML Schema 规范的 XML 文档被称为有效的 XML 文档。限于篇幅，本书不再详细介绍 DTD 和 XML Schema，有兴趣的读者可查阅有关资料。

2.4.3 XML 文档显示

可以直接在浏览器中打开 XML 文档，就像打开一个 HTML Web 页面一样。如果 XML 文档没有包含指向样式表的链接，那么浏览器只显示整个文档的文本，包括标记和字符数据。浏览器用带颜色的代码来区分不同的文档组成部分，并且以收缩和扩展树的形式显示文档元素，以便清楚地指出文档的逻辑结构并允许详细地查看图层。

如果 XML 文档包含指向样式表的链接，那么浏览器只显示文档元素的字符数据，并根据样式表指定的规则来格式化数据。

如果需要将 XML 文档在浏览器中按特定的格式显示出来，就必须要有另一个文件告诉浏览器如何显示。XML 文档的显示是由专门的样式文档来执行的，可以是 CSS，也可以是 XSL（eXtensible Stylesheet Language，可扩展样式表语言）。本节简要介绍使用 CSS 显示 XML 文档的步骤。有关使用 XSL 显示 XML 文档的步骤，请读者自行查阅有关资料。

使用 CSS 显示 XML 文档有两个基本步骤：一是创建 CSS 样式表文件；二是链接 CSS 样式表文件到 XML 文档。例如，对于例 2-32 来说，可以建立如下所示的样式表文件 Example.css。

```
BOOK        {display:block; margin-top:12pt; font-size:10pt}
TITLE       {font-style:italic}
AUTHOR      {font-weight:bold}
```

若要链接 CSS 样式表文件到 XML 文档，则需要插入保留的 xml-stylesheet 处理指令到 XML 文档中。这个处理指令有如下所示的通用格式，其中 CSSFilePath 为指示样式表文件位置的 URL。

```
<? xml-stylesheet type="text/css" href=CSSFilePath ?>
```

例如，例 2-32 中的 XML 文档中包含以下处理指令。

```
<? xml-stylesheet type="text/css" href="Example.css" ?>
```

例 2-32 的 XML 文档在浏览器中的显示效果如图 2-45 所示。

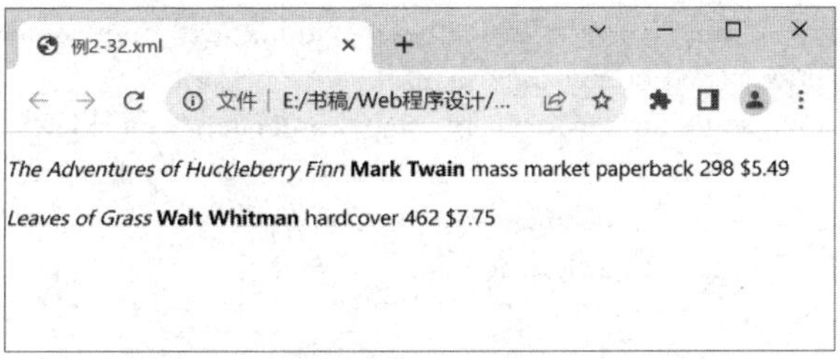

图 2-45　例 2-32 的 XML 文档在浏览器中的显示效果

2.5　应用示例——个人主页设计

本节通过个人主页设计示例对 HTML 和 CSS 的使用进行总结，读者可从示例中得到启迪，多做多练，以达到举一反三、灵活运用的目的。

【例 2-33】设计如图 2-46 所示的个人主页。该主页使用表格作为主要结构，一个表的表项又是另一个表。表结构在页面结构设计中具有灵活方便地规划显示区域的特点。

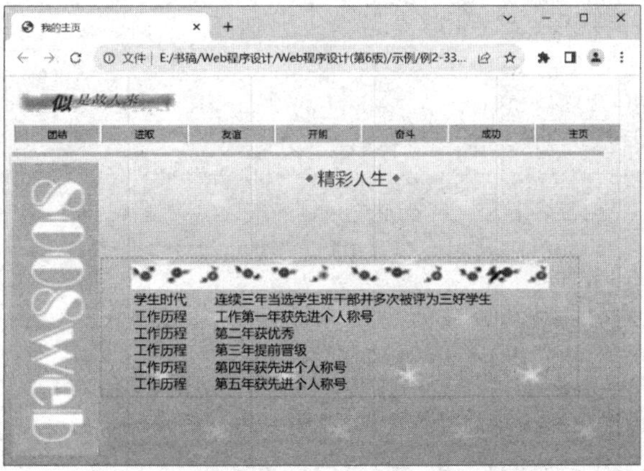

图 2-46　个人主页

本例使用了内部样式表，在头部通过<style>标记集中定义了页面的显示样式，还定义了页面按钮风格的“团结”“进取”等表项，使得页面显示风格灵活多样。

例 2-33 源代码如下：

```
<html><meta http-equiv="Content-Type" content="text/html; charset=utf-8">
<title>我的主页</title>
<style type=text/css>
a:link {font-size: 9pt; text-decoration: none;}
a:visited {font-size: 9pt; text-decoration: none;}
a:active {font-size: 9pt; text-decoration: none;}
a:hover {color: red; text-decoration: none;}
body {font-size: 9pt; line-height: 14pt;background-image:url("fallb.jpg");}
table {font-size: 9pt; line-height: 14pt;}
tr {font-size: 9pt }
td {font-size: 9pt }
.e {font-size: 16pt; font-family: "MS Sans Serif"; text-decoration: none;color:#ff6c26;}
#maintab { border-spacing:0; padding:0; width:720; border-width:0;}
#tab0 { padding:0; width:760; border-width:0;text-align:center;}
#tab1 { padding:2; width:743; border-width:0;text-align:center;}
#tab2 { border-spacing:0; padding:0; width:720;   border-width:0;text-align:center;}
#tab3 {border-spacing:0; padding:5; width:95%; border-width:2;text-align:center;
          border-style:dashed;border-color:aqua;}
.tabtitle { border-right: 1px ridge; border-top: 1px ridge; border-left: 1px ridge;
          border-bottom: 1px ridge;text-align:center;width:103;background-color:#a7d6ba;}
.tabcontentleft { width:23%; text-align:center; font-size:16px;}
.tabcontentright { width:77%; text-align:left; font-size:16px; }
#spantitle {font-size:16pt;color:red;}
</style></head>
<body><table id="maintab">
  <tr><td width="100%">
    <table id="tab0">
      <tr><td width="27%"><p align=center>
          <img border="0" src="s1.gif" width="200" height="40"></p></td>
          <td width="73%"></td>
      </tr></table></tr>
  <tr><table id="tab1">
      <tr><td class="tabtitle">团结</td><td class="tabtitle">进取</td>
          <td class="tabtitle">友谊</td><td class="tabtitle">开朗</td>
          <td class="tabtitle">奋斗</td><td class="tabtitle">成功</td>
          <td class="tabtitle">主页</td></tr></table></tr>
      <table id="tab2">
          <tr><td width="718" colspan="2"><hr color="#abd1ef" size="5" ></td></tr>
          <tr><td width="105" rowspan="3">
              <img border="0" src="web.png" width="105" height="360"></td>
              <td width="613"><p align="center"><span class="e">◆</span>
              <span id="spantitle">精彩人生</span><span class="e">◆</span></p></td></tr>
          <tr><td width="613">
                <table id="tab3">
                <tr><td width="100%" colspan="2">
                      <img border="0" src="18.gif" width="510" height="32"></td></tr>
                <tr><td class="tabcontentleft">学生时代</td>
                <td class="tabcontentright">连续三年当选学生班干部并多次被评为三好学生</td>
                </tr>
                <tr><td class="tabcontentleft">工作历程</td>
                   <td class="tabcontentright">工作第一年获先进个人称号</td></tr>
```

```
                <tr><td class="tabcontentleft">工作历程</td>
                    <td class="tabcontentright">第二年获优秀</td></tr>
                <tr><td class="tabcontentleft">工作历程</td>
                    <td class="tabcontentright">第三年提前晋级</td></tr>
                <tr><td class="tabcontentleft">工作历程</td>
                    <td class="tabcontentright">第四年获先进个人称号</td></tr>
                <tr><td class="tabcontentleft">工作历程</td>
                    <td class="tabcontentright">第五年获先进个人称号</td></tr>
                </table></td></tr>
            </tr>
        </table>
    </body>
</html>
```

本章小结

本章介绍了网页设计的基础 HTML 和 CSS，同时简要介绍了 XML。HTML 是在万维网上建立网页的基本语言，它是一种标记性语言，通过标记与属性进行描述。HTML 标记描述了文档的结构，是区分文档各个部分的分界符，用于将 HTML 文档划分成不同的逻辑部分，它与属性一起向浏览器提供该文档的格式化信息，以向浏览器传递文档的外观特征。CSS 可进行集中样式管理，实现内容和样式的分离，便于多个 HTML 文档共享样式定义。XML 是可扩展标记语言，其用途主要有两个：一是作为元标记语言，定义各种实例标记语言标准；二是作为标准交换语言，起描述交换数据的作用。

习　题　2

2.1　简述 HTML（超文本标记语言）的特点。
2.2　试述 HTML 文件的结构。
2.3　简述 HTML 表格（Table）的创建要点。
2.4　什么是表单（Form）？在 HTML 中如何创建表单？
2.5　在 HTML 中使用框架（Frame）结构的目的是什么？
2.6　简述 CSS（层叠样式表）的含义和作用。
2.7　说明 CSS 样式定义的方法，并举例说明。
2.8　CSS 选择器的作用是什么？说明常用的选择器类型。
2.9　试总结 CSS 样式引用的方式，并举例说明。
2.10 试总结样式作用的顺序，并举例说明。
2.11 试总结常用的 CSS 属性。
2.12 试说明 XML 的含义和特点。
2.13 试采用 HTML、CSS 样式表设计你的个人主页，主要包括简介、兴趣爱好、特长等。

上机实验

1. “Web 程序设计”课程网站主页面设计。

【目的】

（1）掌握 HTML 常用标记的用法。

（2）掌握应用表格进行页面布局的方法。

【内容】设计如图 2-47 所示的《Web 程序设计》课程网站主页面。

【步骤】

图 2-47 “Web 程序设计”课程网站主页面

（1）打开记事本程序。

（2）输入能够生成如图 2-47 所示页面的 HTML 代码，保存为.html 文件，文件名为 ex2-1。

（3）双击 ex2-1.html 文件，在浏览器中查看结果。

2. 设计“Web 程序设计”课程网站“教学内容”页面。

【目的】

（1）进一步熟练使用 HTML 的常用标记。

（2）掌握应用框架进行页面布局的方法。

【内容】设计如图 2-48 所示的“Web 程序设计”课程网站的“教学内容”页面。

要求：在“教学内容”页面中，左边为各章标题，每章标题都是超链接，单击章标题后，将在右边显示该章的教学内容。

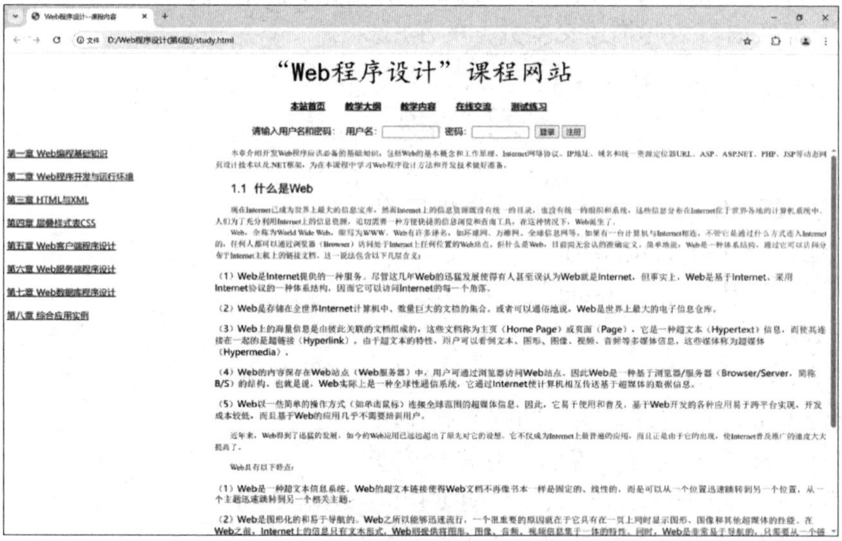

图 2-48 “Web 程序设计”课程网站的“教学内容”页面

【步骤】

（1）打开记事本程序。

（2）输入能够生成如图 2-48 所示页面的 HTML 代码，分别保存为 study.html、title.html、chapter.html、chap1.html ~ chap8.html 文件。

（3）双击 study.html 文件，在浏览器中查看结果。

3. 用 CSS 的字体、颜色和文本等属性控制网页显示样式。

【目的】掌握用 CSS 属性控制网页文字和颜色显示样式的方法。

【内容】利用 CSS 样式表实现对文字的显示控制（文字内容可自行选择）：分别设置字体为隶书、楷体、宋体，字号分别为 20pt、16pt、24pt，字体风格分别为正常、斜体、正常，字符间距分别为 2pt、5pt、2pt，第二行文字带有背景色，最后一行文字带有删除线。页面效果如图 2-49 所示。

【步骤】

（1）打开记事本程序。

（2）输入能够生成如图 2-49 所示页面的 HTML 代码（图片可另选），保存为 ex2-3.html 文件。

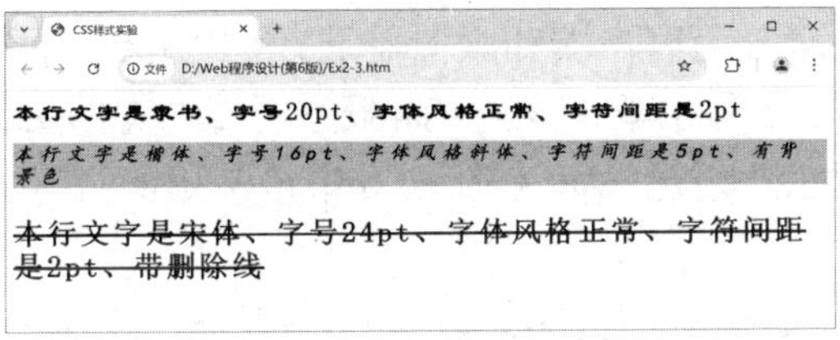

图 2-49　用 CSS 属性控制网页显示样式

（3）双击 ex2-3.html 文件，在浏览器中查看结果。

4. 用 CSS 控制网页显示样式。

【目的】掌握用 CSS 样式表控制网页显示样式的方法。

【内容】利用 CSS 样式表实现例 2-33 中的个人主页（图片可另选）。

【步骤】

（1）打开记事本程序。

（2）输入能够生成如图 2-46 所示页面的 HTML 代码（图片可另选），保存为 ex2-4.html 文件。

（3）双击 ex2-4.html 文件，在浏览器中查看结果。

5. 用 HTML5 语义化标记设计网页，用 CSS 控制网页显示样式。

【目的】掌握用 HTML5 语义化标记设计网页的方法，以及用 CSS 样式表控制网页显示样式的方法。

【内容】利用 HTML5 语义化标记和 CSS 样式表设计如图 2-50 所示的网页，并在 PC 浏览器的移动设备模拟调试器中观察网页显示结果。

【步骤】

（1）打开记事本程序。

（2）输入能够生成如图 2-50 所示页面的 HTML 代码（图片可另选），保存为 ex2-5.html 文件。

（3）双击 ex2-5.html 文件，在浏览器中查看结果。

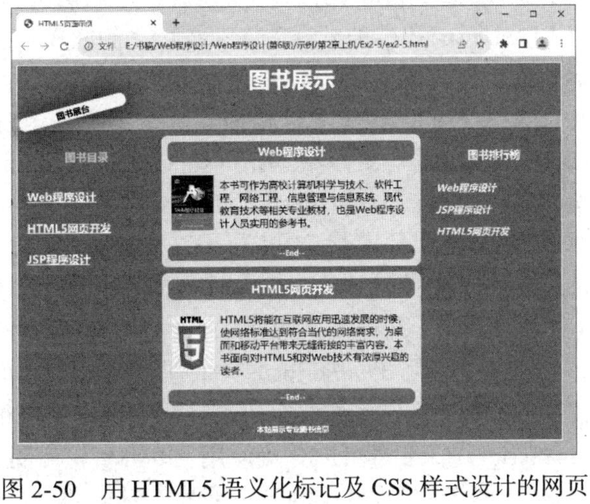

图 2-50　用 HTML5 语义化标记及 CSS 样式设计的网页

第 3 章　JavaScript 程序设计

Web 具有丰富的功能，人们不仅可以浏览 Web 提供的信息，而且可以进行信息搜索，开展电子商务活动等。为实现这些功能，开发人员必须使用网络编程技术设计动态网页。所谓动态，指的是按照访问者的需要，对访问者输入的信息做出不同的响应，提供响应信息。动态网页设计技术可进一步分为客户端和服务器端，客户端动态网页设计技术主要使用 CSS（层叠样式表）并在浏览器中执行脚本程序，而服务器端动态网页设计技术则主要使用 JSP、ASP.NET、PHP 等。本章主要讨论 Web 程序设计中最常用的脚本程序设计语言 JavaScript。

3.1　JavaScript 语言基础

3.1.1　JavaScript 语言概述

JavaScript 是一种嵌入在 HTML 文件中的脚本语言，它是基于对象和事件驱动的，能对鼠标单击、表单输入、页面浏览等用户事件做出反应并进行处理。1995 年，它由 Netscape 公司在其浏览器 Netscape 2.0 中首次推出，最初被称为“Mocha”，当在网上测试时，又被称为“LiveScript”。Sun 公司在 1995 年 5 月正式推出 Java 后，Netscape 公司引进 Java 的有关概念，将 LiveScript 更名为 JavaScript。随后几年，JavaScript 已经被大多数浏览器支持。

最初的 JavaScript 只是一种客户端编程语言，随着它的不断发展，已经可以完成较复杂的服务器端编程任务了。JavaScript 从被推出到今天，经过多次更新和改进，其功能不断完善。目前的 JavaScript 由 3 个部分组成。

① 核心（ECMAScript）：描述了 JavaScript 的语法和基本对象。JavaScript 核心部分的标准是 ECMAScript，由欧洲计算机制造商协会（European Computer Manufactures Association，ECMA）制定和维护。ECMAScript 标准的第一版在 1997 年发布，至今已经发布了十多个版本。广为使用的是 ECMAScript5 和 ECMAScript6（又称 ES5 和 ES6），分别是在 2009 年和 2015 年发布的，引入了严格模式、数组方法、JSON 对象等功能。

② 浏览器对象模型（Browser Object Model，BOM）：与浏览器交互的方法和接口。BOM 没有统一标准，但现代浏览器几乎都实现了相同的与 JavaScript 交互的方法和属性。

③ 文档对象模型（Document Object Model，DOM）：处理网页文档的方法和接口。DOM 将标记语言文档封装为对象，实现对标记语言文档的操作。DOM 遵循 W3C 的标准。

JavaScript 具有以下特点。

① 简单性。JavaScript 是一种被大幅简化了的编程语言，即使用户没有编程经验，也可以较快地掌握它。它不像高级语言，在使用方面有很严格的限制，而是非常简洁灵活，例如，在 JavaScript 中，变量可以直接使用，不必事先声明，也没有对变量的类型进行十分严格的规定。

② 基于对象。JavaScript 是基于对象的，它允许用户自定义对象，同时浏览器还提供了大量内建对象，使开发人员可以将浏览器中不同的元素作为对象来处理，体现了现代面向对象程序设计的基本思想。但 JavaScript 不是完全面向对象的，它不支持类和继承。

③ 可移植性。在大多数浏览器上，JavaScript 脚本程序可以不经修改而直接运行。

④ 动态性。JavaScript 是设计交互式动态网页，特别是客户端动态网页的重要工具。

3.1.2　JavaScript 程序的编辑和调试

我们可以用任何文本编辑器来编辑 JavaScript 程序。在编辑完成后，我们需要将 JavaScript 程序嵌入 HTML 文件，在浏览器中进行程序的调试。

将 JavaScript 程序嵌入 HTML 文件的方法有以下两种。

① 在 HTML 文件中使用<script>和</script>标记加入 JavaScript 语句，这样，HTML 语句和 JavaScript 语句就位于同一个文件中，其格式为：<script language="JavaScript">。

其中，language 属性指明脚本语言的类型，通常使用的脚本语言是 JavaScript。<script>标记可被插入到 HTML 文件中的任何位置。

② 先将 JavaScript 程序存放为以“.js”为扩展名的文件，再利用<script>标记将其嵌入 HTML 文件，其格式为：<script src=JavaScript 文件名>。

在方法②中，<script>标记通常位于 HTML 文件的头部。此方法将 HTML 语句和 JavaScript 语句分别存放，有利于程序的共享，即多个 HTML 文件可以共用相同的 JavaScript 程序。

下面是一个 JavaScript 简例。

```
<html><head><title>JavaScript 简例</title></head>
    <body>
      <script language="JavaScript"> alert( "世界， 你好!" );</script>
    </body>
</html>
```

本例在 HTML 文件中用<script>和</script>标记嵌入了一个 JavaScript 语句 alert()，它是 JavaScript 浏览器对象 Window 的预定义方法，其功能是弹出具有一个“确定”按钮的对话框。该对话框所显示的内容为其参数给出的字符串。本例运行结果如图 3-1 所示。

图 3-1　JavaScript 简例运行结果

在编写 JavaScript 程序时还要注意以下 3 点。

① JavaScript 是大小写敏感的。

② 在 JavaScript 程序中，换行符是一个完整语句的结束标志；若要将几行代码放在一行中，则各语句间要以分号（;）分隔。

③ JavaScript 的注释是双斜杠“//”之后的部分，或符号“/*”与符号“*/”之间的部分。

3.1.3　JavaScript 基本语法

JavaScript 基本语法与 C 语言相似，它继承了 C 语言的优点，并融入了面向对象思想。

1. 数据类型

JavaScript 有 3 种基本数据类型：数值型、逻辑型和字符型。

① 数值型。数值型数据包括整数和浮点数。整数可以是十进制数、八进制数和十六进制数，八进制数以 0 开头，十六进制数以 0x 开头。例如：100（十进制）、021（八进制）、0x5d（十六进制）。以下是浮点数示例：2.57，1.3e6，2，7e−10。

② 逻辑型。逻辑型数据有 true 和 false 两种取值，分别表示逻辑真和逻辑假。

③ 字符型。字符型数据是以双引号（"　"）或单引号（'　'）括起来的任意长度的一串

字符。注意，反斜杠“\”是转义字符，常用的转义序列包括\n——换行符、\t——水平制表符、\r——回车符、\b——退格符。

2. 常量和变量

1）常量

常量是在程序中值保持不变的量。JavaScript 的常量以直接量的形式出现，即在程序中直接引用值，如“欢迎您”、28 等。

常量值可以为数值型（整型、实型）、逻辑型及字符型。另外，JavaScript 中有一个空值 null，表示什么也没有，若试图引用没有定义的变量，则程序会返回一个 null 值。

2）变量

变量是在程序中值可以改变的量。JavaScript 用保留字 var 声明变量，或使用赋值的形式声明变量，示例如下：

```
var str;                    /*声明变量 str*/
num1=10;                    /*说明 num1 为整型，并将其赋值为 10*/
num2=3.02e10;
str1="欢迎您";
```

JavaScript 变量的使用比较灵活，可以在程序中需要的地方声明变量、为变量赋值，而不必事先声明程序中要用到的所有变量，并且可以不声明而直接使用变量，如上述示例所示。JavaScript 变量的使用灵活性还体现在其弱类型检查特点上，弱类型检查允许随时改变一个变量的数据类型，示例如下：

```
num1=10;                    /*说明 num1 为整型*/
num1=3.02e10;               /*将 num1 改变为浮点型*/
num1="欢迎您";              /*甚至还可以将 num1 改变为字符型*/
```

JavaScript 命名变量的规则如下。

① 变量名必须以字母开头，只能由字母、数字（0~9）和下画线“_”组成。

② 变量名长度不能超过 1 行，并且不能使用 JavaScript 保留字作为变量名。

③ 变量名中的字母区分大小写。

表 3-1 列出了 JavaScript 的保留字，保留字是系统预先定义、具有特殊含义和用途的字符串，不能作他用。

表 3-1　JavaScript 的保留字

abstract	boolean	break	byte	case	catch
char	class	const	continue	default	do
double	else	extends	false	final	finally
float	for	function	goto	if	implements
import	in	instanceof	int	interface	long
native	new	null	package	private	protected
public	return	short	static	super	switch
synchronized	this	throw	throws	transient	true
try	var	void	while	with	

3. 运算符

JavaScript 的运算符包括赋值运算符、算术运算符、字符串运算符、逻辑运算符、关系运算符和位运算符。

① 赋值运算符。赋值运算符为“=”，语法格式为“变量=表达式”，功能是将表达式的值赋予变量。赋值运算符可与其他运算符构成复合赋值运算符，如表 3-2 所示，示例如下：

```
x=100;          //将值 100 赋予变量 x
a+=10;          //即 a←a+10
```

表 3-2　JavaScript 的复合赋值运算符

记　法	含　义	记　法	含　义
a+=b	a=a+b	a−=b	a=a−b
a*=b	a=a*b	a/=b	a=a/b
a%=b	a=a%b	a<<b	a=a<<b
a>>=b	a=a>>b	a>>>=b	a=a>>>b
a&=b	a=a&b	a^=b	a=a^b
a|=b	a=a|b		

② 算术运算符。其操作数和结果都是数值型数据。JavaScript 的算术运算符如表 3-3 所示。

表 3-3　JavaScript 的算术运算符

运　算　符	操　　作	运　算　符	操　　作
+	加法	−（双目）	减法
*	乘法	/	除法
%	取模	++	递增
−−	递减	−（单目）	取负

③ 字符串运算符。字符串运算是 JavaScript 中使用最多的运算。字符串运算符只有"+"，用于进行字符串连接运算。参与字符串连接运算的两个操作数如果都是字符串，则直接合并，否则，操作数会先被转换为字符串，再进行合并。示例如下：

```
var str1="欢迎您"+"访问本页";      //变量 str1 的值为"欢迎您访问本页"
var str2="现在是"+10+"月";         //变量 str2 的值为"现在是 10 月"
```

④ 逻辑运算符。逻辑运算符的运算对象和结果都是逻辑型数据。逻辑运算符有以下 3 个。

&&：用于进行与运算，是双目运算符。当两个操作数都为 true 时，结果为 true，其他情况的结果均为 false。

||：用于进行或运算，是双目运算符。当两个操作数中至少有一个为 true 时，结果为 true，否则结果为 false。

!：用于进行非运算，是单目运算符。将操作数的值取反即为结果。

⑤ 关系运算符。关系运算用于数值及字符串值的比较，返回比较判断的结果。关系运算符的运算结果是逻辑型数据。关系运算符包括==（相等）、!=（不等）、<（小于）、>（大于）、<=（小于或等于）、>=（大于或等于）。例如：*x*>=100，*y*==20。

关系运算符、逻辑运算符及括号可以组成复杂的表达式。示例如下：

```
(!(a==9) && (x<=100)) || (a!=9))
```

⑥ 位运算符。位运算符将操作数作为二进制数处理，返回 JavaScript 标准的数值型数据。位运算符都是双目运算符，包括&（按位与）、|（按位或）、^（按位异或）、<<（左移）、>>（右移）、>>>（右移，零填充）。示例如下：

```
15&8 的结果为 8（1111&1000）
15|8 的结果为 15（1111|1000）
15^8 的结果为 7（1111^1000）
```

JavaScript 运算符的优先级由高到低排列如下：

```
[ ]  ( )                              高
++   --   !
*   /   %   +   -
<<   >>   >>>
<   >   <=   >=
==   !=
&   ^   |
&&   ||
?=
=   +=   -=   *=   /=   %=           低
```

4. **表达式**

JavaScript 的表达式是由常量、变量、运算符、函数和表达式组成的。根据表达式值的类型，JavaScript 的表达式可以分为以下 3 类。

① 算术表达式。其值是一个数值型数据。例如：5+a−x。

② 字符串表达式。其值是一个字符串。例如："字符串 1"+str。

③ 逻辑表达式。其值是一个逻辑型数据。例如：(*x*= =*y*) && (*y*>=5)。

此外，JavaScript 还有一种特殊的表达式——条件表达式，其语法格式如下：

```
(condition) ? val1 : val2
```

其中，condition 是逻辑表达式。该条件表达式的含义是：如果 condition 的值为 true，则条件表达式的值为 val1，否则条件表达式的值为 val2。

例如：((date>20) && (date<30))? "go" : "stay"，该表达式的含义是：若变量 date 的值大于 20 且小于 30，则表达式的值为字符串 go，否则为 stay。

3.1.4 JavaScript 函数

函数为程序设计人员提供了实现模块化的工具。在进行复杂程序设计时，通常会根据所要完成的功能，将程序划分为一些相对独立的部分，针对每个部分编写一个函数，从而使各部分充分独立，任务单一，程序清晰，易于理解、阅读、维护。函数可以用于封装那些在程序中可能要多次用到的功能块，函数定义的语法格式如下：

```
function 函数名(参数) {
    函数体
    return 表达式;
}
```

下面举例说明函数的定义和调用方法。

【例 3-1】设计一个如图 3-2 所示的页面，显示指定数的阶乘值。

```
<html><head><title>函数简例</title>
    <script language="JavaScript">
        function factor(num){
        var i,fact=1;
        for (i=1;i<num+1;i++)
            fact=i*fact;
        return fact;
        }
    </script>
</head>
```

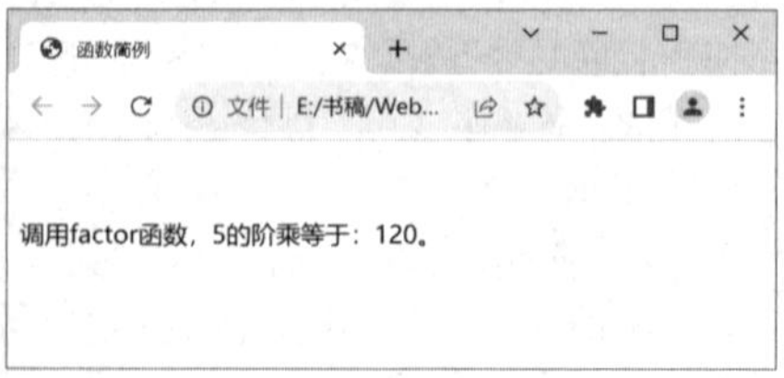

图 3-2　函数简例

```
<body><p><script>
    document.write("<br><br>调用 factor 函数，5 的阶乘等于：",factor(5),"。");
</script></p></body></html>
```

例 3-1 在 HTML 文件头部定义了函数 factor(num)，它计算 num!并返回该值；在 HTML 文件体部（即<body>标记和</body>标记中的内容）的脚本程序中调用了 factor()函数，实参值为 5，即计算 5!。

使用函数时要注意以下 3 点。

① 函数定义位置。虽然语法上允许在 HTML 文件的任意位置定义和调用函数，但建议在 HTML 文件的头部定义所有的函数，因为这样可以保证函数的定义先于其调用语句被载入浏览器，从而不会出现在调用函数时由于函数定义尚未被载入浏览器而引起的函数未定义错误。

② 函数的参数。函数的参数是在主调程序与被调用函数之间传递数据的主要手段。在定义函数时，可以给出一个或多个形参，而在调用函数时，却不一定要给出同样多的实参。这是 JavaScript 在处理参数传递上的特殊性。在 JavaScript 中，系统变量 arguments.length 保存了调用者给出的实参的个数。例 3-2 给出了函数参数传递的用法。

【例 3-2】设计一个函数用来求累加和，默认求 1+2+…+1000 的结果，否则按照用户所指定的开始值和终止值求和。本例在浏览器中执行的结果如图 3-3 所示。

```
<html><body><script language= "JavaScript">
function sum(StartVal,EndVal)
{ var ArgNum = sum.arguments.length;   //用户给出的参数个数
    var i,s=0;
    if (ArgNum == 0 )
    {   StartVal = 1; EndVal = 1000; }
    else if (ArgNum == 1 )
        EndVal = 1000;
    for (i = StartVal; i<=EndVal; i++)
        s+=i;
    return s;
}
document.write("不给出参数调用函数 sum()：",sum(),"<br>");
document.write("给出一个参数调用函数 sum()：",sum(500),"<br>");
document.write("给出两个参数调用函数 sum()：",sum(1,50),"<br>");
</script></body></html>
```

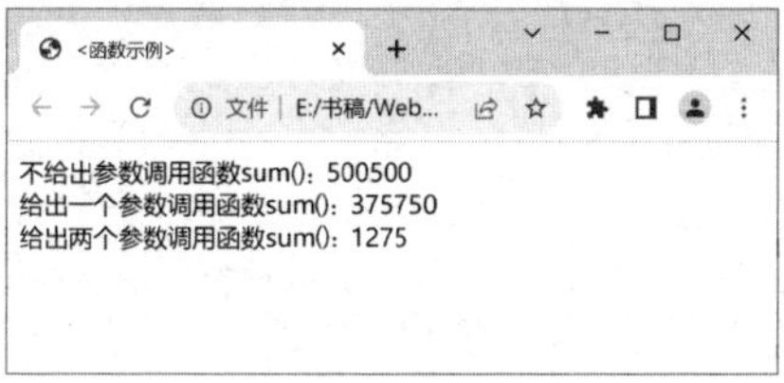

图 3-3　例 3-2 在浏览器中执行的结果

③ 变量的作用域。在函数内用 var 保留字声明的变量是局部变量，其作用域仅局限于该函数内；而在函数外用 var 保留字声明的变量是全局变量，其作用域是整个 HTML 文件。在函数内未用 var 保留字声明的变量也是全局变量，其作用域是整个 HTML 文件。当函数内以 var 保留字声明的变量与全局变量同名时，它们就像不同名的两个变量，其操作互不影响。

【例 3-3】变量作用域示例。执行结果如图 3-4 所示。

```
<html><head><title>变量作用域示例</title>
<script language="JavaScript">
```

```
    var i, j=10;          //全局变量
    function output( ){
        var j=0;          //局部变量
        i=100;            //全局变量
        j++; j++;
        document.write(" j=",j);
        document.write(" i=",i);
        i++;
    }
    </script></head>
<body><script language= "JavaScript">
    document.write("因为尚未调用函数 output()，所以 i 无定义，不能引用！<br>");
    document.write("j 的初始值=",j,"<br>");
    document.write("调用函数 output()，观察函数的输出！<br>");
    output();
    document.write("<br>在调用函数 output()后，观察函数对 i、j 的影响：i=",i," j=",j);
</script></body></html>
```

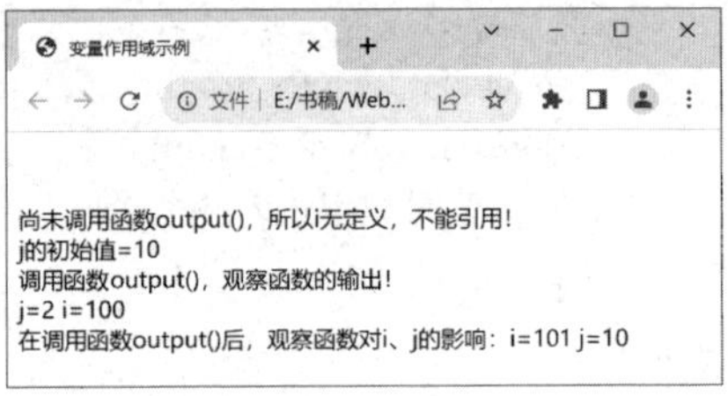

图 3-4　变量作用域示例的执行结果

3.1.5　JavaScript 流程控制

在任何一种语言中，程序控制流都是必需的，它能使整个程序顺利地按一定的方式执行。与所有其他的程序设计语言一样，JavaScript 有顺序、分支和循环 3 种控制结构。顺序结构是最一般的控制结构，若没有改变程序执行顺序的语句，则程序的各语句是按其出现的先后顺序依次执行的。可以改变程序执行顺序的是条件转移语句和循环语句。

1. 条件转移语句

定义条件转移语句的语法格式如下：

```
if (condition)    statements1
    [else    statements2 ]
```

其中，condition 表示条件，可以是逻辑或关系表达式，若是数值型数据，则将零和非零的数分别转换成 false 和 true。如果 condition 为 true，则执行语句体 statements1；若省略 else 子句，则 condition 为 false 时什么也不做，否则执行语句体 statements2。

若 if 及 else 后的语句体有多行，则必须使用花括号将其括起来。

if 语句可以嵌套，语法格式如下：

```
if ( condition1 ) statements1
    else if ( condition2 ) statements2
    else if ( condition3 ) statements3
    …
    else statementsN
```

在这种情况下，每一级的条件表达式都会被计算，若为真，则执行其相应的语句，否则执行 else 后的语句。

2. while 循环语句

定义 while 循环语句的语法格式如下：

```
while ( condition ) {statements}
```

当 condition 为 true 时，反复执行循环体 statements，否则跳出循环体。要注意在循环体中必须含有改变循环条件的操作，使之离循环终止更近一步，否则会陷入死循环。

3. for 循环语句

定义 for 循环语句的语法格式如下：

```
for ( exp1;exp2;exp3 ) {statements}
```

其中，exp1 是循环前的初始设置，通常用于设置循环计数器的初值；exp2 是循环条件，当 exp2 为 true 时才执行循环体 statements；exp3 是运算表达式，它改变循环设置，通常会改变循环计数器的值，使之离循环终止更近一步。

for 与 while 两种语句都是循环语句，它们的表达能力是相当的。但当使用循环计数器进行控制时，习惯上选用 for 循环语句，因为在这种情况下用 for 循环语句更为清晰、易读，结构也较紧凑；而 while 循环语句更适合循环条件较复杂的情况。

【例 3-4】使用 for 循环语句计算 10!。

```
<html><body><script language= "JavaScript">
     var i,factor;
     factor=1;
     for (i=1;i<=10;i++) factor*=i;
     document.write("10 的阶乘是：",factor);
</script></body></html>
```

4. continue 和 break 语句

continue 语句可以强制结束本轮循环，进入下一轮循环。示例如下：

```
while (i<100){
    if (j==0) continue;
    else {语句体}
    j++;
}
```

在上述代码中，当 j=0 时，本轮循环结束（语句 j++不执行）。

break 语句可以强制结束循环。示例如下：

```
while (i<100){
    if (j==0) break;
    else {语句体}
    j++;
}
```

在上述代码中，当 j=0 时，while 循环结束。

3.1.6 JavaScript 错误处理

由于各种原因，程序中的错误总是不可避免的。当错误发生时，JavaScript 引擎通常会停止，并生成一个错误消息，即 JavaScript 将抛出一个错误。JavaScript 捕捉和处理错误的语句是 try...catch，语法格式如下：

```
try
  {  //代码块    }
catch (err)
  {  //错误处理    }
```

【例 3-5】JavaScript 错误处理示例。

```
<html><head><script>
function message()
{ try
     {  printf("欢迎访问！");  }
  catch(err)
     {  alert("网页上有错误，printf 为未定义的函数！单击确定返回。");  }
}
</script></head>
```

```
<body>
<input type="button" value="查看消息" onClick="message()">
</body></html>
```

3.1.7 JavaScript 表单验证

JavaScript 可在数据被传递到服务器前对 HTML 表单中的输入数据进行验证。主要验证内容包括：是否已填写表单中的必填项；输入的邮件地址是否合法；输入的日期是否合法；是否在数据域中输入了文本。

【例 3-6】验证用户是否填写了表单中的必填项。

```
<html><head><script>
function validate_required()
{       var uname=document.forms["usrForm"]["username"].value;
        if (uname==null || uname=="")
                { alert("出错啦，未输入信息！"); return false; }
        else    { return true; }
}
</script></head>
<body>
<form method="post" name="usrForm" onsubmit="return validate_required()">
        <input type="text" name="username">
        <input type="submit" value="提交" ></form></body></html>
```

3.1.8 JavaScript 正则表达式

正则表达式（Regular Expression）是用于匹配字符串中字符组合的模式。它是强大、便捷、高效的字符串处理工具，可以对字符串中的信息实现查找、替换和提取操作。

1. 正则表达式语法

一个正则表达式是由普通字符（如字母 a 到 z）及特殊字符（包括元字符、量词、范围等）组成的模式。该模式描述在查找文字主体时待匹配的一个或多个字符串。表 3-4 列出了部分特殊字符。

表 3-4 部分特殊字符

特殊字符	含 义
\	将下一个字符标记为一个特殊字符、原义字符、向后引用或八进制转义符。例如，“n” 匹配字符 “n”。“\n” 匹配一个换行符，串行 “\\” 匹配 “\”，“\(” 匹配 “(”。相当于多种编程语言中都有的 “转义字符”
^	匹配输入行首部字符串。如果设置了 RegExp 对象的 Multiline 属性，那么 “^” 也匹配 “\n” 或 “\r” 之后的位置
$	匹配输入行尾部字符串。如果设置了 RegExp 对象的 Multiline 属性，那么 “$” 也匹配 “\n” 或 “\r” 之前的位置
*	匹配前面的子表达式任意次。例如，“zo*” 能匹配 “z”，也能匹配 “zo” 及 “zoo”。“*” 等价于 “{0,}”
+	匹配前面的子表达式一次或多次。例如，“zo+” 能匹配 “zo” 及 “zoo”，但不能匹配 “z”。“+” 等价于 “{1,}”
?	匹配前面的子表达式零次或一次。例如，“do(es)?” 可以匹配 “do” 或 “does”。“?” 等价于 “{0,1}”
{n}	n 是一个非负整数，会对一个字符串匹配 n 次。例如，“o{2}” 匹配 “food” 中的两个 “o”
{n,}	n 是一个非负整数，至少匹配 n 次。例如，“o{2,}” 不能匹配 “Bob” 中的 “o”，但能匹配 “foooood” 中的所有 o。“o{1,}” 等价于 “o+”，“o{0,}” 等价于 “o*”
{n,m}	m 和 n 均为非负整数，其中 n≤m，表示最少匹配 n 次且最多匹配 m 次。例如，在使用 “o{1,3}” 匹配 “fooooood” 时，会将前三个 “o” 匹配为一组，后三个 “o” 匹配为一组。“o{0,1}” 等价于 “o?”
.（点）	匹配除 “\n” 和 “\r” 外的任何单个字符

续表

特殊字符	含　义
x|y	匹配 x 或 y。例如，“z|food” 能匹配 “z” 或 “food”，“(z|f)ood” 则匹配 “zood” 或 “food”
[xyz]	匹配字符集合所包含的任意一个字符。例如，“[abc]” 可以匹配 “plain” 中的 “a”
[^xyz]	负值字符集合，匹配不在指定字符集合内的任意字符。例如，“[^abc]” 可以匹配 “plain” 中的 “p”
[a-z]	匹配在指定字符范围内的任意字符。例如，“[a-z]” 可以匹配 a ~ z 范围内的任意小写字母
[^a-z]	负值字符范围，匹配不在指定范围内的任意字符。例如，“[^a-z]” 可以匹配不在 a ~ z 范围内的任意字符

例如，可以创建以下正则表达式：/^1[34578][0-9]{9}$/（匹配手机号），/^[a-z0-9_-]{3,16}$/（匹配用户名），/^[a-z0-9_-]{6,18}$/（匹配密码）。

2. 创建正则表达式

JavaScript 创建正则表达式有两种方式：字面量、RegExp 对象。

1）字面量

这种方式将正则表达式的值直接赋予字符串变量。语法格式为：/pattern/attributes。

其中，参数 pattern 是一个字符串，指定了正则表达式的模式或其他正则表达式。

参数 attributes 是一个可选的字符串，包含属性 g、i 和 m，分别用于指定全局匹配、不区分大小写的匹配和多行匹配。如果 pattern 是正则表达式，且不是字符串，那么必须省略该参数。示例如下：

```
var re = /a/gi;                    //匹配字母 a，全局匹配，不区分大小写
```

2）RegExp 对象

在 JavaScript 中，正则表达式也是对象，其对象名为 RegExp；使用 new 方法可以创建该对象。语法格式为：new RegExp(pattern, attributes);。

参数 pattern 和 attributes 的含义同上。示例如下：

```
var re1 = new RegExp("a");         //创建 RegExp 对象 re1，用于匹配字母 a
var re2 = new RegExp("a","i");     //创建 RegExp 对象 re2，参数 i 表示不区分大小写
```

RegExp 对象的主要属性如下。

- global：RegExp 对象是否具有标志 g。
- ignoreCase：RegExp 对象是否具有标志 i。
- lastIndex：下次匹配的字符串起始索引位置。
- multiline：RegExp 对象是否具有标志 m。
- source：正则表达式的源文本。

RegExp 对象的主要方法如下。

- exec：检索字符串中指定的值，返回找到的值，并确定其位置。
- test：检索字符串中指定的值，返回 true 或 false。
- compile：将正则表达式编译为内部格式，提高执行速度。

3. 应用举例

【例 3-7】判断是否为正确的 E-mail 地址。

验证规则：电子邮箱的正确格式为“用户名@域名”。用户名由字母、数字、下画线组成；域名由以“.”隔开的字母、数字组成，后缀可重复 1~3 次。

```
function isEmail(str){
        var reg = /^[a-z0-9_]+@[a-z0-9]+(\.[a-z]+){1,3}$/;
        return reg.test(str);
    }
```

3.2 JavaScript 事件处理

3.2.1 JavaScript 事件驱动机制

JavaScript 是基于对象（Object-based）的语言，其基本特征是采用事件驱动。HTML 文件中的 JavaScript 应用程序通常是事件驱动程序，事件（Events）是指对计算机进行一定的操作而得到的结果，例如，将鼠标指针移动到某个超链接上、按下鼠标按键等都是事件。由鼠标或热键引发的一连串程序动作被称为事件驱动（Event Driver）。对事件进行处理的程序或函数被称为事件处理程序（Event Handler）。

3.2.2 JavaScript 常用事件

JavaScript 定义了常用事件的名称、何时及何对象发生此事件（即事件触发），以及事件处理程序名，表 3-5 列出了几个 JavaScript 常用事件。

表 3-5 JavaScript 常用事件

事 件 名	发生的对象	说 明	事件处理程序名
Click	表单的 button、radio、checkbox、submit、reset、link（超链接）	单击了表单元素或超链接	onClick
Load	HTML 的 body 元素	在浏览器中载入页面	onLoad
Unload	HTML 的 body 元素	退出当前页面	onUnload
MouseOver	link	鼠标指针移动到超链接上	onMouseOver
MouseOut	link	鼠标指针移动到超链接外	onMouseOut
Submit	form	用户提交了表单	onSubmit

3.2.3 JavaScript 事件触发与处理

在 JavaScript 中，用户执行操作会触发相关事件，进而调用程序执行，其原理如图 3-5 所示。

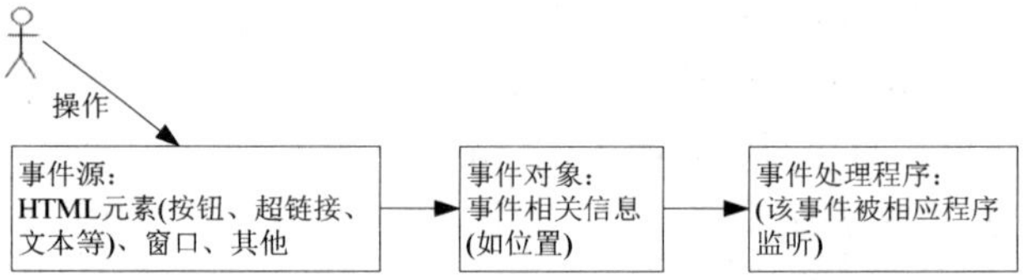

图 3-5 JavaScript 事件触发与处理原理

编程中的事件触发与处理还与浏览器对象密切相关，将在 3.4 节中详细讨论。

【例 3-8】MouseOver 和 MouseOut 事件处理示例。

```
<html><head><title>事件触发和事件处理</title>
    <script language="JavaScript">
        var Images=new Array( );
        Images[0]=new Image( ); Images[0].src="dot1.jpg";
        Images[1]=new Image( ); Images[1].src="check.gif";
        function changeImg(ImgIndex) {    document.imgs.src=Images[ImgIndex].src; }
    </script></head>
<body>
<center><a href="learn.html" onMouseOver="changeImg(1); return true"
onMouseOut="changeImg(0); return true">
```

```
<img src="dot1.jpg" name="imgs" border=0 width=30 height=30><font size=5>
软件设计</font> </a></center>
</body></html>
```

例 3-8 定义了一个含有两个元素的全局数组 Images；定义了一个函数 changeImg()，根据参数值，为名为 imgs 的页面元素（即<img>标记）的 src 属性赋值；还为超链接设置了 MouseOver 和 MouseOut 事件处理程序。当 changeImg()函数的参数不同时（分别为 1 和 0），执行结果不同，具体效果为：当鼠标指针位于该超链接上时，imgs 图像的 src 属性值被赋为 check.gif（即在该图像元素位置上显示 check.gif）；当鼠标指针离开该超链接时，imgs 图像的 src 属性值被赋为 dot1.jpg。图 3-6（a）为鼠标指针离开超链接时的显示画面，图 3-6（b）为鼠标指针位于超链接上时的显示画面。本例使用了 Document 对象的子对象 Images 的 src 属性，该属性对应<img>标记的 src 属性。

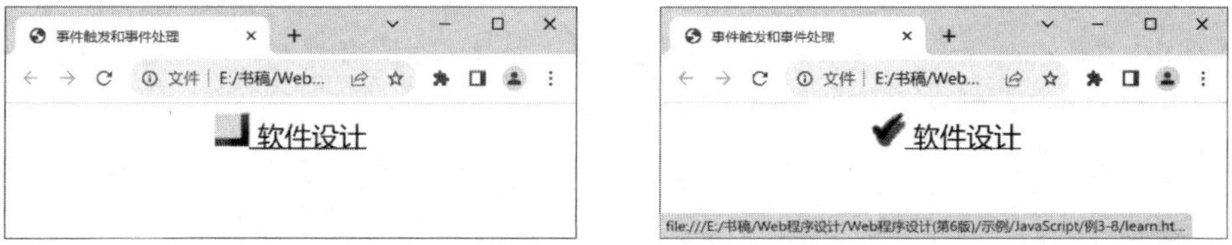

（a）鼠标指针离开超链接时的显示画面　　（b）鼠标指针位于超链接上时的显示画面

图 3-6　MouseOver 和 MouseOut 事件处理

3.2.4　应用示例——简易计算器设计

本节将综合运用 JavaScript 基本语法知识，设计一个较复杂的 JavaScript 程序——简易计算器。

【例 3-9】简易计算器设计。简易计算器只能进行加、减、乘、除 4 种运算，且仅进行简单的正确性检查，即只检查除数是否为零。程序运行结果如图 3-7 所示。

图 3-7　简易计算器程序运行结果

首先，需要设置数字按键和功能按键，可使用 HTML 表单的按钮（button）来完成。使用以下语句显示数字按键“1”，当按下该按键时，将执行 SetVal('1')操作。

```
<input type="button" value="1" onClick="SetVal('1')">
```

使用以下语句显示运算符按键“+”，当按下该按键时，将执行 SetOpr('+')操作。

```
<input type="button" value="+" onClick="SetOpr('+') ">
```

使用以下语句显示功能按键“=”，当按下该按键时，将计算用户输入的表达式的值。

```
<input type="button" value="=" onClick="Compute(this.form) ">
```

其次，需要设置一个显示输入的表达式和结果的地方，可使用 HTML 表单的单行文本框（text）来完成，示例如下：

```
<input type="text" value=" " name="OutText">
```

最后，需要考虑如何完成这些设置和计算任务，我们设计了以下 4 个函数。

① SetVal()函数：将用户按下的按键所代表的数字连接到整个输入串的尾部，并判断这是第几个操作数，将其存入到相应的变量中。

② SetOpr()函数：将用户按下的按键所代表的运算符连接到整个输入串的尾部。

③ Compute()函数：利用系统预定义函数 eval()计算表达式的值。

④ Clear()函数：清除输出框中的内容。

例 3-9 的程序代码如下：

```
<html><head><script language="JavaScript">
//定义全局变量
var n1='',n2='';                              //定义两个变量，分别存放两个操作数
var item1_flag=true;                          //标记是否为第一个操作数
var opr_type='+';                             //运算类型
function SetVal(item){                        //向输出框中添加数值
  document.Cal.OutText.value+=item;           //字符串连接
  if (item1_flag)                             //若是第一个操作数，则将其加入变量n1
    n1+=item;
  else
    n2+=item;
}
function SetOpr(opr){                         //向输出框中添加运算符
  document.Cal.OutText.value+=opr;
  item1_flag=false;
  opr_type=opr;
}
function Clear( ){                            //清除输出框中的内容
  document.Cal.OutText.value="";
  item1_flag=true;     opr_type='+';   n1=" ";   n2=" ";
}
function Compute(obj){                        //计算表达式的值
  var Result;
  if ((n1!='') && (n2!='')){
  if ((eval(n2)==0) && (opr_type=='/'))
  {  alert('除数不能是 0!');
    Clear( );
    return;
  }
  else
  {    Result=eval(obj.OutText.value);
       document.Cal.OutText.value+='=';
       document.Cal.OutText.value+=Result;
    }
  }
}
</script></head><body><p align=center><form name="Cal" >
<input type="text" value="" name="OutText"><br><br>
<input type="button" value=" 0 "   onClick="SetVal('0')">
<input type="button" value=" 1 "   onClick="SetVal('1')">
<input type="button" value=" 2 "   onClick="SetVal('2')">
<input type="button" value=" 3 "   onClick="SetVal('3')"><br><br>
<input type="button" value=" 4 "   onClick="SetVal('4')">
<input type="button" value=" 5 "   onClick="SetVal('5')">
<input type="button" value=" 6 "   onClick="SetVal('6')">
<input type="button" value=" 7 "   onClick="SetVal('7')"><br><br>
<input type="button" value=" 8 "   onClick="SetVal('8')">
<input type="button" value=" 9 "   onClick="SetVal('9')">
<input type="button" value=" + "   onClick="SetOpr('+')">
<input type="button" value=" - "   onClick="SetOpr('-')"><br><br>
<input type="button" value=" * "   onClick="SetOpr('*')">
```

```
<input type="button" value=" / "   onClick="SetOpr('/')">
<input type="button" value=" CE "   onClick="Clear()">
<input type="button" value=" = " onClick="Compute(this.form)">
</form></p></body></html>
```

3.3　JavaScript 对象

JavaScript 是基于对象的。在 JavaScript 中，对象是对客观事物或事物之间的关系的刻画。JavaScript 的对象分为内建对象和用户自定义对象两大类：内建对象包含了对浏览器各成分的描述，是 JavaScript 程序设计中应用最多的部分；用户自定义对象允许用户根据需要创建自己的对象，从而进一步扩大 JavaScript 的应用范围，增强 Web 文档的表达能力。

3.3.1　对象的定义和引用

JavaScript 中的对象是由属性（Properties）和方法（Methods）两个基本元素构成的。属性成员是对象的数据；方法成员是对数据进行的操作。

要使用一个对象，可采用以下 3 种方式。

① 引用 JavaScript 内建对象。

② 由浏览器环境提供，即引用浏览器对象。

③ 创建用户自定义对象。

注意：一个对象在被引用之前必须存在，否则将出现错误。实际上，引用对象要么创建新的对象，要么利用现存的对象。

1. 用户自定义对象

创建用户自定义对象，包括构造对象的属性和定义对象的方法两部分。

【例 3-10】“书”对象的定义。

```
function print( )
{//方法成员定义，输出各属性成员值
    document.write("书名为"+this.title+"<br>");
    document.write("作者为"+this.author+"<br>");
    document.write("出版社为"+this.publisher+"<br>");
    document.write("出版时间为"+this.date+"<br>");
}
function book(title,author,publisher,date)
{//构造函数
    this.title=title;              //书名，属性成员
    this.author=author;            //作者，属性成员
    this.publisher=publisher;      //出版社，属性成员
    this.date=date;                //出版时间，属性成员
    this.print=print;              //方法成员
}
```

例 3-10 定义了“书”对象，book()函数是该对象的构造函数，该对象有 4 个属性成员：title、author、publisher 和 date，有一个方法成员 print，作用是输出对象的属性值。

从例 3-10 可以看出，定义一个对象的步骤是：首先定义对象的各个方法成员，每个方法成员都是一个普通函数；然后定义对象的构造函数，其中包含每个属性成员的定义和初始化，以及每个方法成员的初始化。

构造函数在形式上与普通函数相同，但有以下几个特殊性。

① 构造函数的名字即对象的名字。如例 3-10 所定义对象的名字就是构造函数 book()的名字——book。

② 在构造函数中常使用关键字 this 来初始化对象的属性成员和方法成员，this 本身是一个特殊对象，即当前构造函数正在创建的对象。

③ 必须为每个对象都定义一个构造函数。

在 JavaScript 中，可以为已定义的对象增加属性。通常在定义对象的构造函数后，该对象的数据结构就已经确定了。如果要为该对象添加数据，即改变对象的数据结构，那么无须重新设计构造函数，可以通过构造函数的 prototype 属性来添加新的属性成员。例如，若想在例 3-10 中定义的 book 对象中添加一个属性成员 price，可使用以下语句：

```
book.prototype.price=10;
```

在该语句之前或之后创建的所有对象实例都会包含 price 属性成员，且该属性的值为 10。

2. 对象的引用

要引用对象，必须先用保留字 new 创建对象的实例。在 JavaScript 中，对象是对具有相同特性的实体的抽象描述，对象实例则是具有这些特性的单个实体。

创建对象实例的方法如下：

```
var 对象实例名=new 对象名(实参表);
```

在创建对象实例时，要注意实参表与对象构造函数的形参表的对应关系。

例如，对例 3-10 定义的 book 对象创建实例，语句如下：

```
var book1=new book("语文","集体编","人民教育出版社","1999");
```

在创建对象实例后，即可通过该实例引用对象的属性成员和方法成员。

对象属性成员的引用格式如下：

```
对象实例名.属性成员名
```

对象方法成员的引用格式如下：

```
对象实例名.方法成员名
```

示例如下：

```
book_author=book1.author;
book1.print( );
```

还需说明的是，当从概念上严格区分时，对象和对象实例的含义是不同的，但通常为叙述简洁，在不会引起误解之处，本书也将对象实例简称为对象，读者可通过上下文判断其含义。

3.3.2 for…in 语句和 with 语句

JavaScript 提供了两个用于操作对象的语句。

1. for...in 语句

for...in 语句是一条循环语句，格式如下：

```
for ( 变量名 in 对象实例名 )
```

该语句用于对已有对象实例的所有属性进行循环控制，它通过将一个对象实例的所有属性反复赋予指定的变量来实现循环，而不是使用计数器来实现。该语句的优点就是无须知道对象中属性的个数即可进行操作。

【例 3-11】定义函数 Show()，用于显示其参数对象各属性的值。它可作为一个通用函数使用。

```
<html><body><script language= "JavaScript">
```

```
function person(name,age)                    //定义对象 person
{   this.name=name;
    this.age=age;
}
function book(title,author,publisher)        //定义对象 book
{   this.title=title;
    this.author=author;
    this.publisher=publisher;
}
function Show(obj)                           //定义通用函数 Show()
{     var prop;
      for (prop in obj)
          document.write(obj[prop]+"    ");
      document.write("<br>");
}
var obj1=new person("Mary",20);
var obj2=new book("语文","集体编","人民教育出版社");
Show(obj1);
Show(obj2);
</script></body></html>
```

当调用函数 Show()时，循环体中的 for 会自动将对象的属性值取出来，直到最后，用户都无须知道对象属性的个数。

若不使用 for…in 语句，就要通过数组下标来访问每个对象的属性，如果使用这种方式，就必须知道对象属性的个数，否则一旦超出数组下标的范围，就会发生错误，而且对于不同的对象要进行不同的处理，因为各对象的属性成员数一般不相同。

例 3-11 还使用了另一种访问对象属性的方法，格式如下：

```
对象实例名[属性成员名]
```

例如：book1["title"]。这种访用对象属性的方法通常只用在 for…in 语句中。

2. with 语句

通过上文可以了解到，当需要引用对象的属性成员或方法成员时，需要在成员名前加上对象名。例如，对于对象 book 的实例 book1，若要引用其成员，则要使用以下格式：

```
book1.title
book1.author
book1.publisher
book1.print( )
```

为了简化书写，可使用 with 语句，其语法格式如下：

```
with object{
  //在其中引用 object 对象的成员时，可不加前缀
}
```

with 语句的含义是：在该语句体内，任何对变量的引用都被认为是这个对象的属性。示例如下：

```
with book1 {
      document.write(title);      //实际上是引用 book1 对象的 title 属性
      document.write(author);
      …
}
```

3.3.3 JavaScript 内置对象

内置对象又称内建对象，JavaScript 提供的常用内建对象如下。

① Array（数组）对象：可通过该内建对象来实现 JavaScript 的数组。

② String（字符串）对象：封装了字符串及有关操作。

③ Math（数学）对象：封装了一些常用的数学运算。

④ Date（日期时间）对象：封装了对日期和时间的操作。

⑤ Number 对象、Boolean 对象、Function 对象。

还有一些常用的预定义函数，JavaScript 并未用对象来封装它们。本节将介绍这些对象和函数，它们为开发人员快速开发强大的脚本程序提供了有效手段。

1. 数组

数组是若干元素的有序集合，每个数组都有一个名字作为其标识。在几乎所有的高级语言中，数组都是得到支持的数据类型，但在 JavaScript 中，没有专门的数组类型。在 JavaScript 中，数组可通过对象来实现，具体有两种实现方式：① 使用 JavaScript 的内建对象 Array；② 使用自定义数组对象。

1）内建对象 Array

（1）创建数组对象实例。通过 new 操作符来进行，其语法格式如下：

```
var 数组名=new Array([数组长度值]);
```

其中，数组名是一个标识符，数组长度值是一个正整数。示例如下：

```
var arr1=new Array( );          //创建数组实例 arr1，长度不定
var arr2=new Array(10);         //创建数组实例 arr2，长度为 10
```

若在创建数组时未给出元素个数，则需要在后面引用数组时确定数组的大小。数组的下标从 0 开始，因此，对于有 10 个元素的数组，其下标范围是 0 ~ 9。

（2）数组元素的引用。引用数组元素的语法格式如下：

```
数组名[下标值]
```

示例如下：

```
arr1[2]           //引用数组 arr1 中下标为 2 的元素
arr2[6]           //引用数组 arr2 中下标为 6 的元素
```

（3）内建对象 Array 的特点。Array 的使用较灵活，在以下两点上与大多数高级语言不同：一是数组元素不要求数据类型相同；二是数组长度可以动态变化。

例如，可以给一个数组的不同元素赋予不同类型的值，语句如下：

```
arr1[0]=10;           //数值型
arr1[1]= "王林";      //字符型
arr1[2]=false;        //逻辑型
```

数组的元素还可以是对象。当数组元素是数组对象时，可以得到一个二维数组。例如，创建一个 10×5 的二维数组的语句如下：

```
var arr=new Array(10);
for (i=0;i<10;i++)
      arr[i]=new Array(5);
```

二维数组元素的引用方法如下：

```
数组名[第一维下标值][第二维下标值]
```

例如：arr[2][3]。

数组长度可以动态变化。例如，前面定义了有 10 个元素的数组 arr2，若希望增加到 18 个元素，则可以使用以下赋值语句：

```
arr2 [17]=1;              //可以为 arr2[17]赋任意值
```

（4）Array 对象的属性和方法。Array 对象常用的属性是 length 属性，表示数组长度，其值等于数组元素个数。其常用方法如下：

join：用于返回由数组中所有元素连接而成的字符串。

reverse：用于逆转数组中的各个元素，即将第一个元素换为最后一个元素，将第二个元素换为倒数第二个元素，以此类推，直至将最后一个元素换为第一个元素。

sort：对数组中的元素进行排序。

【例 3-12】Array 对象的应用示例。

```
<html><head><title>数组对象</title>
<script language="JavaScript">
function updateInfo(WhichBook)  //对象 Book 的方法成员，修改对象属性值
{ document.BookForm.currbook.value=WhichBook;
  document.BookForm.BookTitle.value=this.Title;
  document.BookForm.BookPublisher.value=this.Publisher;
  document.BookForm.BookAmount.value=this.Amount;
}
function Book(title,publisher,amount)   //对象 Book 的构造函数
{ this.Title=title;
  this.Publisher=publisher;
  this.Amount=amount;
  this.UpdateInfo=updateInfo;
}
</script></head>
<body><script language="JavaScript">
var Books=new Array(); //创建数组，数组元素是 Book 对象
//为数组各元素赋值
Books[0]=new Book("语文","少年儿童出版社",10000);
Books[1]=new Book("数学","高等教育出版社",5000);
Books[2]=new Book("普通物理","高等教育出版社",3000);
Books[3]=new Book("计算机基础","清华大学出版社",2000);
</script>
<h2 align=center>共有四本书，可选择查看其信息</h2>
<form name="BookForm">选择当前所显示的书：  
<input type="button" value="A 书" onClick="Books[0].UpdateInfo('A 书')">
<input type="button" value="B 书" onClick="Books[1].UpdateInfo('B 书')">
<input type="button" value="C 书" onClick="Books[2].UpdateInfo('C 书')">
<input type="button" value="D 书" onClick="Books[3].UpdateInfo('D 书')"><br><br>
当前书：<input type="text" name="currbook" value="A 书"><br><br>
书名：<input type="text" name="BookTitle" value="语文"><br><br>
出版社：<input type="text" name="BookPublisher" value="少年儿童出版社"><br><br>
印数：<input type="text" name="BookAmount" value="10000"></form></body></html>
```

例 3-12 的功能是：按照用户单击的按钮（“A 书”“B 书”“C 书”“D 书”），分别在“当前书”“书名”“出版社”“印数”文本框中显示相应的代号、书名、出版社名和印数，其初始显示界面和单击“D 书”按钮后的显示界面如图 3-8 和图 3-9 所示。

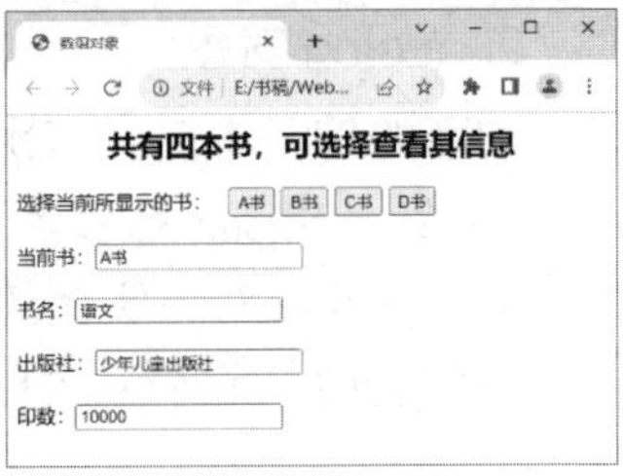

图 3-8　初始显示界面

例 3-12 在 HTML 文件头部的脚本部分定义了一个对象 Book，它有 3 个属性成员：title、publisher 和 amount，以及 1 个方法成员 updateInfo，作用是为表单对象相应的域赋予指定

的值。在体部的脚本部分创建了 Book 对象数组 Books，它有 4 个元素，每个元素都是一个 Book 对象实例。该 HTML 文件的 body 部分用于生成一个表单，该表单有 4 个文本框，分别显示当前书的代号、书名、出版社和印数。表单中还有 4 个按钮，分别代表 4 本书。当定义这 4 个按钮时，要注意 onClick 事件处理程序的设置。示例如下：

```
<input type="button" value="D 书" onClick="Books[3].UpdateInfo
('D 书')">
```

该语句表示若单击“D 书”按钮，则执行 Books[3].UpdateInfo('D 书')，即在 4 个文本框中分别显示 D 书的信息。

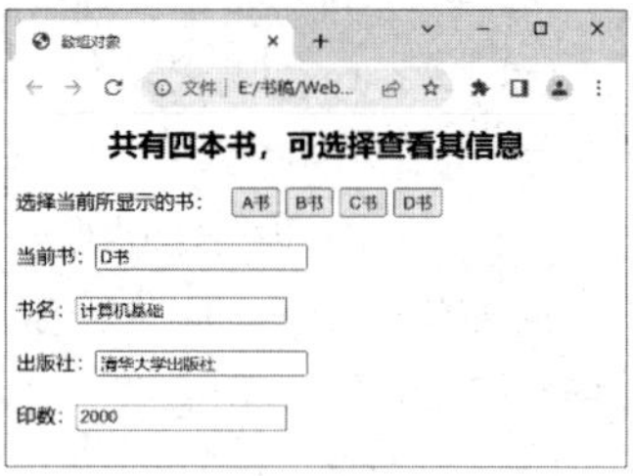

图 3-9　单击“D 书”按钮后的显示界面

2）自定义数组对象

由于数组是一个对象，因此除了直接使用 JavaScript 的 Array 对象实现数组，还可以像自定义对象那样实现数组。自定义数组对象与一般的自定义对象的方法一样：通过 function 定义一个数组的构造函数，并使用 new 操作符创建一个具有指定长度的数组。

（1）定义数组对象。语法格式如下：

```
function arrayName(Size)
{//Size 是数组的大小
  this.length=Size;
  for(var i=0; i<Size;i++)
        this[i]=0;
  return this;
}
```

其中，arrayName 是数组对象名，Size 是数组的大小。通过 for 循环定义当前对象的数组，并返回该数组。从定义可以看出，实际上定义了这样一个对象：它没有单独的属性名，而是通过 this[i]为它的属性赋值。

（2）创建数组实例。一个数组对象在定义完成后，还不能马上使用，必须使用 new 操作符为该数组创建一个数组实例。示例如下：

```
MyArray=new arrayName(10);
```

并为各元素赋初值，示例如下：

```
MyArray[0]= 1;
MyArray[1]= 2;
…
MyArray[9]= 10;
```

一旦给数组元素赋予了初值，数组中就有了具有真正意义的数据，便可以在程序中引用。

了解这种数组的实现方式，可以帮助我们理解数组对象的本质。但因为这种实现方式较直接使用内建对象 Array 更复杂，所以在实际应用中，还是使用内建对象 Array 来实现数组更方便。

2. String 对象

前面的例子中已经多次使用了字符串，在 JavaScript 中，每个字符串都是对象。

1）创建 String 对象实例

创建 String 对象实例的语法格式有以下两种：

```
[var] String 对象实例名=new String(string);
```

或

```
var String 对象实例名=字符串值;
```

示例如下：

```
str1=new String("This is a sample. ");
str2="This is a sample. ";
```

这两种语法格式的定义效果完全相同，通常更习惯使用后者，它是一种“隐式”创建对象实例的方式（即不使用 new 操作符）。

2）String 对象的属性

String 对象的属性只有一个：length（长度），其值是字符串包含的字符个数。例如，对上面定义的字符串 str2 而言，str2.length 的值为 17。

3）String 对象的方法

String 对象的方法较多，以下是常用的几类。

① charAt(position)：返回 String 对象实例中位于 position 位置的字符，其中 position 为正整数或 0。注意，字符串中的字符位置从 0 开始计算。

② indexOf(str)、indexOf(str,start-position)：查找字符串，str 是待查找的字符串。在 String 对象实例中查找 str，若给出 start-position，则从 start-position 位置处开始查找，否则从 0 处开始查找。若找到，则返回 str 在 String 对象实例中的起始位置，否则返回-1。示例如下：

```
var str1="This is a sample. ";        //str1.length 的值为 17
var str2="sample";
found=str1.indexOf(str2);             //found 的值为 10
```

③ lastIndexOf(str)：与 indexOf()类似，区别在于它是从右向左查找的。

④ substring(position)、substring(position1,position2)：返回 String 对象的子串。如果只给出 position，那么返回从 position 开始至字符串结束的子串；如果给出 position1 和 position2，那么返回从二者中较小值处开始至较大值处结束的子串。例如，对上面定义的 str1 而言，str1.substring(2,6)和 str1.substr(6,2)都返回"is i"。

⑤ toLowerCase()、toUpperCase()：分别将 String 对象实例中的字符改变为小写或大写形式。

⑥ 有关字符显示的控制方法。big()用于进行大字体显示，italics()用于进行斜体字显示，bold()用于进行粗体字显示，blink()用于进行字符闪烁显示，small()用于进行小字体显示，fixed()用于进行固定高亮显示，fontsize(size)用于控制字体大小。

⑦ 超链接方法 link()：用于返回一个字符串，该字符串在网页中显示为一个超链接，其语法格式如下：

```
string.link(href)
```

其中，href 是超链接的 URL。示例如下：

```
var hstr="去电子工业出版社";
var hLoc=hstr.link("http://www.phei.com.cn");
```

这两条语句等价于在 HTML 文件中使用以下标记：

```
<a href="http://www.phei.com.cn">去电子工业出版社</a>
```

3. Math 对象

Math 对象封装了常用的数学常数和运算，包括三角函数、对数函数、指数函数等。Math 对象与其他对象不同，它本身就是一个实例，是由系统创建的，称为“静态对象”，不能用 new 运算符创建 Math 对象实例。

1）Math 对象的属性

Math 对象的属性定义了一些常用的数学常数，它们是只读的。例如，引用自然对数的底 e，其格式为 Math.E。Math 对象的属性如表 3-6 所示。

表 3-6　Math 对象的属性

属　性　名	含　　义
E	常数 e，自然对数的底，近似值为 2.718
LN2	2 的自然对数，近似值为 0.693
LN10	10 的自然对数，近似值为 2.303
LOG2E	以 2 为底的 e 的对数，即 $\log_2 e$，近似值为 1.442
LOG10E	以 10 为底的 e 的对数，即 $\log_{10} e$，近似值为 0.434
PI	圆周率，近似值为 3.142
SQRT1_2	0.5 的平方根，近似值为 0.707
SQRT2	2 的平方根，近似值为 1.414

2）Math 对象的方法

Math 对象的方法包括三角函数、对数和指数函数和舍入函数等。表 3-7 列出了 Math 对象的常用方法。例如，使用正弦三角函数的格式为：Math.sin(3.2)。

表 3-7　Math 对象的常用方法

方　　法	含　　义
sin(val)	返回 val 的正弦值，val 的单位是 rad（弧度）
cos(val)	返回 val 的余弦值，val 的单位是 rad
tan(val)	返回 val 的正切值，val 的单位是 rad
asin(val)	返回 val 的反正弦值，val 的单位是 rad
exp(val)	返回 e 的 val 次方
log(val)	返回 val 的自然对数
pow(bv,ev)	返回 bv 的 ev 次方
sqrt(val)	返回 val 的平方根
abs(val)	返回 val 的绝对值
ceil(val)	返回大于或等于 val 的最小整数值
floor(val)	返回小于或等于 val 的最小整数值
round(val)	返回 val 四舍五入得到的整数值
random()	返回 0 ~ 1 范围内的随机数
max(val1,val2)	返回 val1 和 val2 之间的大者
min(val1,val2)	返回 val1 和 val2 之间的小者

4. Date 对象

Date 对象封装了日期和时间操作，该对象没有属性，但是有大量设置、获得及处理日期和时间的方法。

1）创建 Date 对象实例

创建 Date 对象实例的语法格式如下：

```
[var] Date 对象名=new Date([parameters]);
```

参数 parameters 可以是以下任意一种形式。

① 无参数：获得当前日期和时间。

② 形如“月 日, 年 时：分：秒”的参数：创建指定日期和时间的实例。

③ 形如“年 月 日 时 分 秒”的整数值参数：创建指定日期和时间的实例。

示例如下：

```
var today=new Date( );
birthday=new Date("September 10,2001 5:50:20");
```

2）Date 对象的方法

常用的 Date 对象的方法包括 get 方法组、set 方法组和 to 方法组。

① get 方法组用于从 Date 对象实例中获取日期和时间值，主要包括以下 9 种方法。

getYear()：返回对象实例中的年份值。

getMonth()：返回对象实例中的月份值，其值在 0 ~ 11 范围内。

getDate()：返回对象实例中的天，其值在 1 ~ 31 范围内。

getDay()：返回对象实例是星期几，其值在 0 ~ 6 范围内，0 代表星期日。

getHours()：返回对象实例中的小时值，其值在 0 ~ 23 范围内。

getMinutes()：返回对象实例中的分钟值，其值在 0 ~ 59 范围内。

getSeconds()：返回对象实例中的秒值，其值在 0 ~ 59 范围内。

getTime()：返回一个整数值，该值等于从 1970 年 1 月 1 日 00:00:00 到该对象实例存储的时间所经过的毫秒数。

getTimezoneOffset()：返回当地时区与 GMT 标准时的差别，单位是分钟。（GMT 标准时是基于格林尼治时间的标准时间，又称 UTC 时间。）

② set 方法组用于设置 Date 对象中的日期和时间值，其中的方法包括 setYear(year)、setMonth(month)、setDate(date)、setHours(hours)、setMinutes(minutes)、setSeconds(senconds) 和 setTime(time)，参数含义与 get 方法组相同。

③ to 方法组用于从 Date 对象中返回日期和时间的字符串值，其中的方法包括 toGMTString()、toLocalString()和 toString()。

【例 3-13】Date 对象的应用。在浏览器窗口中显示一个不断刷新的数字时钟。程序的运行结果如图 3-10 所示。

```
<html><head><title>数字时钟</title>
    <style>
        form { font-size:22px; }
          input { font-size:24px; color:red;
                width:180; height:40; }</style>
        <script language="JavaScript">
        function aClock( ){
            var now=new Date( );
            var hour=now.getHours( );
            var min=now.getMinutes( );
            var sec=now.getSeconds( );
            var timeStr=" "+hour;
            timeStr+=((min<10)?":0":":")+min;
            timeStr+=((sec<10)?":0":":")+sec;
            timeStr+=(hour>=12)?" P.M.":" A.M.";
            document.clock_form.clock_text.value=timeStr;
            clockId=setTimeout("aClock( )",1000);
          }
        </script></head>
    <body onLoad="aClock( )"><br><br><br>
    <form name="clock_form">  当前时间是：
        <input type="text" name="clock_text" value=""></form></body></html>
```

图 3-10　不断刷新的数字时钟

例 3-13 在头部定义了函数 aClock()，该函数应用 Date 对象的方法来获取时间信息。在 aClock()函数中，最关键的语句是 clockId=setTimeout("aClock( )",1000);，其中 setTimeout()是浏览器窗口对象 window 的方法，因为 setTimeout("aClock( )",1000)表示每隔 1000 毫秒调用 1 次 aClock()函数，所以本例设计的数字时钟每隔 1 秒刷新 1 次。本例在页面载入时，用 onLoad 事件处理程序将 aClock()函数调入并执行。

5. Number 对象

Number 对象给出了系统最大值、最小值及非数字常量的定义，其属性如表 3-8 所示。

表 3-8　Number 对象的属性

属　性	含　义
MAX_VALUE	数值型最大值，值为 1.7976931348623517e+308
MIN_VALUE	数值型最小值，值为 5e−324
NaN	非合法数字值
POSITIVE_INFINITY	正无穷大
NEGATIVE_INFINITY	负无穷大

由于 Number 对象与 Math 对象一样，也是静态对象，因此引用表 3-8 中的 Number 对象属性的格式与 Math 对象相似。示例如下：

```
Max_val=Number. MAX_VALUE
```

6. Boolean 对象

Boolean 对象的作用是将非布尔量转换为布尔量。创建 Boolean 对象实例的语法格式如下：

```
[var] BoolVal=new Boolean([参数]);
```

其中，参数可以为空。当参数为空、0、null、false、空字符串时，所创建的对象实例为 false；在其他情况下，所创建的对象实例为 true。示例如下：

```
var BoolVal1=new Boolean( );            //BoolVal1 值为 false
var BoolVal2=new Boolean("");           //BoolVal2 值为 false
var BoolVal3=new Boolean(8);            //BoolVal3 值为 true
var BoolVal4=new Boolean("This");       //BoolVal4 值为 true
```

7. Function 对象

前面已经讨论并多次应用了函数的定义，Function 对象提供了另一种定义和使用函数的方法。利用 Function 对象定义函数对象实例的语法格式如下：

```
var FuncName=new Function([arg1],[arg2],···,FuncString);
```

其中，FuncName 是函数名，arg1、arg2、···是函数的形参，它们可以省略；FuncString 是字符串形式的函数体。这样定义的函数实例，可以像普通函数一样调用。示例如下：

```
var setColor=new Function(" document.color='darkgreen'");
```

以后就可以使用以下语句调用该函数：

```
if (MustSetColor) then { serColor( ); }
```

利用 Function 对象定义和调用函数与前面讨论的函数定义和使用方法相比，后者的执行速度更快，因此以使用后一种方法为主。

8. 预定义函数

预定义函数不属于任何对象，不必通过对象来引用它们。

1）eval()函数

eval()函数的语法格式如下：

```
eval(string);
```

其中，string 是一个合法表达式。eval()函数用于求表达式的值并返回该值。示例如下：

```
var sum=eval("2+3*4");   //sum 的值为 14
var a=2;
var val=eval("5+3*a");   //val 的值为 11
```

2）isNaN()函数

isNaN()函数的语法格式如下：

```
isNaN(testValue);
```

其中，testValue 是被测试表达式，可以是任意类型的表达式。isNaN()函数测试表达式的值是否为 NaN，若是，则返回 true，否则返回 false。注意，若平台不支持 NaN 常量，则此函数无效。

3）parseInt()函数和 parseFloat()函数

parseInt()函数的语法格式如下：

```
parseInt(str[,radix])
```

其中，str 是一个字符串，可选参数 radix 是整数。若给出 radix 参数，则它表示基数；若未给出，则表示基数为 10。parseInt()函数会对字符串形式的表达式求值。若求出的值是整数，则转换为相应基数的数值；若不能求出整数值，则返回 NaN 或 0。

parseFloat()函数的语法格式如下：

```
parseFloat(str)
```

parseFloat()函数与 parseInt()函数类似，区别在于，parseFloat()函数所求的值为浮点数。示例如下：

```
floatVal=parseFloat("1e28");
if (isNaN(floatVal)){
    document.write("Not float");
}
else {
    document.write("Is float");
}
```

3.4　BOM 及其应用

BOM（Browser Object Model，浏览器对象模型）提供了用户与浏览器之间交互操作的接口。它将浏览器处理为对象的集合，窗口相关元素都可以是对象，具有属性、方法和事件，可以通过 JavaScript 进行操作。这些对象不仅可用于操作窗口页面，还可用于读取客户端信息，以及对客户端系统进行操作，如代表屏幕的 screen 对象，代表浏览器的 navigator 对象等。现代浏览器基本上都实现了 JavaScript 交互性方面的相同方法和属性。

3.4.1　BOM

浏览器对象包括 window、navigator、document、location 等，BOM 是用于描述这些对象之间层次关系的模型，它提供了独立于内容的、与浏览器窗口进行互动的对象结构。BOM 在 Web 中使用 JavaScript 的核心来提供操作浏览器的 API 接口（对象），用于访问浏览器的功能。常见 BOM 结构如图 3-11 所示。

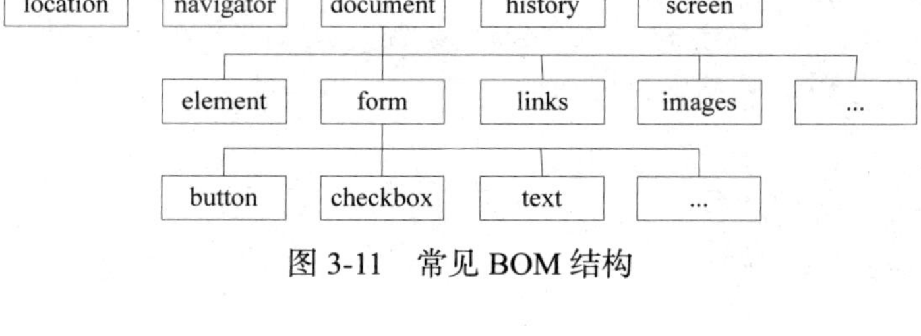

图 3-11　常见 BOM 结构

BOM 的核心是 window 对象。window 对象代表浏览器窗口，它是 BOM 的顶层对象，其他对象都是该对象的子对象。由于 window 对象包含文档对象 document，因此可以直接使用 window 对象的 document 属性来操作 HTML 文档的结构和内容。由此可见，BOM 包含了 DOM。JavaScript 通过 BOM 可以访问浏览器对象，又可以通过 document 对象访问 DOM 对象，从而实现了 JavaScript 对浏览器窗口的操作，以及对加载到浏览器的网页各元素的操作。

常用 BOM 对象的含义如下。

① window 对象：封装有关浏览器窗口的属性和窗口操作。

② navigator 对象：封装浏览器名称、版本等环境信息。

③ document 对象：代表当前 HTML 文件，包含 forms 集合、images 集合、links 集合等。

④ location 对象：包含基于当前 URL 的信息。

⑤ screen 对象：包含与浏览器显示屏幕有关的信息。

⑥ history 对象：包含浏览器的历史浏览信息。

3.4.2　window 对象

window 对象的属性有 parent、self、top、window、status、defaultStatus、frames 等，方法有 alert()、open()、close()、confirm()、prompt()、focus()、blur()、setTimeout()、clearTimeout()等，常用事件有 onload 和 onunload。下面进行分类讨论。

1）与窗口有关的属性

与窗口有关的属性包括 parent、self、top、window。严格来说，它们并不能算作 window 对象的属性，而是当前浏览器环境所涉及的 window 对象的实例，因此它们的引用与一般对象属性不同，在它们的名称之前不能加 window 对象名，引用格式为 self.status，而不是 window.self.status。

window 和 self 代表当前窗口；parent 代表当前窗口或框架（frame）的父窗口，主要在使用框架的页面中使用；top 是主窗口，是所有下级窗口的父窗口。

2）与浏览器状态栏有关的属性

与浏览器状态栏有关的属性包括 status、defaultStatus，其值都为字符串。status 是浏览器当前状态栏显示的内容，defaultStatus 是浏览器状态栏默认显示的内容。利用这两个属性可以设置和改变浏览器状态栏显示的内容。示例如下：

```
<a href="http://www.phei.com.cn" onMouseOver="status='访问电子工业出版社'; return true">电子工业出版社<br>
//当鼠标指针位于该超链接位置时，状态栏将显示字符串“访问电子工业出版社”
```

3）与对话框有关的方法

与对话框有关的方法包括 alert()、confirm()和 prompt()，用于生成标准对话框。

```
alert(字符串);          //参数“字符串”为显示于对话框中的内容，无返回值
confirm(字符串);        //参数“字符串”为显示于对话框中的内容。若用户单击对话框中的“确定”按钮，则返回值为 true，否则返回值为 false
prompt(字符串 1,字符串 2);  //参数“字符串 1”为显示于对话框中的内容，参数“字符串 2”为对话框中显示的默认内容。若用户单击对话框中的“确定”按钮，则返回用户在输入框中输入的字符串；若用户单击对话框中的“取消”按钮，则返回 null
```

示例如下：

```
alert("你好！");
confirm("你确定要继续吗？");
prompt("请输入您的姓名：","*******");
```

上述三条语句生成的对话框分别如图 3-12（a）、图 3-12（b）、图 3-12（c）所示。注意，浏览器不同，外观显示也会有所不同。

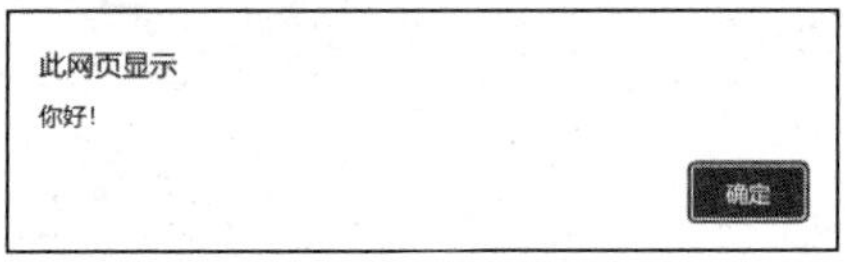

（a）alert( )语句生成的对话框

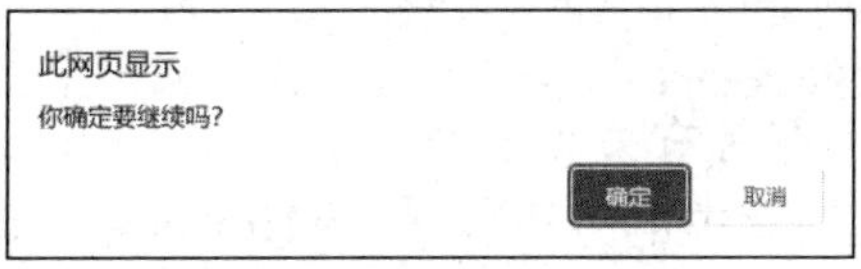

（b）confirm( )语句生成的对话框

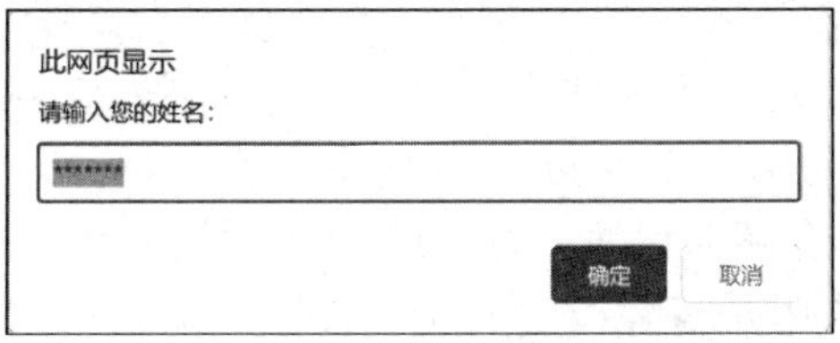

（c）prompt( )语句生成的对话框

图 3-12　与对话框有关的方法示例

4）与窗口生成和撤销有关的方法

与窗口生成和撤销有关的方法包括 open()、close()。open()方法用于生成一个新窗口，语法格式如下：

```
open("URL", "WindowName" [,"Window Features"]);
```

其中，URL 是在新生成的窗口中载入的页面；WindowName 是新窗口的名字；Window Features 是可选参数。Window Features 参数是一个字符串，表示新窗口的外观特征，可以指定多个特征值，各特征值之间以逗号“,”相隔，特征值格式为“特征名=值”，如 width=300，表示新窗口的宽度为 300 像素。若省略该参数，则按默认特征生成新窗口。窗口特征值如表 3-9 所示。

表 3-9　窗口特征值

特　征　名	取　　值	含　　义
width	长度值	窗口的宽度
height	长度值	窗口的高度
toolbar	0（无）|1（有）或 no（无）|yes（有）；下同	是否显示标准工具栏。默认值为 0
location	0|1 或 no|yes	是否显示定位栏。默认值为 0
status	0|1 或 no|yes	是否显示状态栏。默认值为 0
menubar	0|1 或 no|yes	是否显示菜单栏。默认值为 0
srcollbars	0|1 或 no|yes	是否按需要显示滚动条。默认值为 0
resizable	0|1 或 no|yes	是否允许用户改变窗口大小。默认值为 1

open()方法的返回值是指向新窗口的指针，示例如下：

```
nw=open("a.htm","nw","width=100,height=80,toolbar=1,resizable=0");
```

该语句将创建一个名为 nw 的新窗口，其中载入页面为 a.htm，该窗口的宽度为 100 像素，高度为 80 像素，用户不可以改变窗口的大小，并且窗口中会显示标准工具栏。注意，各特征值与先后顺序无关。

close()方法用于关闭一个窗口。示例如下：

```
nw.close( );
```

5）与窗口焦点有关的方法

与窗口焦点有关的方法包括 focus()、blur()。支持多窗口操作的操作系统在任何时刻都只有一个窗口处于“激活”状态，可以接收用户的输入，对于这样的窗口，我们称它“获得了焦点”，否则称它“失去了焦点”。focus()、blur()方法分别使窗口获得和失去焦点，示例如下：

```
nw.focus( );
nw.blur( );
```

6）与超时有关的方法

与超时有关的方法包括 setTimeout()、clearTimeout()。setTimeout()方法用于设置超时时间，语法格式如下：

```
setTimeout("expression",time);
```

其中，参数 expression 是一个表达式，通常为一个函数；参数 time 是整数，单位是毫秒。执行 setTimeout()方法的结果是每隔 time 毫秒重新对 expression 求值 1 次。setTimeout()方法返回一个标志，指示这个超时设置。例 3-13 就是使用 setTimeout()方法实现数字时钟的。

clearTimeout()方法的作用是清除指定的超时设置，语法格式如下：

```
clearTimeout(timeId);    //参数 timeId 是由 setTimeout 返回的标志
```

7）其他属性和方法

（1）属性 opener：一个窗口名，该窗口是通过 open()方法打开的最新窗口。

（2）属性 closed：一个逻辑值，当窗口关闭时，其值为 true，否则为 false。

（3）moveBy()、moveTo()、resizeBy()、resizeTo()、scrollBy()、scrollTo()方法：用于窗口移动、改变窗口大小和滚动条控制。

8）window 对象的事件

window 对象的常用事件是 onload 和 onunload，onload 是浏览器加载网页后触发执行的事件，onunload 是浏览器窗口关闭时触发执行的事件。

【例 3-14】 利用 onload 事件，在网页被加载后弹出一个欢迎对话框。

```
<html><head><title>window 对象事件示例</title>
<script language= "JavaScript">
window.onload=function( )
{   alert("欢迎光临本网站！");   }
</script></head>
<body><h1>window 对象事件示例</h1></body></html>
```

window 对象的内容丰富，在页面设计时可以充分利用该对象提供的属性和方法。下面举一个例子总结 window 对象的主要属性和方法。

【例 3-15】 在浏览器中显示一个如图 3-13（a）所示的初始用户输入界面，接收用户输入的姓名和电话号码。当用户单击“输入完成”按钮时，将弹出如图 3-13（b）所示的对话框，要求用户再次确认。若用户单击“确定”按钮，则生成一个如图 3-13（c）所示的新窗口，显示用户输入的姓名和电话号码；若用户单击“取消”按钮，则弹出如图 3-13（d）所示的警告框。

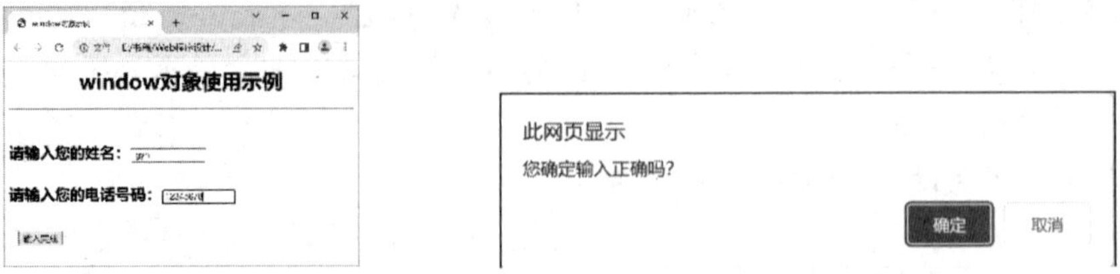

（a）初始用户输入界面　　（b）单击“输入完成”按钮后的对话框

图 3-13　window 对象使用示例

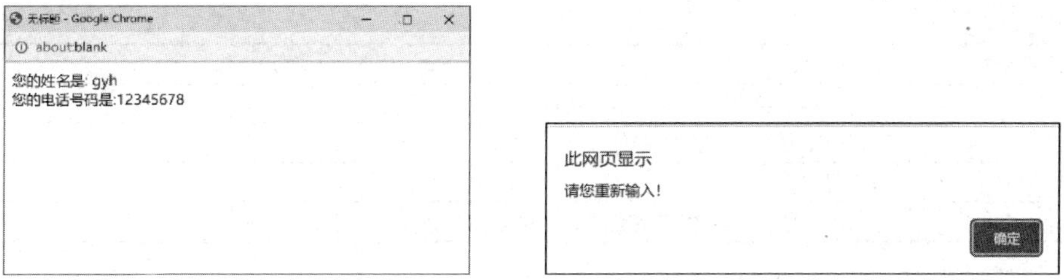

（c）单击“确定”按钮生成的新窗口　　（d）单击“取消”按钮弹出的警告框

图 3-13　window 对象使用示例（续）

```
<html><head><title>window 对象示例</title>
<script language= "JavaScript">
function confSubmit( ){
if ((ok=confirm("您确定输入正确吗？ "))==true){
var nw=open("a.htm","nwin","width=500,height=200,toolbar=1");
nw.focus( );
nw.document.write("您的姓名是:"+parent.document.input_form.nm.value);
nw.document.write("<br>");
nw.document.write("您的电话号码是:" + parent.document.input_form.phone.value);
}
else
  alert("请您重新输入！ ");
}
</script></head>
<body><script>defaultStatus="这是一个 window 对象使用示例。";</script>
<center><h1>window 对象使用示例</h1></center><hr><br>
<form name="input_form"><h2>
请输入您的姓名：<input type=text name="nm" size=12 value=" "><br><br>
请输入您的电话号码：<input type=text name="phone" size=12><br><br>
  <input type=submit value="输入完成" onClick="confSubmit( )"></h2>
</form></body></html>
```

confSubmit()函数在 form 的 submit 按钮被单击后调用，首先弹出一个 confirm 类型的对话框，然后根据用户的选择进行不同的操作。需要注意的是，当用户单击“确定”按钮时，程序会利用 window 对象的 open()方法生成新窗口“nwin”，其指针为 nw。在后面对新窗口对应的 HTML 文件执行写入操作时，引用窗口对象是通过窗口指针而非窗口名来进行的，向新窗口对应的 HTML 文件写入的内容是用户在原窗口中输入的值，因此在引用这些值时，必须指明值所属的对象，parent 表示引用的是新窗口的父窗口对象。

3.4.3　navigator 对象

navigator 对象包括 appName、appVersion、appCodeName、userAgent、platform、language 属性和 javaEnabled()方法。Navigator 对象的主要用途是判断客户端浏览器的类别，以便针对不同浏览器的特性设计不同的显示样式。navigator 对象的常用属性和方法如表 3-10 所示。

表 3-10　navigator 对象的常用属性和方法

属性或方法名	含　义
appName	以字符串形式表示浏览器名称
appVersion	以字符串形式表示浏览器版本信息，包括浏览器的版本号、操作系统名称等
appCodeName	以字符串形式表示浏览器代码名字，一般为 Mozilla

续表

属性或方法名	含　义
userAgent	由浏览器发送到服务器的用户代理报头
platform	运行浏览器的操作系统平台
language	浏览器语言
javaEnabled()	返回逻辑值，表示客户浏览器是否可以使用 Java

3.4.4 document 对象

前面的例子已多次引用 document 对象的 write()方法，该方法可以向 document 对象对应的 HTML 文件写入内容。一个 HTML 文件的页面对应一个 document 对象，通过 document 对象的属性和方法，可以创建 HTML 文件，它是浏览器对象中最有用的对象之一。document 对象也是 HTML DOM 的根对象，有关 HTML DOM 的内容将在 3.5 节中讨论。

利用 document 对象可以操作 HTML 页面，下面讨论 document 对象的常用属性和方法。

1. document 对象的属性

document 对象对应 HTML 页面，通过 document 对象的属性，可以获取或设置文档标题等信息，也可以获取或设置页面的颜色、文字、超链接文本的颜色等显示特性，还可以获取或设置 HTML 元素的内容。document 对象的常用属性如表 3-11 所示。

表 3-11　document 对象的常用属性

属 性 名	取　值	含　义
alinkColor	颜色值	被激活的超链接文本颜色，即在单击超链接时超链接文本的颜色
bgColor	颜色值	页面背景颜色
fgColor	颜色值	页面前景颜色，即页面文字的颜色
lastModified	日期字符串	HTML 文件最后被修改的日期，是只读属性
linkColor	颜色值	未被访问过的超链接文本的颜色
referrer	URL 字符串	用户先前访问的 URL
title	字符串	HTML 文件的标题，对应<title>标记
url	URL 字符串	本 HTML 文件完整的 URL
vlinkColor	颜色值	已被访问过的超链接文本的颜色
cookie	字符串	与 HTML 文档相关的 Cookie
innerHTML	字符串	HTML 元素的内容

【例 3-16】通过 JavaScript 设置页面的颜色和文字等属性，通过 innerHTML 属性设置 div 元素的内容。页面显示效果如图 3-14 所示。

```
<html><head><title>通过 document 对象设置页面属性</title>
<script>
function ContentDiv()
{   var contentdiv=document.getElementById("contentdiv");
    contentdiv.innerHTML="<h3>写入页面 div 标记中的内容！</h3>";
}
</script></head>
<body onload=ContentDiv()><script language= "JavaScript">
document.bgColor="#DDEEFF";
document.fgColor="darkred";
document.linkColor="#0088FF";
document.alinkColor="#0088FF";
document.vlinkColor="#0088FF";
document.write("<h1>通过 document 对象设置页面属性示例</h1>");
```

```
document.write("<hr>");
document.write("<a href='a.htm'>去页面 A</a>");
document.write("<br><br>本 HTML 文件名是："+document.URL);
document.write("<br><br>本 HTML 文件最后被修改的时间是："+document.lastModified);
</script>
<div id="contentdiv"></div>
</body></html>
```

图 3-14　document 对象属性示例的页面显示效果

2. document 的对象数组

document 的对象数组包括 anchors、forms、images、links 等，分别表示 HTML 文件中的锚点、表单、图像、超链接信息。其中，forms 对象数组存储了 HTML 文件中的所有表单信息，每个表单都是该数组的元素。form 对象和 forms 对象数组，将在 3.4.5 节中介绍。下面讨论 images 对象数组和 links 对象数组。

1）image 对象和 images 对象数组

HTML 文件中的一个<img>标记对应一个 image 对象，即 image 对象将页面中的图像信息封装了起来，image 对象的属性与<img>标记的属性相对应。一个较完整的<img>标记的定义如下：

```
<img name="img1" src="bk.gif" hspace="30" vspace="30" width="100" height="80"
     border="2" lowsrc="bk1.gif">
```

与<img>标记的定义相对应，image 对象的属性有以下几个。

① name：<img>标记的名字，在 JavaScript 程序中可通过该名字引用对应的 image 对象。

② src：图像文件的 URL。

③ width：图像的宽度。

④ height：图像的高度。

⑤ border：图像边框的宽度。

⑥ hspace：图像与左边或右边文字之间的空白大小。

⑦ vspace：图像与上边或下边文字之间的空白大小。

⑧ lowsrc：在 src 所指出的图像文件装载完之前显示的图像。

此外，image 对象还有 complete 属性，它是一个布尔值，表示图像文件是否装载完成。

在一个 HTML 文件中，各个<img>标记所对应的 image 对象会按照它们在文件中出现的先后顺序形成对象数组 images。通过 images 对象数组，可以按照需要动态地改变某些图像文件。例如，可以根据当前日期决定显示的图像，根据鼠标指针的位置决定超链接图像的内容，以及实现动画显示等，这些是只使用 HTML 标记所不能完成的。

【例 3-17】 实现一个简单的动画，它可以交替显示 3 幅图像。

```
<html><head><script language="JavaScript">
```

```
var ImageNum=1;
function Begin( ){
    document.MyImage.src=ImageArray[ImageNum].src;
    ImageNum++;
    if (ImageNum>3)
        ImageNum=1;
}
</script></head>
<body>
<img name="MyImage" src="a1.gif" onLoad= "setTimeout('Begin( )',200)">
<script language="JavaScript">
var ImageArray=new Array( );
for (i=1;i<=3;i++)
{    ImageArray[i]=new Image( );
     ImageArray[i].src="a"+i+".gif";
}
</script></body></html>
```

例 3-17 事先准备了 3 个图像文件，分别为 a1.gif、a2.gif、a3.gif，程序每隔 0.5 秒更换一次所显示的图像文件，从而产生动画效果。

2）link 对象和 links 对象数组

links 对象数组提供 HTML 文件中的超链接，通过它可以得到超链接的信息并对其进行控制。links 对象数组中的每个对象都是一个 link 对象或 area 对象。

link 对象用于存储 URL 的信息，一个完整的 URL 包括协议、主机名或 IP 地址、协议端口号（服务器端口号）、路径名、hash 数等信息。示例如下：

```
http://www.phei.com.cn:2000/java/index.html#follow-up
```

对应的各个部分的 link 对象的属性如下。

① protocol：协议，如 http。

② host：主机名或 IP 地址，如 www.phei.com.cn。

③ port：协议端口号，如 2000。

④ hostname：主机和端口的组合，如 www.phei.com.cn:2000。

⑤ pathname：路径名，如/java/index.html。

⑥ hash：hash 数，即锚点名，如#follow-up。

⑦ href：代表整个 URL。

area（位图映射机制）通过位图的不同位置来实现不同的链接。area 对象在 JavaScript 中被当作特殊的 link 对象，因此被归到 links 对象数组中。area 对象的属性与 link 对象的属性完全相同。

3. document 对象的方法

document 对象的方法主要有 getElementById()、write()、writeln()、open()、close()、clear()。

1）getElementById()方法

getElementById()方法通过 HTML 元素的 id 属性访问该元素，该方法的语法格式如下：

```
getElementById(String);
```

示例如下：

```
getElementById("contentdiv");                //其中，contentdiv 为元素的 id 属性值
```

2）write()和 writeln()方法

write()方法已经用过许多次了，用于输出内容到 HTML 文件中，其语法格式如下：

```
write(String1,String2,…);
```

write()方法的参数可以是任意多个字符串，但至少有一个。当参数不是字符串时，将被自动转换为字符串。示例如下：

```
document.write("欢迎访问本主页！");
document.write("您是第"+i+"个访问本主页的贵宾");
document.write("您是第",i,"个访问本主页的贵宾");
```

其中第二句和第三句的功能是一样的。

writeln()方法的功能与 write()方法相同，唯一的区别是，writeln()方法会在输出字符串后输出一个换行符。

3）open()、close()、clear()方法

open()方法用于打开一个已存在的文件或创建一个新文件来写入内容，允许的文件类型（称为 MIME 类型）包括 text/html、text/plain、image/gif、image/jpeg、image/xbm、x-world/plug-in 等，这些类型的文件是可以被浏览器解释或被插件支持的，默认的文件类型是 text/html，即标准 HTML 文件。text/plain 类型是纯文本文件。

close()方法用于关闭文件；clear()方法用于清理文件中的内容。

【例 3-18】 document 对象方法示例。

```
<html><head><script language="JavaScript">
function createWin( ){
    NewWin=window.open("","","width=200,height=200");
    NewWin.document.open("text/html");
    NewWin.document.write("这是新创建的窗口!");
    NewWin.document.close( );
}
</script></head>
<body>按下按钮可弹出一个窗口<br>
<form><input type="button" value="弹出新窗口" onClick="createWin( )">
</form></body></html>
```

例 3-18 首先在浏览器窗口中显示提示信息和一个按钮，然后在用户单击按钮后弹出一个新窗口，新窗口显示的内容由 NewWin.document.write("这是新创建的窗口！")决定，该例在浏览器中的显示效果如图 3-15 所示。

图 3-15　document 对象方法示例的显示效果

3.4.5　form 对象

<form>（表单）是 HTML 语言中动态更新页面内容的最常用的标记。2.1.5 节已经讨论了表单的语法和输入域的类型，本节将讨论通过 JavaScript 操作表单的方法。

在对象模型中，form 也是对象，它封装了网页中由<form>标记定义的表单的信息。一个 HTML 文档中的各个表单构成了 forms 对象数组。

1. form 对象的属性

form 对象的属性包括以下几种。

① action：在表单提交后启动的服务器应用程序 URL，与<form>标记定义中的 action 属性相对应。

② name：表单的名称，与<form>标记定义中的 name 属性相对应。

③ method：指出浏览器将信息发送到由 action 属性指定的服务器的方法，它只能是 get 或 post，与<form>标记定义中的 method 属性相对应。

④ target：指出服务器应用程序执行结果的返回窗口，与<form>标记定义中的 target 属性相对应。

⑤ encoding：指出被发送的数据的编码方式，与<form>标记定义中的 enctype 属性相对应。

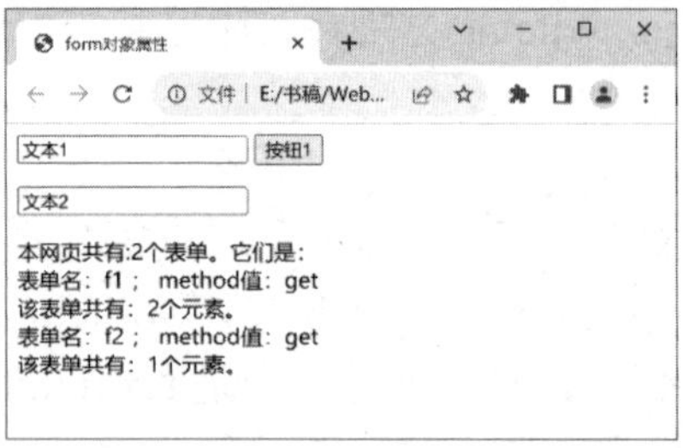

图 3-16　form 对象属性的引用方法示例

⑥ elements：一个数组，其元素是表单的各个输入域对象，即 form 对象的子对象，详情请参见本节第 3 点的说明。

⑦ length：表单中输入域的个数。

【例 3-19】form 对象属性的引用方法示例。设计如图 3-16 所示的页面，放置两个表单，包含文本框和按钮，通过 form 对象的属性和方法，在页面中显示表单元素。

```
<html><body><form name="f1">
<input type="text" name="t1" value="文本 1">
<input type="button" value="按钮 1"></form>
<form name="f2"><input type="text" name="t2" value="文本 2"></form>
<script language="JavaScript">
document.write("本网页共有:"+document.forms.length+"个表单。它们是：<br>");
for (var i=0;i<document.forms.length;i++){
    document.write("表单名："+document.forms[i].name+" ；  ");
    document.write("method 值："+document.forms[i].method+"<br>");
    document.write("该表单共有："+document.forms[i].length+"个元素。<br>");
}
</script></body></html>
```

2. form 对象的方法

form 对象的方法包括 submit()和 reset()。

submit()方法将触发 Submit 事件，引起 onSubmit 事件处理程序的执行。通常 Submit 事件被触发后，该表单中用户输入的数据将被提交给服务器端相应的程序；也可以通过给 onSubmit 事件处理程序返回 false 来阻止数据被提交。利用这种功能可以实现对用户输入数据合法性的检查。

reset()方法用于清除表单中的所有输入，并将各输入域的值设为原来的默认值，该方法将触发 onReset 事件处理程序的执行。

form 对象的这两个方法实际上模拟了 submit 和 reset 两个按钮的功能。

【例 3-20】用户输入数据合法性检查示例。设计如图 3-17 所示的页面，首先显示用户输入电话号码的界面，当用户输入了电话号码并单击“提交号码”按钮后，执行合法性检查程序。若用户输入的电话号码长度不符合要求（位数不是 8 位或 11 位），则提示出错信息，并且不提交给服务器；否则将用户输入的电话号码提交给服务器。

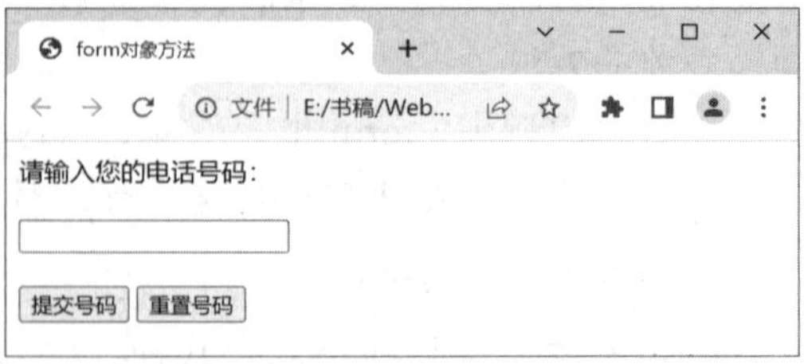

图 3-17　用户输入数据合法性检查示例

```
<html><head><script language="JavaScript">
function Verify( ){
    var Tel=document.TelForm.TelNo.value;
    if ((Tel.length==8) || (Tel.length==11)){
        NewWin=window.open("","","width=200,height=200");
        NewWin.document.open("text/html");
        NewWin.document.write("<h3>号码已经成功提交！</h3>");
        NewWin.document.close( );
    }
    else{
        alert("号码输入不正确！");
        return false;
    }
}
</script></head>
<body>请输入您的电话号码：<br>
<form name="TelForm" onSubmit="Verify( )">
<input type="text" name="TelNo" value=""><br>
<input type="submit" value="提交号码" width=100>
<input type="reset" value="重置号码" width=100></form></body></html>
```

3. form 对象的子对象

从 BOM 的树形结构可以看出，form 对象包含多个子对象，这些子对象对应 form 的各种输入域。也就是说，form 的每种输入域在 JavaScript 中都是作为对象来处理的。

1）按钮对象

form 的按钮有 3 种类型：submit，提交按钮；reset，复位按钮；button，普通按钮。

按钮的属性包括以下几种。

① name：按钮的名称。

② type：按钮的类型。

③ value：按钮的值，即按钮上显示的文字。

④ width：按钮的宽度。

⑤ height：按钮的高度。

⑥ form：按钮所属表单。

与按钮相关的事件与事件处理程序如下。

① Blur 事件和 onBlur 事件处理程序：失去焦点事件及其事件处理程序。

② Focus 事件和 onFocus 事件处理程序：获得焦点事件及其事件处理程序。

③ Click 事件和 onClick 事件处理程序：单击 button 按钮的事件及其事件处理程序。

④ Submit 事件和 onSubmit 事件处理程序：单击 submit 按钮的事件及其处理程序。

⑤ Reset 事件和 onReset 事件处理程序：单击 reset 按钮的事件及其处理程序。

按钮对象的方法有 blur()、focus()、click()，它们将分别触发 onBlur、onFocus、onClick 事件处理程序。对于一个 submit 按钮，单击它与执行 form 对象的 submit()方法是等价的。同样地，对于一个 reset 按钮，单击它与执行 form 对象的 reset()方法是等价的。

有关 form 按钮对象的用法示例，读者可参见例 3-9（简易计算器设计）。

2）form 对象的其他子对象

① text 对象（对应文本框 text）：属性有 name、type、form、value、defaultValue 等。name、type、value 属性的含义与按钮对象的同名属性相同；form 是包含该 text 对象的 form

对象的名称；defaultValue 属性是在网页被载入时文本框中显示的字符串。text 对象的方法有 focus()、blur()和 select()。前两个方法与按钮对象的同名方法相同；select()方法可以将文本框内的内容高亮显示。与 text 对象有关的事件处理程序有 onFocus、onBlur、onChange、onSelect。text 对象的 Change 事件是在文本框的内容发生变化时被触发的，此时引起 onChange 事件处理程序的执行。若用户在文本框内选择了内容，则会触发 Select 事件，引起 onSelect 事件处理程序的执行。

② textarea 对象（对应文本域 textarea）：textarea 对象和 text 对象有相同的属性和方法，它们的事件也相同。

③ password 对象（对应口令域 password）：password 对象和 text 对象有相同的属性和方法，但是 password 对象有 onClick 事件处理程序。

④ hidden 对象（对应隐藏域 hidden）：与 text 对象相比，没有 defaultValue 属性。

⑤ checkbox 对象（对应复选框 checkbox）：有 checked、defaultChecked、name、value、form、type 属性。其中，name、value、form 属性与其他 form 子对象的同名属性含义相同；checked 属性值是一个布尔值，反映当前复选框的状态，若 checked 属性值为 true，则复选框被选中，否则不被选中；defaultChecked 属性值也是一个布尔值，反映在复选框的定义中是否有 checked 属性，若有，则 defaultChecked 属性值为 true，否则 defaultChecked 属性值为 false。checkbox 对象的方法有 blur()、focus()和 click()，相应事件有 Blur、Focus、Click，含义与按钮对象相同。

⑥ radio 对象（对应单选按钮 radio）：其属性、方法和事件与 checkbox 对象的完全相同。

⑦ select 对象（对应下拉列表 select）：属性有 form、name、length、type、selectedIndex 和 options。form、name 属性的含义与其他 form 子对象同名属性相同；length 属性是下拉列表包含的选项的个数；type 属性定义对象为 select 对象并指示 multiple 是否定义；selectedIndex 属性是被选中的选项的索引号。options 数组包含了该 select 对象定义中的每个 option 定义的属性，其每个元素都是一个 option 对象，option 对象对应 select 对象定义中的 option。option 对象的属性包括 defaultSelected、index、selected、text、value。defaultSelected 属性反映 option 定义中是否有 seleted 属性，其值是一个布尔值；index 属性值是一个整数值，等于该 option 对象的索引号，注意 select 对象中的索引号由 0 开始；selected 反映该 option 当前是否被选中，其值是一个布尔值；text 属性是 option 的文本，其值是一个字符串；value 对应<option>对象定义中的 value 属性。select 对象的方法有 blur()、focus()，相关的事件处理程序有 onBlur、onFocus。

【例 3-21】 form 子对象的用法示例。设计如图 3-18 所示的页面，填写和选择个人信息，由系统进行检查和显示。

```
<html><head><script language="JavaScript">
gender=new Array( );
gender [0]="Male";
gender [1]="Female";
sele=0;
gender_sele=0;
function VerifyAndChgText( ){
    var Length=document.forms[0].length;
    var Type,Empty=false;
    for (var i=0;i<Length;i++){
        Type=document.forms[0].elements[i].type;
        if (Type=="text")
```

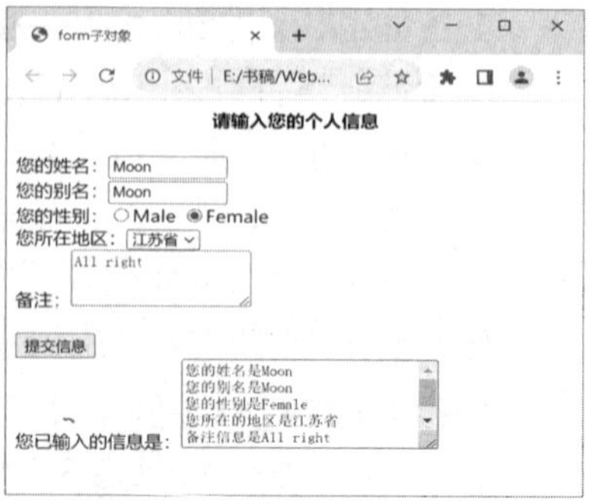

图 3-18　form 子对象的用法示例

```
            if (document.forms[0].elements[i].value=="")
              Empty=true;
        }
        if (!Empty ){
          name="您的姓名是"+document.forms[0].NameText.value+"\n";
          alias="您的别名是"+document.forms[0].AliasText.value+"\n";
          gender_1="您的性别是"+ gender [gender_sele]+"\n";
          area="您所在的地区是"+document.forms[0].area.options[sele].text+"\n";
          exp="备注信息是"+document.forms[0].exp.value+"\n";
          document.forms[0].info.value=name+alias+gender_1+area+exp;
        }
        else
          alert("您未输入完全！");
        return Empty;
    }
    </script></head>
    <body><h4 align=center>请输入您的个人信息</h4><form>
    您的姓名：<input type=text name="NameText" size=10><br>
    您的别名：<input type=text name="AliasText" size=10><br>
    您的性别：<input type="radio" name="gender" onClick="gender_sele=0">Male
    <input type="radio" name="gender" onClick="gender_sele=1">Female<br>
    您所在地区：<select name="area" onChange="sele=this.selectedIndex">
    <option value="1" selected>江苏省
    <option value="2" >北京市
    <option value="3" >上海市
    <option value="4">天津市
    <option value="5">浙江省
    </select><br>
    备注：<textarea name="exp" rows=3 cols=20></textarea><br><br>
    <input type=button value="提交信息" onClick="VerifyAndChgText( )">
    <br>您已输入的信息是：<textarea name="info" rows=5 cols=30></textarea><br><br>
    </form></body></html>
```

在例 3-21 中，程序首先生成一个表单，要求用户输入个人信息，当用户单击“提交信息”按钮时，程序会检查用户是否输入完全。若输入完全，则在最后一个文本域中显示用户刚才输入的信息；若输入不完全，则给出警告提示。

程序定义了数组 gender，其中存放 radio 对象各选项的文本，用于显示性别；select 对象的显示内容则引用了 options 数组中 option 对象的 text 属性。还定义了两个数组的下标 sele 和 gender_sele。前者用作 select 对象的 options 数组下标，后者用作 gender 数组下标，它们的值分别通过 select 对象的 onChange 事件处理程序、radio 对象的 onClick 事件处理程序获得。VerifyAndChgText()函数用于检查用户是否在所有 text 文本框中输入信息。若是，则将其输入的信息和选择的信息显示在 info 文本域中；若否，则使用 alert()方法给出警告提示。该函数被作为“提交信息”按钮的 onClick 事件处理程序来执行。

4. forms 对象数组

document 对象将其文档中的各个表单的信息存储于 forms 对象数组中，每个表单都是数组中的一个对象。通过 forms 对象数组可以访问每个表单的子对象。例 3-21 中的以下语句就是通过 forms 对象数组来操作表单及其子对象的。

```
var Length=document.forms[0].length;
name="您的姓名是"+document.forms[0].NameText.value+"\n";
```

3.4.6 history 对象和 location 对象

1. history 对象

history 对象又称历史清单对象，它是一个保存了窗口或帧在某个时间段内访问的 URL 信息（历史项）的列表（历史列表），并提供方法供用户在历史列表中查找历史项。

history 对象的属性如下。

① current：当前历史项的 URL。

② length：历史列表中历史项的总数。

③ next：下一个历史项的 URL。

④ previous：前一个历史项的 URL。

history 对象的方法如下。

① back()：装载历史列表中的上一个 URL。

② forword()：装载历史列表中的下一个 URL。

③ go()：该方法的参数可以是整数或字符串。当参数是整数 i 时，该方法将装载历史列表中与当前 URL 位置相距 i 的 URL，i 既可为正数，也可为负数。当参数是字符串时，该方法将装载历史列表中含该字符串的最近的 URL。

【例 3-22】 history 对象示例。在 HTML 文件中使用 history 对象实现页面的前进和后退。

```
<html><head><title>history 对象示例</title></head>
<body><center><h2>history 对象使用示例</h2></center><hr><br>
<form><input type=button value="往前翻 " onClick="history.go(-1)">
<input type=button value="重载当前页" onClick="history.go(0)">
<input type=button value="往后翻 " onClick="history.go(1)"></form>
</body></html>
```

图 3-19　history 对象示例的运行结果

例 3-22 的运行结果如图 3-19 所示。

2. location 对象

location 对象用于存储当前的 URL 信息，通过对该对象赋值可以改变当前的 URL。location 对象的属性与 link 对象相同，包括 hash、host、hostname、href、pathname、port、protocol。例如，以下两个语句都可以将当前窗口的 URL 设置为 www.phei.com.cn。

```
window.location.href="http://www.phei.com.cn"
window.location="http://www.phei.com.cn"
```

3.5 DOM 及其应用

3.5.1 DOM 概述

DOM（Document Object Model，文档对象模型）是由 W3C 提出的文档标准。W3C 关于 DOM 的定义是：一个与系统平台和编程语言无关的接口，程序和脚本可以通过该接口动态地访问和修改文档的内容、结构和样式。W3C 于 1998 年 10 月推出 DOM Level 1（简称 DOM1），之后又推出了 DOM2、DOM3、DOM4 等。目前 DOM 标准分为 3 个部分：①核心 DOM，是结构化文档的标准对象模型；②XML DOM，是针对 XML 文档的标准对象模型；

③HTML DOM，是针对 HTML 文档的标准对象模型。本书主要讨论 HTML DOM。

HTML DOM 是 HTML 的标准对象模型，提供了访问 HTML 元素的标准编程接口。它将 HTML 文档作为一个树形结构，树的每个节点表现为一个 HTML 标记或 HTML 标记内的文本项。树形结构精确地描述了 HTML 文档中各个标记之间、文本项之间的相互关联性，包括 child（孩子）、parent（双亲）和 sibling（兄弟）关系等。

通过 HTML DOM 接口，JavaScript 可以访问并更新 HTML 页面上的对象，能够改变 HTML 元素内容、属性和样式，还能够对页面事件进行响应。由于 HTML DOM 是 W3C 标准，因此基于 HTML DOM 处理 HTML 文档的程序具有较好的跨平台特性。

现代浏览器大多都内置了对 HTML DOM 的支持，当网页被加载时，浏览器将创建页面的文档对象模型。

3.5.2　DOM 树形结构

HTML DOM 是一种结构化的对象模型。当采用 HTML DOM 技术访问和更新 HTML 页面内容时，首先依据 HTML 源代码解析页面的树形结构，然后按照树形结构的层次关系来操作需要访问和更新的节点和属性。

HTML 文档的 DOM 树形结构可以表示文档中各对象的层次关系。

【例 3-23】编写包含列表的 HTML 文档，并使用 DOM 解析该文档，将显示如图 3-20 所示的 DOM 树形结构。

```
<!DOCTYPE html>
<html>
    <head>
        <title>goods list</title>
    </head>
    <body>
        <h2>商品类别列表</h2>
        <ol>
            <li class="gclass">日用百货</li>
            <li class="gclass">家用电器</li>
            <li class="gclass">家具装饰</li>
        </ol>
    </body>
</html>
```

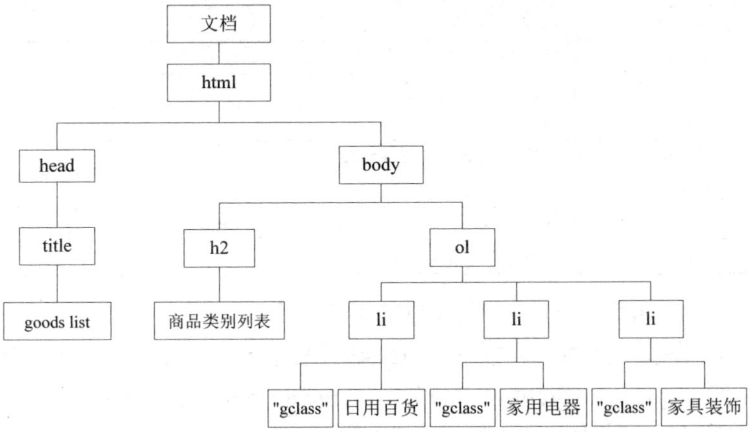

图 3-20　例 3-23 对应的 DOM 树形结构

由图 3-20 可见，HTML DOM 树形结构的根节点是“文档”，它代表了整个网页文档，其子节点是 html 元素，html 的子节点是 head 和 body 元素，head 和 body 又有子节点。这种层次关系延续到 HTML 的各个标记，精确地描述了各 HTML 元素之间的关系。

3.5.3 DOM 节点的类型

根据节点所对应 HTML 文档要素的不同，DOM 树形结构的节点分为元素节点、属性节点、文本节点、文档节点、注释节点等多种类型。

① 元素节点（Element）：对应网页的 HTML 标记，它是 DOM 树的主要节点。如例 3-23 中的 body、ol、li 等都是元素节点。

② 属性节点（Attributes）：对应 HTML 标记的属性。如例 3-23 中的 gclass 节点，它对应<li>标记的 class 属性。

③ 文本节点（Text）：对应 HTML 标记的文本内容。如例 3-23 中的 goods list、商品类别列表、日用百货等。

④ 文档节点（Document）：对应整个 HTML 文档。它代表了浏览器中的网页对象，是 DOM 树形结构的根节点。

⑤ 注释节点（Comment）：对应 HTML 注释。

在上述 5 类节点中，通常只有元素节点和文档节点具有子节点，其他 3 类节点一般为叶节点。在绘制 DOM 树形结构时，为简明起见，往往仅画出元素节点，略去其他类型的节点。

3.5.4 DOM 节点的属性

DOM 树形结构的节点有只读属性和读/写属性两类，通过只读属性可以浏览节点，还可以获得节点的类型及名称等信息；通过读/写属性可以访问文字节点的内容。DOM 节点还具有常用的对象集合 childNodes，是子节点的对象集合。DOM 的属性和对象集合如表 3-12 所示。

表 3-12　DOM 节点的属性和对象集合

属性名或对象集合名	访问权限	说　明
nodeName	只读	返回节点的标记名
nodeType	只读	返回节点的类型：1 表示元素；2 表示属性；3 表示文字；8 表示注释；9 表示文档
firstChild	只读	返回第一个子节点的对象集合
lastChild	只读	返回最后一个子节点的对象集合
parentNode	只读	返回父节点对象
previousSibling	只读	返回左兄弟节点对象
previousElementSibling	只读	返回左兄弟元素节点对象
nextSibling	只读	返回右兄弟节点对象
nextElementSibling	只读	返回右兄弟元素节点对象
style	读/写	元素的样式属性
nodeValue	读/写	文字节点的内容，其他类型节点返回 null
childNodes	读/写	所有子节点的对象集合

根据属性的作用，可以将 DOM 节点的常用属性分为以下 3 类。

① 表示元素间关系的属性，包括 parentNode（父节点），firstChild、lastChild、childNodes（三个均表示子节点），previousSibling、previousElementSibling、nextSibling、nextElementSibling（四个均表示兄弟节点）。其中，childNodes 返回当前元素的所有子节点，包括 HTML 标记、

文本、属性等。

② 表示节点信息的属性，包括 nodeName、nodeType 和 nodeValue，分别表示节点标记名、节点类型和节点内容。其中，文本节点的 nodeName 值为#text，注释节点的 nodeName 值为#comment。

③ 表示元素样式信息的属性，包括 style，通过该属性可获取或设置页面属性。例如，语句 element.style.color="#eaa"可设置文字颜色。

【例 3-24】在本例的 JavaScript 程序中，分别用 parentNode 属性和 previousSibling 属性获得父节点和左兄弟节点，用 nodeName 属性输出父节点的标记名，用 childNodes 属性获取所有子节点，用 firstChild.nodeValue 属性输出文本节点的内容。运行结果如图 3-21 所示。

```
<html><head><title>DOM 属性示例</title>
<script language="JavaScript">
function Access( )
{    var inode=document.getElementById("item2");
     var pnode=inode.parentNode;
     var prenode=inode.previousSibling;
     var nodelist=document.getElementById("goodslist").childNodes;
     var str="";
     var d1=document.getElementById("d1");
     d1.innerHTML="<h3>"+pnode.nodeName+"</h3>";
     var d2=document.getElementById("d2");
     d2.innerHTML="<h3>"+prenode.firstChild.nodeValue+"</h3>";
     var d3=document.getElementById("d3");
     for (var i=0;i<nodelist.length;i++)
            str=str+"("+i+")"+nodelist[i].nodeName+"      ";
     d3.innerHTML=str;
}
</script></head>
<body id="goodslist">
<h2>商品类别列表</h2>
<ol><li id="item1">日用百货</li><li id="item2">家用电器</li><li id="item3">家具装饰</li></ol>
<p>单击按钮，获取列表中第二个元素节点的父节点的标记名、左兄弟节点的文本内容，以及 body 的全部子节点名</p>
<button onclick="Access()">点击</button>
<div id="d1"></div>
<div id="d2"></div>
<div id="d3"></div>
<!--childNodes 只返回直接子节点，换行、空格都输出为#text-->
</body></html>
```

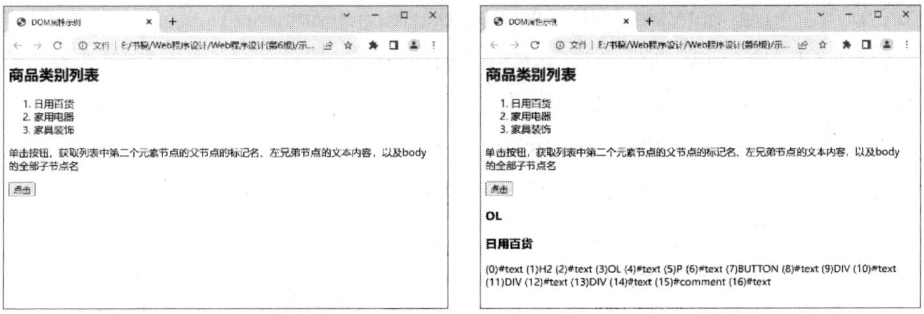

（a）页面加载后显示的结果　　（b）单击“点击”按钮后显示的结果

图 3-21　例 3-24 的运行结果

在例 3-24 中，Access()函数首先通过 document.getElementById("item2")方法获取列表 ol 的第二个表项对应的 li 元素对象；然后分别用 parentNode 属性和 previousSibling 属性获得该元素对象的父节点和左兄弟节点；再用 document.getElementById("goodslist").childNodes 获取 body 的全部子节点；接着用 nodeName 属性输出父节点的标记名，即“OL”；并使用左兄弟节点的 firstChild.nodeValue 属性输出第一个子节点的文本内容，即“日用百货”；最后用 for 循环输出 body 的全部子节点名。

3.5.5 访问 DOM 树节点

HTML DOM 编程接口提供了一系列操作 DOM 树节点的方法。通过这些方法，在 JavaScript 程序中可以访问 DOM 树并创建或修改节点，还可以创建 HTML 文档，并改变文档的节点结构或内容，以建立动态网页效果。表 3-13 列出了访问 DOM 节点的常用方法。

表 3-13 访问 DOM 节点的常用方法

方 法 名	语法格式	说 明
getElementById	document.getElementById(idName)	通过 id 属性获取元素，返回元素对象
getElementsByname	document.getElementsByName(name)	通过 name 属性获取元素，返回元素对象数组
getElementsByTagName	document.getElementsByTagName(tag)	通过 tag 标记获取元素，返回元素对象数组
getElementsByClassName	document.getElementsByClassName(class)	通过类名获取元素，返回元素对象数组，为 HTML5 DOM 新增方法
getAttribute	element.getAttribute(attributeName)	获取 attributeName 属性值
setAttribute	element.setAttribute(attributeName, attributeValue)	将 attributeName 属性值设置为 attributeValue
createElement	document.createElement(TagName)	建立 HTML 元素节点，参数 TagName 为标记名
createTextNode	document.createTextNode(string)	建立文本节点，参数 string 为文本内容
createAttribute	document.createAttribute (attrName)	建立名为 attrName 的属性节点
appendChild	element.appendChild(Node)	为 element 节点添加一个子节点 Node，返回新增的节点对象
insertBefore	element.insertBefore(newNode,existingNode)	在 element 节点的子节点 existingNode 之前插入一个新的子节点 newNode
removeChild	element.removeChild(Node)	删除当前节点下指定的子节点 Node，若删除成功，则返回被删节点，否则返回 null
hasChildNodes	element.hasChildNodes()	判断 element 节点是否有子节点，若有，则返回 true，否则返回 false

通过 DOM，可以在 JavaScript 程序中操作文档的树形结构，包括获取和修改节点信息、创建新节点、删除节点等。根据方法所具有的功能，可以将操作 DOM 树节点的方法分为以下几类。

① 获取节点，包括 getElementById()、getElementsByname()、getElementsByTagName()和 getElementsByClassName()等方法。其中 getElementById()方法在示例中已多次使用，用于返回指定 id 的标记；后三个方法用于返回元素对象数组。

② 获取和设置属性值，包括 getAttribute()和 setAttribute()方法。

③ 创建或增加节点，包括 createElement()、createTextNode()、createAttribute()、appendChild()和 insertBefore()等方法。

④ 删除节点，removeChild()方法用于删除当前元素节点下指定的子节点。

⑤ 判定树状态，hasChildNodes()方法用于判断当前元素节点是否存在子节点。

【例 3-25】使用 DOM 方法生成表格。本例分别用 createElement()和 createTextNode()方

法创建元素节点和文本节点，用 appendChild()方法将创建的节点添加到 DOM 树中，用 setAttribute()方法设置表格元素对象的属性。运行结果如图 3-22（a）、图 3-22（b）所示。

```
<html><head><title>使用 DOM 生成表格</title>
<script language="JavaScript">
function genTable(pNode)
{   var i,j,t1,t2;
    var contents=new Array(3);
    for (i=0;i<3;i++)
        contents[i]=new Array(2);
    contents[0][0]="商品类别";
    contents[0][1]="数量";
    contents[1][0]="日用百货";
    contents[1][1]="10";
    contents[2][0]="电器";
    contents[2][1]="20";
    var tableNode=document.createElement("table");
    tableNode.setAttribute("cellspacing","0");
    tableNode.setAttribute("align","center");
    tableNode.setAttribute("width","300");
    var tBodyNode=document.createElement("tbody");
    for (i=0;i<3;i++)
    {   t1=document.createElement("tr");
        if (i==0)
        {   t1.setAttribute("bgcolor","#eeccaa");   }
        tBodyNode.appendChild(t1);
        for (j=0;j<2;j++)
        {   t1=document.createElement("td");
            t1.setAttribute("align","center");
            t2=document.createTextNode(contents[i][j]);
            t1.appendChild(t2);
            tBodyNode.childNodes[i].appendChild(t1);
        }
    }
    pNode.appendChild(tableNode);
    tableNode.id="test";
    tableNode.border=2;
    tableNode.appendChild(tBodyNode);
}
</script></head>
<body id="tableTest">
<h2 onClick="genTable(tableTest)">单击此处将生成一个表格</h2><hr>
</body></html>
```

（a）初始显示界面

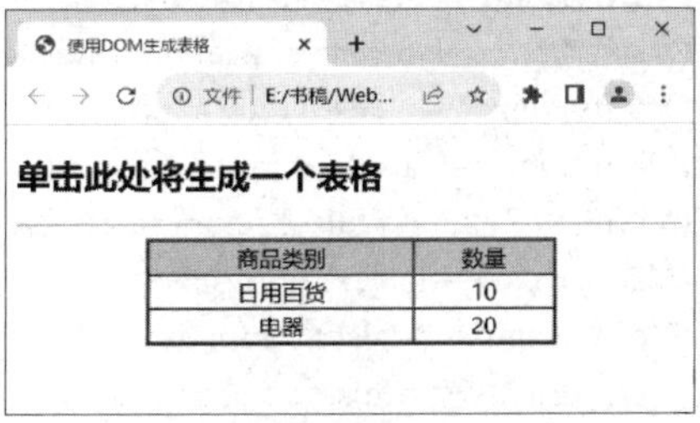

（b）单击文字后生成表格

图 3-22　例 3-25 的运行结果

3.6 应用示例

JavaScript 在 Web 开发中十分重要，本节通过“用户注册信息检验”和“扑克牌游戏”两个综合应用示例，进一步讨论 JavaScript 程序设计方法。

3.6.1 用户注册信息检验

用户通过表单将数据传递给服务器，如果将表单内的所有数据都交由服务器处理，那么会加重服务器进行数据处理的负担。可以利用 JavaScript 的交互能力，首先在客户端对用户的输入数据进行合法性检查，然后把合法数据传递给服务器。例 3-26 就是在用户填写表单并提交时，在客户端对用户输入的数据进行合法性检查的例子。

【例 3-26】 设计如图 3-23 所示的用户注册页面。在单击“发送”按钮后，对输入框中的数据进行合法性检查。

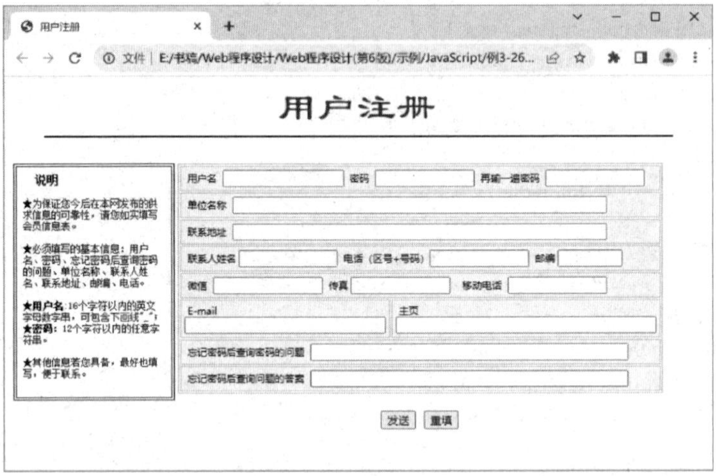

图 3-23 用户注册页面

```
<html>
<script language="JavaScript">
function init( )
{ document.reg_form.usrname.focus( );                //将初始光标定位在用户名输入框
}
function Verify( )                                   //校验用户输入
{   if (VerifyUsrName( )==false) return false;       //校验用户名
    if (VerifyPasswd( )==false) return false;        //校验密码
    if (VerifyDepart( )==false) return false;        //校验单位名称
    if (VerifyAddr( )==false) return false;          //校验联系地址
    if (VerifyPersonName( )==false) return false;    //校验联系人姓名
    if (VerifyPhone( )==false) return false;         //校验电话
    if (VerifyZip( )==false) return false;           //校验邮编
    if (VerifyweChat( )==false) return false;        //校验微信
    if (VerifyFax( )==false) return false;           //校验传真
    if (VerifyHand( )==false) return false;          //校验移动电话
    if (VerifyEmail( )==false) return false;         //校验 E-mail
    if (VerifyHomepage( )==false) return false;      //校验主页
    if (VerifyQuest( )==false) return false;         //校验忘记密码后查询密码的问题
```

```
        if (VerifyAnsw( )==false) return false;                    //校验忘记密码后查询问题的答案
        return true;
    }
    function VerifyUsrName( )
    {   if (document.reg_form.usrname.value.length==0)
            {     alert(" 用户名不能为空!请见左边的说明，输入合法的用户名。");
                return false;
            }
        if (validOfUsrName( )==false)
        { alert("您输入的用户名中包含了不合法的字符!请见左边的说明，重新输入。");
          return false;
        }
        return true;
    }
    function validOfUsrName( )       //检验用户输入的用户名中是否包含不合法的字符
    {       valid=true;
            for (var i=0;i<document.reg_form.usrname.value.length;i++)
            {     var ch=document.reg_form.usrname.value.charAt(i);
                if (!((ch>="0") && (ch<="9")) && !((ch>="a") && (ch<="z")) && !((ch>="A") && (ch<="Z"))
&& !(ch=="_"))
                    valid=false;
                if (!valid)
                    break;
            }
            return valid;
    }
    function VerifyPasswd( )
    {       if (document.reg_form.pass.value.length==0)
            { alert(" 密码不能为空!请见左边的说明，输入您的密码。");
              return false;
            }
            if (document.reg_form.pass.value!=document.reg_form.pass2.value)
            { alert("您两次输入的密码不相同!请重新输入密码。");
              return false;
            }
            return true;
    }
    function VerifyDepart( )
    {       if (document.reg_form.dname.value.length==0)
            {     alert("单位名称不能为空!请见左边的说明进行输入。");
                  return false;
            }
            return true;
    }
    //说明：校验联系地址、联系人姓名、邮编等的语句与校验单位名称的正确性的语句相似，读者可自行
补齐，此处略去
    </script>
    <body topmargin=6>
    <center><font face="隶书" size=7 color=red>用户注册</font></center>
    <hr width=90% color=blue><br>
    <table border=0 align=center onLoad="init( )">
    <tr><td valign=top><!—对用户填写表单数据的说明-->
```

```
<table border=1 align=left bordercolor=blue bgcolor=ivory width=200
        style="fontsize:14px;align:left;" cellpadding=8><tr><td>
<div style="color:darkred;font-size:12px;text-align:left;font-family:'宋体'">
<span style="color:darkred;font-size:14px"><b> 说明</b></span><br><br>
<div>★为保证您今后在本网发布的供求信息的可靠性，请您如实填写会员信息表。
</div><br>
<div>★必须填写的基本信息：用户名、密码、忘记密码后查询密码
的问题、单位名称、联系人姓名、联系地址、邮编、电话。</div><br>
<div>★<font color=black><b>用户名</b></font>:16 个字符以内的英
文字母数字串，可包含下画线"_"；</br>
★<font color=black><b>密码</b></font>：12 个字符以内的任意字符串。</div><br>
<div>★其他信息若您具备，最好也填写，便于联系。</div><br>
</div></td></tr></table></td>
<td valign=top align=center><!—表单输入区定义-->
<form action="reg_handle.asp" method="get" name="reg_form"
onSubmit="return Verify( )">
<table border=1 bordercolor=gold bgcolor=lavenderblush    width=550
style="font-size:12px;align:left;" cellpadding=4>
<tr><td width=550 ailgn=left colspan=2 >
 用户名  <input type=text size=16 name="usrname">
 密码  <input type=password size=12 name="pass">
 再输一遍密码  <input type=password size=12 name="pass2">
</td></tr>
<tr><td width=500    align=left colspan=2 >
 单位名称  <input type=text size=60 name="dname"></td></tr>
<tr><td width=550 colspan=2 align=left>
 联系地址  <input type=text size=60 name="address"></td></tr>
<tr><td width=550 align=left colspan=2>
 联系人姓名 <input type=text size=12 name="person_name">
 电话（区号+号码）<input type=text size=12 name="tel">
 邮编  <input type=text size=6 name="postcode"></td></tr>
<tr><td width=500 align=left colspan=2>
 微信  <input type=text size=14 name="weChat">
 传真 <input type=text size=12 name="fax">
   移动电话  <input type=text size=12 name="hand"></td></tr>
<tr><td width=250 ailgn=left>
 E-mail <input type=text size=30 name="email"></td>
<td width=300 align=left> 主页<input type=text size=40 name="homepg">
</td></tr>
<tr><td width=550 colspan=2 align=left>
 忘记密码后查询密码的问题  <input type=text size=50 name="quest">
</td></tr>
<tr><td width=550 colspan=2 align=left>
 忘记密码后查询问题的答案  <input type=text size=50 name="answ">
</td></tr></table><br>
<input type=submit value="发送">  <input type=reset value="重填">
</form></td></tr></table></body></html>
```

在浏览器中加载页面后，首先触发 onLoad 事件，然后执行 init()函数。init()函数将初始光标定位在“用户名”输入框中。页面的总体结构是一个表，该表分为左、右两个部分，左部是对表单数据填写的说明，而右部是表单输入区域。在表单属性中设置了 onSubmit 事件

的处理函数 Verify()，Verify()函数分别调用 VerifyUsrName()、VerifyPasswd()等 14 个函数来检查用户名、密码等 14 个用户输入数据的合法性，若某个输入数据不合法，则弹出警告框提示用户重新输入。若全部数据都通过了检查，则认为用户输入的数据符合要求，Verify()函数返回真值，即 onSubmit 事件处理程序返回真值，此时浏览器开始提交数据给服务器。否则 onSubmit 事件处理程序返回假值，数据不会被提交给服务器。

3.6.2　扑克牌游戏

大部分读者应该很熟悉用扑克牌计算 24 点的游戏，下面就用 JavaScript 来设计一个在浏览器中计算 24 点的游戏程序。

【例 3-27】在游戏开始后，系统随机给出 4 个 1~9 范围内的整数，用户给出这 4 个数的算式，算式中可包括加（+）、减（-）、乘（*）、除（/）运算符。若用户给出算式的值为 24，则系统弹出一个对话框告知结果正确，否则告知结果错误。

本例共设计以下 5 个文件。

① game.html：开始新游戏界面，显示游戏规则，并提供一个“新游戏”功能按钮。用户单击该按钮即可生成一个新窗口，在该窗口中加载 poker.html 文件，开始一次新游戏。

② poker.html：主文件，它首先产生 4 个 1~9 范围内的随机数，并将输入焦点定位于输入框中；然后等待用户输入，将用户的输入时间限制为 1 分钟（60 000 毫秒），每隔 1 秒会在状态栏中提示用户剩余的时间。若用户在规定的时间内在输入框中输入算式并单击“提交答案”按钮，则将在页面中检查该答案。若计算正确，则弹出新窗口，并在其中加载 yes.html 文件，提示用户答案正确；若计算错误或算式不合法，则弹出新窗口，并在其中加载 no.html 文件，提示用户答错了。若用户未在规定时间内输入算式，将弹出“超时”窗口，并在其中加载 timeout.html 文件，提示用户超时，同时结束本次游戏。在该文件的 init()函数中，利用 Math 对象的数学函数 random()产生一个 0~1 范围内的随机数；函数 ceil(number)将返回一个大于或等于 number 的最小整数，因此表达式 Math.ceil(Math.random( )*9)将返回一个 1 ~ 9 范围内的随机整数。该函数还利用 setTimeout()方法设置用户答题时间限制和状态栏提示信息的更新时间。其他函数的功能及 HTML 语句的作用在下面的文件中都给出了详细注解，在此不再赘述。

③ yes.html：当用户输入正确答案时，在弹出的提示窗口中加载此文件。

④ no.html：当用户输入错误答案时，在弹出的提示窗口中加载此文件。

⑤ timeout.html：在超时后弹出的提示窗口中加载此文件。

各文件的内容如下。

（1）game.html 文件。

```
<html><head><title>扑克牌游戏</title>
<style type="text/css">
body {margin-top:16;}
h3 { background-color:#ffddcc;color:red;width:16%;height:60px;
vertical-align:50%;}
</style></head><body><h3><br>  游戏规则：</h3><br>
<p><h4>规则 1. 要进行新游戏，请单击“新游戏”按钮，此时将生成一个新窗口，给出 4 个 1~9 范围
内的整数。
<br>规则 2. 在新窗口的输入框中输入四则运算式，可以使用括号，运算数为给出的 4 个数，每个数只
能使用 1 次，结果须等于 24。
<br>规则 3. 若您认为给出的 4 个数的运算结果不可能为 24，则可单击“放弃本局”按钮。
```

```
</h4></p>
<form>
<input type="button" value="新游戏"
    onClick="open('poker.html','newWin','width=500,height=400,status=1')">
</form></body></html>
```

（2）poker.html 文件。

```
<html><head>
<script language="JavaScript">
//全局变量定义
var card = new Array( );              //存储 4 张牌
for (k=0;k<4;k++)
    card[k]=0;                        //赋初值
var cardUsed = new Array( );          //每张牌是否被使用过的标记
for (k=0;k<4;k++)
    cardUsed[k] = false;              //赋初值
var TimeID,StatID;                    //时间和状态标记
var count = 60;                       //计时器
function Init( ) {                    //初始化函数，生成 4 个随机数，并设置时间和状态标记
var i;
status = "您有 1 分钟的时间考虑与输入答案！";
for (i=0;i<4;i++)                     //用随机函数产生 4 张牌
    card[i] = Math.ceil(Math.random( )*9);
StatID = setTimeout("ChangeStatus( )",1000);
TimeID = setTimeout("open('timeout.html','timeoutWin',
    'width=200,height=100');close( )",60000);
}    //End of Init
//状态栏刷新函数定义
function ChangeStatus( ) {                          //每隔 1 秒刷新 1 次状态栏的显示内容
clearTimeout(StatID);                               //清除状态标记
count--;                                            //剩余时间减少 1 秒
status = "剩余时间为："+count+"s";
setTimeout("ChangeStatus( )",1000);                 //每隔 1 秒调用 1 次 ChangeStatus()函数
}
//合法性判断函数，若算式合法，则返回 true，否则返回 false
function IsValid( ) {                               //判定用户输入的算式是否正确
var exp = document.expForm.expText.value;           //获取用户输入的算式
var expLen = exp.length;                            //算式长度
var i,j;
var numberUsed = 0;                                 //算式中使用的运算数的个数
for (i=0;i<expLen-1;i++){
    var ch = exp.charAt(i);                         //取第 i 个字符
    if (ch>='0' && ch<='9') {                       //当前处理的是数值字符
    for (j=0;j<4;j++)
        if ((ch == card[j]) && (!cardUsed[j])) {
            //该数字是否是给出的 4 个数之一且未被使用过
        numberUsed++;
        cardUsed[j] = true;                         //添加数字已被使用标记
        }
    }
    else {  //当前处理的是运算符
        if ((ch!="+") && (ch!="-") && (ch!="*") && (ch!="/") && (ch!="(")
```

```
                    && (ch!=")"))
                { alert("您输入的算式是非法的!");
                    return false;
                }
            }
    }
    if (numberUsed!=4) {   //算式中未使用全部 4 个数字
        alert("您输入的算式是非法的!");
        return false;
    }
    return true;
    }
    function calResult( ) { //计算算式结果函数
        clearTimeout(TimeID);   //清除计时标记
        if (IsValid( )) {   //算式合法
            if (eval(document.expForm.expText.value)==24)   //若算式的值等于 24
            {   //则弹出新窗口，提示结果正确
                winid = open("yes.html","nwin1","width=200,height=100");
                close( );
                return;
                }
            }
            //若算式的值不等于 24 或算式不合法，则弹出新窗口，提示结果错误
            winid = open("no.html","nwin2","width=200,height=100");
            close( );
            return;
        }
        </script></head>
        <!--将输入焦点定位于输入框-->
        <body onLoad="document.expForm.expText.focus()">
        <script language="JavaScript">
        Init( ); //生成 4 张牌
        document.write("您可以使用的 4 张牌是：<br>");
        for (i=0;i<4;i++)
            document.write(card[i]+"    ");
        </script>
        <br><form name="expForm">请在右边的输入框中输入您的答案：  
        <input type=text name="expText" size=12 value=" "><br><br><br>  
        <input type=button value="提交答案" onClick="calResult( )">
        <input type=button value="放弃本局" onClick="self.close( )"></form></body></html>
```

（3）yes.html 文件。

```
<html>
<body onLoad="setTimeout('close()',60000);return true">恭喜您，您答对了！</body>
</html>
```

（4）no.html 文件。

```
<html>
<body onLoad="setTimeout('close()',60000);return true">对不起，您答错了！</body>
</html>
```

（5）timeout.html 文件。

```
<html>
<body onLoad="setTimeout('close()',60000);return true">
```

```
对不起，您超时了！请重新开始。</body></html>
```

该程序的运行过程如下：首先，加载 game.html 文件，出现如图 3-24（a）所示的“开始新游戏”界面；然后，单击“新游戏”按钮，弹出如图 3-24（b）所示的游戏界面，在答案输入框中输入算式，并单击“提交答案”按钮。若答案正确，将出现如图 3-24（c）所示的提示窗口；若答案不正确或超时，所出现的提示窗口与图 3-24（c）类似，只是提示内容不同。

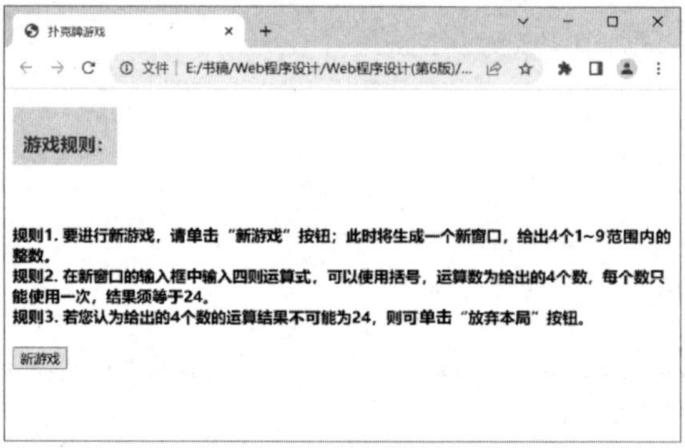

（a）开始新游戏界面

（b）游戏界面

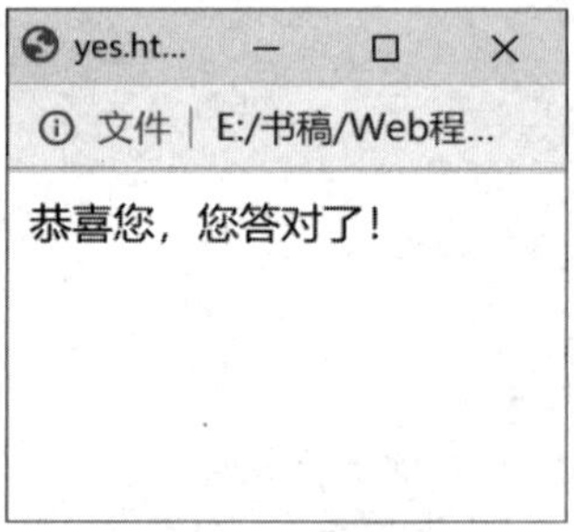

（c）答案正确的提示窗口

图 3-24　扑克牌游戏

本 章 小 结

本章讨论了 JavaScript 语言基础、JavaScript 事件处理及 JavaScript 对象，以及 BOM、DOM 及其应用。JavaScript 是基于对象的语言，具有很好的跨平台特性，适用于大多数浏览器。JavaScript 定义了较丰富的对象和函数，使其处理能力得到提升。

BOM（浏览器对象模型）和 DOM（文档对象模型）是 JavaScript 进行 Web 程序设计的核心。BOM 提供了用户与浏览器交互操作的接口。它将浏览器处理为对象的集合，窗口相关元素都可以是对象，具有属性、方法和事件，通过 JavaScript 语言操作。window、navigator、document、form、history 和 location 等都是常用浏览器对象。DOM 是由 W3C 提出的文档标准，它是与系统平台和编程语言无关的接口，程序和脚本可以通过该接口动态地访问和修改文档的内容、结构和样式。HTML DOM 将 HTML 文档作为一个树形结构，精确地描述了 HTML 文档中不同标记之间、文本项之间的相互关联性，包括 child（孩子）、parent（双亲）和 sibling（兄弟）关系等。JavaScript 可以通过 BOM 访问浏览器对象，也可以通过 document 对象访问 DOM 对象，从而实现 JavaScript 对浏览器窗口的操作，以及对加载到浏览器的网页各元素的操作。

习　题　3

3.1　什么是对象？什么是事件？
3.2　JavaScript 的对象分为哪两类，各有什么特点？
3.3　如何在 JavaScript 中创建对象？
3.4　试用 JavaScript 设计一个程序，判断用户输入的整数是正数、负数还是零。
3.5　设计判定用户输入的电话号码是否正确的程序，电话号码可以是 8 位或 11 位的。
3.6　试设计一个程序，根据当天是星期几，在页面中显示不同的图片。
3.7　BOM 主要包含哪些对象？
3.8　window 对象有哪些常用属性和方法？
3.9　document 对象有哪些常用属性和方法？
3.10　form 对象有哪些常用属性和方法？
3.11　form 对象有哪些子对象？它们有什么特点？
3.12　如何通过浏览器对象实现对用户输入数据的正确性验证？这样做有什么优点？
3.13　简述 DOM 的含义。
3.14　DOM 有哪些常用类型的节点，其作用分别是什么？
3.15　对 DOM 树进行的操作主要有哪些？其主要功能分别是什么？

上 机 实 验

1. 用 JavaScript 设计条件判断程序。

【目的】

（1）掌握将 JavaScript 程序嵌入 HTML 文件的方法。

（2）掌握使用 JavaScript 设计应用程序的过程和基本的 JavaScript 语法。

【内容】用 JavaScript 设计一个程序：根据当天是星期几，在页面中显示不同的图片。程序的运行结果如图 3-25 所示。此外，要求在图片上方显示今天是星期几。

【步骤】

（1）准备 7 个 jpg 图片文件，分别命名为 1.jpg ~ 7.jpg。

（2）打开记事本程序。

（3）输入能够生成如图 3-25 所示页面的 JavaScript 程序的源代码，保存为.html 文件，文件名为 ex3-1。

（4）双击 ex3-1.html 文件，在浏览器中查看结果。

2. 用 JavaScript 实现客户端输入数据的正确性检查。

【目的】

（1）掌握表单的使用方法。

（2）掌握使用 JavaScript 语言对客户端输入数据进行操作的方法。

【内容】在例 3-26 所给出信息的基础上，完成所有的程序，并进行测试。

【步骤】

（1）打开记事本程序。

（2）输入能够生成如图 3-23 所示页面的 HTML 代码，并嵌入实现客户端输入内容正确性检查的 JavaScript 程序，保存为 ex3-2.html 文件。

（3）双击 ex3-2.html 文件，在浏览器中查看结果。

3. 用 JavaScript 实现 BOM 编程。

【目的】

（1）掌握 BOM 的定义。

（2）掌握使用 JavaScript 对 BOM 进行编程的方法。

【内容】用 JavaScript 设计一个程序：在页面中显示一个“显示定时的警告框”按钮，单击该按钮，经过 10 秒钟，页面会弹出警告框，如图 3-26 所示。

图 3-25　根据星期几显示不同的图片

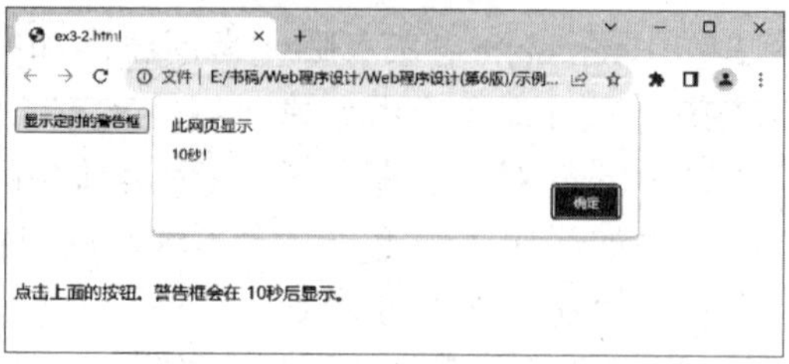

图 3-26　定时弹出警告框

【步骤】

（1）打开记事本程序。

（2）输入能够生成如图 3-26 所示页面的 HTML 代码，并嵌入实现 BOM 操作的 JavaScript 程序，保存为 ex3-3.html 文件。

（3）双击 ex3-3.html 文件，在浏览器中查看结果。

第 4 章　JSP 基本语法与内置对象

JSP（Java Server Pages）是 Web 服务端开发技术。利用 JSP 可以建立安全、跨平台的 Web 应用程序。JSP 以 Java 技术为基础，并在许多方面进行了优化和改进，具有网页逻辑与网页设计分离、平台无关性、完全面向对象及在编译后运行等优点，是开发动态网页的主流技术之一。

4.1　JSP 基本语法

4.1.1　JSP 页面

JSP 是一种动态网页开发技术，它在 HTML 文件中插入 Java 程序段和 JSP 标记（tag），形成 JSP 文件（.jsp），即 JSP 页面。JSP 页面由静态内容和动态内容构成，静态内容指 HTML 标记，动态内容（JSP 标记）包括指令元素、脚本元素、动作元素、注释等。

【例 4-1】编写一个简单的 JSP 页面，在浏览器中显示“Hello,JSP!”，如图 4-1 所示。

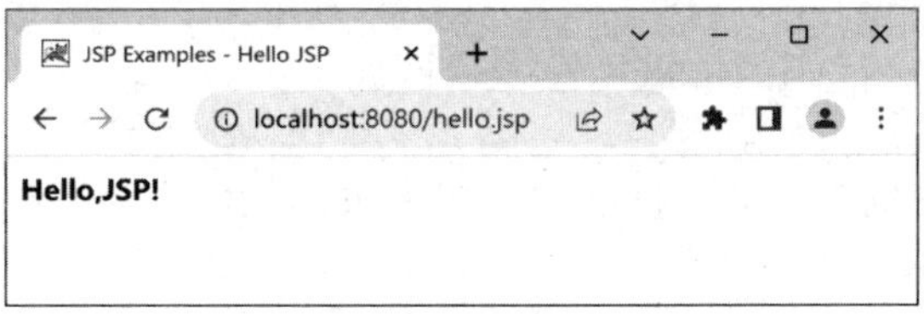

图 4-1　一个简单的 JSP 页面

在记事本中输入以下代码，将文件保存为“hello.jsp”，存放在 Tomcat 安装目录的 webapps\ROOT 文件夹下，在浏览器地址栏中输入“http:localhost:8080/hello.jsp”即可显示页面。

```
<%@ page contentType="text/html;charset=GB18030" pageEncoding="GB18030" %>
<html><head><title>JSP Examples - Hello JSP</title>
  </head><body><b>
        <%
            out.println("Hello,JSP!");
        %>
</b></body></html>
```

从例 4-1 可知，JSP 页面包含 HTML 标记和 JSP 标记，JSP 标记以<%开始，以%>结束，其中可以为指令标识（如 page 指令）、嵌入的 Java 代码（如 out.println("Hello,JSP!");）等。

JSP 运行原理如下：当 Web 服务器上的一个 JSP 页面第一次被请求时，服务器 JSP 引擎首先将 JSP 页面转换为 Java 源文件（即 Servlet），然后将其编译为字节码（.class）文件，最后执行字节码文件并返回结果。当该页面被再次请求时，JSP 引擎只需加载并执行已编译好的字节码，因此 JSP 页面的访问更高效。

4.1.2　JSP 指令

JSP 指令主要用于设定 JSP 页面范围内的相关信息，其语法格式如下：

```
<%@ 指令名 属性名 1="属性值" 属性名 2="属性值" ... %>
```

其中，指令名用于指定指令名称，有 3 种 JSP 指令：page、include、taglib；属性名和属性值分别指定属性名称和属性取值。

1. page 指令

page 指令是最常用的指令，用于定义整个 JSP 页面的相关属性，包括语言、编码格式等。例 4-1 第一行即为 page 指令，该指令定义了 contentType="text/html;charset=GB18030 " pageEncoding="GB18030"，GB18030 为汉字信息编码标准。

page 指令有 15 个属性，表 4-1 为 page 指令常用属性。

表 4-1 page 指令常用属性

属 性 名	含 义
language	定义 JSP 页面使用的脚本语言，目前该属性的值只有 java
import	引入 Java 核心包的类。例如：<%@ page import="java.io.*" %>
contentType	定义 JSP 页面响应的 MIME 类型和字符编码，属性值形式为"MIME 类型"或"MIME 类型;charset=编码"。例如：contentType="text/html;charset=GB18030"
pageEncoding	JSP 页面本身的编码，默认值为 ISO-8859-1
errorPage	定义发生异常时网页指向的页面。例如：<%@ page errorPage ="error.jsp" %>
session	定义网页是否能够使用 session 对象，默认值为 true

2. include 指令

include（包含）指令可将另一个 JSP 页面嵌入本页面，它仅有 file 属性，语法格式如下：

```
<%@ include file ="文件名" %>
```

include 指令可以提高代码的可重用性。示例如下：

```
<%@ include file ="banner.jsp" %>
```

若 banner.jsp 为页面的 banner，且网站中多个页面均使用该 banner，则使用 include 指令即可，无须重复编写代码。

3. taglib 指令

taglib 指令用于定义页面所使用的标签库，并指定标签前缀。语法格式如下：

```
<%@ taglib   uri ="tagURI"   prefix ="tagPrefix" %>
```

其中，uri 属性指定标签库文件位置，prefix 属性指定标签前缀。

4.1.3 JSP 脚本标识

JSP 脚本标识可以方便灵活地生成页面的动态内容。JSP 脚本标识包括 JSP 声明、JSP 表达式和 JSP 程序段（即 Scriptlet），其中 JSP 程序段是最重要的部分。

1. JSP 声明

JSP 声明包含在页面中使用的变量和方法，其语法格式如下：

```
<%! Java 声明 %>
```

"Java 声明"中的变量和方法将在页面被载入时进行初始化，示例如下：

```
<%!  int i=0; int s=0;          //声明变量 i 和 s 并赋初值   %>
<%!   int sum(int n)            //声明方法 sum()
      { while (i<=n) { s=s+i; i++; } return s; }
%>
```

以上代码声明了全局变量 i 和 s，以及全局方法 sum()。在后续代码中，可以使用与<%=sum(100)%>类似的语句来调用 sum()方法，从而获得累加值。

在上述代码中，"//"之后的内容为注释。JSP 的注释有以下几种形式。

（1）单行注释，以“//”开始，后接注释内容。

（2）多行注释，以“/*”开始，以“*/”结束，之间的内容为注释。

（3）JSP 页面中的 HTML 注释，格式为<!-- 注释内容 -->，注释内容在浏览器中不显示。

（4）JSP 页面中的隐藏注释，格式为<%-- 注释内容 --%>，注释内容在浏览器中不显示，并且在查看 HTML 源代码时也不显示。

2. JSP 表达式

JSP 表达式的值被转换为字符串直接输出到页面上，其语法格式如下：

```
<%= 表达式 %>
```

其中，表达式须为合法的 Java 表达式，示例如下：

```
<% = sum(100) %>    //调用 sum()方法
<% = 100*2+10   %>
```

3. JSP 程序段

JSP 程序段是在 JSP 页面中嵌入的 Java 代码或脚本代码，可以包含变量、表达式和流程控制语句等。通过 JSP 程序段可以处理请求与响应、向页面输出内容、访问 session 会话等。语法格式如下：

```
<% 程序段 %>
```

JSP 程序段的使用比较灵活，主要表现在声明变量、显示表达式、使用 JSP 内置对象或 JavaBean 对象实现应用逻辑等方面。JSP 页面可以包含多个 JSP 程序段，这些 JSP 程序段将被 JSP 引擎按顺序执行。

【例 4-2】编写一个 JSP 页面，定义累加计数方法 count()，显示访问页面的次数，同时显示当天日期，如图 4-2 所示。

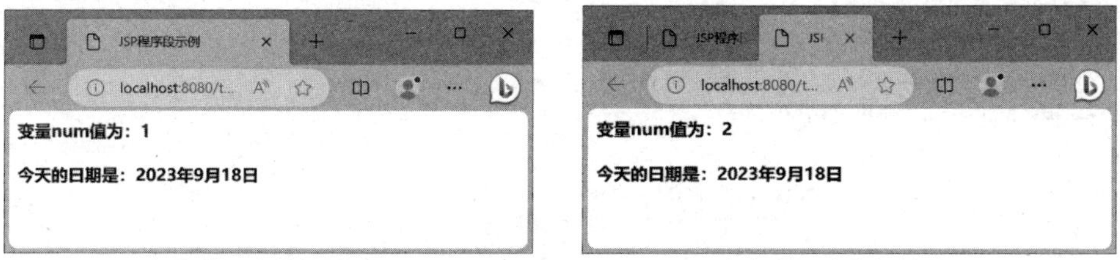

（a）第一次访问页面　　（b）第二次访问页面

图 4-2　JSP 程序段示例

本例在 Eclipse 中编写与调试。在 Eclipse 中开发 Web 项目的方法详见本章上机实验 1。先创建 Web 项目，再在其中创建 ex4-2.jsp 页面，在默认的模板中添加以下代码：

```
<%@ page language="java" contentType="text/html; charset=utf-8"
      pageEncoding="utf-8" import="java.util.*,java.text.*"%>
<!DOCTYPE html PUBLIC "-//W3C//DTD HTML 4.01 Transitional//EN"
     "http://www.w3.org/TR/html4/loose.dtd">
<html><head><meta http-equiv="Content-Type" content="text/html; charset=utf-8">
<title>JSP 程序段示例</title></head>
<body>
<%! int num=0;          //声明变量 num 并赋初值   %>
<%! int count()         //声明方法 count()
     {   num++;   return num;   }
%>
<b>变量 num 值为：<%=count()%></b> <br><br>
<b>今天的日期是：<%=DateFormat.getDateInstance().format(new Date()) %></b>
```

```
</body></html>
```

【例 4-3】编写一个 JSP 页面，验证用户输入的手机号码的正确性，如图 4-3 所示。

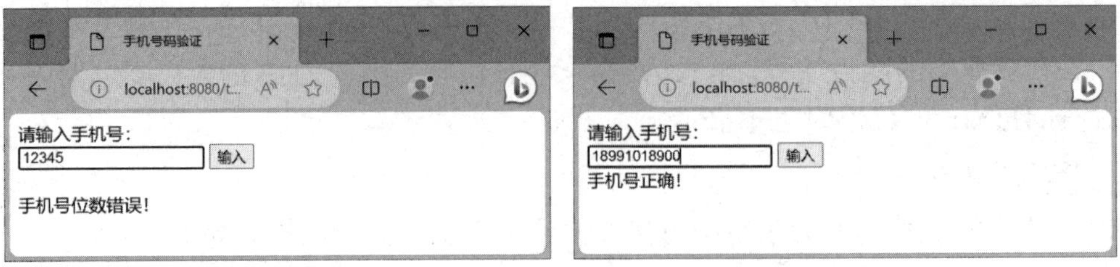

（a）错误的号码　　（b）正确的号码

图 4-3　验证用户输入的手机号码的正确性

```
<%@ page language="java" contentType="text/html; charset=GB18030"
    pageEncoding="GB18030" import="java.util.*,java.text.*"%>
<!DOCTYPE html PUBLIC "-//W3C//DTD HTML 4.01 Transitional//EN"
    "http://www.w3.org/TR/html4/loose.dtd">
<html><head><meta http-equiv="Content-Type" content="text/html; charset=GB18030">
<title>手机号码验证</title></head>
<body>
<%! boolean checknum(String str) //检查传入的字符串是否均为数字字符
    {   int i;
        for (i=0;i<str.length();i++)
        {   if (!Character.isDigit(str.charAt(i))) return false ;   }
        return true;
    }
%>
请输入手机号：<br>
<form action="" method=post name=form>
    <input type="text" name="mobile" value="">
    <input type="submit" value="输入" name=submit>
</form>
<% String mstr=request.getParameter("mobile");
   if (mstr!=null)
   {   if (mstr.length()!=11)
       {
%>
           <br>手机号位数错误!
<%
       }
       else
       {
           if (!checknum(mstr))
           {
%>
               <br>手机号含有非数字字符!
<%
           }
              else
              {
                 if (mstr.charAt(0)!='1')
                 {
%>
```

```
                <br>手机号首位错误!
<%
                }
               else
                {
                 if ((mstr.charAt(1)=='0') || (mstr.charAt(1)=='1') || (mstr.charAt(1)=='2'))
                 {
%>
                   <br>手机号第二位错误!
<%
                 }
                 else
                      out.print("手机号正确！ ");
              }
           }
        }
    }
%>
</body></html>
```

对例 4-2 和例 4-3 的说明如下。

（1）由于需要调用日期和字符串类方法，因此在 page 指令中使用了 import="java.util.*, java.text.*"引入 Java 核心包。

（2）JSP 默认编码格式为 ISO-8859-1，为了能正确显示和处理中文字符，必须将编码格式设置为 utf-8 或 GB18030。

（3）采用 JSP 声明的变量为全局变量，其作用范围为整个页面，并且在各页面间共享。其原理是：JSP 引擎为每个页面启动一个线程，全局变量被各线程共享，任意一个线程对全局变量操作的结果都会影响到其他线程。在例 4-2 中，num 为全局变量，页面通过调用 count()方法，输出前一次 num 值+1 的结果。

如果一个线程在执行 JSP 程序段的方法操作成员变量时，不希望其他线程也调用该方法操作成员变量，那么可以用 synchronized 关键字声明该方法。这样线程就能获得成员锁，即一次只能有一个线程进入该方法。若其他线程要在此时调用该方法，就只能排队等候。只有在当前线程执行完后，其他线程才能进入。例如，可以在例 4-2 中使用 synchronized public int count()来声明 count()方法。

（4）在 JSP 程序段中声明的变量为局部变量，其作用域为从声明处至页面结束处之间的各 JSP 程序段。例如，在例 4-3 中，mstr 为局部变量，其在<% String mstr=request.getParameter ("mobile");…%>程序段中声明，在此之后的各 JSP 程序段中，mstr 均有效。例 4-3 正是利用了局部变量的这个性质，将验证手机号的正确性分为多个 JSP 程序段来设计，每个 JSP 程序段只需验证一部分号码的正确性。

4.2 JSP 内置对象

JSP 内置了一些对象，不需要预先声明和创建实例，即可在 JSP 程序段或表达式中直接使用。JSP 内置对象有 9 个：request、response、session、application、out、page、pageContext、config 和 exception，这些对象被广泛应用于 JSP 操作中。

4.2.1 request 对象

Web 采用 HTTP 协议在服务器与客户端之间进行通信控制，request 和 response 对象提供了 HTTP 协议请求和响应的信息。HTTP 请求报文由请求行、请求头和请求数据等部分组成，如图 4-4 所示。

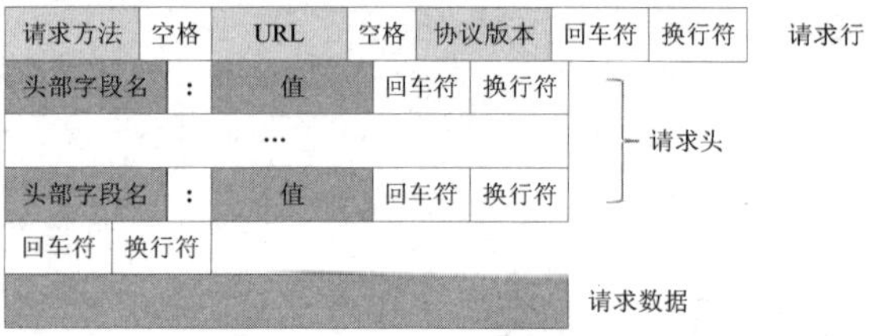

图 4-4 HTTP 请求报文

请求行由请求方法字段（GET/POST）、URL 字段和协议版本字段组成。例如：GET /index.html HTTP/1.1。

请求头通知服务器有关客户端请求的信息，由关键字/值对组成，每行一对，关键字和值用英文冒号“:”分隔。以下是几个常用的请求头。

（1）User-Agent：产生请求的浏览器类型。

（2）Accept：客户端可识别的内容类型列表。

（3）Host：请求的主机名，允许多个域名同处一个 IP 地址，即虚拟主机。

请求数据主要在 POST 方法中使用，POST 方法适用于需要用户填写表单的场合。与请求数据相关的最常用的请求头是 Content-Type 和 Content-Length。

request 对象封装了客户端的请求信息，包括头信息、系统信息、请求方式及请求参数等。request 对象的主要方法如表 4-2 所示。

表 4-2 request 对象的主要方法

方 法	功 能
String getParameter(String name)	获取表单提交的名为 name 的参数值；若参数不存在，则返回 null
String[] getParameterValues(String name)	获取表单提交的所有名为 name 的参数值，常用于获取复选框的值
Enumeration getParameterNames()	获取客户端提交的全部参数名
String getProtocol()	获取使用的协议（如 HTTP/1.1、HTTP/1.0）
String getRermoteAddr()	获取客户端的 IP 地址
String getRemoteHost()	获取客户端的主机名称
String getRemotePort()	获取客户端的主机端口
String getMethod()	获取用户提交信息的方式（GET/POST）
void setCharacterEncoding (String code)	设置 request 的字符编码方式
String getHeader()	获取 HTTP 头文件中的 Accept、Accept-Encoding 和 Host 的值
String getServerName()	获取接收请求的服务器主机名
int getServerPort()	获取服务器接收请求的端口号

【例 4-4】编写一个 JSP 页面，获取表单的输入参数值。运行结果如图 4-5 所示。

（a）表单输入页面　　（b）获取并显示表单的输入参数值

图 4-5 通过 request 对象获取表单的输入参数值

设计 HTML 文件 ex4-4.html，生成如图 4-5（a）所示的表单输入页面，内容如下：

```
<!DOCTYPE html PUBLIC "-//W3C//DTD HTML 4.01 Transitional//EN"
    "http://www.w3.org/TR/html4/loose.dtd">
<html><head>
<meta http-equiv="Content-Type" content="text/html; charset=utf-8">
<title>JSP 内置对象示例</title></head>
<body>
<form action="ex4-4.jsp" method=post name=form>
用户名：<input type="text" name="userName" size=20><br><br>
密码：<input type="password" name="passwd1" size=10><br><br>
确认密码：<input type="password" name="passwd2" size=10><br><br>
验证方式：<input type="checkbox" name="validate" value="手机">手机
<input type="checkbox" name="validate" value="邮箱">邮箱
<input type="checkbox" name="validate" value="QQ">QQ
<input type="checkbox" name="validate" value="微信">微信<br><br>
<input type="submit" value="注册"
    name=submit>      
<input type="reset" value="重填" name=reset><br><br>
</form></body></html>
```

其中<form action="ex4-4.jsp" method=post name=form>指出了处理表单输入参数值的程序为 ex4-4.jsp。ex4-4.jsp 通过 request 对象的方法获取参数值并显示，如图 4-5（b）所示，内容如下：

```
<%@ page language="java" contentType="text/html; charset=utf-8"
     pageEncoding="utf-8"%>
<!DOCTYPE html PUBLIC "-//W3C//DTD HTML 4.01 Transitional//EN"
    "http://www.w3.org/TR/html4/loose.dtd">
<html><head>
<meta http-equiv="Content-Type" content="text/html; charset=utf-8">
<title>request 内置对象示例</title></head>
<body>
<% request.setCharacterEncoding("utf-8"); //设置取得值的编码方式 %>
输入的用户名：<%= request.getParameter("userName")%><br>
输入的密码：<%= request.getParameter("passwd1") %><br>
输入的确认密码：<%= request.getParameter("passwd2") %><br>
输入的验证方式：
<%
String[] valis = request.getParameterValues("validate");
String instr="";
for (int i=0;valis!=null &&i <valis.length;i++){
    if (i == valis.length-1)
         {  instr+=valis[i];  }
  else  {  instr+=valis[i]+"," ;  }
}
     out.println(instr);
%>
</body></html>
```

说明：语句“request.setCharacterEncoding("utf-8");”用于设置从 request 对象中获取值的编码格式为 utf-8。由于客户端浏览器是以 utf-8 编码格式将表单数据传输到服务器的，因此服务器也需要以 utf-8 编码格式进行数据接收。如果不指定，那么服务器将默认使用 ISO-8859-1 格式进行编码，这样会导致客户端与服务器的编码格式不一致，从而产生乱码。

4.2.2 response 对象

如前所述，request 和 response 对象分别提供了 HTTP 请求和响应的信息。request 对象封装了客户端的请求，而 response 对象封装了服务器的响应。HTTP 响应报文的格式与请求报文类似，由状态行、响应头、响应体等部分构成。

（1）状态行（status line）通过提供一个状态码来说明所请求资源的情况。例如：HTTP/1.1 200 OK。常见状态码有：200（请求成功）、404（请求的资源不可用）、500（服务器发生内部错误）。

（2）响应头与请求头类似，由关键字/值对组成，用于通知客户端相关响应信息。常用响应头如下。

- Location：重定向到一个新的位置。
- Server：包含服务器处理请求的软件信息。它与 User-Agent 请求头相对应，前者发送服务器端软件的信息，后者发送客户端软件和操作系统的信息。
- Content-Encoding：媒体类型，指出附加内容的编码方式。
- Content-Length：正文的长度，以字节方式存储的十进制数字表示。
- Content-Type：发送给接收者的实体的正文媒体类型。
- Last-Modified：页面最后的修改日期及时间。
- Expires：响应过期的日期和时间。

以下是一个响应头示例。

```
Server:Apache Tomcat/7.0.12
Content-Type: text/html;charset=ISO-8859-1
Date:Mon,3Dec2018 15:10:18 GMT
Content-Length:206
```

（3）响应体是响应的消息正文，根据请求内容返回相应的值。例如，若请求的是 HTML 页面，则返回的是 HTML 代码。

response 对象封装的内容包括 HTTP 响应的状态码、响应头和响应体。该对象的主要作用为页面重定向、操作 Cookie、设置 HTTP 响应头等，其主要方法如表 4-3 所示。

表 4-3 response 对象的主要方法

方　法	功　能
void sendRedirect(String URL)	将网页定位到 URL 指向的页面
void setHeader(String head, String value)	用新的值覆盖原 HTTP 响应头的值。例如：response.setHeader("Refresh","5");
void addHeader(String head, String value)	添加一个新的响应头及其值。 例如：response.addHeader("Content-type","text/html;charset=uft-8");
void setContentType(String type)	设置 MIME 类型
void setStatus(int sc)	设置状态码
void sendError(int sc)	向客户端发送 HTTP 响应的状态码
void addCookie(Cookie c)	将 Cookie 写入客户端
ServletOutputStream getOutputStream()	向客户端返回一个二进制输出字节流
PrintWriter getWriter()	向客户端返回一个输出字符流

【例 4-5】 按照当天是星期几，决定显示哪个页面。

首先在 Eclipse 中创建对应一周的 7 个 HTML 文件：page1.html~page7.html。page2.html 文件的内容如下：

```
<!DOCTYPE html PUBLIC "-//W3C//DTD HTML 4.01 Transitional//EN"
```

```
        "http://www.w3.org/TR/html4/loose.dtd">
<html><head>
<meta http-equiv="Content-Type" content="text/html; charset=utf-8">
<title>星期一</title></head>
<body>
<center><img src="img/2.jpg" border=0 width=200 height=100></center>
</body></html>
```

然后创建 JSP 页面，内容如下：

```
<%@ page language="java" contentType="text/html; charset=utf-8"
     pageEncoding="utf-8"   import="java.util.*,java.text.*"%>
<!DOCTYPE html PUBLIC "-//W3C//DTD HTML 4.01 Transitional//EN"
      "http://www.w3.org/TR/html4/loose.dtd">
<html><head>
<meta http-equiv="Content-Type" content="text/html; charset=utf-8">
<title>页面重定向示例</title></head>
<body>
<% Calendar cal=Calendar.getInstance();
   int day=cal.get(Calendar.DAY_OF_WEEK);          //获取今天是这周的第几天
   String HtmlFile = "page" + day + ".html";       //根据 day 形成重定向页面文件路径
   response.sendRedirect(HtmlFile);                //页面重定向
%>
</body></html>
```

例如，若运行程序当天是星期一，则跳转到 page2.html 对应页面，如图 4-6 所示。

图 4-6　page2.html 对应页面

【例 4-6】操作 Cookie 示例。编写 ex4-6-1.jsp 页面，使用 response 对象的 addCookie()方法向 Cookie 中写入 "name/Mary"；编写 ex4-6-2.jsp 页面，使用 request 对象的 getCookies()方法获取 Cookie。ex4-6-1.jsp 页面内容如下：

```
<%@ page language="java" contentType="text/html; charset=utf-8"
      pageEncoding="utf-8" %>
<!DOCTYPE html PUBLIC "-//W3C//DTD HTML 4.01 Transitional//EN"
     "http://www.w3.org/TR/html4/loose.dtd">
<html><head>
<meta http-equiv="Content-Type" content="text/html; charset=utf-8">
<title>写入 Cookie 示例</title></head>
<body>
<% String Name="Mary";
   Cookie cookie = new Cookie("name", Name);    //创建 Cookie 对象并实例化
   cookie.setMaxAge(60*60*24);                  //设置 Cookie 的最大生存时间为 1 天
   response.addCookie(cookie);                  //将 Cookie 写入客户端
%>
</body></html>
```

ex4-6-2.jsp 页面内容如下：

```
<%@ page language="java" contentType="text/html; charset=utf-8"
        pageEncoding="utf-8" import="java.util.*"%>
<!DOCTYPE html PUBLIC "-//W3C//DTD HTML 4.01 Transitional//EN"
        "http://www.w3.org/TR/html4/loose.dtd">
<html><head>
<meta http-equiv="Content-Type" content="text/html; charset=utf-8">
<title>读取 Cookie 示例</title></head>
<body>
<%      String str = null;
        Cookie[] cookies = request.getCookies();        //获取 Cookie 对象集合
        for ( int i = 0; i < cookies.length; i++)        //遍历 Cookie 对象集合
        {     if (cookies[i].getName().equals("name"))
                {   str = cookies[i].getValue();   break;   }
        }
%>
name 值为：<%= str %>
</body></html>
```

先运行 ex4-6-1.jsp 页面写入 Cookie，再运行 ex4-6-2.jsp 页面读取 Cookie，结果如图 4-7 所示。

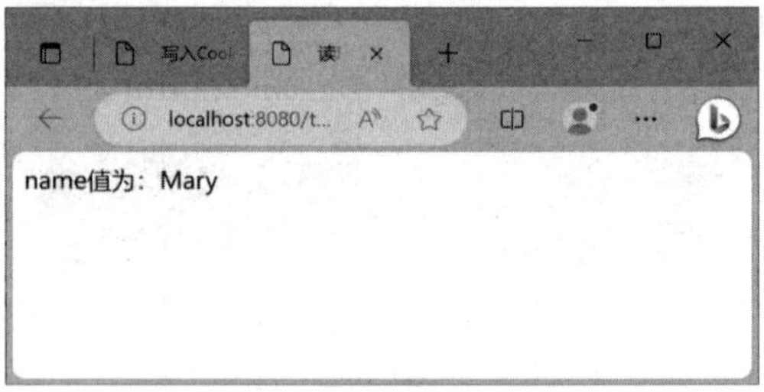

图 4-7　操作 Cookie 示例

还可以通过 response 对象的 setHeader()方法或 addHeader()方法来设置 HTTP 响应头，对页面实现一定的控制。较常用的包括禁用缓存、设置自动刷新时间和定时跳转等。示例如下：

```
response.setHeader("Cache-Control","no-store");              //禁用缓存
response.setHeader("refresh","5");                           //设置网页每隔 5 秒刷新
response.setHeader("refresh ","10,URL=page1.jsp");           //设置 10 秒后跳转到指定页面
```

4.2.3　session 对象

HTTP 是无状态协议，当客户端发出请求、服务器返回响应后，连接就关闭了，服务器不保存连接信息。因此当同一客户端再次请求时，服务器无法判断是否为同一客户端。session（会话）是为解决该问题而提出的。session 可以理解为客户端、服务器之间一系列“请求/响应”的交互过程。session 对象即为一个会话，用于保存客户端与服务器之间的会话信息，以便跟踪每个客户端的状态。session 对象的主要方法如表 4-4 所示。

表 4-4　session 对象的主要方法

方　法	功　能
long getCreationTime()	返回从 1970-1-1 零点到 session 对象被创建之间的时间，以毫秒为单位
Object getAttribute(String name)	返回 session 对象中与指定名称绑定的对象，若不存在，则返回 null
String getId()	返回 session 对象的 ID。服务器每创建一个 session 对象，都会为其分配一个 ID，作为会话的唯一标识

续表

方　法	功　能
long getLastAccessedTime()	返回从 1970-1-1 零点到客户端最后访问之间的时间，以毫秒为单位
int getMaxInactiveInterval()	返回 session 最大生存时间，以秒为单位
void setMaxInactiveInterval(int interval)	设置 session 最大生存时间，以秒为单位
void invalidate()	取消 session 对象
boolean isNew()	返回当前客户端是否为一个新的客户端
void setAttribute(String name, Object value)	使用指定的名称和值来定义一个对象并绑定到 session 中
void removeAttribute(String name)	移除 session 中指定名称的对象

因为每个和服务器联机的客户端都有独立的 session，所以服务器需要额外的资源来管理这些 session。有时用户在浏览网页过程中，可能去做其他的事情而没有把网页关闭，如果服务器一直浪费资源在管理这些 session 上，那么势必会让服务器的效率降低。因此，当用户超过一段时间没有动作时，就需要将 session 释放。session 最大生存时间取决于 Web 服务器设置，如 Tomcat 默认为 30 分钟。服务器通常允许修改该值。例如，以下 JSP 语句将 session 最大生存时间设置为 10 分钟：

```
session.setMaxInactiveInterval(600);
```

session 对象可用于在页面之间传递数据、进行页面访问控制、进行页面访问统计等。

【例 4-7】利用 session 对象在多个页面之间传递数据。在 ex4-7-1.jsp 页面中用 session 对象保存“Customer/UsrName”会话值，并接收用户输入的姓名；在 ex4-7-2.jsp 页面中将姓名保存在 session 中，并接收用户输入的 15 的平方值；在 ex4-7-3.jsp 页面中显示姓名和结果，并给出用户输入的结果是否正确的结论。首先运行 ex4-7-1.jsp 页面，显示输入姓名页面，如图 4-8（a）所示；然后运行 ex4-7-2.jsp 页面，显示姓名，并让用户输入 15 的平方值，如图 4-8（b）所示；最后运行 ex4-7-3.jsp 页面，显示前两个页面输入的数据，并判断用户输入的 15 的平方值是否正确，如图 4-8（c）所示。当用户输入错误时，显示结果如图 4-8（d）所示。

（a）输入姓名页面　（b）输入 15 的平方值

（c）显示输入数据并判断结果　（d）用户输入错误时的显示结果

图 4-8　例 4-7 的运行情况

JSP 页面内容如下，其中包括设定 session 对象的最大生存时间的操作。

（1）ex4-7-1.jsp 页面。

```
<%@ page language="java" contentType="text/html; charset=utf-8"
    pageEncoding="utf-8"%>
<!DOCTYPE html PUBLIC "-//W3C//DTD HTML 4.01 Transitional//EN"
    "http://www.w3.org/TR/html4/loose.dtd">
<html><head>
```

```
<meta http-equiv="Content-Type" content="text/html; charset=utf-8">
<title>session 对象示例</title></head>
<body>
<% session.setAttribute("Customer","UsrName");%>
<form method=post action="ex4-7-2.jsp">
请输入姓名：<input type=text name="name">
<input type=submit value="提交"></form>
</body></html>
```

（2）ex4-7-2.jsp 页面。

```
<%@ page language="java" contentType="text/html; charset=utf-8"
        pageEncoding="utf-8"%>
<!DOCTYPE html PUBLIC "-//W3C//DTD HTML 4.01 Transitional//EN"
        "http://www.w3.org/TR/html4/loose.dtd">
<html><head>
<meta http-equiv="Content-Type" content="text/html; charset=utf-8">
<title>session 对象示例</title></head>
<body>
<% String nm=request.getParameter("name");
    session.setAttribute("name", nm);
%>
您的姓名是：<%= nm %><br>
<form method=post action="ex4-7-3.jsp">
请输入 15 的平方=  <input type=text name="square">
<input type=submit value="确定">
</form></body></html>
```

（3）ex4-7-3.jsp 页面。

```
<%@ page language="java" contentType="text/html; charset=utf-8"
        pageEncoding="utf-8" import="java.util.*,java.text.*"%>
<!DOCTYPE html PUBLIC "-//W3C//DTD HTML 4.01 Transitional//EN"
        "http://www.w3.org/TR/html4/loose.dtd">
<html><head>
<meta http-equiv="Content-Type" content="text/html; charset=utf-8">
<title>session 对象示例</title></head>
<body>
<%! boolean check(String str) //检查传入的字符串对应的结果是否正确
      {  int i,s;
         for (i=0;i<str.length();i++)
         {  if (!Character.isDigit(str.charAt(i))) return false ;  }
         s=Integer.parseInt(str);
         if (s!=15*15) return false; else return true ;
      }
%>
<%! String sqstr=""; %>
<%   sqstr=request.getParameter("square");
     String nm=(String)session.getValue("name");
     String cs=(String)session.getValue("Customer");
%>
Customer:<%= cs %><br>
姓名：<%= nm %><br>
您输入的 15 平方值：<%= sqstr %><br>
<%
      if (!check(sqstr))
```

```
    {
%>
        <br>您输入的结果错误!
<%
    }
    else
    {
%>
        <br>您输入的结果正确!
<%
    }
%>
</body></html>
```

【例 4-8】判断用户是否登录，若未登录则跳转到登录页。

（1）编写 ex4-8-login.html 页面，该页面为登录页，内容如下：

```
<!DOCTYPE html PUBLIC "-//W3C//DTD HTML 4.01 Transitional//EN"
    "http://www.w3.org/TR/html4/loose.dtd">
<html><head>
<meta http-equiv="Content-Type" content="text/html; charset=utf-8">
<title>session 示例登录页</title></head>
<body>
<form action="ex4-8-1.jsp" method=post name=form>
请输入用户名：<input type="text" name="usrname" value=""><br><br>
请输入密码：<input type="password" name="pwd" value=""><br><br>
<input type="submit" value="确定" name=submit>  
<input type="reset" value="重填" name=reset><br>
</body></html>
```

（2）编写 ex4-8-1.jsp 页面，获取用户在表单中输入的用户名和密码，并写入 session 对象，内容如下：

```
<%@ page language="java" contentType="text/html; charset=utf-8"
      pageEncoding="utf-8"%>
<!DOCTYPE html PUBLIC "-//W3C//DTD HTML 4.01 Transitional//EN"
    "http://www.w3.org/TR/html4/loose.dtd">
<html><head>
<meta http-equiv="Content-Type" content="text/html; charset=utf-8">
<title>session 示例获取用户登录信息</title></head>
<body>
<% request.setCharacterEncoding("UTF-8"); //设置取得值的编码方式 %>
<%! String uname="" ; %>
<% uname=request.getParameter("usrname"); %>
您输入的用户名：<%= uname %><br>
<% session.setAttribute("usrname", uname); %>
</body></html>
```

（3）编写 ex4-8-2.jsp 页面，判断用户是否登录。若未登录，则在停留 5 秒后转到 ex4-8-login.html 页面；若已登录，则显示用户名，内容如下：

```
<%@ page language="java" contentType="text/html; charset=utf-8"
      pageEncoding="utf-8"%>
<!DOCTYPE html PUBLIC "-//W3C//DTD HTML 4.01 Transitional//EN"
    "http://www.w3.org/TR/html4/loose.dtd">
<html><head>
<meta http-equiv="Content-Type" content="text/html; charset=utf-8">
```

```
<title>session 示例判断页</title></head>
<body>
<%  if(session.getAttribute("usrname")==null)
    {       out.println("您未登录，请先登录");
        response.setHeader("Refresh", "5;URL=ex4-8-login.html");
    }
    else
    {       String uname = (String)session.getAttribute("usrname");
        out.println("您已登录："+uname);
    }
%>
</body></html>
```

运行 ex4-8-2.jsp 页面，因为此时还未登录，所以会提示用户登录，如图 4-9（a）所示；在停留 5 秒后跳转到 ex4-8-login.html 页面（登录页），如图 4-9（b）所示；当用户在页面中输入用户名和密码，并单击“确定”按钮时，数据会被提交给 ex4-8-1.jsp 页面进行处理，页面将显示用户名并写入 session 对象，如图 4-9（c）所示；再次运行 ex4-8-2.jsp 页面，将显示用户名，且不会跳转到登录页，如图 4-9（d）所示。

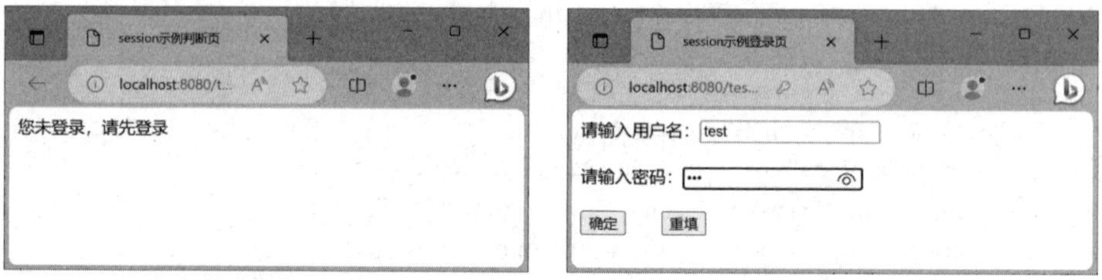

（a）提示用户登录　　　　（b）登录页

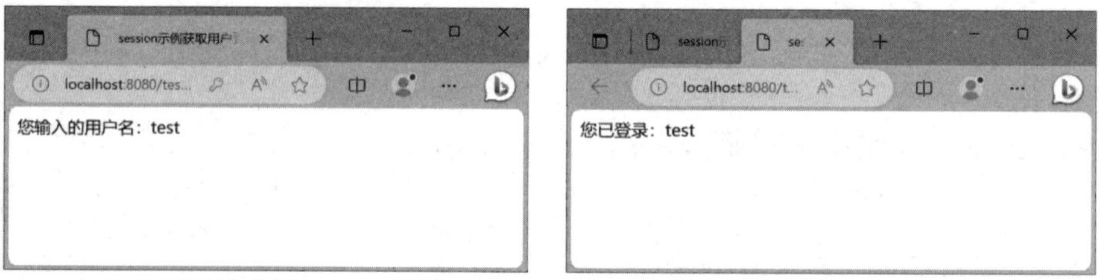

（c）显示用户名并写入 session 对象　　　　（d）再次运行 ex4-8-2.jsp 页面

图 4-9　例 4-8 的运行情况

4.2.4　application 对象

application 对象用于记录整个 Web 应用的信息，它可以使同一 Web 应用内的所有用户共享信息，并且在服务器运行期间持久地保存数据。application 对象可以用来记录不同浏览器所共享的变量，无论有几个浏览者同时访问网页，都只会产生一个 application 对象，即只要正在使用这个网页程序的浏览器都可以存取这个变量。application 对象变量的生命周期起始于 Web 服务器启动时，终止于 Web 服务器关机或重新启动时。

application 对象的主要用途是在整个 Web 应用的多个 JSP、Servlet 之间共享数据，以及访问 Web 应用的全局配置参数。application 对象的主要方法如表 4-5 所示。

表 4-5　application 对象的主要方法

方　法	功　能
Object getAttribute(String name)	返回 application 对象中与名称 name 绑定的对象，若不存在，则返回 null

续表

方　法	功　能
void setAttribute(String name, Object value)	设置名为 name 的属性的值
void removeAttribute(String name)	从 application 对象中删除名为 name 的属性
String getInitParameter(String name)	获取应用程序中名为 name 的初始化参数值
Enumeration getInitParameterNames()	获取应用程序中全部初始化参数的名称
Enumeration getAttributeNames()	获取所有 application 属性的名称
String getServerInfo()	获取服务器名称和版本

【例 4-9】利用 application 对象获取配置文件的初始化参数。

初始化参数在 web.xml 文件中设置，该文件位于应用程序所在文件夹的 WEB-INF 子目录中。在 web.xml 文件中通过<context-param>标记添加初始化参数，内容如下：

```
<context-param>
     <param-name>ContextParameter</param-name>
     <param-value>test</param-value>
</context-param>
<context-param>
     <param-name>url</param-name>
     <param-value>jdbc:mysql://localhost:5000/database</param-value>
</context-param>
```

编写 ex4-9.jsp 页面，获取 web.xml 文件中的初始化参数，内容如下：

```
<%@ page language="java" contentType="text/html; charset=utf-8"
      pageEncoding="utf-8" import="java.util.*"%>
<!DOCTYPE html PUBLIC "-//W3C//DTD HTML 4.01 Transitional//EN"
     "http://www.w3.org/TR/html4/loose.dtd">
<html><head>
<meta http-equiv="Content-Type" content="text/html; charset=utf-8">
<title>获取 web.xml 初始化参数</title></head>
<body>
<%  Enumeration em=application.getInitParameterNames();   //获取全部参数名
     while (em.hasMoreElements())
     {      String name=(String)em.nextElement();              //获取参数名
          String value=application.getInitParameter(name);     //获取参数值
          out.print(name+":   "+value+"<br>");
     }
%>
</body></html>
```

程序运行结果如图 4-10 所示。

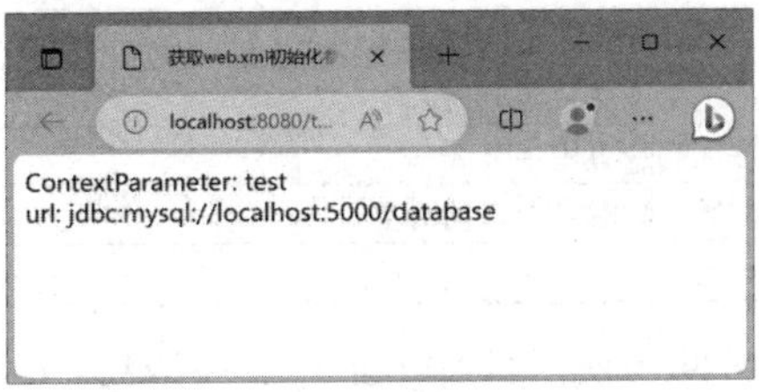

图 4-10　例 4-9 程序运行结果

【例 4-10】利用 application 对象统计页面访问次数。当用户访问页面时，使用 setAttribute()方法对计数器属性 count 的值进行累加，即可得到页面访问次数，内容如下：

```
<%@ page language="java" contentType="text/html; charset=utf-8"
     pageEncoding="utf-8" import="java.util.*"%>
```

```
<!DOCTYPE html PUBLIC "-//W3C//DTD HTML 4.01 Transitional//EN"
    "http://www.w3.org/TR/html4/loose.dtd">
<html><head>
<meta http-equiv="Content-Type" content="text/html; charset=utf-8">
<title>页面访问计数</title></head>
<body>
<% int i;
    if (application.getAttribute("count")==null)
        application.setAttribute("count", "1");
    else
    {       i=Integer.parseInt((String)application.getAttribute("count"));
            i++;
            application.setAttribute("count", Integer.toString(i));
    }
%>
<center>您是第<%= (String)application.getAttribute("count") %>个访问者</center>
</body></html>
```

程序运行结果如图 4-11 所示。

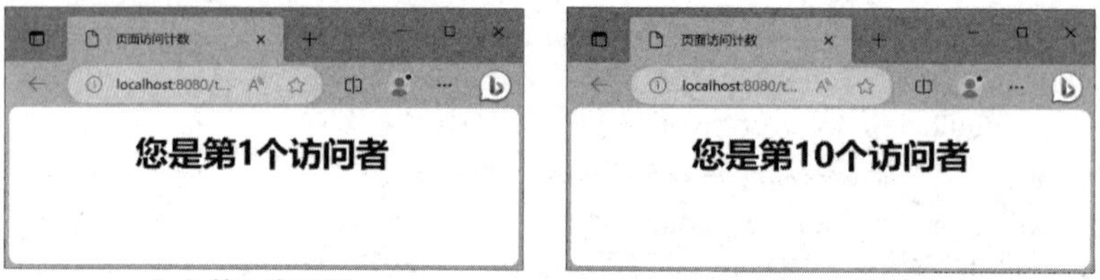

（a）第 1 次访问　　（b）第 10 次访问

图 4-11　例 4-10 程序运行结果

4.2.5　其他对象

1. out 对象

out 对象用于向客户端输出信息，并管理响应缓冲。out 对象最常用的方法是 print()和 println()，我们在许多示例中都使用了这两个方法。out 对象的主要方法如表 4-6 所示。

表 4-6　out 对象的主要方法

方　法	功　能
void print ()，void println()	向客户端输出字符串。二者区别在于 println()会在输出数据（即 HTML 代码）后加上换行符
void flush()	将缓冲区内容输出到客户端
void clear()	清除缓冲区，不将数据输出到客户端
void clearBuffer()	清除缓冲区，并将数据输出到客户端
int getBufferSize()	返回缓冲区字节数，单位为 KB
int getRemaining()	返回缓冲区剩余可用字节数
boolean isAutoFlush()	设置缓冲区已满时是否自动清空
void close()	关闭输出流

【例 4-11】out 对象管理缓冲示例。使用 out 对象获取缓冲区大小并输出，内容如下：

```
<%@ page language="java" contentType="text/html; charset=utf-8"
    pageEncoding="utf-8"%>
<!DOCTYPE html PUBLIC "-//W3C//DTD HTML 4.01 Transitional//EN"
    "http://www.w3.org/TR/html4/loose.dtd">
<html><head>
<meta http-equiv="Content-Type" content="text/html; charset=utf-8">
```

```
<title>out 对象管理缓冲示例</title></head>
<body>
<%   int buffer = out.getBufferSize() ;
     int avaliable = out.getRemaining() ;
     int use = buffer - avaliable ;
%>
<h3>缓冲区大小：<%=buffer%></h3>
<h3>可用的缓冲区大小：<%=avaliable%></h3>
<h3>使用中的缓冲区大小：<%=use%></h3>
</body></html>
```

运行结果如图 4-12 所示。

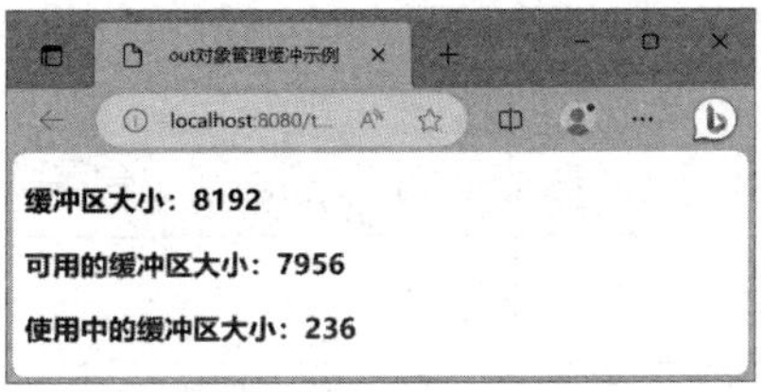

图 4-12　out 对象管理缓冲示例的运行结果

2. page 对象

page 对象代表 JSP 页面，即当前 JSP 页面代码编译后的 Servlet 类的对象，也可以认为它是普通 Java 类中的 this，指代页面本身。page 对象的主要方法如表 4-7 所示。

表 4-7　page 对象的主要方法

方　　法	功　　能
class getClass()	返回当前 Object 对象的类
int hashCode()	返回当前 Object 对象的 hash 代码
String toString()	将 Object 对象转换为 String 对象
boolean equals(Object obj)	比较对象和指定的对象是否相等
void copy (Object obj)	将对象复制到指定的对象中
Object clone()	复制对象

【例 4-12】page 对象示例。调用 page 对象的方法，内容如下：

```
<%@ page language="java" contentType="text/html; charset=utf-8"
    pageEncoding="utf-8"%>
<!DOCTYPE html PUBLIC "-//W3C//DTD HTML 4.01 Transitional//EN"
    "http://www.w3.org/TR/html4/loose.dtd">
<html><head>
<meta http-equiv="Content-Type" content="text/html; charset=utf-8">
<title>page 对象示例</title></head>
<body>
<%! Object obj=null; %>
当前页面所在类：<%=page.getClass()%> <br>
当前页面的 hash 代码：<%=page.hashCode()%> <br>
转换成 String 类的对象：<%=page.toString()%> <br>
页面对象比较 1：<%=page.equals(obj) %> <br>
页面对象比较 2：<%=page.equals(this) %>
</body></html>
```

运行结果如图 4-13 所示。

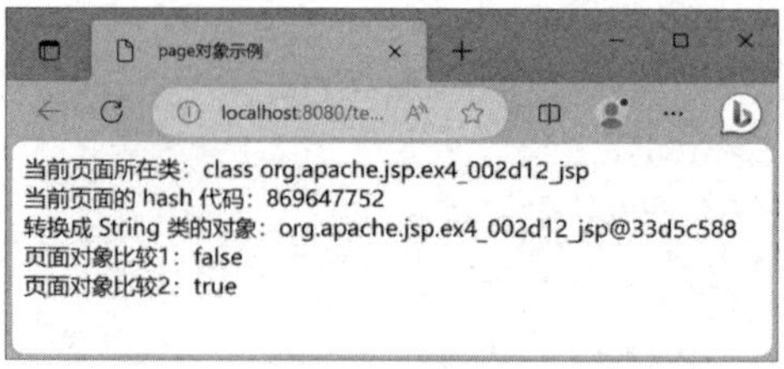

图 4-13　page 对象示例的运行结果

3. pageContext 对象

pageContext 对象代表页面上下文，用于访问 JSP 之间的共享数据。使用 pageContext 对象可以访问 page、request、session 和 application 等对象。pageContext 对象的主要方法如表 4-8 所示。

表 4-8　pageContext 对象的主要方法

方　法	功　能
int getAttributesScope(String name)	获取 name 属性的属性范围
Object getAttribute(String name,int scope)	获取在指定范围内的 name 属性值。范围参数有 4 个：PAGE_SCOPE、REQUEST_SCOPE、SESSION_SCOPE、APPLICATION_SCOPE
Enumeration getAttributeNamesInScope(int scope)	获取在 scope 范围内的属性名
void setAttribute(String name, Object value, int scope)	设置在指定范围内的 name 属性值
Object findAttribute(String name)	查找在所有范围中属性名为 name 的属性对象
void removeAttribute(String name, int scope)	移除在 scope 范围内、名为 name 的对象
forward(String relativeUrlPath)	将当前页面转发到另一个页面或 Servlet 组件上

【例 4-13】利用 pageContext 对象获取不同范围的属性值，内容如下：

```
<%@ page language="java" contentType="text/html; charset=utf-8"
    pageEncoding="utf-8" import="java.util.*"%>
<!DOCTYPE html PUBLIC "-//W3C//DTD HTML 4.01 Transitional//EN"
    "http://www.w3.org/TR/html4/loose.dtd">
<html><head>
<meta http-equiv="Content-Type" content="text/html; charset=utf-8">
<title>pageContext 对象示例</title></head>
<body>
<%   request.setAttribute("test","test of request scope");
     session.setAttribute("test","test of session scope");
     application.setAttribute("test","test of application scope");
%>
利用 pageContext 取出以下范围内的各个属性值：<br>
page 范围内的属性值：<%=pageContext.getAttribute("test",pageContext.PAGE_SCOPE) %> <br>
request 范围内的属性值：
    <%=pageContext.getAttribute("test",pageContext.REQUEST_SCOPE) %> <br>
session 范围内的属性值：
    <%=pageContext.getAttribute("test",pageContext.SESSION_SCOPE) %> <br>
application 范围内的属性值：
    <%=pageContext.getAttribute("test",pageContext.APPLICATION_SCOPE) %> <hr>
利用 pageContext 修改或删除某个范围内的属性值：
<% pageContext.setAttribute("test","test of request scope is modified by pageContext",2); %>
修改 request 设定的属性值：<br>
<%=pageContext.getRequest().getAttribute("test") %> <br>
<% pageContext.removeAttribute("test"); %>
删除 session 设定的属性值：<%=session.getAttribute("test") %>
```

```
</body></html>
```

运行结果如图 4-14 所示。

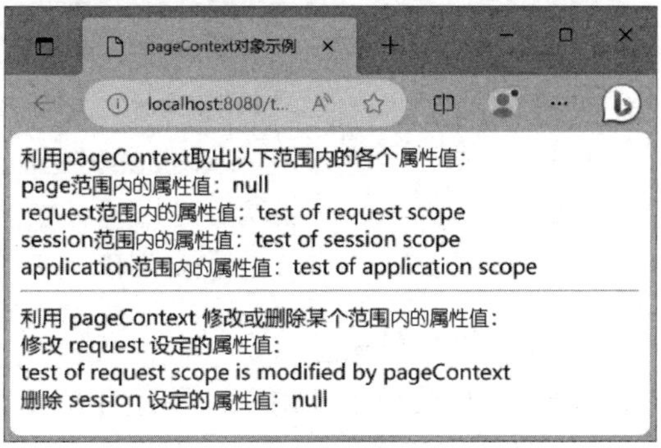

图 4-14　利用 pageContext 对象获取不同范围的属性值

在实际 JSP 开发过程中很少使用 pageContext 对象，这是因为通过 pageContext 对象调用其他对象的过程较为烦琐，我们可以直接调用 page、request 等对象的方法来使用它们。

4. config 对象

config 对象用于访问 web.xml 文件中 Servlet 的配置信息，其主要方法如表 4-9 所示。

表 4-9　config 对象的主要方法

方　法	功　能
String getInitParameter(String name)	获取名为 name 的初始化参数值
Enumeration getInitParameterNames()	获取所有初始化参数的名称
ServletContext get ServletContext ()	获取 Servlet 的名称

【例 4-14】利用 config 对象获取 web.xml 文件中 Servlet 的初始参数值，配置文件内容如下：

```
<servlet>
        <servlet-name>jsp</servlet-name>
        <servlet-class>org.apache.jasper.servlet.JspServlet</servlet-class>
        <init-param>
            <param-name>fork</param-name>
            <param-value>false</param-value>
        </init-param>
        <init-param>
            <param-name>xpoweredBy</param-name>
            <param-value>false</param-value>
        </init-param>
</servlet>
```

程序内容如下：

```
<%@ page language="java" contentType="text/html; charset=GB18030"
    pageEncoding="GB18030" import="java.util.*"%>
<!DOCTYPE html PUBLIC "-//W3C//DTD HTML 4.01 Transitional//EN"
    "http://www.w3.org/TR/html4/loose.dtd">
<html><head>
<meta http-equiv="Content-Type" content="text/html; charset=GB18030">
<title>config 示例</title></head>
<body>
<%  Enumeration parameters = config.getInitParameterNames() ;
    while (parameters.hasMoreElements())
    {   String pname=(String)parameters.nextElement();
        out.print("<h2>"+pname+"： "+config.getInitParameter(pname)+"<br></h2>");
    }
%>
</body></html>
```

运行结果如图 4-15 所示。

图 4-15　利用 config 对象获取初始参数值

5. exception 对象

exception 对象用于处理 JSP 程序在执行时发生的异常。注意：必须在产生异常的 JSP 页面的 page 指令中设置 errorPage="处理异常的 JSP 文件名"，在处理异常的 JSP 文件的 page 指令中设置 isErrorPage="true"。

4.3　JSP 动作标识

JSP 动作标识是一种特殊标记，格式为<jsp:***>，用于控制 JSP 引擎的动作。JSP 有以下基本动作标识。

（1）include：在页面被请求时引入一个文件。

（2）forward：将请求转发到一个新的页面。

（3）param：提供附加参数信息。

（4）useBean：创建或加载一个 JavaBean 实例。

（5）setProperty：设置 JavaBean 的属性。

（6）getProperty：获取 JavaBean 的属性。

（7）plugin：根据浏览器类型为 Java 插件生成 OBJECT 或 EMBED 标记。

下面简要介绍常用的 include、forward 和 param 动作标识。其余动作标识请读者查阅相关技术资料。

4.3.1　include 动作标识

include 动作标识指定当前页面包含的其他文件，其主要用途是共享文件。例如，如果一个网站的多个页面有共同的 banner，那么可将 banner 设计为一个独立文件，各页面均用 include 动作标识将其包含进来。include 动作标识的语法格式如下：

```
<jsp:include page="url" flush="true|false" />
```

或

```
<jsp:include page="url" flush="true|false">
    param 子标识<jsp:param>
</jsp:include>
```

说明如下。

（1）page 指定包含的其他文件采用相对路径名，可以是 HTML、JSP 或文本文件；被包含文件不能使用<html></html>和<body></body>标记。

（2）flush 为可选属性，说明是否刷新缓冲区。

（3）“param 子标识<jsp:param>”用于向被包含的文件传递参数值。

例如，若 banner.jsp 为页面的 banner，并且网站的多个 JSP 页面均使用该 banner，则在

JSP 页面中使用以下 include 动作标识即可包含该文件：

```
<jsp:include page="banner.jsp" flush="true " />
```

include 指令与 include 动作标识都可以指定要包含的文件，两者的主要区别如下。

（1）编译时机不同。即使被包含的文件含有 JSP 代码需要编译，include 指令也不会在包含时进行编译和执行，而是先将所有文件组合到一起，再将 JSP 代码编译处理为一个 Java 文件，最后返回结果页面；include 动作标识的原理是先将被包含的文件进行编译处理，再将结果包含在页面中。

（2）对属性表达式支持不同。include 指令通过 file 属性指定被包含的文件，该属性不支持任何表达式；include 动作标识通过 page 属性指定被包含的文件，该属性支持 JSP 表达式。

（3）对变量/方法能否重命名的要求不同。include 指令要求包含文件和被包含文件不能有重名的变量或方法，因为最终会将它们合并为一个源文件；在应用 include 动作标识包含文件时，因为每个文件单独编译，所以允许不同文件的变量和方法使用相同名称。

4.3.2　forward 动作标识

forward 动作标识可以将请求转发到其他 Web 资源（HTML 页面、JSP 页面和 Servlet 等），执行该标识中指定的页面，语法格式如下：

```
<jsp: forward page="url" />
```

或

```
<jsp: forward page="url" >
    param 子标识<jsp:param>
</jsp: forward>
```

其中，page 用于指定目标页面；“param 子标识<jsp:param>”用于向目标页面传递参数值。

【例 4-15】用 forward 动作标识实现多个页面之间的跳转。先显示登录窗口 ex4-15.html，当用户输入用户名和密码后，再跳转到 ex4-15-1.jsp 页面进行认证。若通过认证，则跳转到欢迎页面 ex4-15-2.jsp；若没有通过认证，则跳转到登录窗口，重新输入用户名和密码。

ex4-15.html 页面内容如下：

```
<!DOCTYPE html PUBLIC "-//W3C//DTD HTML 4.01 Transitional//EN"
    "http://www.w3.org/TR/html4/loose.dtd">
<html><head>
<meta http-equiv="Content-Type" content="text/html; charset=utf-8">
<title>forward 动作标识--登录页</title></head>
<body>
<form action="ex4-15-1.jsp" method=post>
<br>输入用户名：<input type="text" name="name" ><br><br>
输入密码：<input type="password" name="pwd" ><br><br>
<input type ="submit" value="登录" ></form>
</body></html>
```

ex4-15-1.jsp 页面内容如下：

```
<%@ page language="java" contentType="text/html; charset=utf-8"
    pageEncoding="utf-8" %>
<!DOCTYPE html PUBLIC "-//W3C//DTD HTML 4.01 Transitional//EN"
    "http://www.w3.org/TR/html4/loose.dtd">
<html><head>
<meta http-equiv="Content-Type" content="text/html; charset=utf-8">
<title>forward 动作标识--验证输入</title></head>
```

```
<body>
<% String name = request.getParameter("name");
    String pwd = request.getParameter("pwd");
    if(name.equals("test") && pwd.equals("123")){
%>
<jsp:forward page="ex4-15-2.jsp"/>
<%
    }else{
%>
<jsp:forward page="ex4-15.html"/>
<%} %>
</body></html>
```

ex4-15-2.jsp 页面内容如下：

```
<%@ page language="java" contentType="text/html; charset=utf-8"
      pageEncoding="utf-8"%>
<!DOCTYPE html PUBLIC "-//W3C//DTD HTML 4.01 Transitional//EN"
      "http://www.w3.org/TR/html4/loose.dtd">
<html><head>
<meta http-equiv="Content-Type" content="text/html; charset=utf-8">
<title>forward 动作标识示例--欢迎页</title></head>
<body>
<h1>登录成功</h1>
welcome! <%=request.getParameter("name") %>
</body></html>
```

运行结果如图 4-16 所示。

（a）登录窗口　　（b）欢迎页面

图 4-16　用 forward 动作标识实现多个页面之间的跳转

读者可能注意到，response 对象的 sendredirect()方法也可以实现页面跳转，forward 动作标识与其有什么区别呢？主要区别如下。

（1）forward 动作标识的原理是服务器直接访问目标 URL，并将其内容发送给浏览器；sendredirect()方法的原理是服务器端发送一个状态码，让浏览器重新请求 URL。

（2）forward 动作标识可以在页面之间共享 request 数据；sendredirect()方法则不能。

（3）forward 动作标识是服务器内部的操作，只能在同一个 Web 应用程序内的资源之间转发请求；sendredirect()方法不仅可重定向到当前应用程序的其他资源，还可以重定向到同一站点上其他应用程序中的资源，甚至可以重定向到其他站点的资源。

4.3.3　param 动作标识

param 动作标识与 include、forward、plugin 等标识配合使用，用于传递所需参数。param 标识以“名字-值”对的形式为其他标识提供参数值。语法格式如下：

```
<jsp:param name="属性名" value="属性值" />
```

【例 4-16】用 param 动作标识传递参数值。编写 ex4-16-1.jsp 页面，计算 1~n 之和；编写 ex4-16-2.jsp 页面，用 include 动作标识包含 ex4-16-1.jsp 页面，并用 param 动作标识传入参数值 100，在页面中显示 1~100 之和。

ex4-16-1.jsp 页面内容如下：

```
<%@ page language="java" contentType="text/html; charset=utf-8"
    pageEncoding="utf-8"%>
<!DOCTYPE html PUBLIC "-//W3C//DTD HTML 4.01 Transitional//EN"
    "http://www.w3.org/TR/html4/loose.dtd">
<html><head>
<meta http-equiv="Content-Type" content="text/html; charset=utf-8">
<title>param 对象示例</title></head>
<body>
<%  String nstr=request.getParameter("n");
    int n=Integer.parseInt(nstr);
    int sum=0;for (int i=1;i<=n;i++) sum=sum+i;
%>
<h2>1~<%=n %>之和为：<%=sum %></h2>
</body></html>
```

ex4-16-2.jsp 页面内容如下：

```
<%@ page language="java" contentType="text/html; charset=utf-8"
    pageEncoding="utf-8"%>
<!DOCTYPE html PUBLIC "-//W3C//DTD HTML 4.01 Transitional//EN"
    "http://www.w3.org/TR/html4/loose.dtd">
<html><head>
<meta http-equiv="Content-Type" content="text/html; charset=utf-8">
<title>param 动作标识示例</title></head>
<body><h1>加载 ex4-16-1.jsp 文件，执行结果：</h1>
<jsp:include page="ex4-16-1.jsp" >
  <jsp:param value="100" name="n"/>
</jsp:include>
</body></html>
```

运行结果如图 4-17 所示。

图 4-17　用 param 动作标识传递参数值

4.4　Cookie 及其应用

4.2 节已经介绍过 session 对象，它将用户连接信息保存于 Web 服务器端，以解决 HTTP 协议的无状态问题。Cookie 也可以解决该问题，它将相关信息保存于客户端（即浏览器）。例 4-6 给出了利用 response 对象和 request 对象写入和读取 Cookie 的示例。本节将介绍 Cookie 的概念、JSP 操作 Cookie 的原理，并举例说明 Cookie 的应用。

4.4.1　Cookie 的概念

Cookie 有时也用其复数形式 Cookies，指 Web 服务器为了辨别用户身份、进行会话跟踪而存储在用户浏览器上的数据。Cookie 由 Web 服务器随网页发送到浏览器，存储在浏览器端计算机内存或磁盘指定路径下。Cookie 是文本文件，通常存放用户与服务器连接的相关参数，如用户 id、访问时间等。在 Cookie 有效期内，若用户再次访问服务器，则浏览器会将相应的 Cookie 一起发送到服务器，服务器会依据 Cookie 的内容来判断用户信息，从而实现个性化服务。

4.4.2 JSP 操作 Cookie

JSP 操作 Cookie 主要包括创建 Cookie、发送 Cookie 和读取 Cookie。Web 服务器要想发送 Cookie 到浏览器，首先需要创建一个 Cookie，然后调用 resopnse 对象的 addCookie()方法将其加入 HTTP Header。JSP 调用 request.getCookies()即可从浏览器读取 Cookie。

1. 创建 Cookie

JSP 创建 Cookie 的语法格式如下：

```
Cookie cookie =new Cookie("Name","Value");
```

其中，cookie 是创建的 Cookie，参数 Name 和 Value 分别是所创建的 Cookie 的名称和值。示例如下：

```
Cookie cookie =new Cookie("username","mary");              //创建 Cookie
```

2. 发送 Cookie

response 对象定义了 addCookie()方法，它可以在响应头中增加一个相应的 Set-Cookie 头字段，将创建的 Cookie 发送到客户端浏览器（见表 4-3）。示例如下：

```
response.addCookie(cookie);                                //发送 Cookie
```

3. 读取 Cookie

request 对象定义了 getCookies()方法，该方法返回 HTTP 请求头中的内容所对应的 Cookie 对象数组。它首先通过循环访问该数组的各个元素，并调用 getName()方法检查各个 Cookie 的名称，直至找到目标 Cookie，然后对该 Cookie 调用 getValue()方法取得与指定名字关联的值。示例如下：

```
Cookie[] cookie = request.getCookies();                    //获取 Cookie 对象数组
if (cookie !=null)
{
    for (int i=0;i<cookie.length;i++)
    {
        String cookie_name = cookie[i].getName();          //获取 Cookie 名称
        if (cookie_name.equals("username"))                //为目标 Cookie 名称
        {
            String cookie_value = cookie.getValue();       //取得 Cookie 值
        }
    }
}
```

4. Cookie 的主要方法

Cookie 的主要方法如表 4-10 所示。

表 4-10　Cookie 的主要方法

方　法	功　能
String getName()	返回 Cookie 的名称
String getValue()	返回 Cookie 的值

续表

方　法	功　能
String getPath()	返回 Cookie 适用的路径
int getMaxAge()	返回 Cookie 的最大生存时间，以秒为单位
String getDomain()	返回 Cookie 中 Cookie 适用的域名
String getComment()	返回 Cookie 中的注释，如果没有注释将返回空值
boolean getSecure()	如果浏览器通过安全协议发送 Cookie，则返回 true；如果浏览器使用标准协议，则返回 false
int getVersion()	返回 Cookie 所遵从的协议版本
void setMaxAge(int expiry)	设置 Cookie 的最大生存时间，以秒为单位
void setPath(String uri)	指定 Cookie 适用的路径
void setValue(String newValue)	在 Cookie 创建后设置一个新值
void setComment(String purpose)	设置 Cookie 中的注释
void setDomain(String pattern)	设置 Cookie 适用的域名

说明如下：

（1）Cookie 的名称应该按用途命名，不能包含逗号、分号和空格。

（2）有关 Cookie 的最大生存时间：setMaxAge()方法用于设置 Cookie 的最大生存时间。若设置了该值且大于 0，则 Cookie 按指定的最大生存时间保存在磁盘上，如 cookie.setMaxAge (14*24*60*60)设置 Cookie 的最大生存时间为 14 天；若设置该值为 0，则删除该 Cookie；若不设置该值，则采用默认值（即−1），表示 Cookie 保存在内存中，当会话结束时失效。

（3）Cookie 存储的数据量有限，不同的浏览器有不同的存储大小，但一般不超过 4KB。因此使用 Cookie 只能存储少量的数据。

（4）若用户浏览器禁止了 Cookie，则不能实现对 Cookie 的操作。

5. Cookie 示例

本示例使用 Cookie 记录用户访问同一网页的次数。在程序中设置名为 visit_num 的 Cookie，其值用于记录用户访问网页的次数，每打开一次网页，值增加 1。程序内容如下：

```
<%@ page language="java" contentType="text/html; charset=utf-8"
    pageEncoding="utf-8" %>
<!DOCTYPE html PUBLIC "-//W3C//DTD HTML 4.01 Transitional//EN"
    "http://www.w3.org/TR/html4/loose.dtd">
<html><head>
<meta http-equiv="Content-Type" content="text/html; charset=utf-8">
<title>JSP 操作 Cookie 示例</title></head>
<body>
<%
  int count=0;
  Cookie[] cookie=request.getCookies();              //获取 Cookie 数组
  if (cookie!=null)
  {   for (int i=0;i<cookie.length;i++)              //遍历 Cookie 数组并对其进行处理
      {    String name=cookie[i].getName();          //获取当前 Cookie 名称
          if (name.equals("visit_num"))
          //若 Cookie 名称为 visit_num，则将其值增加 1 并再次发送
          {
            String num=cookie[i].getValue();
            count=Integer.parseInt(num)+1;
            num=new Integer(count).toString();
            cookie[i].setValue(num);
            response.addCookie(cookie[i]);
            out.println("第"+num+"次访问网页");
```

```
            }
        }
    }
    if (count==0) //当用户第 1 次访问网页时，创建 Cookie 并发送
    {
        Cookie cookie_first = new Cookie("visit_num","1");
        cookie_first.setMaxAge(14*24*60*60);            //设置 Cookie 最大生存时间为 14 天
        response.addCookie(cookie_first);               //发送 Cookie
        out.println("第 1 次访问网页，创建 Cookie");       //网页显示内容
    }
%>
</body></html>
```

程序第 1 次运行结果如图 4-18（a）所示，第 10 次运行结果如图 4-18（b）所示。

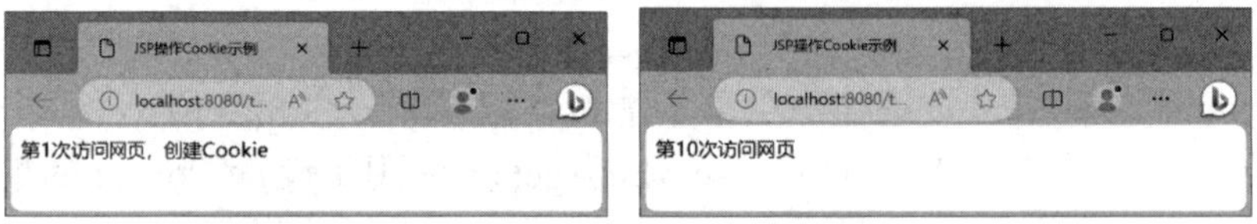

（a）第 1 次运行结果　　（b）第 10 次运行结果

图 4-18　使用 Cookie 记录用户访问同一网页的次数

4.5　应用示例——Web 聊天程序

【例 4-17】本例利用 JSP 设计一个简单的 Web 聊天程序，其功能类似于 QQ 的群聊。用户输入用户名登录，进入聊天页面，该页面可以发送并显示聊天消息；若用户已经登录，则不可重复登录；当用户登录成功时，在聊天内容窗口显示该用户上线。程序中用 application 对象保存聊天内容和全部登录用户名，用 session 对象保存用户登录信息，用 request 对象和 response 对象进行页面参数传递。本例共设计以下 6 个文件。

（1）ex4-17-login.jsp：登录界面，显示“用户名”输入框，当用户单击“登录”按钮时，若该用户已登录，则会显示提示，否则提交给 ex4-17-loginpro.jsp 处理。

（2）ex4-17-loginpro.jsp：用户登录处理程序，通过 application 对象判断用户是否登录。若已登录，则通过 request 对象传回 ex4-17-login.jsp 并显示；若未登录，将该用户信息加入 application 对象和 session 对象，并跳转到 ex4-17-main.html。

（3）ex4-17-main.html：主页面，该页面由上、下两个 frame 构成，上方 frame 显示聊天内容，下方 frame 是用户信息发送窗口，分别加载 ex4-17-listmsg.jsp 和 ex4-17-sendmsg.jsp。

（4）ex4-17-listmsg.jsp：从 application 对象中读取用户发送的消息，每隔 3 秒刷新。

（5）ex4-17-sendmsg.jsp：当用户单击“发送”按钮时，将文本框中的内容进行处理并加载到 application 对象的 msgs 属性中。当用户单击“退出”按钮时，跳转到 ex4-17-logout.jsp。

（6）ex4-17-logout.jsp：从 application 对象的 users 属性中移除该用户并注销其会话。

各文件的内容如下。

（1）ex4-17-login.jsp 文件。

```
<%@ page language="java" contentType="text/html; charset=utf-8"
    pageEncoding="utf-8"%>
<!DOCTYPE html PUBLIC "-//W3C//DTD HTML 4.01 Transitional//EN"
    "http://www.w3.org/TR/html4/loose.dtd">
<html><head>
```

```
<meta http-equiv="Content-Type" content="text/html; charset=utf-8">
<title>Web 聊天--登录页</title></head>
<body>
<%    String loginmsg = (String) request.getAttribute("loginmsg");
      if (loginmsg == null) {    loginmsg = "";    }
%>
    <center><h2><%=loginmsg%></h2></center><br>
    <form action="ex4-17-loginpro.jsp" method="post" name="logform">
    <center>用户名：<input type="text" name="usrname" ></center><br><br>
    <center><input type="submit" value="登录" ></center></form>
</body></html>
```

（2）ex4-17-loginpro.jsp 文件。

```
<%@ page language="java" contentType="text/html; charset=utf-8"
    pageEncoding="utf-8" import="java.util.*"%>
<!DOCTYPE html PUBLIC "-//W3C//DTD HTML 4.01 Transitional//EN"
    "http://www.w3.org/TR/html4/loose.dtd">
<html><head>
<meta http-equiv="Content-Type" content="text/html; charset=utf-8">
<title>Web 聊天--用户登录处理</title></head>
<body>
<%   request.setCharacterEncoding("utf-8");
     String usrname = request.getParameter("usrname"); //获取用户名
     if (usrname.trim().length() == 0) { //判断用户名是否为空
         request.setAttribute("loginmsg", "请输入用户名");
         request.getRequestDispatcher("ex4-17-login.jsp").forward(request,response);
         return;
  }
  String users;
  if (application.getAttribute("users")==null)
      users="";
  else
      users=(String)application.getAttribute("users");
  if (users!=""){
        if (users.indexOf(usrname)==-1) //当前已登录用户不包含 usrname
        {    users=users+','+usrname;      //将当前用户加入在线用户
             application.setAttribute("users", users);
        }
        else
        {    request.setAttribute("loginmsg", "用户"+usrname+"已登录，请输入其他用户名");
             request.getRequestDispatcher("ex4-17-login.jsp").forward(request,response);
             return;
        }
  }
  else
       {    application.setAttribute("users", usrname);    }
  session.setAttribute("user", usrname);
  response.sendRedirect("ex4-17-main.html");
%>
</body></html>
```

（3）ex4-17-main.html 文件。

```
<!DOCTYPE html PUBLIC "-//W3C//DTD HTML 4.01 Transitional//EN"
        "http://www.w3.org/TR/html4/loose.dtd">
```

```
<html><head>
<meta http-equiv="Content-Type" content="text/html; charset=utf-8">
<title>Web 聊天---主页</title></head>
<frameset rows="70%,*">
        <frame src="ex4-17-listmsg.jsp">
        <frame src="ex4-17-sendmsg.jsp">
</frameset></html>
```

（4）ex4-17-listmsg.jsp 文件。

```
<%@ page language="java" contentType="text/html; charset=utf-8"
    pageEncoding="utf-8" import="java.util.*"%>
<!DOCTYPE html PUBLIC "-//W3C//DTD HTML 4.01 Transitional//EN"
    "http://www.w3.org/TR/html4/loose.dtd">
<html><head>
<meta http-equiv="Content-Type" content="text/html; charset=utf-8">
<title>Web 聊天--显示聊天内容</title></head>
<body>
<%      response.setHeader("refresh", "3");
        String msgs = (String) application.getAttribute("msgs");
        if (application.getAttribute("msgs")==null)
                out.print("聊天程序启动");
        else
                out.print(msgs);
%>
</body></html>
```

（5）ex4-17-sendmsg.jsp 文件。

```
<%@ page language="java" contentType="text/html; charset=utf-8"
  pageEncoding="utf-8" import="java.util.*,java.util.Date,java.text.SimpleDateFormat"%>
<!DOCTYPE html PUBLIC "-//W3C//DTD HTML 4.01 Transitional//EN"
    "http://www.w3.org/TR/html4/loose.dtd">
<html><head>
<meta http-equiv="Content-Type" content="text/html; charset=utf-8">
<title>Web 聊天--消息发送窗口</title></head>
<body>
  <form action="" method="post"><%=session.getAttribute("user")%>，发言：
    <input type="text" name="message" size="40" ><br><br>
    <input type="submit" value="发言" >
    <input type="button" value="退出" onClick="parent.location.href='ex4-17-logout.jsp'">
  </form>
<%  String msgs=(String)application.getAttribute("msgs");        //获取全部消息
    String user=(String)session.getAttribute("user");            //获取当前用户
    SimpleDateFormat df=new SimpleDateFormat("yyyy-MM-dd HH:mm:ss");
    String s=df.format(new Date());
    request.setCharacterEncoding("utf-8");
    String message = request.getParameter("message");           //获取当前用户发送的消息
    if (application.getAttribute("msgs")!=null)                  //已有用户发消息
    {   if (request.getParameter("message")==null)               //当前用户刚上线尚未发消息
            msgs=msgs+"<br>"+user+":上线（"+s+")";               //提示该用户上线
        else
            msgs=msgs+"<br>"+user+ "说："+message+ "（"+s+")";    //显示该用户的消息
    }
    else   //尚未有用户发消息
    {    if (request.getParameter("message")==null)              //当前用户刚上线尚未发消息
```

```
                msgs=user+":上线 ("+s+")";
            else
                msgs="<br>";
        }
        application.setAttribute("msgs", msgs);   //更新消息内容
  %>
</body></html>
```

（6）ex4-17-logout.jsp 文件。

```
<%@ page language="java" contentType="text/html; charset=utf-8"
    pageEncoding="utf-8" import="java.util.*"%>
<!DOCTYPE html PUBLIC "-//W3C//DTD HTML 4.01 Transitional//EN"
    "http://www.w3.org/TR/html4/loose.dtd">
<html><head>
<meta http-equiv="Content-Type" content="text/html; charset=utf-8">
<title>Web 聊天--用户退出登录</title></head>
<body>
<%   String users = (String)application.getAttribute("users");
     String username = (String) session.getAttribute("user");
     String s[] = users.split(",");
     String newusers="";    //保存移除当前用户后的全部用户
     //从 application 对象的 users 属性中移除当前用户
     if (!s[0].equals(username))
          newusers=s[0];
     for (int i=1;i<s.length;i++)
     {
          if (!s[i].equals(username))
          {
               if (newusers!="")
                         newusers=newusers+","+s[i];
                    else
                         newusers=s[i];
          }
     }
     application.setAttribute("users", newusers);
     session.invalidate();//注销当前用户会话
   %>
   <jsp:forward page="ex4-17-login.jsp"/>
</body></html>
```

当程序运行时，首先显示登录界面，如图 4-19（a）所示；若该用户已登录，则会给出提示信息，并要求用户输入其他用户名，如图 4-19（b）所示；在用户输入用户名后，进入主页面，如图 4-19（c）所示；当用户发送消息后，在消息窗口显示用户发送的消息，如图 4-19（d）所示。

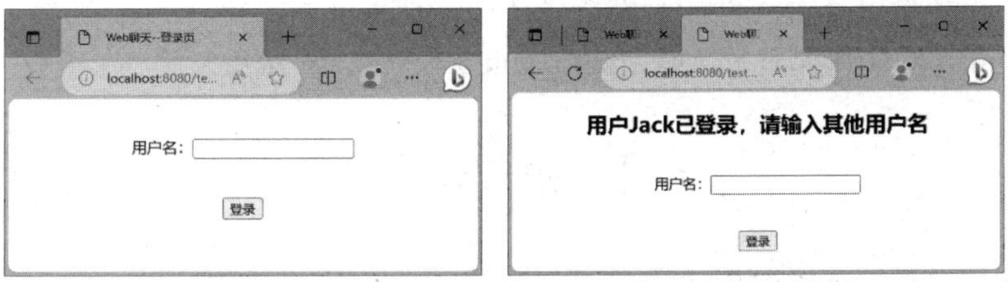

（a）登录界面　　　　（b）输入其他用户名

图 4-19　Web 聊天程序

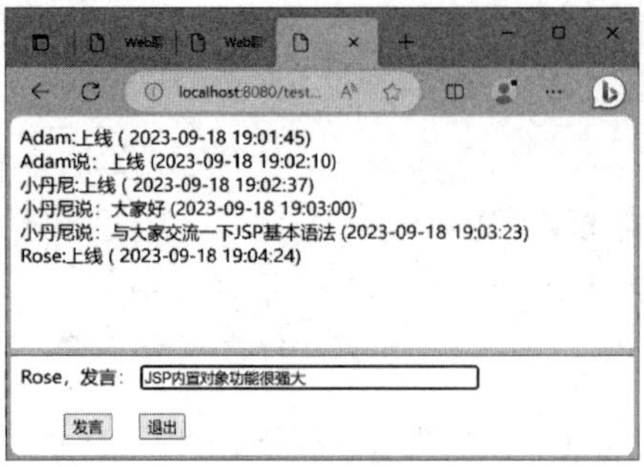

（c）主页面

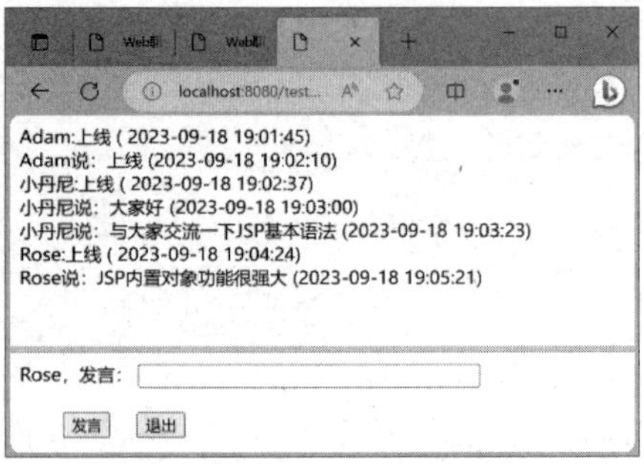

（d）显示用户发送的消息

图 4-19　Web 聊天程序（续）

本 章 小 结

本章介绍了 JSP 基本语法、JSP 内置对象、JSP 动作标识，以及 Cookie 及其应用。其中，JSP 基本语法包括 JSP 页面、指令和脚本标识。JSP 内置对象是由容器实现和管理的，不需要预先声明即可在程序段和表达式中使用，request、response、session 和 application 是其最常用的内置对象。JSP 动作标识用于控制 JSP 引擎的动作，包括 include、forward 和 param 等。通过本章的学习，读者应掌握 JSP 的基本编程方法。

习　题　4

4.1　简述 JSP 的特点。

4.2　JSP 页面由哪些部分构成？

4.3　JSP 指令的作用是什么？常用指令有哪几个？

4.4　JSP 脚本标识的作用是什么？包括哪几部分？

4.5　JSP 的注释有哪几种形式？

4.6　JSP 内置对象的特点是什么？JSP 提供了哪些内置对象？

4.7　JSP 动作标识的作用是什么？JSP 提供了哪些动作标识？

4.8　使用 JSP 内置对象设计一个页面访问计数器。

4.9　编写 JSP 程序，根据当前时间输出相应的提示，时间分为：凌晨（0 点~6 点）、上午（6 点~11 点）、中午（11 点~13 点）、下午（13 点~18 点）、晚间（18 点~24 点）。

4.10　编写 JSP 程序，实现用户注册功能，将注册信息保存在 application 对象中。

4.11　编写 JSP 程序，统计当前在线用户数，并显示所有在线用户名。

4.12　编写 JSP 程序，实现猜数游戏，系统随机产生一个 1~100 的整数，用户输入自己猜想的数字，程序给出是否正确的判断，若不正确则给出大于或小于正确答案的提示。

4.13　Cookie 的作用是什么？试比较 Cookie 和 session 对象。

上 机 实 验

1. 在 Eclipse 开发环境中创建简单 JSP 程序。

【目的】

（1）熟悉 JSP 开发环境。

（2）掌握在 Eclipse 开发环境中创建 JSP 程序的方法。

【内容】查阅资料掌握 JDK、Tomcat 和 Eclipse 的安装过程；编写可以显示如图 4-20 所示效果的 JSP 程序，并在 Eclipse 中编辑、调试和运行。

【步骤】

（1）打开 Eclipse 开发环境。

（2）在 Eclipse 的菜单中选择“File→New→Dynamic Web Project”命令，在弹出的对话框的“Poject name”文本框中输入项目名“test”，单击“Next”按钮进入下一步。

（3）在 test 项目的 WebContent 文件夹下创建 exp4-1.jsp 文件，并输入代码，如图 4-21 所示。单击“运行”按钮，即可获得如图 4-20 所示的运行效果。

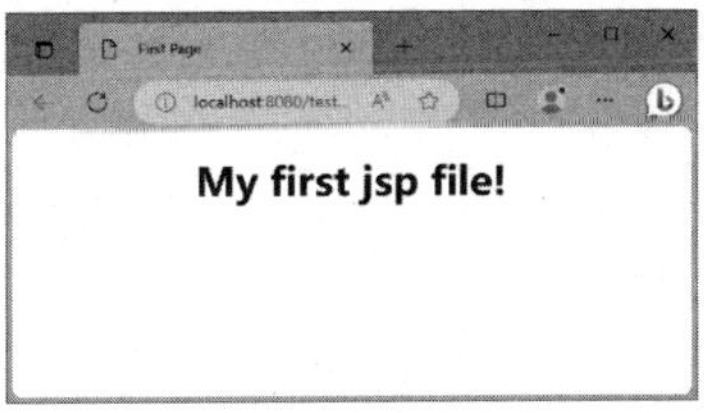

图 4-20　简单 JSP 程序运行效果

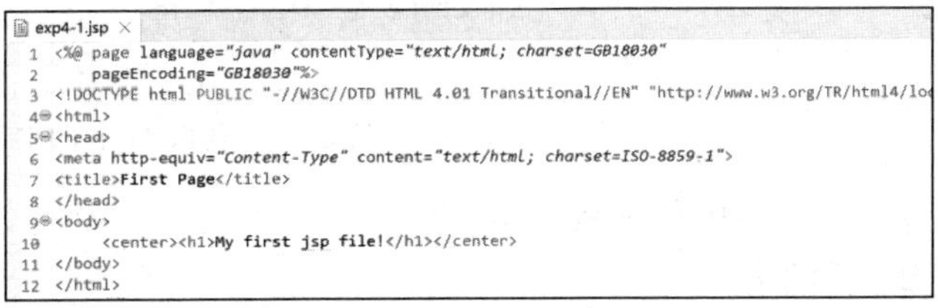

```
<%@ page language="java" contentType="text/html; charset=GB18030"
    pageEncoding="GB18030"%>
<!DOCTYPE html PUBLIC "-//W3C//DTD HTML 4.01 Transitional//EN" "http://www.w3.org/TR/html4/lo
<html>
<head>
<meta http-equiv="Content-Type" content="text/html; charset=ISO-8859-1">
<title>First Page</title>
</head>
<body>
    <center><h1>My first jsp file!</h1></center>
</body>
</html>
```

图 4-21　exp4-1.jsp 文件代码

2. 计算 10!并在网页中显示。

【目的】

（1）掌握将 JSP 元素插入 HTML 文件的方法。

（2）掌握 JSP 基本语法。

【内容】编写 JSP 程序，在网页中显示 10!的结果。

【步骤】

（1）打开 Eclipse 开发环境。

（2）在 test 项目的 WebContent 文件夹下创建文件 exp4-2.jsp，输入能够计算 10!并在网页中显示的 JSP 程序代码。

（3）运行 exp4-2.jsp 程序，在浏览器中查看结果，如图 4-22 所示。

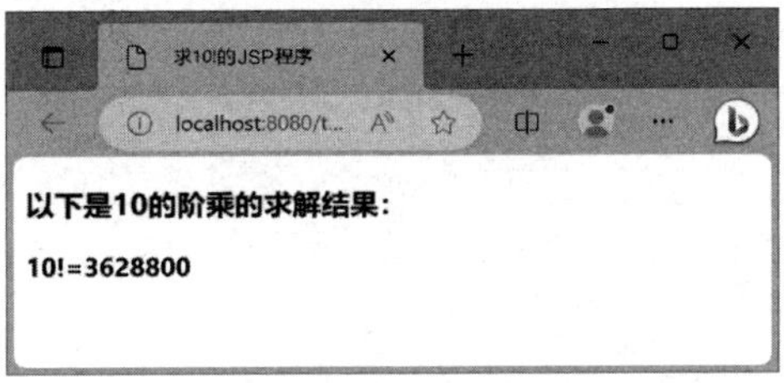

图 4-22　求 10!的 JSP 程序的运行结果

3. 获取 Web 服务器参数。

【目的】

（1）掌握 JSP 基本语法。

（2）掌握 JSP 内置对象 request 的常用方法。

【内容】编写 JSP 程序，获取 Web 服务器参数并在网页中显示。

【步骤】

（1）打开 Eclipse 开发环境。

（2）在 test 项目的 WebContent 文件夹下创建文件 exp4-3.jsp，输入能够获取 Web 服务器参数，并在网页中显示（见图 4-23）的 JSP 程序代码。

（3）运行 exp4-3.jsp 程序，在浏览器中查看结果。

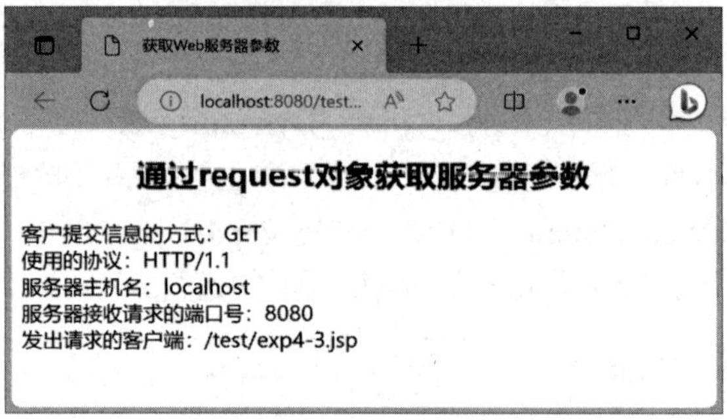

图 4-23　获取 Web 服务器参数

4．用 JSP 实现 Web 聊天室。

【目的】

（1）掌握 JSP 基本语法和内置对象的使用方法。

（2）掌握 JSP 内置对象的综合应用。

【内容】在例 4-17 所给出信息的基础上，完成所有的程序，并进行测试。

【步骤】

（1）打开 Eclipse 开发环境。

（2）在 test 项目的 WebContent 文件夹下创建 Web 聊天程序的各 JSP 文件和 HTML 文件，输入相应的 JSP 程序代码和 HTML 代码。

（3）运行程序，在浏览器中查看结果。

第 5 章 Servlet 与 JavaBean

Web 服务器端程序的开发是扩展 Web 应用功能的重要技术，Servlet 是一个标准的服务器端程序 Java 类。由于 Servlet 可以处理包括 Web 在内的不同客户端的请求，因此可以增强 Web 服务器的处理能力。JavaBean 是一种组件技术，每个 JavaBean 都提供了一组实现特定功能的 Java 类，复用 JavaBean 可以快速构造一个新的应用程序。本章将介绍 Servlet 及 JavaBean 的相关概念和应用。

5.1 Servlet 简介

Servlet 是服务器端的 Java 程序，符合一般 Java 类的规则。同时，Servlet API 提供了大量方法供 Servlet 调用，用于处理来自浏览器的 HTTP 请求，从而加强服务器端的处理能力，提升和增强 Web 应用系统功能。Servlet 在编译后方可执行。

JSP 本质上是一个以页面形式展现的 Servlet。JSP 出现的目的是便于开发人员在需要开发复杂页面布局和显示效果时，能够采用页面布局的 JSP 提高开发的效率和质量。编译后的 JSP 即为一个 Servlet 程序。因此，如果服务器端处理注重业务逻辑，那么适合采用 Servlet，如果注重页面布局或显示效果，那么适合采用 JSP。

一个 Servlet 程序的创建实际上是继承一个 Servlet API 提供的 HttpServlet 类，并根据需要重写响应和处理 HTTP 请求的方法。

【例 5-1】一个简单的 Servlet 程序。

```
//引入必要的 Servlet API 包
package javaServletDemo;
import java.io.IOException;
import javax.servlet.ServletException;
import javax.servlet.http.HttpServlet;
import javax.servlet.http.HttpServletRequest;
import javax.servlet.http.HttpServletResponse;
//定义一个 HttpServlet 类
public class myServlet extends HttpServlet {
//重写 doGet()方法
protected void doGet(HttpServletRequest request, HttpServletResponse response) throws ServletException,
IOException {
        response.getWriter().append("Hi, this is my first servlet!");
        }
//重写 doPost()方法
 protected void doPost(HttpServletRequest request, HttpServletResponse response) throws ServletException,
IOException {
        doGet(request, response);
        }
}
```

例 5-1 是一个典型的 Java 程序，之所以在程序开头使用 import javax.servlet.xxxxx 系列语句，是因为在程序中需要使用 Servlet API，相关内容将在 5.3 节中阐述。myServlet 即为创建的 Servlet 程序类，public class myServlet extends HttpServlet 说明它是 HttpServlet 的子类。程序重写了 doGet()方法和 doPost()方法，doGet()方法用于返回字符串“Hi, this is my first servlet!”。doGet()方法和 doPost()方法是 Servlet 对 HTTP 请求的响应方法，将在后续章节详述。

5.2 Servlet 的生命周期和配置

5.2.1 Servlet 的生命周期

Servlet 是与平台无关的服务器端组件，是 javax.servlet 包中的 HttpServlet 类的子类，运行在 Servlet 容器中，由服务器完成该子类的创建和初始化。HttpServlet 类的 init()方法、service()方法、destroy()方法用于完成 Servlet 生命周期活动。

Servlet 的生命周期从初始化一个 Servlet 对象开始，到撤销对象终止，包括一系列方法的调用和执行。其中，init()初始化方法用于创建一个 Servlet 对象；service()方法用于处理用户的请求；destroy()方法用于结束 Servlet 对象的生命周期。Servlet 生命周期如图 5-1 所示。

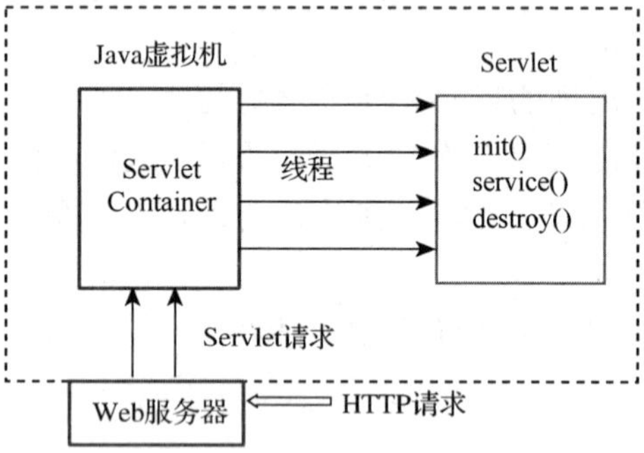

图 5-1 Servlet 生命周期

用户通过浏览器发出 HTTP 请求给 Web 服务器以获得服务，当 Web 服务器需要运行 Servlet 程序时，会加载并创建一个 Servlet 实例。Servlet 容器（Servlet Container）首先调用 Servlet 的 init()方法进行 Servlet 的初始化，然后调用 Servlet 的 service()方法，并将 HttpServletRequest 和 HttpServletResponse 两个参数对象传递给该方法。service()方法依据请求类型调用 Servlet 相应的 doxxx 处理程序进行处理，先将处理结果返回给 Servlet 容器，Servlet 容器再将结果返回给 Web 客户端。其中，xxx 对应的是 HTTP 请求类型。当 Servlet 容器关闭时，调用 destroy()方法撤销 Servlet 实例。

1. init()方法

一个 Servlet 的 init()方法在该 Servlet 首次被用户请求加载时被调用一次，完成 Servlet 的初始化工作。当用户再次请求该 Servlet 时，不用再执行 init()方法，Servlet 容器将启动一个新的线程调用 service()方法响应用户的请求。

每个 Servlet 程序都含有语句 public class myServlet extends HttpServlet，这表明用户创建的 myServlet 是 Servlet API 提供的 HttpServlet 类的子类。init()方法是 Servlet 对象固有的初始化服务方法，用户无须重写，它会在 Servlet 容器加载 Servlet 时自动执行。当用户需要进行自己的初始化工作时，可以在 Servlet 程序中重写，示例如下：

```
Public void init(ServletConfig config) throws servletException{
    super.init(config);              //调用父类初始化方法
    // 初始化开始
    …
}
```

ServletConfig 对象是 Servlet 的配置参数对象，可以用于获取 Servlet 的配置参数，如 Servlet 的名称、访问路径、入口参数等。Servlet 的配置将在 5.2.2 节中阐述。

注意：在重写 Servlet 的 init()方法后，一定要调用父类的 init()方法，否则在运行时会出现 NullPointerException 错误。

2. service()方法

service()方法是 HttpServlet 的固有方法，用来处理用户的 HTTP 请求。service()方法是 Servlet 的核心，可以被多次调用。每当客户端请求一个 Servlet 程序服务（访问一个 HttpServlet 对象）时，该 Servlet 的 service()方法就会被调用。

默认的 service()方法的功能是调用与 HTTP 请求相应的 doxxx 处理程序，xxx 对应某类请求。例如，如果 HTTP 请求类型为 GET，则在默认情况下调用 doGet()方法。doxxx 系列的方法包括 doGet()、doPost()、doHead()、doPut()、doTrace()、doDelete()和 doOptions()等。

service()方法可以在 Servlet 中直接继承或重写，示例如下：

```
public void service(HttpServletRequest request, HttpServletResponse response) throw ServletException, IOException{
    …
}
```

一般来说，HttpServlet.service()方法会自动进行适当的请求服务处理调用，不必进行重写，而其调用的 doxxx()方法需要开发人员根据自己的处理要求进行重写，以满足需求。例如，Servlet 需要根据请求检索某个数据库表并显示检索结果，如果请求检索的条件参数是采用 GET 方法传递的，那么需要重写 doGet()方法的代码来实现检索功能。

HTTP 请求被封装成一个 HttpServletRequest 对象，其中的请求信息包括请求参数、提交的数据、客户端的 IP 地址、操作系统、认证信息等。Servlet 引擎将 HttpServletRequest 和 HttpServletResponse 两个类型的参数对象传递给 service()方法，HttpServletRequest 类型的参数对象封装了用户的请求信息，而 HttpServletResponse 类型的参数对象用于响应用户的请求。

3. destroy()方法

当 Servlet 引擎终止服务时，destroy()方法会结束 Servlet 的生命周期并撤销 Servlet。destroy()方法可以在 Servlet 中直接继承，一般无须重写。

【例 5-2】包含 init()方法、请求服务和 destroy()方法的 Servlet 示例。

```
import javax.servlet.ServletException;
import javax.servlet.http.HttpServlet;
import javax.servlet.http.HttpServletRequest;
import javax.servlet.http.HttpServletResponse;
import java.io.IOException;
public class ServTest extends HttpServlet {
//重写初始化方法
public void init (ServletConfig config) throws ServletException{
    super.init(config);
    this.config = config;      //获取 Servlet 配置对象
}
//重写 doGet()方法，处理通过 GET 方法传递的数据请求
protected void doGet(HttpServletRequest request, HttpServletResponse response) throws   ServletException, IOException {
    //获取 Servlet 配置中指定的初始化参数 startFlag 并显示
    String paramStart = this.config.getInitParameter("startFlag");
    response.getWriter().print(paramStart);
    //获取通过 GET 方法传递给本 Servlet 的变量 userName 的值
    String userName = request.getParameter("userName");
    System.out.println(userName);
}
```

```
    //处理通过 POST 方法传递的数据请求
    protected void doPost(HttpServletRequest request, HttpServletResponse response) throws ServletException,
IOException {
        //处理 GET 请求
        doGet(request, response);
    }
    //撤销 Servlet
    public void destroy() {}
    }
```

本例包含了一个初始化 Servlet 生命周期的 init()方法、由 service()方法调用的处理 GET 请求和 POST 请求的 doGet()和 doPost()方法，以及结束 Servlet 生命周期的 destroy()方法。在 init()方法中获取本 Servlet 的配置。当有通过 GET 方法传递的数据请求时，在 doGet()方法中获取和显示 Servlet 配置的初始化参数 startFlag 的值，获取 userName 变量的值并显示。doPost()方法处理 POST 请求的过程同 doGet()方法。

有关 Servlet 的配置和 GET、POST 的概念参见后续章节。

5.2.2 Servlet 的配置

要运行一个 Servlet，首先需要用 Java 编译器将 Servlet 文件编译为 Java 类文件（class 文件），然后需要对 Servlet 进行配置。配置的目的是将 class 文件注册到 Servlet 容器中，设置 Servlet 容器对该 Servlet 的调用路径。在 Servlet 3.0 版本之前，只能采用 web.xml 文件进行配置，3.0 以后的版本提供了利用注解来配置 Servlet 的方法。Servlet 的配置信息可以通过 ServletConfig 对象进行访问，见例 5-2。

1. 采用 web.xml 文件配置 Servlet

位于开发人员创建的项目目录下的 web.xml 文件可用于对 Servlet 进行配置，一个最基本的 Servlet 配置文件需要包含以下元素：

```
<servlet>
    <servlet-name>Servlet 名（要创建的 Servlet 名称，自定义）</servlet-name>
    <servlet-class>Servlet 类的路径（类的全名：包名+简单类名）</servlet-class>
</servlet>
<servlet-mapping>
    <servlet-name>Servlet 名（与前 Servlet 名相同）</servlet-name>
    <url-pattern>/URL 名（访问 Servlet 的 URL 名称，自定义）</url-pattern>
</servlet-mapping>
```

在上述代码中，<servlet>... </servlet>配置 Servlet 名称和完整路径信息，<servlet-name>可以自定义，一般应具有一定意义。<servlet-class>...</servlet-class>配置 Servlet 容器能找到该 Servlet 类的包含包名的完整路径。<servlet-mapping>...</servlet-mapping>配置 Servlet 的 URL 访问路径映射信息。其中，<servlet-name>对应的是前面<servlet>... </servlet>配置的 Servlet 名称，<url-pattern>...</url-pattern>配置该 Servlet 对应的访问路径名称，即在访问 Servlet 时于浏览器地址栏中输入的内容，通常也应具有明确的意义。

例如，若<url-pattern>...</url-pattern>给出的访问路径名称是“/testServlet”，则在浏览器地址栏中应输入 http://****/testServlet，其中，“****”为该 Servlet 所属 Web 应用的 URL。需要注意的是，在设置映射路径名称时，必须加上“/”，否则会产生错误。

上述配置只是最简单的配置，保证在 Servlet 和访问路径名之间建立了映射关系。除此之外，web.xml 还包含了其他有关 Servlet 的配置元素，用于 Servlet 加载顺序、初始化参数、

JSP 页面等参数的配置。下面通过例 5-3 说明常用的配置项。

【例 5-3】采用 web.xml 文件对 Servlet 进行配置。

```
<servlet>
    <servlet-name>demoServlet</servlet-name>              //配置一个名为 demoServlet 的 Servlet
    <servlet-class>com.demoServlet</servlet-class>
    <jsp-file>test.jsp</jsp-file>                         //指定要访问的 JSP 页面
    <load-on-startup> 1 </load-on-startup>                //指定 demoServlet 的加载顺序
    <init-param>
        <param-name>initNumber</param-name>               //指定 demoServlet 加载时的初始参数名
        <param-value>20</param-value>                     //指定 demoServlet 加载时的初始参数值
    </init-param>
    <run-as>
        <description>a demo </description>                //demoServlet 的描述信息
        <role-name>tomcat</role-name>
    </run-as>
</servlet>
<servlet-mapping>
    <servlet-name> demoServlet </servlet-name>
    <url-pattern>/demoServlet </url-pattern>              //配置 demoServlet 的 URL 访问名
</servlet-mapping>
<servlet>
    <servlet-name>myServlet </servlet-name>               //配置一个名为 myServlet 的 Servlet
    <servlet-class>com.myservlet</servlet-class>
    <load-on-startup>  4  </load-on-startup>              //指定 myServlet 的加载顺序
</servlet>
<servlet-mapping>
    <servlet-name> myServlet </servlet-name>
    <url-pattern>/ myServlet </url-pattern>               //配置 myServlet 的 URL 访问名
</servlet-mapping>
```

该示例对 demoServlet 和 myServlet 两个 Servlet 进行了配置，定义了它们与访问路径之间的映射关系；设置了 demoServlet 加载时的初始参数值；设置了两个 Servlet 的加载顺序。

<init-param>…</init-param>用来定义 Servlet 加载时的初始参数，可有多个 init-param。这些初始参数可在 Servlet 加载后通过 config.getInitParameter()方法获取并使用，见例 5-2。

<load-on-startup>…</load-on-startup>设置 Web 应用加载 Servlet 的顺序。当值为正数或零时，Servlet 容器根据数值从小到大依次加载 Servlet；当值为负数或未定义时，Servlet 容器在 Web 应用首次访问这个 Servlet 时加载它。

2. 采用注解配置 Servlet

Servlet 3.0 以后的版本支持在开发 Servlet 时使用注解配置，即在 Servlet 文件内添加注解，默认不生成 XML 配置文件。使用注解配置 Servlet 可以更直观地看到 Servlet 的各种配置参数。

注解配置形式为@WebServlet(配置项 1,配置项 2,…)，括号中的配置项对应 web.xml 中的各配置项。

【例 5-4】用注解配置方法配置一个 myServlet 类，且加载顺序为 1，有一个值为“jack”的初始变量 username。

```
@WebServlet(
        name = "myServlet",
        urlPatterns = { "myServlet" },
```

```
        loadOnStartup = 1,
        initParams = { @WebInitParam(name = "username", value = "jack") }
)
```

这段注解代码等同于 web.xml 文件中的以下配置代码。

```
<servlet>
    <servlet-name>myServlet </servlet-name>
    <servlet-class>com.myservlet</servlet-class>
    <load-on-startup> 1 </load-on-startup>
    <init-param>
        <param-name>username</param-name>
        <param-value>jack</param-value>
    </init-param>
</servlet>
<servlet-mapping>
<servlet-name> myServlet </servlet-name>
<url-pattern>/ myServlet </url-pattern>
</servlet-mapping>
```

有关配置注解的信息请参考相关资料，在此不再赘述。

5.3 Servlet API

Servlet API 提供用于管理 Servlet 运行、创建 Web 系统、响应 HTTP 请求的类和接口，以便有效、便捷地开发 Web 应用系统服务器端程序。API 主要包含 Servlet 接口、GenericServlet 类、HttpServlet 类、ServletConfig 接口、HttpServletRequest 接口和 HttpServletResponse 接口等。这些类与接口的关系如图 5-2 所示。

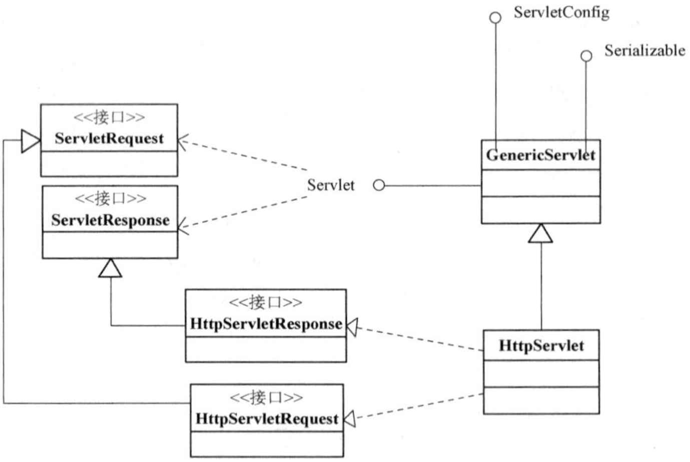

图 5-2 Servlet API 中类与接口的关系

从图中可以看出，Servlet 是一个抽象的接口，GenericServlet 类实现了 Servlet 接口、ServletConfig 接口和 Serializable 接口；HttpServlet 类是 GenericServlet 的子类，它依赖于 HttpServletRequest 和 HttpServletResponse 两个参数接口，因此能响应 HTTP 请求。

5.3.1 Servlet 接口

Servlet API 是由 javax.servlet 包提供的一组类和接口。Servlet 接口是所有 Java Servlet 的基础接口，它定义了一个抽象的接口框架。表 5-1 列出了 Servlet 接口的 5 个方法及其描述。

表 5-1 Servlet 接口的 5 个方法及其描述

方　法	描　述
void destory()	Servlet 容器调用该方法结束 Servlet 的生命周期
ServletConfig getServletConfig()	返回值为 ServletConfig 对象，该方法用于获取 Servlet 配置参数（web.xml 中的配置参数）
string getServletInfo()	返回 Servlet 的基本信息，如 Servlet 版本号、作者等
void init(ServletConfig config)	在 Servlet 首次加载时进行初始化工作
void service(ServletRequest req, ServletResponse res)	由 Servlet 容器调用该方法响应 Web 请求，其中 ServletRequest 对象封装了请求信息，ServletResponse 则是处理服务器端向客户端传递信息的对象

Servlet 接口是一个抽象接口类，并未实现这些接口。如果利用 Servlet 接口来创建自己的 Servlet 类，则需要实现 Servlet 接口中定义的 5 个方法，显然对开发人员来说比较麻烦。因此，javax.servlet 提供了 GenericServlet 抽象类，实现了 Servlet 接口和 ServletConfig 接口。

5.3.2 ServletConfig 接口

ServletConfig 接口由 javax.servlet 包提供，它定义了 4 个方法用于访问 Servlet 的配置，如表 5-2 所示。其中，getInitParameter()方法常用于在 Servlet 初始化时获取<init-param>中定义的初始参数。由于 Servlet 首次加载时会调用 init()方法，因此一些初始参数会借此方法进行传递，如指定该 Servlet 欲连接的数据库名等。

表 5-2 ServletConfig 接口定义的 4 个方法

方　法	描　述
string getInitParameter(string para())	根据参数变量名返回 Servlet 配置中的初始化参数值
public Enumeration getInitParameterNames()	返回所有初始化参数的变量名
servletContext getServletContext()	返回 ServletContext 对象
string getServletName()	返回所配置的 Servlet 名

同样地，ServletConfig 接口也是抽象接口，未定义其具体实现。

5.3.3 GenericServlet 类

GenericServlet 类包含在 javax.servlet 包中，该类定义了一个通用的、不依赖于具体协议的 Servlet，实现了除 Servlet 接口的 service()方法外的其他 4 个方法。因此，如果要通过继承 GenericServlet 类来编写 Servlet 类，那么只需实现 service()方法。GenericServlet 类使编写 Servlets 变得更容易。GenericServlet 类同时实现了 ServletConfig 接口。GenericServlet 类的主要方法如表 5-3 所示。

表 5-3 GenericServlet 类的主要方法

方　法	描　述
void destory()	Servlet 容器调用该方法结束 Servlet 服务
String getInitParameter(String name)	返回一个包含初始化变量的值的字符串，若变量不存在，则返回 null，该方法从 Servlet 的 ServletConfig 接口获得 name 的变量的值
Enumeration getInitParameterNames()	返回一个包含所有初始化变量的枚举函数。如果没有初始化变量，那么返回一个空枚举函数
ServletConfig getServletConfig()	返回 Servlet 的 ServletConfig 接口
String getServletInfo()	返回关于 Servlet 的信息，如版本号、版权、作者等
void init(ServletConfig config)	Servlet 容器用该方法初始化 Servlet
void init()	不带参数的初始化方法，它能够重载 Servlet.init(ServletConfig config)方法且无须调用 super.init(config)方法
void log(String msg)	将运行记录写入日志文件，日志文件名一般为 Web 应用的 Servlet 名

续表

方　法	描　述
void log(String message, java.lang.Throwable t)	该方法向 Web 容器和 log 目录写入运行记录和运行错误信息
abstract void service(ServletRequest req, ServletResponse res)	由 Servlet 容器调用以允许 Servlet 对请求进行响应

从表 5-3 可以看出，GenericServlet 类实现了 Servlet 接口和 ServletConfig 接口的方法（service()方法除外）。此外，还提供了日志写入方法。

但 GenericServlet 类并非专门为响应 Web 客户端的 HTTP 请求而设计，它不解析来自 Web 客户端的 HTTP 请求内容，不会根据 HTTP 请求的内容调用相应的服务方法。例如，在以下代码中：

```
public class myGeServlet extends GenericServlet{}
```

仅定义了一个普通的、不依赖于 HTTP 的 Servlet。

如果采用 GenericServlet 类开发 Web 应用，那么会因为其没有响应 HTTP 请求的方法，使得开发较为困难。因此，若要编写用于响应 Web HTTP 请求的 Servlet，则需要创建 HttpServlet 类。

5.3.4 HttpServlet 类

从图 5-2 可以看出，HttpServlet 类是 GenericServlet 的子类，是面向 HTTP 的 Servlet API，开发人员通过继承 HttpServlet 类，可以方便地生成 Web 服务器端的 Servlet 程序。因此在 Web 开发中，一般通过继承 HttpServlet 类来创建服务器端 Servlet，而不是继承 GenericServlet 类。

Web 客户端（浏览器）和服务器端之间的数据通信遵从 HTTP，浏览器发送给服务器端的信息被称为请求，服务器回送给浏览器的信息被称为响应。HTTP 的请求数据有 OPTIONS、GET、HEAD、POST、PUT、DELETE、TRACE 等类型，HttpServlet 类提供支持 HTTP 且支持处理上述 HTTP 请求的 doOptions()、doGet()、doHead()、doPost()、doPut()、doDelete()、doTrace()等方法。HttpServlet 类提供了解析 HTTP 内容并根据不同的请求类型调用相应的 doxxx 方法的功能，开发人员需要根据程序需求重写相应的方法。表 5-4 列出了 HttpServlet 类的主要方法。

表 5-4　HttpServlet 类的主要方法

方　法	描　述
void doGet(HttpServletRequest req, HttpServletResponse res)	该方法被调用以响应一个 HTTP GET 请求，即附加在 URL 后的参数请求。开发人员需要根据程序需求重写该方法
void doPost(HttpServletRequest req,HttpServletResponse res)	该方法被调用以响应一个 HTTP POST 请求，即隐式传递参数的请求。开发人员需要根据程序需求重写该方法
long getLastModified(HttpServletRequest req)	返回 HttpServletRequest 最近一次被修改的时间。如果时间未知，则返回一个否定的默认值（-1）
void doHead(HttpServletRequest req,HttpServletResponse res)	该方法被调用以响应一个 HTTP HEAD 请求
void doPut(HttpServletRequest req,HttpServletResponse res)	该方法被调用以响应一个 HTTP PUT 请求。PUT 操作允许将文件放置到服务器上
void doDelete(HttpServletRequest req,HttpServletResponse res)	该方法被调用以响应一个 HTTP DELETE 请求。DELETE 操作允许从服务器中删除一个文档或网页
void doOptions(HttpServletRequest req,HttpServletResponse res)	该方法被调用以响应一个 HTTP OPTIONS 请求
void doTrace(HttpServletRequest req,HttpServletResponse res)	该方法被调用以响应一个 HTTP TRACE 请求。该方法主要用于程序调试

当构建一个 HttpServlet 子类时，一般需要重新编写上述某个 doxxx 方法的代码，分别用

来处理不同的 HTTP 请求。Servlet 的 service()方法根据每个 HTTP 请求的类型调用相应的 doxxx()方法来处理请求。

以下代码声明了一个 HttpServlet 子类，并重写了 doGet()方法，用来处理 HTTP GET 请求。

```
//声明一个 HttpServlet 子类
public class myServlet extends HttpServlet{
    //重写 doGet 方法
    protected void doGet(HttpServletRequest request, HttpServletResponse response)
     throws ServletException, IOException {
    System.out.print("do get!");
    }
}
```

5.4 Servlet 编程

5.4.1 Servlet 的基本结构

通常 Servlet 程序是一个 HttpServlet 类，具有 doGet()、doPost()等 doxxx 系列方法，开发人员要根据 HTTP 的请求类型重写 doxxx 方法的代码，以满足应用程序的需求。

从表 5-4 可以看出，doGet()等 doxxx 系列方法含有两个参数对象，即 HttpServletRequest 和 HttpServletResponse。HttpServletRequest 对象提供访问请求信息的方法，包括表单数据、HTTP 请求头信息等；HttpServletResponse 对象提供的方法可以向客户端返回 doxxx 方法处理的结果数据、HTTP 响应状态等。HTTP 响应状态包括大家所熟知的 404、200 等。因此，开发人员在重写 doxxx 方法时经常需要使用这两个参数对象。

一个 Servlet 的基本结构通常包含需要引入的类包、继承 HttpServlet 的子类，以及读取来自客户端请求的和向客户端返回响应处理结果的 doGet()方法、doPost()方法。

【例 5-5】 编写一个响应 URL 为 http://****/traningJsp/myServlet?msg1=Hello！ &msg2=Welcome!的 Servelet，其服务器端 Servlet 程序代码为 myServlet.java。其中，****为该 Servlet 所属 Web 应用的 URL。

```
package training.servlet;
//以下为程序需要的接口包
import java.io.IOException;
import javax.servlet.ServletException;
import javax.servlet.http.HttpServlet;
import javax.servlet.http.HttpServletRequest;
import javax.servlet.http.HttpServletResponse;
//下面声明一个 HttpServlet 子类
public class helloServlet extends HttpServlet {
    //重写 doGet()方法
    public void doGet(HttpServletRequest requst, HttpServletResponse response)
    throws ServletException, IOException {
        //获取通过 GET 方法（地址栏）传递的两个参数
        String msg1=request.getParameter("msg1");
        String msg2=request.getParameter("msg2")
        //用 response 对象返回处理结果
        response.setContentType("text/html;charset=utf-8");  //防止乱码
        response.getWriter().write(msg1);
        response.getWriter().write(msg2);
```

```
        }
        //重写 doPost()方法，处理同 doGet()方法
        public void doPost(HttpServletRequest request, HttpServletResponse response)
        throws ServletException, IOException {
        doGet(request, response);
        }
}
```

该例创建了一个 HttpServlet 类 helloServlet，重写了 doGet()方法以处理通过地址栏传入的两个参数 msg1 和 msg2，通过 HttpServletRequest 获取参数，通过 HttpServletResponse 返回处理结果。

5.4.2 表单处理

表单是网页中用于用户和系统交互的控件，它负责接收用户向 Web 应用系统提交的要进行处理的信息。浏览器采用 GET 和 POST 方法将本网页待处理的输入数据提交给后续网页或后台程序处理。例如，以下代码在一个 JSP 页面嵌入了带有 3 个输入域的表单，采用 POST 方法传递数据给 demo.jsp。

```
<form action="demo.jsp" method="post" >
      <input type="text" name="name" value=""/>
      <input type="password" name="password" value=""/>
      <input type="submit" value="提交"/>
</form>
```

GET 方法将请求提交的表单信息附加在网址后，“?”后为表单输入信息。示例如下：

```
http://****/register?text1=value1&text2=value2
```

其中，“****”为所请求的 Web 应用的 URL，“?”后的 text1=value1 和 text2=value2 表示提交的两个输入变量和值。需要注意的是，GET 方法是浏览器默认的传递参数的方法，当传送密码等敏感信息时，建议不要使用 GET 方法。此外，GET 方法传递数据的大小有限制，最大为 1024 字节。

POST 方法提交数据是隐式的，提交的输入信息不会出现在地址栏中，适合传递敏感信息，当传递信息给 Servlet 这样的后台程序时，通常也采用 POST 方法。

Java Servlet 采用 Request 对象的 getParameter()方法接收从表单传递的数据。

【例 5-6】编写 Servlet 程序来处理用 POST 方法传递的表单数据。

表单页面代码如下：

```
<!DOCTYPE html>
<html> <head> <meta charset="utf-8">
      <title>教材信息录入</title> </head>
      <body>
            <form action="/servletTraining/postDemo" method="post">
            教材名称：<input type="text" name="bookName"><br/>
            出版社：  <input type="text" name="publication"><br/>
                        <input type="submit" value="提交">
            </form>
      </body>
</html>
```

后台程序 postDemo.java 用 request. getParameter()方法接收数据，代码如下：

```
package training.servlet;
import java.io.IOException;
import java.util.Iterator;
```

```
import javax.servlet.ServletException;
import javax.servlet.annotation.WebServlet;
import javax.servlet.http.HttpServlet;
import javax.servlet.http.HttpServletRequest;
import javax.servlet.http.HttpServletResponse;
//注解配置 URL 访问名称
@WebServlet("/postDemo")
//声明 Servlet 类为 HttpServlet 子类
public class postDemo extends HttpServlet {
    //重写 doPost()
    protected void doPost(HttpServletRequest request, HttpServletResponse response) throws
ServletException, IOException {
    request.setCharacterEncoding("UTF-8");
    //获取传递过来的表单数据，根据表单中的 name 获取所填写的值
    String bookName = request.getParameter("bookName");
    String publication= request.getParameter("publication");
    System.out.println(bookName);
    System.out.println(publication);
    }
}
```

本例中定义的页面表单采用 POST 方法传递表单数据，后台的 Servlet 程序 postDemo.java 重写了 doPost()方法，在该方法中用 request 对象获取传递过来的表单输入变量 bookName、publication 的值，并将其输出显示。

5.4.3　Servlet 编程示例

通过前面章节的讲解，读者应该已经了解 Servlet 的基本结构、需要的配置及可供使用的 Servlet API。本节将通过一个较完整的 JSP 和 Servlet 结合的示例说明如何开发一个应用于 Web 的 Servlet 及其基本内容。

【例 5-7】使用 JSP 和 Servlet 技术实现用户登录功能。

（1）用 web.xml 文件配置 Servlet 程序，其中，Servlet 名为 doLogin，类路径为 training.myservlet.doLogin，URL 访问名为/doLogin，代码如下：

```
<?xml version="1.0" encoding="UTF-8"?>
<!DOCTYPE web-app PUBLIC "-//Sun Microsystems, Inc.//DTD Web Application 2.3//EN" "http://java.sun.
com/dtd/web-app_2_3.dtd">
<web-app>
    <display-name>JSP 培训系统</display-name>
    <description>This a description of my web app made by Eclipse</description>
    <servlet>
        <servlet-name>doLogin</servlet-name>
        <servlet-class>training. myservlet.doLogin</servlet-class>
    </servlet>
    <servlet-mapping>
        <servlet-name>doLogin</servlet-name>
        <url-pattern>/dologin</url-pattern>
    </servlet-mapping>
    <welcome-file-list>
        <welcome-file>login.jsp</welcome-file>
    </welcome-file-list>
</web-app>
```

（2）创建 JSP 登录页面，文件名为 login.jsp，其中包含用于输入账号和密码的表单输入域，并采用 POST 方法传递参数，响应程序是/dologin 对应的 Servlet 程序。

```
<%@ page language="java" import="java.util.*" pageEncoding="UTF-8"%>
<%
String path = request.getContextPath();
String basePath = request.getScheme()+"://"
basePath = basePath +request.getServerName()+":"+request.getServerPort()+path+"/";
%>
<!DOCTYPE HTML PUBLIC "-//W3C//DTD HTML 4.01 Transitional//EN">
<html>
  <head>
    <base href="<%=basePath%>">
    <title>JSP and servlet login</title>
    <style>
        .main {
            float:left;
            min-width:1200px;
        }
    </style>
  </head>
  <body>
    <div class="main">
        <h1>请输入账号密码</h1>
        <div class="logindiv">
            <form id="loginid" action="/dologin" method="post">
                <span>请输入账号:</span><input type="text" name="account"><br>
                <span>请输入密码:</span><input type="password" name="mypassword"><br>
                <input type="submit" value="提交">
            </form>
        </div>
    </div>
  </body>
</html>
```

（3）编写后台 Servlet 程序 doLogin.java，重写 doPost()方法，通过 HttpServletRequest 类的 getParameter()方法获取用户在 JSP 表单中输入的账号和密码并验证。由于尚未讲解数据库访问相关内容，因此本例用固定的账号和密码代替数据库访问结果。

```
package training. myservlet;    //与 web.xml 中<servlet-class>配置的包名相同
import java.io.IOException;
import javax.servlet.ServletException;
import javax.servlet.http.HttpServlet;
import javax.servlet.http.HttpServletRequest;
import javax.servlet.http.HttpServletResponse;
//声明一个 Servlet 类 doLogin
public class doLogin extends HttpServlet{
    //保持不同类版本的序列化的兼容性，避免报错
    private static final long serialVersionUID = 1L;
    private final static String myaccount="Super";
    private final static String mypassoword="123456";
    @Override              //注解，表示重写了下列方法
    public void doPost(HttpServletRequest req, HttpServletResponse resp)
    throws ServletException,IOException{
```

```
            String account=req.getParameter("account");
            String password=req.getParameter("mypassword");
            System.out.println(account);
            System.out.println(password);
            if(account .equals(myaccount)){
                System.out.println("账号正确");
                if(password.equals(mypassoword)){
                    System.out.println("密码正确");
                }
                System.out.println("密码错误");
            }else{
                System.err.println("错误");
              }
            }
        }
        @Override
        public void doGet(HttpServletRequest req,HttpServletResponse resp)
        throws ServletException,IOException{
            System.out.println("in doget");
        }
    }
```

5.5 组件技术和 JavaBean

软件技术的发展使得目前大多数软件系统都采用基于组件的开发方式。组件封装了一组解决特定问题的相关类和对象，是可复用的软件单元。组件技术为应用系统的开发提供了有效、便利的开发平台，使系统更易于开发和实现，也更为可靠和易于使用。Microsoft 公司的 COM 和 COM+及 SUN 公司的 JavaBean 和 EJB 都是典型的 Web 应用开发组件技术。

5.5.1 JavaBean 简介

JavaBean 将组件技术引入 Java 编程领域，每个 JavaBean 都采用 Java 实现特定的功能，具有独立性、可重用性、跨平台、可视化开发等特点。应用不同的 JavaBean 可以快速构造一个新的应用程序。JavaBean 技术为开发人员提供了高效的应用系统解决方案。

在 Web 应用中，JSP、Servlet、JavaBean 之间的关系如图 5-3 所示。

从图 5-3 可以看出，JSP 主要接收来自浏览器的请求并返回结果给浏览器，JSP 调用 Servlet 和 JavaBean 可以加强服务器端的数据处理能力，JSP、Servlet、JavaBean 均可访问数据库，这种多层机制使得程序可以轻松地通过开发和使用 JavaBean 来扩展功能。

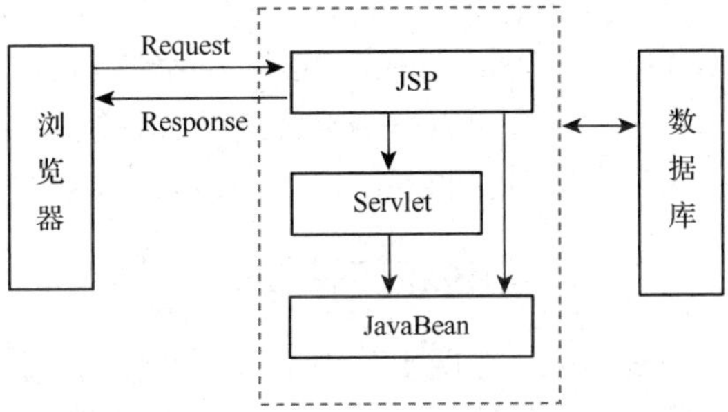

图 5-3 JSP、Servlet、JavaBean 之间的关系

JavaBean 是特殊的 Java 类，遵守 JavaBean API 规范。一个标准的 JavaBean 通常需符合以下规范。

- 实现 java.io.Serializable 接口。
- 是一个公共类。

- 类中必须包含无参数构造函数。
- 提供访问属性的 set 和 get 函数。

按照这个规范编写的 Java 类在编译部署后即可成为 JSP 或 Servlet 能够使用的 JavaBean。

【例 5-8】一个符合规范的 JavaBean 示例。

```
//声明一个公共的实现 java.io.Serializable 接口的类
public class studentsBean implements java.io.Serializable {
    private String firstName = null;
    private String lastName = null;
    private int age = 0;
    //定义一个同名的无参数构造函数
    public studentsBean() {
    }
    // 定义 get 函数
    public String getFirstName(){
    return firstName;
    }
    public String getLastName(){
    return lastName;
    }
    public int getAge(){
    return age;
    }
    //定义 set 函数
    public void setFirstName(String firstName){
    this.firstName = firstName;
    }
    public void setLastName(String lastName){
    this.lastName = lastName;
    }
    public void setAge(int age) {
    this.age = age;
    }
}
```

在以上代码中，public class StudentsBean implements java.io.Serializable 定义了一个公共类 studentsBean，其实例化对象由 JVM 转换为一系列字节序列，以符合组件跨网络平台的规范要求；public studentsBean()定义了一个无参数构造函数；public String getFirstName()、public void setFirstName(String firstName)等语句定义了访问属性的 get 和 set 函数。

JavaBean 可以分为可视化的 JavaBean 和非可视化的 JavaBean。可视化的 JavaBean 具有 GUI 用户接口；非可视化的 JavaBean 通常用来封装数据、数据操作和业务逻辑。

5.5.2 创建和部署 JavaBean

JavaBean 实际上是遵循了一种编写规范的 Java 类，开发人员可以先在任何 Java 程序编辑器中编写代码，然后通过 Java 编译器生成一个 class 文件。JavaBean 需要放到指定的目录下，以便服务器能找到它并执行，一般需要放在 Web Root/WEB－INF/classes 目录下。Web Root 是该 Web 系统的根目录。

如果用 Eclipse 新建一个 JavaBean，那么需要先右击项目的“src”目录，在弹出的快捷菜单中选择“New→Class”命令，再在如图 5-4 所示的“New Java Class”界面的“Name”

文本框中输入类名并单击“Finish”按钮，接着右击该类文件，在弹出的快捷菜单中选择“Source→Generate Getters and Setters”命令，如图 5-5 所示，在随后打开的界面中选择要生成 get 函数和 set 函数的属性。

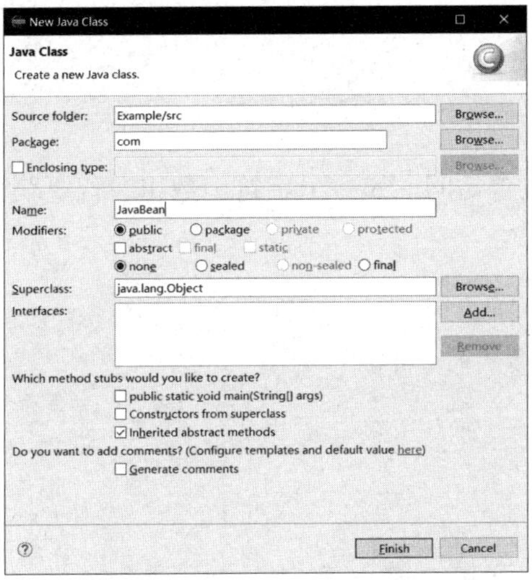

图 5-4　“New Java Class”界面

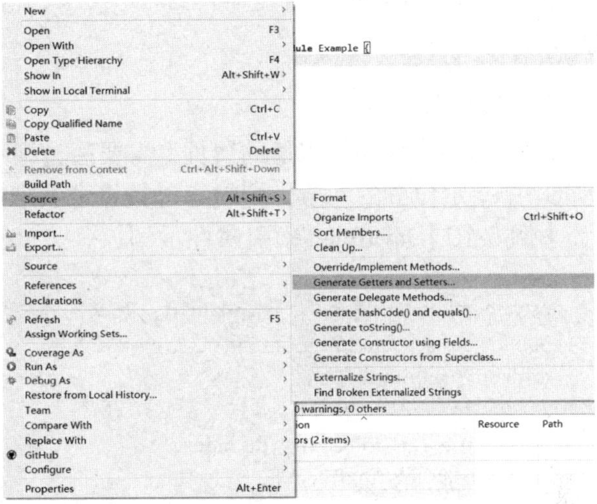

图 5-5　选择“Source→Generate Getters and Setters”命令

完成后将会自动生成如下所示的基础代码：

```
package com;
public class JavaBean{
        private String name;
        public String getName(){
                return name;
        }
        public void setName(String name){
                this.name = name;
        }
}
```

5.6　JavaBean 的属性

JavaBean 的属性分为 4 种：简单属性（Simple）、索引属性（Indexed）、绑定属性（Bound）和约束属性（Constrained）。

1. 简单属性

简单属性在 JavaBean 中对应 set 和 get 函数的变量。

【例 5-9】JavaBean 简单属性示例。

```
…
String stuID;           //定义一个字符型简单属性
boolean registered;     //定义一个布尔型简单属性
public void setstuID(String id){
this.stuID = id;
}                       //set 函数
public void setRegistered(boolean registered){
this. registered = registered;
}
```

```
public String getstuID (){
return this.stuID;
  }                   //get 函数
public String getRegistered (){
return this.registered;
  }
…
```

2. 索引属性

索引属性是指描述多值的属性，需要通过索引位置访问。如一个字符串数组，若要获得字符串中指定位置的元素，则须通过数组索引来定位。

【例 5-10】JavaBean 索引属性示例。

```
…
private string comString[]={"Update"}; //定义一个字符串类型的索引属性
public void setComString (int index, string c){
this.comString[index] = c;
}                                      //set 函数
public String getComString (int index){
return this.comString[index];
}                                      //get 函数
…
```

3. 绑定属性

绑定属性是指当该属性值发生变化时会影响其他相关对象的属性。每次属性值改变时，都会触发一个 PropertyChange 事件对象的产生。PropertyChange 事件对象封装了属性名、属性的原值、属性变化后的新值，以及被传递到该属性中与其绑定的 JavaBean。接收事件的 JavaBean 根据自己的需要执行相应代码。例如，在图形编程中，一处的属性值修改会影响其他对象，即可采用绑定属性。

包含绑定属性的 JavaBean 采用事件监听器观察相关的属性值变化，一旦绑定属性的值发生变化，就会触发 PropertyChange 事件。

java.beans 包提供了 PropertyChangeSupport 类，用于管理注册的监听对象列表和触发 PropertyChange 事件。类的 addPropertyChangeListener()方法用于加入对绑定属性进行监听的对象；removePropertyChangeListener()方法则从表中移除一个监听对象；firePropertyChange()方法把 PropertyChangeEvent 事件对象发送给注册的监听者。

绑定属性的主要实现步骤如下。

（1）绑定属性需要创建 PropertyChangeSupport 的实例，传入 this 作为参数，代码如下：

```
String boundLab= "Hello";          // boundLab 是一个 bound 属性
private PropertyChangeSupport changes = new PropertyChangeSupport(this);
```

（2）在属性值变化处用 firePropertyChange()方法触发变化事件，代码如下：

```
…
String oldLab= boundLab;
String newLab = "a new string";
boundLab=newLab                    //为属性赋新值
// boundLab 的属性值变化，触发变化事件
changes.firePropertyChange("boundLab",oldLab,newLab);
…
```

（3）用 addListener()方法和 removeListener() 方法管理监听对象列表，将一个需要监听属性值变化的 JavaBean 监听器加到步骤（1）创建的 PropertyChangeSupport 实例 changes 的监

听者列表中，代码如下：

```
changes.addPropertyChangeListener(new oneBeanPropertyListener());
```

oneBeanPropertyListener()方法的参数是需要绑定的 JavaBean 监听器。

（4）在关联 JavaBean 中编写由绑定属性变化引起的 propertyChange()事件处理方法。需要继承 PropertyChangeListener 接口，实现 propertyChange(PropertyChangeEvent evt)方法，代码如下：

```
public class LabelPropertyListener implements PropertyChangeListener, VetoableChangeListener {
    …
    public void propertyChange(PropertyChangeEvent evt) {
    //监听到事件后触发该方法的执行代码
    …
    }
}
```

4. 约束属性

约束属性是指，当该属性值发生变化时，与该属性建立某种连接的其他对象可以否决属性值的变化。约束属性是一种特殊的绑定属性，其监听者可以通过抛出 PropertyVetoException 来阻止该属性值的改变。

一个约束属性有两种监听者：属性值变化监听者和否决属性值变化的监听者。约束属性值是否变化取决于其他与其关联的 JavaBean 和 Java 对象是否允许这种变化。否决属性值变化的监听者在监听到约束属性的值发生变化时，可以用语句判断是否要否决这个属性值的变化。

约束属性的定义方法与绑定属性类似，可以先通过 addVetoableChangeListener()方法加入约束属性监听对象，然后抛出 PropertyVetoException 来阻止该属性值的变化，示例如下：

```
public void vetoableChange(PropertyChangeEvent evt) throws PropertyVetoException
```

以上代码用于声明一个可以否决属性值变化的方法，其使用方法与实现绑定属性时使用的 propertyChange()方法类似。

5.7 在 JSP 中引用 JavaBean

JavaBean 可以分为可视化的 JavaBean 和非可视化的 JavaBean。在 JSP 中引用的通常是非可视化的 JavaBean，需要被编译成 class 文件，存放在 WEB-INF/classes 目录下方可被 JSP 引用。在 JSP 页面中引用 JavaBean 通常需要使用以下动作标识：<jsp:useBean/>、<jsp:setProperty/>和<jsp:getProperty/>。

1. 使用<jsp:useBean/>动作标识引用 JavaBean

JSP 的<jsp:useBean/>动作标识可以在 JSP 中创建或加载一个 JavaBean 实例，以实现 JavaBean 的引用，其基本语法格式如下：

```
<jsp:useBean
    id="JavaBean 对象名称"
    scope="page|request|session|application"
    class="package.className"|
    type="数据类型" |
    class="package.className" type="数据类型" |
    beanName="package.className" type="数据类型"
/>
```

其中，竖线“|”表示或的关系。

id 是 JSP 中需加载引用的 JavaBean 对象名称。scope 是该 JavaBean 对象的作用范围，可选值为 page、request、session 和 application。page 表示只在该 JSP 页面中有效；request 表示只在当前的 request 中有效；session 表示对当前用户有效；application 表示在当前的 Web 应用程序范围内均有效。scope 的默认值为 page。class 是 JavaBean 的完整类名，beanName 也是一个完整类名。但是在指定 beanName 时，必须同时定义数据类型，且与 class 二者只能取其一。type 指定了 id 定义的对象的数据类型。

一个简单的<jsp:useBean/>动作标识示例如下：

```
<jsp:useBean id="queAction" class="com.useQueBean" />
```

以上语句创建了一个 com.useQueBean 类的实例，其对象名为 queAction，作用范围为默认值 page，即在该页面范围内可以使用对象名 queAction 引用该对象。

每个 JavaBean 都定义了属性，在用<jsp:useBean/>动作标识创建该 JavaBean 对象后，就可以通过<jsp:getProperty/>动作标识来获取 JavaBean 属性，通过<jsp:setProperty/>动作标识来设置 JavaBean 属性。

2. 使用<jsp:setProperty/>动作标识设置 JavaBean 属性

在采用<jsp:useBean/>动作标识加载一个 JavaBean 后，就可以用<jsp:setProperty/>动作标识设置已经加载（实例化）的 JavaBean 对象的属性，通常有以下几种形式。

（1）<jsp:setProperty name = "JavaBean 对象名称" property = "*"/>：将所有 request 对象参数名和与 JavaBean 属性名匹配的参数传递给相应的 JavaBean 属性。JavaBean 对象名称是指，在用<jsp:useBean/>动作标识引用 Bean 时，其 id 所指定的对象名称；property = "*"表示任意属性和 request 对象参数自动匹配。

（2）<jsp:setProperty name = "JavaBean 对象名称" property = "JavaBean 属性名"/>：指定 JavaBean 属性的值为 request 对象中同名参数的值。

（3）<jsp:setProperty name = "JavaBean 对象名称" property = "JavaBean 属性名" " value = "BeanValue" />：设置 JavaBean 中指定属性的值。

（4）<jsp:setProperty name = "JavaBean 实例名" property = "propertyName" param = "request 对象中的参数名"/>：指定 JavaBean 的属性和 request 对象中的参数名的对应关系，设置 param 指定的 request 对象参数值为 JavaBean 相应属性的值。在使用该指令引用 JavaBean 时，允许 JavaBean 属性和 request 参数的名字不同。在默认情况下，JavaBean 属性只与 request 对象的同名参数相对应。

3. 使用<jsp:getProperty/>动作标识获取 JavaBean 属性

<jsp:getProperty>动作标识用于获取 JavaBean 属性的值，其基本语法格式如下：

```
<jsp:getProperty name="beanName" property="propertyName"/>
```

其中，beanName 为引用的 JavaBean 对象名称，也就是<jsp:useBean/>动作标识中 id 定义的名称，propertyName 为 JavaBean 属性名。

在用<jsp:useBean/>动作标识加载了一个 JavaBean 对象后，就可以用<jsp:setProperty/>动作标识建立该 JavaBean 属性与 request 对象参数的对应关系，即建立 JavaBean 属性与表单数据的关联。而<jsp:getProperty/>动作标识可以获取 JavaBean 的属性值。同时，在加载 JavaBean 实例后，也能有效减少在 JSP 页面中嵌入的 Java 代码。

在以往处理提请表单输入时，通常采用 request 对象实现参数传递，而在使用<jsp:useBean/>动作标识引用 JavaBean 后，可以使用<jsp:setProperty/>动作标识和<jsp:getProperty/>

动作标识进行相应处理。例 5-11 是在 JSP 中引用 JavaBean 完成用户注册的示例。

【例 5-11】 在注册页面中，通过表单输入用户名、密码和年龄等注册数据，提交后转入注册页面处理。要求采用 JSP 引用 JavaBean 的方式实现程序。

程序包含 3 个文件：注册页面 register.jsp、注册处理页面 doRegister.jsp、页面引用的 JavaBean 文件 testBean.java。各文件代码如下。

（1）注册页面 register.jsp。

```
<%@ page language="java"  pageEncoding="gb2312"%>
<html>
 <body>
 <form action="doRegister.jsp" method="post">
     <table>
        <tr> <td>
             用户名:<input type="text" name="userName">
          </td> </tr>
        <tr>  <td>
             密码:<input type="text" name="password">
          </td></tr>
        <tr><td>
             年龄:<input type="text" name="age">
          </td> </tr>
        <tr>  <td>
             <input type="submit">
          </td></tr>
     </table>
   </form>
 </body>
</html>
```

（2）注册处理页面 doRegister.jsp 加载了 com.testBean，指定其实例名称为 user，用<jsp:setProperty/>动作标识建立了 JavaBean 的 user 属性与表单提交的 request 对象参数的对应关系，分别采用 user.getxxx 方法和<jsp:getProperty/>动作标识两种方式获取注册信息并输出。

```
<%@ page language="java"  pageEncoding="gb2312"%>
<!-- 加载引用的 testBean，引用名为 user-- >
<jsp:useBean id="user" scope="page" class="com.testBean"/>
<! -- 设置名为 user 的 JavaBean 的属性 userName 对应的是 param 项定义的 request 参数-- >
<jsp:setProperty property="userName" name="user" param="userName"/>
<! -- 设置名为 user 的 JavaBean 的属性 password 对应的是 param 项定义的 request 参数-- >
<jsp:setProperty property="password" name="user" param="password"/>
<jsp:setProperty property="age" name="user" param="age"/>
<%
//可以用<jsp:setProperty name="user" property="*"/>语句替代上述的设置属性语句
// property="*"表示任何属性都与 request 对象的同名参数匹配
%>
<html>
 <body> <br>
  <hr>
     引用名为 user 的 JavaBean 的获取属性方法<br>
   用户名: <%=user.getUserName()%><br>
   密码: <%=user.getPassword()%><br>
   年龄: <%=user.getAge()%><br>
   <hr>
```

```
    使用 getProperty 获取属性并输出<br>
    用户名:<jsp:getProperty name="user" property="userName"/><br>
    密码: <jsp:getProperty name="user" property="password"/><br>
    年龄: <jsp:getProperty name="user" property="age"/>
    客户端名称:<%=request.getRemoteAddr() %>
  </body>
</html>
```

（3）页面引用的 JavaBean 文件 testBean.java，具有 userName、password 和 age 等 JavaBean 属性和存取属性的 set、get 函数。

```
package com;
public class TestBean {
        private String userName;
        private String password;
        private int age;
        public String getUserName() {
                return userName;
        }
        public void setUserName(String userName) {
                this.userName = userName;
        }
        public String getPassword() {
                return password;
        }
        public void setPassword(String password) {
                this.password = password;
        }
        public int getAge() {
                return age;
        }
        public void setAge(int age) {
                this.age = age;
        }
}
```

将编译好的 JavaBean 按照包结构保存在 WEB-INF/classes 文件夹中，即可在 JSP 中引用该 JavaBean。

5.8 应用示例

本节将通过网上课堂讨论区示例建立一个网上课堂讨论区。登录该讨论区的用户可以在这里发言和查看别人的发言。该示例的用户登录页面如图 5-6（a）所示。

当用户输入用户名时，要求用户名不得少于 4 个字符，否则出现如图 5-6（b）所示的错误提示信息。单击“登录”按钮进入讨论区主页面，如图 5-7 所示。

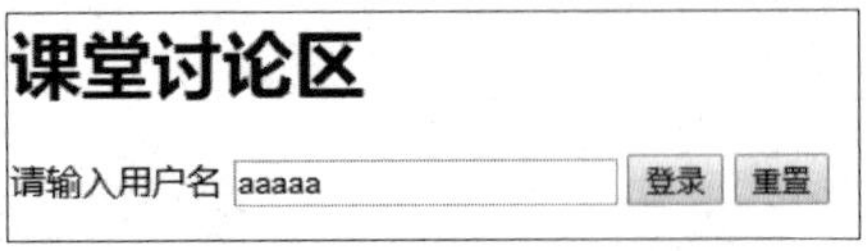

（a）用户登录页面

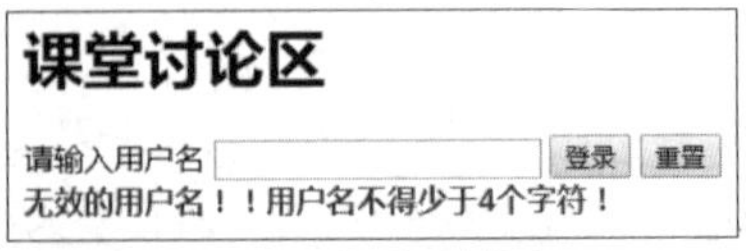

（b）错误提示信息

图 5-6　网上课堂讨论区

图 5-7　讨论区主页面

该应用程序由 5 个 JSP 文件和 3 个 Java 程序（Servlet/JavaBean）组成。login.jsp 是用户登录页面，在页面中引用了两个 JavaBean，即 Users.java 和 UserDao.java，并使用这两个 JavaBean 完成用户名的校验；main.jsp 定义了一个讨论区框架；display.jsp 用于显示讨论的内容；speak.jsp 处理用户输入的发言；show.jsp 显示在线用户列表；Users.java 存储用户信息；UserDao.java 进行用户名的校验；OnlineUserListener.java 定义了 sessionCreated()方法和 sessionDestroyed()方法，用于管理用户列表。由于尚未涉及数据库内容，故讨论区的用户名校验只针对其字符组成的合法性。

（1）login.jsp 用于处理用户的登录，使用<jsp:useBean/>动作标识进行用户名校验，代码如下：

```
<%@ page language="java" contentType="text/html; charset=utf-8"
    pageEncoding="utf-8"%>
     <!--加载 Users.java 和 UserDao.java 这 2 个 JavaBean，分别命名为 loginUser 和 userDao -- >
    <jsp:useBean id="loginUser" class="com.Users" scope="page"></jsp:useBean>
     <jsp:useBean id="userDao" class="com.UserDao"></jsp:useBean>
    <!-- 属性用“*”号，此时系统自动根据提交的参数去寻找对应的属性并赋值 -->
    <jsp:setProperty property="*" name="loginUser"/>
<%@ page import="java.util.*"%>
<!DOCTYPE html>
<html>
<head>
<meta charset="UTF-8">
</head>
<body>
    <h1>课堂讨论区</h1>
    <form   action="" method="post"   >
    <div>
        <label>请输入用户名</label>
        <input type="text" name="username">
        <input type="submit" value="登录" onclick="check()">
        <input type="reset" value="重置" >
        <br>
        <font   color="red" style="font-weight: bold;">${error }</font>
    </div>
    </form>
    <%
        //调用 userDao 的 userLogin()方法进行用户名校验
```

```
            if (userDao.userLogin(loginUser)) {
                // 通过用户名校验，进入讨论区
                List<Object> userlist = (List<Object>) application.getAttribute("userlist");
                if (userlist == null)
                {
                    userlist = new ArrayList<Object>();
                }
                //用 loginUser 的 getUsername()方法获取用户名
                userlist.add(loginUser.getUsername());
                session.setAttribute("username", loginUser.getUsername());
                application.setAttribute("userlist", userlist);
                response.sendRedirect("main.jsp");
            }
            else //用户名少于 4 个字符
            {
                session.setAttribute("error", "无效的用户名！！ 用户名不得少于 4 个字符！ ");
                loginUser.setUsername("");
            }
        %>
</body>
</html>
```

（2）main.jsp 定义了一个讨论区框架，由 display.jsp、show.jsp 和 speak.jsp 这 3 个子页面组成，组成讨论区主页面中的课堂讨论区、在线用户列表区和发言区，如图 5-7 所示，代码如下：

```
<%@ page language="java" contentType="text/html; charset=utf-8"
    pageEncoding="utf-8"%>
    <!DOCTYPE html PUBLIC "-//W3C//DTD HTML 4.01 Transitional//EN"
    " http://www.w3.org/TR/html4/loose.dtd">
<html>
<head>
<meta http-equiv="Content-Type" content="text/html" charset="utf-8">
<title>Insert title here</title>
</head>
<frameset rows="65%,*" frameborder="no" >
    <frameset cols="65%,*" frameborder="no">
        <frame name="display" src="display.jsp" scrolling="auto" >
        <frame name="show" src="show.jsp" scrolling="auto">
    </frameset>
    <frame name="speak" src="speak.jsp" scrolling="auto">
</frameset>
</html>
```

（3）display.jsp 用于显示课堂讨论区的内容，代码如下：

```
<%@ page language="java" contentType="text/html; charset=utf-8"
     pageEncoding="utf-8"%>
<%@ page import="java.util.*"%>
<!DOCTYPE html>
<html>
<head>
<meta charset="utf-8">
<title>Insert title here</title>
</head>
<body>
```

```
        <form action="" method="get">
            <h1 align="center">课堂讨论区</h1>
            <!-- 在多行文本框中显示讨论区的内容 -->
            <textarea rows="20" cols="110" name="content"><% response.setHeader("refresh", "5");
                List<Object> messages = (List<Object>) application.getAttribute("messages");
                String user = (String) session.getAttribute("username");
                try {
                    for (int i = 0; i < messages.size(); i++)
                    {
                        String message = (String) messages.get(i);
                        out.print(message);
                        %>
                        <%= message %>
                        %>
                    }
                    } catch (Exception e) {
                        }
                    %>
            </textarea>
        </form>
    </body>
    </html>
```

（4）speak.jsp 用于处理用户输入的发言，并将发言内容传给 application 对象，之后由 display.jsp 显示，代码如下：

```
    <%@ page language="java" contentType="text/html; charset=utf-8"
        pageEncoding="utf-8"%>
    <%@ page import="java.util.*"%>
    <!DOCTYPE html>
    <html>
    <head>
    <meta charset="utf-8">
    <title>Insert title here</title>
    </head>
    <body>
        <form action=" " method="post">
            <div>
            请发言：<br>
            <textarea name="content" style="height:72px;width:444px"></textarea>
            <input type="submit" value="发言">
            <input type="reset" value="清除">
            </div>
        </form>
        <%
            String username=(String)session.getAttribute("username");
            request.setCharacterEncoding("UTF-8");
            String content = request.getParameter("content");
            List<Object> messages = (List<Object>) application.getAttribute("messages");
            if (messages == null)
            {
              messages = new ArrayList<Object>();
            }
            if (content != null && !content.equals(""))
            {
```

```
            messages.add(username + "    :    " +content + "\n");
              //将用户名、发言内容写入 application 对象
              application.setAttribute("messages", messages);
        }
    %>
</body>
</html>
```

（5）show.jsp 为在线用户列表区，显示在线用户名和人数，代码如下：

```
<%@ page language="java" contentType="text/html; charset=utf-8"
    pageEncoding="utf-8"%>
<%@ page import="java.util.*"%>
<!DOCTYPE html    >
<html>
<head>
<meta http-equiv="Content-Type" content="text/html" charset="utf-8">
<title>Insert title here</title>
</head>
<body>
     <h1 align="left">在线用户</h1>
     <!-- 在多行文本框中显示在线用户 -->
     <textarea rows="20" cols="35"><% List<Object> users = (List<Object>) application.getAttribute
("userlist");
          for (int i = 0; i < users.size(); i++)
          {
               String username = (String) users.get(i);
               out.print(username+"\n");
                %>
                <%= username %>
               %>
          }
          %>
    </textarea>
     <br>
     <!-- 在文本框中显示在线人数 -->
     <%
          out.print("在线人数："+users.size()+"人");
     %>
          在线人数：<%= users.size() %>人
</body>
</html>
```

（6）Users.java 由 login.jsp 用<jsp:useBean/>动作标识引用，用来存储和传递 username，代码如下：

```
package com;
public class Users {
    private String username;
    public Users(){}
    public String getUsername() {
        return username;
    }
    public void setUsername(String username) {
        this.username = username;
    }
```

```
}
```

（7）UserDao.java 由 login.jsp 用<jsp:useBean/>动作标识引用，进行用户名的校验，代码如下：

```
package com;
public class UserDao {
        public boolean userLogin(Users user){
            if( user.getUsername()!=null&&    user.getUsername().length()>=4){
                return true;
            }else{
                return false;
            }
        }
}
```

（8）OnlineUserListener.java 程序用于管理用户列表，代码如下：

```
package com;
import java.util.List;
import javax.servlet.ServletContext;
import javax.servlet.http.HttpSession;
import javax.servlet.http.HttpSessionEvent;
import javax.servlet.http.HttpSessionListener;
public class OnlineUserListener implements HttpSessionListener {
        @Override
        public void sessionCreated(HttpSessionEvent se) {
                // TODO Auto-generated method stub
        }
        @Override
        public void sessionDestroyed(HttpSessionEvent se) {
                // TODO Auto-generated method stub
                HttpSession session = se.getSession();
            ServletContext application = session.getServletContext();
            // 获取登录的用户名
            String username = (String) session.getAttribute("username");
            // 从在线列表中删除用户名
            List<Object> userlist = (List<Object>) application.getAttribute("userlist");
            userlist.remove(username);
        }
}
```

（9）web.xml 配置，代码如下：

```
<session-config>
    <session-timeout>2</session-timeout>
  </session-config>
  <listener>
      <listener-class>com.OnlineUserListener</listener-class>
</listener>
```

本 章 小 结

本章介绍了 Servlet 和 JavaBean 的基本构成和基础编程知识。对于 Servlet，重点介绍了 Servlet 的配置和 Servlet 接口，主要包括 GenericServlet、HttpServlet、ServletConfig 等类和接口。HttpServlet 类是 Servlet 程序用于处理 Web 应用程序 HTTP 请求的类，会根据请求的类型自动调用相应的 doxxx 系列处理方法，开发人员通常需要依据程序的需要重写 doxxx 方法。对于 JavaBean，分别讨论了 JavaBean 的属性和如何在 JSP 中引用 JavaBean。

习 题 5

5.1 简述什么是 Servlet 的生命周期。

5.2 在 Servlet 运行前需要进行哪些配置？如何配置？

5.3 简述一个 Servlet 程序的基本构成。

5.4 先创建一个 JSP 页面，可以通过表单输入两个字符串，再编写一个 Servlet 来接收这两个字符串，并予以显示。

5.5 简述一个 JavaBean 的基本构成。

5.6 简述 JavaBean 的绑定属性。

5.7 用 JSP 引用 JavaBean 技术完成习题 5.4 的要求。

上 机 实 验

1. 创建一个 JSP 页面，可以提交 account 和 password 两个参数，编写一个 Servlet，能校验表单提交的参数 account 是否含有非法字符“=”“|”“#”或连续的两个“-”，若合法则输出 account 的值，否则显示“账户名非法”。

【目的】掌握 Servlet 程序的基本编程方法，了解 Servlet 的配置过程，掌握如何通过重写 doGet()和 doPost()方法实现需要的功能。

【内容】创建一个 JSP 页面完成表单输入；编写一个 Servlet 实现对表单提交数据的校验；采用注解配置 Servlet。

【步骤】

（1）创建 login.jsp 页面，可以输入 account 和 password 参数并提交。

（2）编写一个 Servlet 程序 dologin.java，重写 doGet() / doPost()方法实现对 account 的校验。

（3）在 dologin.java 中采用注解配置该 Servlet。

2. 采用在 JSP 中引用 JavaBean 的方式实现上机实验 1 的功能。

【目的】掌握如何在 JSP 中引用 JavaBean。

【内容】创建一个 JSP 页面完成表单输入；编写一个 JavaBean，其属性关联表单数据，且能实现 account 校验。

【步骤】

（1）创建 login.jsp 页面，可输入 account 和 password 参数并提交。

（2）编写一个 JavaBean 类 check.java，其属性与表单参数一致，编写一个方法 checkAccount()，用于校验 account。

（3）编写 dologin.jsp 页面，用<jsp:usebean>动作标识引用 check.java，调用 check.java 的 checkAccount()方法进行校验并返回结果。

第 6 章　JSP 数据库应用

大多数 Web 应用系统都建立在数据库的基础上。如何利用 JSP 技术实现与数据库的交互是本章讨论的主要内容，包括数据库语言 SQL、JDBC API 和 JSP 数据库操作。

6.1　Web 数据库访问技术

在 Internet 环境下，Web 应用系统一般采用 Browser/Web Server/Application Server 模式实现，Web 数据库应用系统也不例外。因此，对于 Web 应用系统来说，Web 程序设计语言、应用服务器平台及二者之间的接口技术是必不可少的。就数据库应用系统来说，应用服务器就是数据库服务器，因此 Web 访问数据库的关键是与数据库服务器之间的接口。Web 数据库访问一般基于 ODBC（Open Database Connectivity）或 JDBC（Java Database Connectivity）平台。

ODBC 是一个数据库编程接口，由 Microsoft 公司建议并开发。它允许程序使用结构化查询语言（SQL）作为数据访问标准，应用程序可以通过调用 ODBC 的接口函数来访问来自不同数据库管理系统的数据。对于应用程序来说，ODBC 屏蔽了不同数据库之间的差异。Web 也是一类应用，和其他应用程序一样可以通过 ODBC 实现对数据库的访问。图 6-1 为采用 ODBC 访问数据库的 Web 应用系统模型。

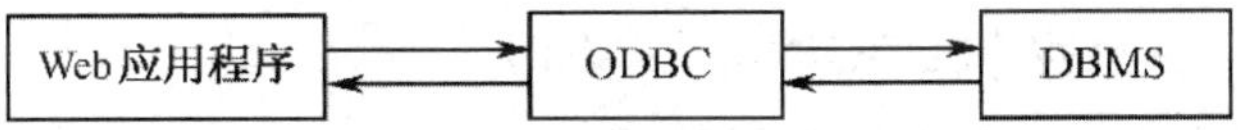

图 6-1　采用 ODBC 访问数据库的 Web 应用系统模型

JDBC 与 ODBC 一样是支持基本 SQL 功能的一个通用的低层应用程序编程接口（API），它在不同的数据库功能模块层次上提供一个统一的用户界面。只不过 ODBC 提供的是 C 语言 API，而 JDBC 提供的是 Java 语言 API，使得独立于 DBMS 的 Java 应用程序的开发成为可能，同时也提供了多样化的数据库连接方式。

JDBC 有两种接口：面向程序开发人员的 JDBC API 和面向低层的 JDBC Driver API。JDBC API 是一系列抽象的接口，程序开发人员可以利用它进行数据库连接，执行 SQL 命令，并得到返回结果。JDBC Driver API 是面向驱动程序开发商的编程接口。

JDBC 是较早的 Web 开发平台，在早期的 Web 应用中，经常通过嵌入网页（HTML 语言）的 Java Applets 结合 JDBC 来访问数据库，目前已成为各类 Java 数据库应用开发的通用 API 接口。图 6-2 为 JDBC 的 Web 数据库访问模型。

从图 6-2 可以看出，每种类型的数据库系统，如 SQL Server、MySQL 或 Oracle 都需要自己的驱动程序才能访问。JDBC Driver 驱动程序接口提供统一的数据库访问接口以屏蔽不同数据库驱动的差异，以便开发应用程序；JDBC DriverManager 负责管理和跟踪驱动程序，包括驱动程序的注册、撤销、日志记录处理等。

JDBC 允许 Java 程序在访问数据库时采用与数据库类型无关的代码，通常采用 SQL 完成数据库的访问。这样的模式使得在用同样的代码访问不同数据库时，只需要指定使用的数据库类型，不需要修改数据库查询或操作代码。

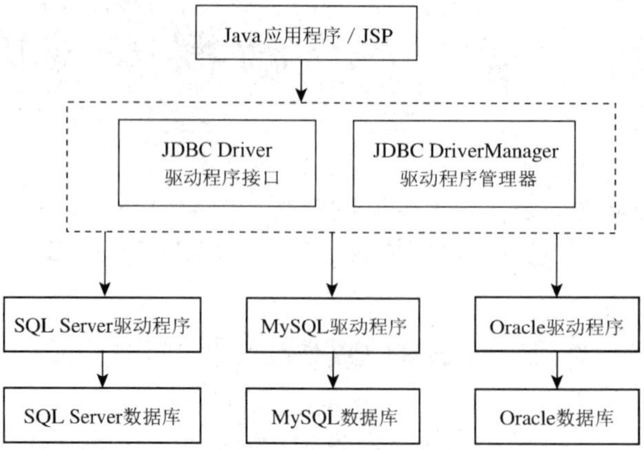

图 6-2　JDBC 的 Web 数据库访问模型

JDBC 驱动程序分为 4 种类型：JDBC-ODBC 桥、JDBC 本地 API 驱动、JDBC 中间件驱动和纯 JDBC 驱动。

1. JDBC-ODBC 桥（JDBC-ODBC Bridge）

JDBC-ODBC 桥由 Sun 公司提供，是 JDK 提供的标准 API，利用 ODBC 驱动程序实现 JDBC 访问。应用程序将 JDBC 的调用传送给 ODBC，由 ODBC 驱动程序完成数据库的访问。该方式需要将 ODBC 驱动代码加载到使用该模式的客户端上。

采用 JDBC-ODBC 桥可以访问所有具有 ODBC 驱动的数据库，但由于 JDBC-ODBC 桥先调用 ODBC，再由 ODBC 调用本地数据库接口来访问数据库，因此执行效率较低，不适合访问数据量大的应用系统。

2. JDBC 本地 API 驱动（JDBC-Native API）

这种类型的驱动程序是通过调用本地的驱动程序来实现数据库连接的，它可以把客户端 API 上的 JDBC 调用转换为对某种指定数据库的调用，如将 JDBC 的调用转换为对 Oracle、SQL Server、Sysbase 等的调用。

这种驱动需要本地数据库驱动代码，和 JDBC-ODBC 桥相比，虽然执行效率大大提高，但仍然需要在客户机上加载数据库厂商提供的代码库。

3. JDBC 中间件驱动（JDBC-Middleware Driver）

JDBC 中间件驱动又称网络协议驱动，是一种纯 Java 编程的驱动。JDBC 先将对数据库的访问请求转换为与 DBMS 无关的网络协议，传递给网络中间件服务器，中间件服务器再把请求转换为与 DBMS 相关的数据库访问调用。网络中间件服务器能将纯 Java 的客户端连接到不同的数据库上。这种驱动不需要在客户端加载数据库厂商提供的代码库，执行效率较高。因为大部分功能的实现都在服务器端，所以驱动程序较小，可以快速地加载到内存中，但在中间件层仍然需要配置其他数据库驱动程序。

4. 纯 JDBC 驱动（Pure JDBC Driver）

纯 JDBC 驱动又称本地协议驱动，是一种完全用 Java 实现的 JDBC 驱动。这种驱动模式将 JDBC 调用转换为符合相关数据库系统规范的请求，允许客户端应用直接访问数据库服务器。

由于这种驱动不需要把 JDBC 的调用传给 ODBC、本地数据库接口或中间层服务器，因此其执行效率很高。同时，用户也不需要在客户端或服务器端装载任何的软件或驱动，驱动程序可以动态下载。

6.2　数据库语言 SQL

6.2.1　SQL 概述

SQL（Structured Query Language）是一个被广泛采用的、适用于访问关系数据库的数据库语言工业标准，包括数据定义、数据操纵、数据查询和数据控制等语句标准。目前所有主流的 DBMS 软件商均提供对 SQL 的支持。SQL 最早出现在 1981 年，由 IBM 公司推出其雏形。1986 年，由美国国家标准协会（ANSI）公布 SQL 的第一个标准 X3.135—1986，不久，国际标准化组织 ISO 也通过了这个标准，即通常所说的 SQL-86。1989 年，ANSI 和 ISO 公布了经过增补和修改的 SQL-89。此后，又于 1992 年公布了 SQL-92，又称 SQL-2。SQL-2 对语言表达式进行了较大扩充。

SQL 不是一种 DBMS，也不是真正的、独立的计算机语言，它没有 if 语句，也没有 for、goto 等流程控制语句，是一种数据库子语言，一种控制与 DBMS 交互的语言，包含了 40 余条针对数据库管理任务的语句，这些语句可嵌入其他编程语言及各类脚本语言，如 Web 系统常用的 Java、JavaScript、VBScript、C#、VB 等语言，以扩展这些语言的数据库访问能力。SQL 具有以下 4 项功能。

（1）数据定义：定义数据模式。

（2）数据查询：从数据库中检索数据。

（3）数据操纵：对数据库数据进行增加、删除、修改等操作。

（4）数据控制：控制对数据库用户的访问权限。

SQL 的主体大约由 40 条语句组成，每一条语句都对 DBMS 产生特定的动作，如创建新表、检索数据、更新数据等。SQL 语句通常由一个描述要产生的动作的谓词（Verb）关键字开始，如 CREATE、SELECT、UPDATE 等。紧随语句的是一个或多个子句（Clause），子句进一步指明语句的作用条件、范围、方式等。

6.2.2　主要 SQL 语句

1. 查询语句 SELECT

SELECT 是 SQL 的核心语句，它的功能十分强大，可以和各类 SQL 子句结合来完成多种复杂的查询操作，其语法格式如下：

```
SELECT [ALL | DISTINCT] fields_list
[INTO] new_tablename
FROM table_names
[WHERE …]
[GROUP BY…]
[HAVING…]
[ORDER BY…]
```

说明如下。

ALL：选择符合条件的所有记录，为语句默认值。

DISTINCT：略去选择字段中包含重复数据的记录。

fields_list：用“,”隔开的字段名列表，列出需要查询的记录字段，可用*代替所有字段。

INTO：将查询结果放入指定新表中。

FROM：SQL 子句，指定 SQL 语句所涉及的表（Table）。

table_names：SELECT 语句所涉及的表名，用“,”隔开。

WHERE：SQL 子句，指定查询结果应满足的条件。

GROUP BY：SQL 子句，按照指定的字段将查询结果分组。

HAVING：SQL 子句，指定查询结果分组后须满足的条件，只有满足 HAVING 条件的分组才会出现在查询结果中。

ORDER BY：SQL 子句，指定查询结果按哪些字段排序，是升序（ASC）还是降序（DESC）。

【例 6-1】用最基本的 SELECT 语句从 department 表中检索出所有部门的相关资料。

```
SELECT dept_no,dept_name,location
FROM department
```

该语句的执行结果如下：

```
dept_no          dept_name          location
001              research                Dallas
002              accounting         Seattle
003              marketing          Dallas
```

【例 6-2】用 WHERE 子句指定查询条件，要求列出位于 Dallas 的所有部门。

```
SELECT dept_no,dept_name
FROM department
WHERE location= 'Dallas'
```

该语句的执行结果如下：

```
dept_no          dept_name
001             search
003              marketing
```

【例 6-3】用 INTO 子句从雇员表 employee 中将属于 001 部门的雇员信息检索出来，并放入一个新数据库表 researchemp，新表按 emp_name 字段升序排列。

```
SELECT *
INTO researchemp
FROM employee
WHERE dept_no= '001'
ORDER BY emp_name ASC
```

2. 插入数据语句 INSERT

INSERT 语句可插入一条或多条记录至一个表中。INSERT 语句的语法格式如下：

```
INSERT INTO target [IN externaldatabase] (fields_list)
{DEFAULT VALUES|VALUES(DEFAULT|expression_list)}
```

或

```
INSERT INTO target [IN externaldatabase] fields_list
{SELECT…|EXECUTE…}
```

其中，target 是要插入记录的表（Table）或视图（View）的名称。externaldatabase 是外部数据库的路径和名称。expression_list 是要插入的字段值表达式列表，其个数应与表或视图的字段个数一致，若指定了要插入值的字段 fields_list，则应与 fields_list 的字段个数一致。

第一种格式可以将一个记录或记录的部分字段插入表或视图，第二种格式可以插入来自 SELECT 语句或来自使用 EXECUTE 语句执行的存储过程的结果集。

【例 6-4】用第一种 INSERT 格式，将一个雇员的信息插入雇员表。

```
INSERT INTO employee VALUES('255001', 'Ann', 'Jones', 'd3')
```

【例 6-5】用第二种 INSERT 格式，将从部门表 department 中检索出的位于 Dallas 的部门记录插入 dallas_dept 表。

```
INSERT INTO dallas_dept(dept_no,dept_name)
SELECT dept_no,dept_name
FROM department
WHERE location='Dallas'
```

3. 删除数据语句 DELETE

DELETE 语句用于从一个或多个表中删除记录，语法格式如下：

```
DELETE
FROM table_names
[WHERE…]
```

【例 6-6】删除表 works_on 中所有经理的记录。

```
DELETE FROM works_on
WHERE job='manager'
```

【例 6-7】从数据库表中删除雇员 Ann 的相关记录。

```
DELETE FROM works_on
WHERE emp_no IN
(SELECT emp_no
    FROM    employee
    WHERE emp_name='Ann')
```

4. 更新数据语句 UPDATE

UPDATE 语句用来更新表中的记录，语法格式如下：

```
UPDATE table_name
SET Field_1=expression_1[,Field_2=expression_2…]
[FROM table1_name|view1_name[,table2_name|view2_name…]]
[WHERE…]
```

其中，Field 是需要更新的字段，expression 是要更新的字段的新值表达式。

【例 6-8】更新 employee 表中雇员 Jhon 的部门。

```
UPDATE employee
SET dept_no='d3'
WHERE emp_name=' Jhon'
```

【例 6-9】将雇员 jones 的岗位置空。

```
UPDATE works_on
SET job=NULL
FROM works_on,employee
WHERE emp_name='jones'
AND works_on.emp_no = employee.emp_no
```

6.3　JDBC API

JDBC API 提供了一组与数据库访问相关的接口规范，定义了连接数据库、创建 SQL 语句、在数据库中执行 SQL 查询、查看和修改结果记录等功能操作。不同类型的 Java 代码程序，如 Java 应用程序、Java Applet、Java Servlet、Java Server Pages（JSP）、企业级 JavaBeans（EJB）均可以使用 JDBC API 完成所需要的数据库访问功能。

JDBC API 接口规范主要定义了 Driver、DriverManager、Connection、Statement、ResultSet 等接口，以完成数据库加载、数据库连接、数据库查询和数据库更新等操作。接口类由各类数据库驱动程序具体实现。

6.3.1 驱动程序接口 Driver

由于 JDBC 仅定义了一组接口，因此若使用 JDBC 访问某一类数据库，则必须提供该类数据库的完整的驱动程序包，其中包含实现接口的所有类。驱动程序包为.jar 文件，包含了所有数据库访问的类，如驱动程序 Driver 类。对于 Oracle 数据库，驱动程序包名为 ojdbc14.jar，其驱动程序类名为 oracle.jdbc.driver.OracleDriver；对于 SQL Server 数据库，驱动程序包名为 mssqlserver.jar，驱动程序类名为 com.microsoft.jdbc.sqlserver.SQLServerDriver；对于 MySQL 数据库，其驱动程序包名为 mysql.jar，驱动程序类名为 com.mysql.jdbc.Driver。不同版本的驱动程序包名可能会不同。

驱动程序 Driver 类主要用于创建一个到指定数据库的连接，在创建类的实例时，必须通过 java.lang.Class 类的方法 forName()将其注册到 DriverManager 方可使用。Driver 类的常用方法如表 6-1 所示。

表 6-1 Driver 类的常用方法

方　法	描　述
boolean acceptsURL(String url)	查看驱动程序是否可以打开到指定 URL 的连接，是则返回 true，否则返回 false
connection connect(String url,properties info)	创建一个到给定 URL 的连接
int getMajorVersion()	返回驱动程序的主版本号
int getMinorVersion()	返回驱动程序的次版本号
driver PropertyInfo getPropertyInfo()	获得驱动程序的属性信息
boolean jdbcCompliant()	查看该驱动程序是否是 jdbcCompliant 驱动程序，是则返回 true

acceptsURL()方法用来测试驱动程序能否打开指定的 URL。驱动程序对能够连接的 URL 会制定自己的协议形式，只有符合协议形式的 URL 才认为能被打开。

例如，Oracle 定义的 URL 协议形式如下：

```
jdbc:oracle:thin:@//<host>:<port>/ServiceName
jdbc:oracle:thin:@<host>:<port>:<SID>
```

其中，<host>:<port>是数据库服务器的 IP 地址和端口号，ServiceName 是数据库名，SID 是系统在建立数据库时赋予该数据库的标识。

下列代码可以判断指定的 URL 是否符合 Oracle URL 规则：

```
boolean flag = driver.acceptsURL("jdbc:oracle:thin:@127.0.0.1:1521:xe");
```

Driver 类的 connect()方法用于创建一个数据库连接，对数据库进行访问操作前均需创建一个 Connection 对象。例如，以下代码使用 connect()方法创建到指定地址的数据库连接。

```
Driver dirver = new com.mysql.jdbc.Driver();          //声明一个驱动器对象
String url = "jdbc:mysql://127.0.0.1:3306/java_jdbc?serverTimezone=UTC ";
Properties info = new Properties();                   //创建数据库属性对象
info.put("user", "root");                             //指定数据库用户名
info.put("password", "123456");                       //指定数据库密码
Connection connection = dirver.connect(url, info);    //创建一个到参数 url 指定的数据库的连接
```

6.3.2 驱动程序管理器 DriverManager

驱动程序管理器 DriverManager 提供了用于跟踪和管理 JDBC 驱动程序的若干方法，可以用于设置数据库连接时间限制、进行消息显示、设置日志文件等。在加载 Driver 类并注册

DriverManager 类后，可以在数据库和驱动程序之间建立连接，DriverManager 的常用方法如表 6-2 所示。

表 6-2　DriverManager 的常用方法

方　法	描　述
void registerDriver(Driver driver)	向 DriverManager 注册驱动程序
void deregisterDriver(Driver driverName)	从 DriverManager 中删除驱动程序
Enumeration<driver> getDriver()	获取当前调用者可访问的所有已加载的驱动程序，返回驱动程序列表
connection getConnection(String url, String user, String password)	依据数据库的 URL、用户名和密码建立一个数据库连接并返回 java.sql.connection 的连接对象
void setLoginTimeout(int seconds)	设置等待建立数据库连接的最大时间
void setLogWriter(java.io.printWriter.out)	设置日志写入的对象
void println(String message)	输出消息到输出设备中

registerDriver()方法的作用与 forName()方法相同，都用于注册某个数据库的驱动程序。注册驱动程序的工作一般放在整个系统的初始化工作中，不需要在每个连接创建前注册。

getConnection()方法用于建立一个数据库连接。该方法会检查已注册的 Driver 类是否可以建立指定的数据库连接，若可以，则建立数据库连接，否则抛出异常。示例代码如下：

```
Class.forName("com.mysql.jdbc.Driver");          //在注册 MySQL 时使用的驱动
String url="jdbc:mysql://localhost:3306/myData";
String user="root";
String pwd="345678";
Connection conn  = DriverManager.getConnection(url, user, pwd);
```

以上代码创建了一个连接本地主机 3306 端口和 myData 数据库的连接对象，3306 是 MySQL 数据库的默认端口号。

DriverManager 的 getConnection()方法是建立数据库连接的常用方法，和 Driver 类的 connect()方法一样，返回值是一个数据库连接。

6.3.3　数据库连接接口 Connection

Connection 主要用于管理和维护在整个数据库连接过程中有关数据库操作模式、数据更新方式和 SQL 语句的内容，包括设置当前的操作是否为只读模式、设置数据的提交方式、关闭连接、创建不同类型的数据库操作语句对象等。Connection 定义了处理当前的连接设置的一系列方法，常用方法如表 6-3 所示。

表 6-3　Connection 的常用方法

方　法	描　述
Statement createStatement()	创建并返回一个 SQL Statement 对象，该对象适合执行无参语句
PreparedStatement prepareStatement(String sql)	创建并返回一个 PreparedStatement 对象，该对象适合执行带参语句，且会进行语句预编译
CallableStatement prepareCall()	创建并返回一个 CallableStatement 对象，该对象用于执行和调用存储过程
void setAutoCommit(boolean autoCommit)	设置当前的 Connection 对象是否为自动提交模式。若设置为 true（默认），则表示是自动提交模式，数据更新会自动同步到数据库；若设置为 false，则需要调用 commit()方法或 rollback()方法完成数据库更新
boolean getAutoCommit()	查看当前 Connection 对象的提交模式，若返回值为 true，则为自动提交模式；若为 false，则为非自动提交模式
SavePoint setSavePoint()	在当前事务中创建一个保存点 SavePoint 对象，不能在处于自动提交模式的 Connection 对象中创建
void releaseSavePoint()	从当前事务中取消保存点 SavePoint

续表

方　法	描　述
void setReadOnly(boolean readonly)	设置当前连接对象是否为只读模式，true 为是只读模式，false 为不是只读模式
boolean isReadOnly()	查看当前连接对象是否为只读模式，返回值为 true 说明是只读模式
boolean isClosed()	查看当前和数据库的连接是否关闭，返回值为 true 说明已关闭
void commit()	提交更新数据到数据库
void rollback()	取消当前事务的数据更新，数据恢复到上一次提交状态。该方法用于非自动提交模式。当该方法包含参数 SavePoint 时，数据将恢复到该 SavePoint 对应的状态，取消之后的所有数据更改
void close()	关闭当前的数据库连接

Connection 方法中的设置保存点、提交、回滚操作在事务处理中经常被用到，将在后续章节详细讨论。

createStatement()、prepareStatement()和 prepareCall()3 个方法用于创建不同类型的访问数据库操作的 SQL 语句对象，分别可以用于执行无参、带参的 SQL 命令和存储过程调用。例如，以下代码创建了一个连接对象 conn，用连接对象的 createStatement()方法创建了一个语句对象 stmt，用语句对象的 executeQuery()方法执行了一条 SQL 语句。

```
String url="jdbc:mysql://localhost:3306/myData";
Connection conn = DriverManager.getConnection(url, "root","123456");
Statement stmt = conn.createStatement();
ResultSet rs = stmt.executeQuery("SELECT * FROM userTable");
```

如果连接对象使用完毕，那么应采用 close()方法关闭连接，释放连接所占资源。

6.3.4　语句执行接口 Statement 和 PreparedStatement

Statement 定义了用于执行静态无参的 SQL 语句的方法，并将执行结果返回。一般需声明一个 ResultSet 对象来存放返回的 SQL 命令执行结果。Statement 的常用方法如表 6-4 所示。

表 6-4　Statement 的常用方法

方　法	描　述
ResultSet executeQuery(String sql)	执行参数 sql 表示的 SELECT 查询语句，查询结果返回到结果集 ResultSet 对象中
int executeUpdate(String sql)	执行参数 sql 表示的 INSERT、UPDATE 或 DELETE 语句，并返回一个表示更新记录数的整型值
void addBatch(String sql)	将参数 sql 表示的数据库命令串加到批处理中
void clearBatch()	清除批处理中的所有 SQL 语句，若驱动程序不支持批处理命令，则抛出异常
int[] executeBatch()	执行批处理中的命令集
void close()	关闭该 Statement 占用的数据库和 JDBC 资源

Statement 的 executeQuery()方法用于执行 SQL 查询命令，而 executeUpdate()方法用于执行有关数据库更新的其他 SQL 语句，如 INSERT、UPDATE、DELETE 及 CREATE TABLE 等。例如，以下代码执行了一个 SELECT 操作和一个 DELETE 操作：

```
Statement stmt = conn.createStatement();                    //创建一个 Statement 对象
ResultSet rs = stmt.executeQuery("SELECT name FROM student"); //执行 SELECT 操作
stmt.executeUpdate("delete from student where stuid='0032' ")
```

executeBatch()方法用于执行由若干条 SQL 语句组成的语句集，当批处理执行成功后，会返回存有更新记录数的数组，每个记录元素值为对应执行顺序的 SQL 命令更新结果。若该值大于等于 0，则其为更新记录数；若该值小于 0，则表示执行结果异常。

PreparedStatement 是 Statement 的子类，由 prepareStatement()方法创建，继承了 Statement

的所有方法，但也有自己的方法，用于执行动态带参的 SQL 语句。PreparedStatement 的常用方法如表 6-5 所示。

表 6-5　PreparedStatement 的常用方法

方　法	描　述
ResultSet executeQuery()	执行创建 PreparedStatement 对象时指定的可带参的 SQL SELECT 查询语句，查询结果返回到结果集 ResultSet 对象中
int executeUpdate()	执行创建 PreparedStatement 对象时指定的可带参的 SQL INSERT、UPDATE 或 DELETE 语句，并返回一个表示更新记录数的整型值
void clearParameter()	清除该 PreparedStatement 对象的所有参数值
void setxxx(int paraIndex, para)	为 PreparedStatement 对象执行时所需要的特定参数设置 xxx 类型值，paraIndex 为参数顺序，para 为参数值
void close()	关闭该 PreparedStatement 对象占用的数据库和 JDBC 资源

以下代码定义了一个带参的 UPDATE 语句串，参数用"?"表示，需要在调用执行方法前动态给出。PreparedStatement 对象 pst 的 setString()方法在语句执行前设置该参数为"Supervisor"。

```
String sql="update user set user_name=? where id=1 ";     //定义一个带参的 UPDATE 语句串
PreparedStatement pst=conn.prepareStatement(sql);         //创建一个 PreparedStatement 对象 pst
pst.setString(1, "Supervisor");             //设置 pst 对象的执行语句的第 1 个参数为"Supervisor"
pst.executeUpdate();                        //执行 UPDATE 语句串
```

当不再引用 Statement 对象时，应使用对象的 close()方法关闭它，以释放资源。

6.3.5　结果集接口 ResultSet

ResultSet 用于存放执行 SQL 语句检索数据库后的结果，也用于存放即将插入、更新到数据库表中的数据，可以视为数据库表在内存中的映射。所有 ResultSet 对象均使用记录（行）和字段（列）进行构造。例如，当使用 executeQuery()方法执行一条 SELECT 语句时，查询结果会返回给某个 ResultSet 对象。ResultSet 的方法与数据库表的操作类似，主要是定位记录位置和获取记录中的列值。ResultSet 的常用方法如表 6-6 所示。

表 6-6　ResultSet 的常用方法

方　法	描　述
boolean first()	移动指针到结果集的第 1 行。若结果集为空，则返回 false，否则返回 true
boolean last()	移动指针到结果集的最后 1 行。若结果集为空，则返回 false，否则返回 true
boolean previous()	移动指针到当前记录的前 1 行。若存在前 1 行，则返回 true，否则返回 false
boolean next()	移动指针到当前记录的后 1 行。若存在后 1 行，则返回 true，否则返回 false
void beforeFirst()	移动指针到第 1 行记录之前。若指针处于第 1 行之前，则 next()方法将会移动指针到第 1 行
void afterLast()	移动指针到最后 1 行之后。若指针处于最后 1 行之后，则 previous()方法将会移动指针到最后 1 行
boolean absolute(int cursor)	移动指针到指定行。参数可为正整数或负整数，正整数为从前向后编号的对应位置，负整数为从后向前编号的对应位置
boolean relative(int n)	移动指针到相对当前行的 n 行位置。正数为向后移动 n 行，负数为向前移动 n 行
xxx getxxx(Index|Column)	可以通过列顺序号或列名获得 xxx 类型的列值
void update(Index, value)	通过列顺序号或列名更新指定列值
int getRow()	获取当前行指针位置，若在有效位置，则返回值为整型数，否则为 0
int findColumn(String columnname)	获取指定列名的记录行位置，返回值为整型的行编号
boolean isbeforeFirst()	查看指针是否在结果集的第 1 个记录之前，是则返回 true，否则返回 false

续表

方　法	描　述
boolean isAfterLast()	查看指针是否在最后 1 个记录之后，是则返回 true，否则返回 false
boolean isFirst()	查看指针是否在第 1 个记录中，是则返回 true，否则返回 false
boolean isLast()	查看指针是否在最后 1 个记录中，是则返回 true，否则返回 false
void close()	关闭该 ResultSet 占用的数据库和 JDBC 资源

下列语句用于完成一次数据库记录的检索，并将结果赋予 ResultSet 对象 rs。在检索过程中，首先通过列名和列序号取出相应的列值，然后移动指针到下一个记录。

```
Statement stmt = conn.createStatement();
ResultSet rs = stmt.executeQuery("SELECT name FROM student");
String stuid = rs.getString("stuid");          //根据列名取列值
String stuname = rs.getString(2);              //根据列序号取列值
Rs.next();                                     //移动指针到下一个记录
```

ResultSet 的 getxxx 方法是一系列与列值数据类型相对应的方法，如 getInt()、getString()、getDate()、getFloat()、getTime()等。

6.4　JDBC 数据库访问

用 JDBC 访问数据库一般要经过加载 JDBC 驱动程序、创建数据库连接、执行 SQL 语句、访问查询结果集、关闭数据库连接等步骤。这些步骤均可通过调用 JDBC API 实现。

6.4.1　加载 JDBC 驱动程序

JDBC 驱动程序需要加载并注册到 DriverManager 中方可使用。加载方法有 2 种：一是通过 java.lang.Class 类的 forName()方法；二是通过 DriverManager.registerDriver()方法。

1. 用 forName()方法加载驱动程序

java.lang.Class 类的方法 forName(String driverName)用于向驱动程序管理器注册驱动程序，其中，driverName 为完整的驱动程序类名，每个 DBMS 都有其完整的驱动程序类名，参见 6.3.1 节。示例如下：

```
Class.forName("oracle.jdbc.driver.OracleDriver");                //加载 Oracle 驱动程序
Class.forName("com.mysql.jdbc.Driver");                          //加载 MySQL 驱动程序
Class.forName("com.microsoft.jdbc.sqlserver.SQLServerDriver");   //加载 SQLServer 驱动程序
```

2. 用 DriverManager.registerDriver()方法加载驱动程序

DriverManager.registerDriver()方法是 DriverManager 类的驱动程序注册方法，其语句形式如下：

```
DriverManager.registerDriver(new com.mysql.jdbc.Driver( )) ;     //加载 MySQL 驱动程序
```

registerDriver()方法的参数是某个 DBMS 的 Driver 类实例，在进行加载时，会将驱动程序类的实例注册到 DriverManager 类中，如果加载失败，那么会抛出 classNotFoundException 异常，即驱动程序类未找到。

【例 6-10】采用 registerDriver()方法加载 MySQL 数据库驱动。

```
static{
    try{
      if(defaultDriver ==null) {
          //创建一个 MySQL Driver 实例
```

```
                defaultDriver =new com.mysql.jdbc.Driver();
                //注册到 DriverManager 中
                DriverManager.registerDriver(defaultDriver);
            }
        }
        catch(RuntimeException localRuntimeException) {
        }
        catch(SQLException localSQLException) {
        }
```

6.4.2 创建数据库连接

在 Java 应用程序访问数据库数据前，必须创建与待访问数据库连接的对象。驱动程序管理器 DriverManager 类负责创建和管理数据库连接。DriverManager 类的 getConnection()方法和 Driver 类的 connect()方法都可以创建一个数据库连接。

1. 用 DriverManager 类的 getConnection()方法创建数据库连接

DriverManager 类的 getConnection()方法首先通过 URL 自动匹配对应的驱动 Driver 实例，然后调用对应的 connect()方法返回 Connection 对象实例。getConnection()方法创建数据库连接的语句形式如下：

```
Class.forName("com.mysql.jdbc.Driver ");
Connection connection = DriverManager.getConnection(url, user,password);
```

【例 6-11】连接一个 MySQL 数据库，数据库用户名为“root”，密码为“666888”。

```
protected String url="jdbc:mysql://localhost:3306/user";
    protected String user="root";
    protected String password="666888";
    protected String driverName="com.mysql.jdbc.Driver";
    protected Connection conn=null;
    protected Statement state=null;
    public void create( ) {
        try {
            Class.forName(driverName);        //加载驱动程序
            conn=DriverManager.getConnection(url,user,password); //连接数据库
            if(conn!=null) {
                System.out.println("数据库连接成功！ ");
            }
    }
```

2. 用 Driver 类的 connect()方法创建数据库连接

Driver 类的 connect()方法同样可以创建一个数据库连接，语句形式如下：

```
Connection connection = driver.connect(url, props);
```

其中，url 是欲连接数据库的 URL，props 为欲连接数据库的属性参数对象。

连接过程为：首先创建一个驱动程序 Driver 类对象，定义连接数据库的基本信息的参数 property 对象；然后调用 Driver 类的 connect()方法创建数据库连接。下列代码展示了连接过程。

```
Driver driver = new com.mysql.jdbc.Driver();              //创建一个 MySQL 数据库的 Driver 对象
String url = "jdbc:mysql://localhost:3306/java_jdbc";     //设置连接本地主机数据库的 URL
Properties info = new Properties();                       //创建数据库属性对象
info.put("user", "root");                                 //设置用户名属性
info.put("password", "123456");                           //设置密码属性
```

```
Connection connection = driver.connect(url, info);          //获取数据库连接
```

在创建 Connection 数据库连接对象后，即可用 Connection 的方法创建 SQL 语句对象、设置数据库访问和提交模式等。

3. 数据库连接池

对于 Web 应用程序来说，多用户同时段访问数据库服务器是常见的情况，这意味着会存在多个数据库连接。同时存在的数据库连接会影响系统的性能，数据库连接池则用于解决连接管理问题。

数据库连接池为系统设置最大、最小数据库连接数。一般在系统初始化时，就会创建一定数量的数据库连接，称之为数据库连接池。最小数据库连接数是指系统中应保持的最小的数据库连接数量；最大数据库连接数是同时存在的最大数据库连接数量。当应用程序请求的数据库连接数量超过最大数据库连接数时，新的连接请求将被加入等待队列。

数据库连接池通常需要连接池软件来支持和管理。常用的开源 Java 数据库连接池软件有 C3P0、Proxool、Primrose、SmartPool、MiniConnectionPoolManager 等。

6.4.3 执行 SQL 语句访问数据库

在建立数据库连接后，将采用 SQL 语句存取、更新、查询数据库数据。连接对象 Connection 的 createStatement()方法、prepareStatement()方法和 prepareCall()方法可以创建 SQL 语句对象，但不能执行 SQL 语句。

Statement 对象用于执行不带参数的基本 SQL 语句，如果一条语句需要在执行时动态构成执行参数，那么需要使用 PreparedStatement 对象来完成。PreparedStatement 是 Statement 的子类，增加了带输入参数的预编译 SQL 语句，该语句会被预先编译，在编译一次后，可通过设置不同的参数值多次使用。CallableStatement 是 PreparedStatement 的子类，增加了处理输出参数的方法，用于调用数据库的存储过程，将在 6.4.6 节中详细描述。

1. 无参数 SQL 语句执行

无参数 SQL 语句执行又称静态 SQL 语句执行。Statement 对象在执行 SQL 语句时执行的是固定的 SQL 命令串，在执行前无须向 SQL 命令串提供动态参数。SQL 语句的执行需要用到 Statement 对象的 executeQuery()方法和 executeUpdate()方法，其中，executeQuery()方法一般用于执行数据库查询 SELECT 语句。

【例 6-12】 使用 Statement 对象检索学生数据库表记录。

```
…
conn=DriverManager.getConnection(url,user,password);  //连接数据库
String sql="select * from students";                  //构造 SQL 语句
stmt=conn.createStatement();                          //创建 Statement 对象
ResultSet rs=stmt.executeQuery(sql);            //执行 SQL 查询，并将结果集返回给 ResultSet 对象
//遍历部分结果集，输出学生姓名列表
while(rs.next()) {
        System.out.println(rs.getString("stuID")+rs.getString("stuName"))
}
rs.close();
stmt.close();
conn.close();    //关闭连接
…
```

从例 6-12 中可以看到，程序创建了一个 Statement 对象 stmt，该对象采用 executeQuery()

方法执行了一条无参数 SQL 语句“select * from students”，完成先从 students 表中检索出所有数据记录，再将检索结果返回给 ResutSet 对象 rs 并输出显示的过程。rs.next()用结果集的移动指针方法达到遍历记录集的目的。

rs.close()、stmt.close()、conn.close()3 条语句用于关闭 ResultSet 对象、Statement 对象和 Connection 对象，若不再使用这些对象，则应进行关闭操作，以后的示例不再赘述。

在执行 SQL 语句前，必须加载驱动和创建数据库连接，一般在 Servlet 初始化代码部分完成。本代码略去公共部分，包括 import 部分。本章其他示例同理。

Statement 对象的 executeUpdate()方法用于执行 INSERT 语句、UPDATE 语句或 DELETE 语句，该方法返回一个整数值，为插入数据、删除数据或更新数据的行数。该方法也可以执行 SQL DDL 数据定义语句，如建表 CREATE TABLE 语句和删除表 DROP TABLE 语句等，返回值为零，这是因为它们不涉及更新数据。

【例 6-13】用 Statement 对象的 executeUpdate()方法创建一个数据库表。

```
…
conn=DriverManager.getConnection(url,user,password);
if(conn!=null) {
      stmt=conn.createStatement();        //创建 Statement 对象
      //构造一条创建名为 userlist 的数据库表的 SQL 语句
      String sql="create table userlist(id int primary key not null auto_increment,username varchar(50),
password varchar(50))";
      int flag=stmt.executeUpdate(sql);  //用 executeUpdate()方法执行 SQL 语句
      System.out.println(flag);
}
```

注意：当 Statement 对象执行 SQL 语句时，它将关闭所调用的 Statement 对象的当前打开结果集，因此在重新执行 Statement 对象之前，应将已获取的 ResultSet 对象数据处理完毕。

2. 带参数 SQL 语句执行

例 6-12 和例 6-13 均采用 Statement 对象执行静态的无参数 SQL 语句。若在 SQL 语句执行时需要动态参数，则应采用 PreparedStatement 对象。

PreparedStatement 对象有自己的 executeQuery()、executeUpdate()方法。Statement 对象本身不包含 SQL 语句，其执行 SQL 语句的方法都需要字符串型 SQL 语句串作为参数。而 PreparedStatement 对象已经包含预编译的 SQL 语句，无须提供 SQL 语句串，只需提供语句串需要的动态变量。

PreparedStatement 对象的 setxxx 方法用于在执行语句前设置语句所需要的动态参数值，其中 xxx 是动态参数的类型，如 int、String 等。

【例 6-14】采用 PreparedStatement 对象完成带参的数据库操作。

```
…
String sql="select ?,? from user where user_name=xiao and user_password=123";
PreparedStatement pst=conn.prepareStatement(sql);//创建一个参数为 sql 语句串的 PreparedStatement 对象
pst.setString(1, "user_name");                 //设置 SQL 语句的第 1 个参数
pst.setString(2, "user_password");             //设置 SQL 语句的第 2 个参数
ResultSet rs=pst.executeQuery();               //执行带参数 SQL 语句
…
```

此段代码建立了一个带动态参数的 SQL SELECT 语句，SQL 语句中的 2 个“?”即为执行时需动态给出的变量参数。pst 为创建的 PreparedStatement 对象，在执行 SQL 语句前，pst 的 setString()方法给出了 SQL 串的 2 个动态参数。

6.4.4 数据库访问结果集的处理

在本章很多示例中可以看到以下语句：

```
ResultSet rs=stmt.executeQuery(sql);
```

其中，rs 为 ResultSet 对象（结果集对象），通过 ResultSet 对象可对数据进行操作，它可被看作一个数据库表和操作的封装。ResultSet 对象的方法主要用于移动指针到指定位置来获取指定记录或列值，即访问从数据库获取的 ResultSet 的数据。

当采用 Statement 和 PreparedStatement 对象的 executeQuery()方法执行 SELECT 语句并从数据库返回查询结果时，一个 ResultSet 对象会被自动创建。示例如下：

```
ResultSet rs=stmt.executeQuery("SELECT * FROM sales");
```

以上语句将创建含有数据库表 sales 中所有记录数据的 ResultSet 对象 rs。

ResultSet 对象的数据结构与数据库的关系表一样，由记录行（Row）和列 / 字段（Column / Field）构成，任何时候对记录集数据的访问都只是访问其当前的记录。一个记录是若干列的集合，因此读取记录数据即为对列 / 字段的访问。

对于 ResultSet 对象来说，列名和列的顺序号均可标识一个字段。例如，sales 表的第 1 个字段的字段名为 ID，第 2 个字段的字段名为 GoodName，其字段的顺序号为 0 和 1。对于 ResultSet 集中的记录，可以用 getxxx 方法通过字段名或字段的顺序号获取字段值。方法调用形式如下：

```
rs.getString("userName");    //获取当前记录中字段名为 userName 的字段值
rs.getString(2);             //获取当前记录中字段顺序号为 2 的字段值
```

如果字段顺序号为 2 的字段名是 userName，那么这两条调用语句返回的结果相同。

getxxx 方法中的 xxx 为要获取的字段值的类型，基本的数据类型包括整型（int）、布尔型（boolean）、浮点型（float、double）、字节型（byte）等，还包括日期型（java.sql.Date）、时间型（java.sql.Time）、时间戳型（java.sql.Timestamp）等特殊类型。

【例 6-15】 数据库表 sales 包含 4 个字段，依次为 int 型“ID”、String 型“goodName”、String 型“country”和 float 型“price”。使用 ResultSet 的 getxxx 方法，通过字段名或字段顺序号获取当前记录值。

```
…
String sql = "select * from sales";
PreparedStatement psta = conn.prepareStatement(sql);
ResultSet rs = psta.executeQuery();             //返回结果集 ResultSet
int id = rs.getInt("ID");                       //用字段名“ID”获取商品编号值
String goodName = rs.getString("goodName");//用字段名“goodName”获取商品名称值
String country= rs.getString(3);                //用字段顺序号获取第 3 列商品出产国值
float price = rs.getFloat(4);                   //用字段顺序号获取第 4 列商品价格值
System.out.println(id+"    "+goodName+"    "+country+"    "+price);
…
```

当要读取记录集中的所有字段时，用字段的顺序号来访问比较简单。

虽然任何时候都只能对记录集中的当前记录数据进行操作，但可以使用 ResultSet 对象的一组移动方法进行当前记录的重定位，以达到遍历记录集和指定记录访问的目的。移动方法如表 6-6 所示。

6.4.5 数据库操作中的事务处理

在数据库系统中，事务是一个重要的概念。一个事务是指完成一定功能的一组相关操作步骤。在执行过程中，任何一步失败都被视为事务处理不成功，系统将复原至事务开始前的状态。Connection 对象提供了一组事务处理的方法，包括 setAutoCommit()、getAutoCommit()、commit()、rollback()等。

JDBC API 默认数据库的数据更新模式为自动提交模式，即每一条对数据库的更新命令都会令磁盘存储中的数据库记录更新。实质上是把每条 SQL 语句的执行都视为一个事务，当语句执行成功后，系统会自动调用 commit()方法来提交数据。

如果事务涉及一系列操作步骤，且由若干条语句构成，那么要想对事务进行处理，就要通过 setAutoCommit()方法将数据库的数据更新模式设置为非自动提交模式，采用手动提交方法 commit()和回滚操作方法 rollback()来处理。

【例 6-16】以下是进行事务处理的一段代码。该例采用 Web 站点进行网上交易，允许用户使用信用卡付款完成网上交易。为了记录交易信息，在数据库中设立了两个表：CreditCard 和 Shipping，分别记录购买商品的信用卡号和被购买商品的交易情况。当交易发生时将更新这两张表，更新过程为一个事务处理过程。若在该事务处理过程中，第一张表已更新，而第二张表未更新，导致机器发生故障，则该事务的整个处理过程无效，第一张表的内容也恢复至事务开始前的状态。

```
…
conn=DriverManager.getConnection(url,user,password);
…
conn.setAutoCommit(false);                //设置为非自动提交模式
//构造在 CreditCard 表中记录交易的信用卡号的 SQL 命令串
string sql= "INSERT INTO CreditCard (CreNo) VALUES ('5555-446780190') ";
stmt=conn.createStatement();              //创建 Statement 对象
stmt.executeUpdate(sql);                  //在 CreditCard 表中增加一个信用卡号记录
//构造在 Shipping 表中使被购买商品的次数增加 1 的 SQL 命令串
sql= "UPDATE Shipping SET SalesCount =SalesCount+1 WHERE ID='100020' ";
stmt.executeUpdate(sql);                  //更新 Shipping 表数据
conn.commit();                            //提交事务，完成在磁盘存储中的表数据更新
con.setAutoCommit(true);                  //设置为自动提交模式
…
```

在本例中，一旦交易成功，应同时记录信用卡号和商品的购买次数，在两个步骤中，只要有一个不成功，表 CreditCard 和 Shipping 就会恢复到用 conn.setAutoCommit(false)语句设置为非自动提交模式前的状态。

上面的示例可以防止在事务处理过程中，因意外故障导致数据库中的数据处于不一致状态。在采用 setAutoCommit(false)和 commit()两个方法界定事务处理步骤后，一旦意外发生，数据库就能自动恢复至事务开始前的状态。采用 rollback()方法则用来人为地使数据库恢复到事务开始前的状态。

【例 6-17】采用 rollback()方法进行事务恢复。

```
…
conn.setAutoCommit(false);          //设置为非自动提交模式
String sql= "INSERT INTO CreditCard (CreNo) VALUES ('5555-446780190') ";
stmt=conn.createStatement();        //创建一个 Statement 对象
stmt.executeUpdate(sql);            //在 CreditCard 表中增加一个信用卡号记录
sql= "UPDATE Shipping SET SalesCount =SalesCount+1 WHERE ID='100020' ";
stmt.executeUpdate(sql);
if  (WeekDay== "Sunday"){
```

```
    conn.rollback();                //取消更新，事务回滚
}else{
    conn.commit();                  //提交
}
…
```

在本例中，变量 WeekDay 的值是 Sunday，用于判断交易当日是否为星期天（非交易日），若是，则执行 Conn.rollback()语句，撤销之前所做的所有更新交易信息的操作，使表 CreditCard 和 Shipping 恢复到事务开始前的状态。

6.4.6 存储过程的调用

存储过程由一系列 SQL 语句组成，常用来实现一个特定的功能。与其他程序设计语言中的过程、函数或子程序的概念类似，便于共享及程序模块化调用。存储过程在数据库系统中通过以下语句建立，且可以被其他应用程序调用。

```
CREATE PROCEDURE 过程名 (输入、输出参数表)
 AS
SQL 语句序列
```

若由多个 SQL 语句序列构成存储过程，则意味着将较为复杂的数据库操作视为一个整体，在 Web 数据库程序设计中，使用 SQL 存储过程有以下好处。

（1）SQL 存储过程的执行比 SQL 语句快得多。当一个 SQL 语句被包含在存储过程中时，服务器不必在每次执行时都要分析和编译它。

（2）在多个网页中可以调用同一个存储过程，使网页易于维护。

（3）一个存储过程可以包含多个 SQL 语句，这意味着可以使用存储过程建立复杂的查询。

（4）存储过程可以接收和返回参数，这是实现复杂数据库访问功能的必要基础。

在 Java 数据库操作中，可以通过 CallableStatement 对象调用存储过程。CallableStatement 是 Statement 的子类，同时继承了 PreparedStatement 的方法，主要用于处理带有输入参数的 SQL 语句。CallableStatement 对象提供了以标准形式调用数据库存储过程的方法。调用存储过程有两种形式：一种带返回参数，另一种不带返回参数。返回参数是一种输出（OUT）参数，为存储过程的返回值。调用存储过程的方法 executeQuery()支持带有数量可变的输入（IN）、输出参数。“?”表示参数的占位符。

CallableStatement 对象用 Connection.prepareCall()方法创建，语句形式如下：

```
CallableStatement cstmt = conn.prepareCall("call transProc(?, ?)");
```

其中，“call transProc (?, ?)”为 CallableStatement 对象的 executeQuery()方法调用存储过程的语句串；“?”为参数占位符，参数的类型（IN/OUT/INOUT）取决于存储过程 transProc 的参数定义。

与 PreparedStatement 对象相同，程序通过 setxxx 方法将输入参数传递给 CallableStatement 对象。示例如下：

```
CallableStatement cstmt=conn.prepareCall("call transProc(?, ?)");
cstmt.setInt(1, 2);    //设置第 1 个参数为整型值 2
```

如果存储过程具有输出参数，则在执行 CallableStatement 对象的方法之前必须用 registerOutParameter()方法注册输出参数的 JDBC 数据类型。在调用存储过程时，可以使用 CallableStatement 的 getxxx 方法获取返回值。示例代码如下：

```
cstmt.registerOutParameter(1, Types.VARCHAR);      //注册第 1 个输出参数的 JDBC 数据类型
```

```
cstmt.registerOutParameter(3, Types.INT);            //注册第 3 个输出参数的 JDBC 数据类型
ResultSet rs=cstmt.executeQuery();
String name=cstmt.getString(1);                       //获取第 1 个返回值
int b=cstmt.getInt(3);                                //获取第 3 个返回值
```

注意，registerOutParameter()方法注册的参数类型是与数据库相匹配的 JDBC 数据类型，在用 getxxx 方法获取值时，会将其转换为 Java 数据类型。JDBC 数据类型可参考相关资料，本书不再详述。

【例 6-18】利用对存储过程 loginCheck 的调用来校验登录用户的合法性。在调用该存储过程时，必须给定 2 个输入参数：登录用户名 UserName 和密码 Password。loginCheck 存储过程在校验完后将返回校验结果。

```
…
Class.forName("com.mysql.jdbc.Driver");
Connection conn=DriverManager.getConnection(URL, UserName, Password);
//设置带有 3 个参数的存储过程 loginCheck 的调用语句串
String sql="call loginCheck (?,?,?) ";
//创建调用存储过程的 CallableStatement 对象
CallableStatement csmt=conn.prepareCall(sql);
//设置 CallableStatement 对象第 1 个参数值为“admin”
csmt.setString(1, "admin");
//设置第 2 个参数值为“87654321”
csmt.setString(2, "87654321");
//注册返回值类型为 BOOLEAN
csmt.registerOutParameter(3, Types.BOOLEAN);
ResultSet rs=csmt.executeQuery();         //调用存储过程
boolean check=csmt.getBoolean(3);         //获得存储过程返回值
if (check){
      System.out.println("成功！");
}else{
      System.out.println("校验错误");
}
rs.close();
csmt.close();
conn.close();
…
```

6.5 JSP 数据库操作

在 Web 中使用 JSP 访问数据库时，既可以采用前端 JSP 页面 + Servlet 程序访问数据库的形式，也可直接在 JSP 页面中对数据库进行操作，两者在本质上都是采用 Java 和 JDBC 编程实现的，本章阐述的方法技术均可采用。这里通过一个示例说明 JSP 页面中的数据库操作。

【例 6-19】将用户在注册页面中提交的会员注册信息写入数据库。

```
<%@ page language="java" import="java.sql.*,java.util.*" contentType="text/html; charset=UTF-8" pageEncoding="UTF-8"%>
<!DOCTYPE html PUBLIC "-//W3C//DTD HTML 4.01 Transitional//EN" "http://www.w3.org/TR/html4/loose.dtd">
<html>
      <head>
            <meta http-equiv="Content-Type" content="text/html; charset=UTF-8">
            <title>接收页面</title>
```

```
        </head>
        <body>
            <%
                //需加载的 MySQL 驱动程序名
                String driverName="com.mysql.jdbc.Driver";
                //定义带有数据库地址和数据库名的 URL
                String dbURL="jdbc:mysql://localhost:3306/myDataBase";
                String userName="sa";
                String pwd="123456sa";
                //加载数据库驱动程序
                Class.forName(driverName);
                //连接数据库，创建一个连接对象
                Connection conn=DriverManager.getConnection(dbURL,userName,pwd);
        //定义一个带参的进行记录插入的 SQL 语句串
                String sql="insert into stu_info(id,name,sex,age,weight,hight)values(?,?,?,?,?,?)";
            //创建可执行带参 SQL 语句的 PreparedStatement 对象
                PreparedStatement pstmt=conn.prepareStatement(sql);
        request.setCharacterEncoding("UTF-8");
                //下面通过 request 对象获取注册页面传递过来的注册参数
                int id=Integer.parseInt(request.getParameter("id"));
                String name=request.getParameter("name");
                String sex=request.getParameter("sex");
                int age=Integer.parseInt(request.getParameter("age"));
                float weight=Float.parseFloat(request.getParameter("weight"));
                float hight=Float.parseFloat(request.getParameter("hight"));
                //下面设置 PreparedStatement 对象的动态参数值
                pstmt.setInt(1,id);
                pstmt.setString(2,name);
                pstmt.setString(3,sex);
                pstmt.setInt(4,age);
                pstmt.setFloat(5,weight);
                pstmt.setFloat(6,hight);
                //执行定义好的 SQL 语句串
                int n=pstmt.executeUpdate();
                if(n==1){ %> 数据插入操作成功<%
                    } %><%else{
                %>数据插入操作失败!
                <%}
                if(pstmt!=null){
                    pstm.close();
                }
                if(conn!=null){
                    conn.close();
                }
                %>
            </body>
    </html>
```

6.6 SQL 语句注入式攻击与防范

Web 的互联特性会给数据库和数据带来许多安全问题。黑客们会利用现行的系统漏洞、平台漏洞、敏感数据缺陷等侵入甚至攻击系统，给系统和数据带来安全隐患。由于 Web 数据库系统的安全性问题涉及面较广，因此这里只讨论 JSP 数据库编程中常见的 SQL 注入式攻击问题及防范处理。

6.6.1 SQL 注入式攻击

SQL 注入式攻击是黑客对数据库进行攻击的常用手段之一。由于经验不足，很多开发人员在编写代码时，没有注意对用户输入数据的合法性进行检验，因此所开发的数据库应用系统存在安全隐患。恶意攻击的黑客往往通过提交一段能利用 SQL 语句漏洞的数据库查询代码，获取本无权访问的数据，这就是所谓的 SQL 注入（SQL Injection）式攻击。下面举例说明 SQL 注入式攻击原理。

例如，某网站的登录验证的 SQL 查询代码如下：

```
String sql = "select * from users where user ='"+uid+"' and password ='"+pwd+"' ";
```

若在 SQL 语句中恶意填入以下代码：

```
uid = "1' OR '1'='1";
pwd = "1' OR '1'='1";
```

则 SQL 语句会变成：

```
sql = "SELECT * FROM users WHERE (name = '1' OR '1'='1') and (password = '1' OR '1'='1')"
```

由于填入的两个字符串会使得条件语句的条件恒为真，因此实际运行的 SQL 语句如下：

```
sql = "SELECT * FROM users;"
```

执行该语句的后果就是登录密码检验完全无效，数据库被攻破。

基于以上攻击思路，如果一个认证页面的输入框需要用户输入用户名和密码，而且认证时需要执行以下类似语句：

```
select * from users where user ='"+uid+"' and password ='"+pwd+"'
```

其中，用户名和密码都是用户在页面输入框中输入的字符串。

那么，若在文本框内输入字符串 abc" or 1=1 # ，在密码框内输入 123，则 SQL 语句就会变成：

```
select * from users where username='abc"' or 1=1 #  and password='123'
```

由于“ # ”是 MySQL 数据库的注释标志，因此后面的 password='123'不再起作用，用户输入的任何用户名与密码都可以欺骗系统，并获取合法身份。因此，如果在执行该语句前，没有进行必要的输入检验和字符过滤，就会很容易遭到 SQL 注入式攻击。

下例是在动态构造 SQL 语句时，因为存在参数构造缺陷，所以黑客可以附加破坏性语句进行攻击。若原本要执行的 SQL 语句的形式如下：

```
SELECT stuname, course FROM students WHERE stuid = '14010222'
```

黑客利用输入条件参数不加过滤的漏洞，在条件输入时加上语句终止符并附加其他 SQL 语句，如“;DROP DATABASE pubs --”，则该查询语句会变成：

```
SELECT stuname, course FROM students WHERE stuid = ''; DROP DATABASE pubs -- '
```

该语句通过“;”字符来终止当前的 SQL 语句，添加了恶意的删除 pubs 数据库的 SQL 语句，并把语句的其他部分用“--”字符串变成注释。注意，“--”也是注释符。

通过此例可以看出，依据页面的用户输入内容动态构造 SELECT 语句会存在巨大的风险。这样的方式可以将其他任何 SQL 语句，如 DELETE、UPDATE 等轻易地插入到程序中，带来无法估计的损失。

6.6.2 避免 SQL 注入式攻击

依据上述 SQL 注入式攻击的原理，这里给出一些避免攻击的建议。

1. 在 SQL 语句中审慎使用单、双引号

根据上述攻击示例，在动态构造 SQL 语句条件参数时，黑客输入的攻击语句串主要利用了单、双引号配对的漏洞，设法将单引号转换为双引号。

2. 输入参数一定要经过参数校验

输入参数一定要经过校验，过滤容易造成条件恒为真的字符、注释符及其他可能造成漏洞的字符。

3. 参数类型指定

在构造动态 SQL 语句时，必须使用类安全（type-safe）的参数编码机制。大多数数据库 API 允许指定所提供的参数的准确类型（字符串、整数、日期等），被称为正确的参数编码（ecoded），可以避免被黑客利用在字符串和数值间进行转换。

4. 敏感数据加密

要避免敏感数据以明文形式存放在数据库中，如用户密码。若存放密码的数据表被攻破，则密码就会泄露。敏感数据可用加密工具加密或在进行其他处理后存放到数据库中。

5. 为数据库表设置最低访问权限

只将数据库中各数据表的最低权限赋予用户或操作，避免一些安全漏洞带来更大范围的影响。

6.7 应用示例——课程信息查询与修改

【例 6-20】对 student 数据库中的 course 数据表进行数据查询，并将结果显示在页面中，同时实现数据的编辑、删除、更新和取消操作。

本例包含 4 个 JSP 页面和 3 个 Java 程序（Servlet）。show.jsp 页面调用 creditDao.java 程序的 getCredit()方法获取 course 数据表的信息，并以列表的形式在页面中显示课程学分检索结果，如图 6-3（a）所示。当在 show.jsp 页面中单击“编辑”链接时，跳转到 update.jsp 页面，如图 6-3（b）所示。当在 update.jsp 页面中输入更改的信息，并单击“更新”按钮时，跳转到 doupdate.jsp 页面。doupdate.jsp 页面调用 creditDao.java 程序的 updateCredit()方法更新数据库中的记录。单击“删除”链接会进入 delete.jsp 页面，delete.jsp 页面调用 creditDao.java 程序的 deleteCredit()方法删除相应记录。credit.java 为课程信息类对象，与 show.jsp 页面的 list 列表控件关联，存放从数据库中检索出来的结果数据。condb.java 程序负责加载 MySQL 驱动程序和创建数据库连接。

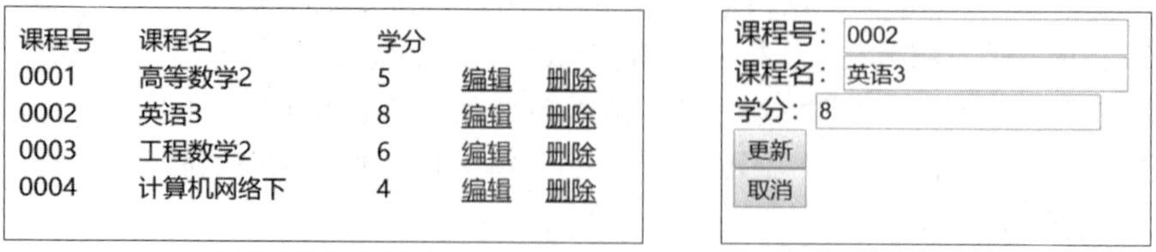

（a）课程学分检索结果　　（b）update.jsp 页面

图 6-3　课程信息查询与修改界面

（1）show.jsp 页面用于获取数据表的课程信息并显示出来，如图 6-3（a）所示，代码如下：

```
<%@ page language="java" contentType="text/html; charset=utf-8"
    pageEncoding="utf-8"%>
<!--引入需要的 Java 包，CreditDao 和 Credit 是本系统处理课程信息数据库访问的 Java 类 -->
<%@ page import="edu.njtech.dao.CreditDao" %>
<%@ page import="edu.njtech.model.Credit" %>
<%@ page import="java.util.List" %>
<!DOCTYPE html PUBLIC "-//W3C//DTD HTML 4.01 Transitional//EN" "http://www.w3.org/TR/html4/
loose.dtd">
<html>
<head>
<meta http-equiv="Content-Type" content="text/html; charset=utf-8">
<title>查询页</title>
<%
    //创建一个 CreditDao 对象，用于执行对数据库的检索、删除和编辑操作
    CreditDao crd = new CreditDao();
    //定义页面数据列表，其数据是由 CreditDao 类的 getCredit()方法从数据库中检索得到的
    List<Credit> crlist = crd.getCredit();
%>
</head>
<body>
    <table width="400">
        <tr>
            <td>课程号</td>
            <td>课程名</td>
            <td>学分</td>
            <td></td>
            <td></td>
        </tr>
        <%
            //设置传递和接收的参数编码为 UTF-8，防止中文字符出现乱码
            response.setCharacterEncoding("UTF-8");
            request.setCharacterEncoding("UTF-8");
            //在页面中显示 crlist 的查询结果
            for(int i=0;i<crlist.size();i++){
            Credit cr= crlist.get(i);
            String cno = cr.getCno();
            out.print("<tr>");
            out.print("<td>"+cr.getCno()+"</td>");//显示 cno
            out.print("<td>"+cr.getCname()+"</td>");//显示 cname
            out.print("<td>"+cr.getCcredit()+"</td>");//显示 ccredit
        %>
            <!-- 单击“编辑”链接时，跳转到 update.jsp 页面，并且将参数传递到对应页面-->
            <td><a href="update.jsp?cno=<%=cr.getCno() %>&cname=<%=cr.getCname() %>
            &ccredit=<%=cr.getCcredit() %>">编辑</a></td>
            <!-- 单击“删除”链接时，跳转到 delete.jsp 页面，执行删除操作-->
            <td><a href="delete.jsp?cno=<%=cr.getCno() %>&cname=<%=cr.getCname() %>
            &ccredit=<%=cr.getCcredit() %>">删除</a></td>
        <%
            out.print("</tr>");
            }
        %>
```

```
        </table>
    </body>
    </html>
```

（2）delete.jsp 页面响应来自 show.jsp 的删除命令，删除相关记录并返回查询页面，代码如下：

```
    <%@ page language="java" contentType="text/html; charset=utf-8"
        pageEncoding="utf-8"%>
    <%@ page import="edu.njtech.dao.CreditDao" %>
    <%@ page import="edu.njtech.model.Credit" %>
    <!DOCTYPE html PUBLIC "-//W3C//DTD HTML 4.01 Transitional//EN" "http://www.w3.org/TR/html4/
loose.dtd">
    <html>
    <head>
    <meta http-equiv="Content-Type" content="text/html; charset=utf-8">
    <title>Insert title here</title>
    <%
        CreditDao crd = new CreditDao();
    %>
    </head>
    <body>
        <%
            response.setCharacterEncoding("UTF-8");
            request.setCharacterEncoding("UTF-8");
            //获得来自 show.jsp 的待删除的课程信息
            String no = request.getParameter("cno");
            //将参数转为 utf-8 格式，防止出现乱码
            String name =   new String(request.getParameter("cname").getBytes("iso-8859-1"),"utf-8");
            String credit = request.getParameter("ccredit");
            //调用 creditDao 的 deleteCredit()方法执行删除操作
            int flag = crd.deleteCredit(no);
            response.sendRedirect("show.jsp");        //返回查询页
        %>
    </body>
    </html>
```

（3）update.jsp 页面响应来自 show.jsp 页面的编辑命令，显示需要编辑的课程号、学分信息，单击“更新”按钮后进入 doupdate.jsp 页面进行更新。其页面如图 6-3（b）所示，代码如下：

```
    <%@ page language="java" contentType="text/html; charset=utf-8"
        pageEncoding="utf-8"%>
    <!DOCTYPE html PUBLIC "-//W3C//DTD HTML 4.01 Transitional//EN" "http://www.w3.org/TR/html4/
loose.dtd">
    <html>
    <head>
    <meta http-equiv="Content-Type" content="text/html; charset=utf-8">
    <title>修改页</title>
    </head>
    <body>
        <%
            response.setCharacterEncoding("UTF-8");
            request.setCharacterEncoding("UTF-8");
            //接收传递过来的参数
            String no = request.getParameter("cno");
            String name =   new String(request.getParameter("cname").getBytes("iso-8859-1"),"utf-8");
```

```
            String credit = request.getParameter("ccredit");
        %>
        <!-- 单击“更新”按钮后前往更新页面 doupdate.jsp -->
        <form action="doupdate.jsp" method="get">
            <!-- 接收的 cno 在此文本框中显示，这里设置为不可修改 -->
            课程号：<input type="text" id="cno" name="cno" readonly="readonly" value="<%=no %>"/><br/>
            <!-- 接收的 cname 在此文本框中显示 -->
            课程名：<input type="text" id="cname" name="cname" value="<%=name %>"/><br/>
            <!-- 接收的 ccredit 在此文本框中显示 -->
        </form>
    </body>
    </html>
```

（4）doupdate.jsp 页面实现对数据库的更新操作并返回 show.jsp 页面，代码如下：

```
    <%@ page language="java" contentType="text/html; charset=utf-8"
        pageEncoding="utf-8"%>
    <%@ page import="edu.njtech.dao.CreditDao" %>
    <%@ page import="edu.njtech.model.Credit" %>
    <!DOCTYPE html PUBLIC "-//W3C//DTD HTML 4.01 Transitional//EN" "http://www.w3.org/TR/html4/
loose.dtd">
    <html>
    <head>
    <meta http-equiv="Content-Type" content="text/html; charset=utf-8">
    <title>Insert title here</title>
    <%
        CreditDao crd = new CreditDao();
    %>
    </head>
    <body>
        <%
            response.setCharacterEncoding("UTF-8");
            request.setCharacterEncoding("UTF-8");
            String no = request.getParameter("cno");
            String name =   new String(request.getParameter("cname").getBytes("iso-8859-1"),"utf-8");
            String credit = request.getParameter("ccredit");
            //调用 updateCredit()方法将 update.jsp 编辑的信息在数据库中更新
            int flag = crd.updateCredit(no,name,credit);
            response.sendRedirect("show.jsp");          //返回 show.jsp 页面
        %>
    </body>
    </html>
```

（5）condb.java 程序加载 MySQL 数据库驱动程序，创建并返回一个数据库连接对象，代码如下。

```
    package edu.njtech.utils;
    import java.sql.Connection;
    import java.sql.DriverManager;
    import java.sql.SQLException;
    public class ConDB {
        public Connection connection(){
            Connection conn = null;
            try{
                //加载 MySQL 驱动程序
                Class.forName("com.mysql.jdbc.Driver");
```

```
                //定义一个数据库所在的URL地址串，此处为本机服务器
                String url = "jdbc:mysql://localhost:3306/test";
                //创建数据库连接对象
                conn = DriverManager.getConnection(url,"root","123456");
                //捕获异常，在发生异常时输出异常信息
            }catch(ClassNotFoundException e){
                System.out.println("not found");
                e.printStackTrace();
            }catch(SQLException e){
                e.printStackTrace();
            }
            return conn;
        }
}
```

（6）credit.java 程序声明了一个可设置 / 获取课程信息的类，代码如下：

```
package edu.njtech.model;
public class Credit {
    //定义课程信息
    private String cno;                    //课程名
    private String cname;                  //课程号
    private String ccredit;                //学分
    public String getCno() {
        return cno;
    }
    //声明设置课程信息的方法
    public void setCno(String cno) {
        this.cno = cno;
    }
    public String getCname() {
        return cname;
    }
    public void setCname(String cname) {
        this.cname = cname;
    }
    //声明获取课程信息的方法
    public String getCcredit() {
        return ccredit;
    }
    public void setCcredit(String ccredit) {
        this.ccredit = ccredit;
    }
}
```

（7）creditdao.java 程序定义了一个实现课程信息访问的类 CreditDao，该类包含 getCredit()、deleteCredit()和 updateCredit() 3 个方法，分别响应来自 JSP 页面的查询、删除和更新数据库记录的操作，代码如下：

```
package edu.njtech.dao;
import java.sql.Connection;
import java.sql.PreparedStatement;
import java.sql.ResultSet;
import java.sql.Statement;
import java.util.ArrayList;
```

```
import java.util.List;
import edu.njtech.model.Credit;
import edu.njtech.utils.ConDB;
//定义 CreditDao，执行对课程数据库表的访问操作
public class CreditDao {
    //声明查询课程信息的方法，返回 List 型查询结果
    public List<Credit> getCredit(){
        //创建一个 ConDB 对象，进行数据库加载和连接
        ConDB conn = new ConDB();
        Connection connection = conn.connection();
        //构造查询课程信息的 SQL 查询语句串
        String sql="select * from course";
        //创建 List 对象，以保存查询的结果
        List<Credit> list = new ArrayList<>();
        try{
            //创建 Statement 语句对象
            Statement statement = connection.createStatement();
            //用 Statement 对象执行 SQL 查询，结果返回至 ResultSet 对象
            ResultSet resultset = statement.executeQuery(sql);
            //创建 Credit 对象 cr，存储所有的查询结果
            while(resultset.next()){
                Credit cr = new Credit();
                //按列顺序获取查询结果的列值
                cr.setCno(resultset.getString(1));
                cr.setCname(resultset.getString(2));//获取 cname
                cr.setCcredit(resultset.getString(3));//获取 cno
                //将从数据库查询得到的结果存入 List 列表
                list.add(cr);//将本条结果添加到 List 列表中
            }
            //依次关闭数据库访问的各个对象
            statement.close();
            resultset.close();
            connection.close();
        }catch(Exception e){
            //捕获异常，输出异常信息
            e.printStackTrace();
        }
        return list;    //返回查询结果
    }
    //声明删除操作方法，输入参数 cno，如果成功执行则返回 1，否则返回 0
    public int deleteCredit(String cno){
        ConDB conn = new ConDB();
        Connection connection = conn.connection();
        int flag=0;
        //构造 SQL 删除语句串
        String sql="delete from course where cno = '" + cno + "'";
        try{
            PreparedStatement ps = connection.prepareStatement(sql);
            //执行删除操作，如果成功执行则返回 1，否则返回 0
            flag = ps.executeUpdate();
            ps.close();
            connection.close();
```

```
            }catch(Exception e){
                e.printStackTrace();
            }
            return flag;
        }
        //声明执行更新操作的方法，如果成功执行则返回 1，否则返回 0
        public int updateCredit(String cno,String cname,String ccredit){
            ConDB conn = new ConDB();
            Connection connection = conn.connection();
            int flag = 0;
            String sql="update course set cname = '" + cname +"',ccredit = '" + ccredit + "' where cno = '" +
cno + "'";//SQL 更新语句
            try{
                PreparedStatement ps = connection.prepareStatement(sql);
                flag = ps.executeUpdate();
                ps.close();
                connection.close();
            }catch(Exception e){
                e.printStackTrace();
            }
            return flag;
        }
    }
```

本 章 小 结

本章主要介绍了利用 JDBC API 访问 JSP 数据库的方法。JDBC API 提供了一组数据库访问接口，包括 Driver、DriverManger、Connection、Statement、ResultSet 等，可以完成加载 JDBC 驱动程序、创建数据库连接、执行 SQL 语句访问数据库等操作。一般的数据库访问步骤为：首先用 class.forName()方法加载数据库驱动程序，然后用 DriverManager.getConnection()方法创建与数据库的连接，接着用 Statement/PreparedStatement/CallableStatement 的 exec 方法执行 SQL 语句来访问数据库，最后用 ResultSet 对象的方法访问数据库检索出的结果。

本章还简单讨论了动态构成数据库访问 SQL 语句时可能出现的安全问题，在设计数据库程序时，应该采取相应的防范措施。

习 题 6

6.1 简述 JDBC API 的主要作用。

6.2 现有两个数据库表：students 表记录学生的一般数据，其中，字段 StudId 为学生学号，StudName 为学生姓名；score 表记录学生的成绩，其中，Computer 字段和 English 字段分别记录 StudId 所代表的学生的计算机成绩和英语成绩。试根据以下要求写出数据库操作的 SQL 语句。

① 从成绩表中查询张强同学的计算机成绩和英语成绩。

② 在表中加入一个学生的记录，其学号为 12010145，姓名为李雨，计算机成绩为 91，英语成绩为 82。

③ 将所有英语成绩高于 80 分（含 80 分）的同学的信息检索出来放入一个新表，新表

名为 highscore，包含的字段有学生的学号 StudId、姓名 StudName、英语成绩 English。

6.3　概括使用 JDBC API 执行数据库访问的主要步骤。

6.4　简述如何加载数据库驱动程序。试写程序代码以加载 MySQL 数据库驱动程序，并连接数据库服务器地址为本机 3306 端口的名为 courses 的数据库。

6.5　简述 Statement、PreparedStatement 和 CallableStatement 对象的差别。

6.6　试写出一段代码，用 PreparedStatement 对象从数据库 courses 中检索出符合 id=courseid 的记录，其中 courseid 由表单输入动态给出。

6.7　如果在一个登录页面中提交数据时，对输入的用户名和密码不进行参数检验，而直接采用数据库的查询参数，那么可能会产生什么后果？请举例解释。

上 机 实 验

请用 JSP 访问数据库技术设计一个程序，该程序可以检索数据库表 score 中的所有记录并显示在 Web 页面上。

【目的】掌握数据库访问的基本编程步骤，掌握常用的 JDBC API 接口类。

【内容】采用 JDBC API 编程接口和 JSP 技术，创建一个 Web 页面，通过表单输入学号或姓名等检索条件，根据条件检索出相关记录并显示在另一个页面上。

【步骤】

（1）创建一个数据库表 score，包含学号、姓名、课程名、成绩字段。

（2）编写 JSP 页面 query.jsp，含有可输入姓名、学号等检索条件的表单，提交表单信息后进入 doquery.jsp 页面进行处理。

（3）编写 doquery.jsp 页面以响应 query.jsp 页面提交的表单数据，并根据从数据库中检索到的结果在本页面上显示相应的结果。

第 7 章　JSP 实用组件

在 JSP 程序中可以使用许多流行的组件，这些组件功能实用、使用方法简单，如文件上传与下载、HTML 解析、报表处理等，大大拓展了 JSP 的功能，提高了程序设计的效率。

7.1　文件操作

文件上传和下载是经常会用到的一个功能，比如提交照片、资料等。文件下载通过超链接即可实现，而文件上传需要借助第三方组件才能实现。常用的组件有 jspSmartUpload、Commons-FileUpload。在 Apache 公共组件网站下载 commons-fileupload-1.4-bin.zip 文件，解压后将 commons-fileupload-1.4.jar 文件复制到 lib 中。在 Apache 公共组件网站下载 commons-io-2.6-bin.zip 文件，解压后将 commons-io-2.6.jar 文件复制到 lib 中即可。

文件上传的原理是 FileUpload 组件在接收全部的数据之后，将数据保存在 List 集合中。在输出内容时，需要使用迭代器 Iterator。但是由于在其数据中既有普通的文本又有上传的文件，且每个上传内容都使用一个 FileItem 类对象表示，所以当使用迭代器依次取出每个 FileItem 类对象时，需要通过 FileItem 类中的 isFormField()方法来判断当前操作的内容是普通的文本还是上传文件。若为普通的文本，则直接通过 getString()方法取得具体的信息；若为上传文件，则将文件的内容依次取出。

7.1.1　创建上传对象

在应用 Commons-FileUpload 组件实现文件上传时，首先要创建一个磁盘工厂对象，然后根据该对象创建一个文件上传对象，具体代码如下：

```
DiskFileItemFactory factory = new DiskFileItemFactory();          //创建磁盘工厂对象
ServletFileUpload upload = new ServletFileUpload(factory);        //创建文件上传对象
upload.setFileSizeMax(3145728);                                   //设置上传文件大小
```

需要使用的包如下：

```
import org.apache.commons.fileupload.disk.DiskFileItemFactory;
import org.apache.commons.fileupload.servlet.ServletFileUpload;
```

7.1.2　解析上传请求

在文件上传对象创建成功后，就可以应用这个对象解析上传请求。首先通过文件上传对象的 parseRequest()方法获取全部的表单项，parseRequest()方法如下：

```
public List parseRequest(HttpServletRequst request) throws FileUploadException
```

例如，应用该方法获取全部表单项，并保存到 items 中的具体代码如下：

```
List items = upload.parseRequest(request);
```

7.1.3　FileItem 接口

DiskFileItem 实现了 FileItem 接口，用来封装单个表单字段元素的数据。通过调用 FileItem

接口定义的方法可以获得相关表单字段元素的数据。我们不需要关心 DiskFileItem 的具体实现，只需使用 FileItem 接口来对 DiskFileItem 对象进行引用和访问。FileItem 类还实现了 Serializable 接口，以支持序列化操作。

FileItem 接口常用的方法如下。

① boolean isFormField()方法：判断 FileItem 类对象封装的数据是一个普通文本表单字段，还是一个文件表单字段。若为普通文本表单字段，则返回 true，否则返回 false。

② String getName()方法：获得文件上传字段中的文件名，即表单字段元素头中的 filename 属性值。

③ String getFieldName()方法：返回表单字段元素描述头的 name 属性值，也是表单标签 name 属性的值。

④ void write(File file)方法：将 FileItem 对象中保存的主体内容保存到某个指定的文件中。如果 FileItem 对象中的主体内容是保存在某个临时文件中的，那么在该方法顺利完成后，临时文件有可能会被清除。该方法也可将普通表单字段内容写入一个文件，但它的主要用途是将上传的文件内容保存在本地文件系统中。

⑤ String getString()方法：将 FileItem 对象中保存的数据流内容以一个字符串的形式返回。

⑥ String getContentType()方法：获得上传文件的类型，即表单字段元素描述头属性 Content-Type 的值。

⑦ boolean isInMemory()方法：判断 FileItem 对象封装的数据内容是存储在内存中，还是存储在临时文件中。若存储在内存中，则返回 true，否则返回 false。

⑧ void delete()方法：清空 FileItem 类对象中存放的主体内容，如果主体内容被保存在临时文件中，将删除该临时文件。

⑨ InputStream getInputStream()方法：以流的形式返回上传文件的数据内容。

⑩ long getSize()方法：返回该上传文件的大小（以字节为单位）。

7.1.4　ServletFileUpload 类

ServletFileUpload 类是处理文件上传的核心类，使用 parseRequest(HttpServletRequest)方法可以将表单中每个标签提交的数据封装成一个 FileItem 对象，并以 List 列表的形式返回。

ServletFileUpload 类构造方法如下。

① public ServletFileUpload()：构造一个未初始化的实例，需要在解析请求之前调用 setFileItemFactory()方法设置 fileItemFactory 属性。

② public ServletFileUpload(FileItemFactory fileItemFactory)：构造一个实例，并根据参数指定的 FileItemFactory 对象，设置 fileItemFactory 属性。

ServletFileUpload 类常用方法如下。

① public void setSizeMax(long sizeMax)方法：设置请求消息实体内容（即所有上传数据）的最大尺寸限制，以防止客户端恶意上传超大文件，浪费服务器端的存储空间，其参数是以字节为单位的 long 类型数字。

② public void setFileSizeMax(long fileSizeMax)方法：设置单个上传文件的最大尺寸限制，以防客户端恶意上传超大文件。

③ public List parseRequest(javax.servlet.http.HttpServletRequest req)方法：对 HTTP 请求消息体内容进行解析，它首先解析出 FORM 表单中的每个字段的数据，将它们分别包装成独立的 FileItem 对象，然后将这些对象加入一个 List 类型的集合对象中并返回。该方法通过

抛出 FileUploadException 异常来处理文件尺寸过大、请求消息中的实体内容的类型不是 multipart/form-data、I/O 异常、请求消息体长度信息丢失等各种异常。

7.1.5 DiskFileItemFactory 类

DiskFileItemFactory 类将请求消息实体中的每个项目封装成单独的 DiskFileItem 对象的任务，当上传的文件项目比较小时，直接将其保存在内存中（速度比较快）；当文件比较大时，以临时文件的形式将其保存在磁盘临时文件夹中。其常用属性如下。

① public static final int DEFAULT_SIZE_THRESHOLD：将文件保存在内存中还是磁盘临时文件夹中的默认临界值，值为 10240，即 10KB。

② private File repository：用于配置在创建文件项目时，当文件项目大于临界值时使用的临时文件夹，默认采用系统默认的临时文件路径，该路径可以通过系统属性 java.io.tmpdir 获取。

③ private int sizeThreshold：保存将文件保存在内存中还是磁盘临时文件夹中的临界值。

DiskFileItemFactory 类构造方法如下。

① public DiskFileItemFactory()：用默认临界值和系统临时文件夹构造磁盘工厂对象。

② public DiskFileItemFactory(int sizeThreshold,File repository)：采用参数指定临界值和系统临时文件夹，以构造磁盘工厂对象。

DiskFileItemFactory 类常用方法如下。

① FileItem createItem()方法：根据 DiskFileItemFactory 的配置将每个请求消息实体项目创建为 DiskFileItem 实例并返回。FileUpload 组件在解析请求时内部使用该方法，无须调用。

② void setSizeThreshold(int sizeThreshold)方法：Apache 文件上传组件在解析上传数据中的每个字段内容时，需要临时保存解析出的数据，以便在后面进行数据的进一步处理。如果上传的文件很大，如一个 500MB 的文件，在内存中将无法临时保存该文件内容，那么 Apache 文件上传组件就会采用临时文件来保存这些数据；如果上传的文件很小，如一个 500 字节的文件，那么将其直接保存在内存中会更好。

③ setSizeThreshold()方法：设置是否将上传文件以临时文件的形式保存在磁盘临时文件夹中的临界值（以字节为单位的 int 值），如果从未调用该方法设置此临界值，那么会使用系统默认值 10KB。与其对应的 getSizeThreshold()方法用于获取此临界值。

④ void setRepository(File repository)方法：设置当上传文件的大小大于 setSizeThreshol()方法设定的临界值时，将文件以临时文件形式保存在磁盘上的哪个临时文件夹中。对应的获得临时文件夹的方法为 File getRespository()。

7.1.6 文件操作示例

【例 7-1】用 Commons-FileUpload 组件将文件上传到服务器的指定目录中。

（1）创建 index.jsp 页面，选择要上传的文件。

```
<%@ page language="java" import="java.util.*" pageEncoding="UTF-8"%>
<!DOCTYPE HTML>
<html>
<head>
<title>应用 Commons-FileUpload 组件实现文件上传</title>
<style type="text/css">
ul{list-style: none;}
```

```
li{padding:5px;}
</style>
</head>
<body>
	<script type="text/javascript">
		function validate() {
			if (form1.file.value == "") {
				alert("请选择要上传的文件");
				return false;
			}
		}
	</script>
	<form action="UploadServlet" method="post"
		enctype="multipart/form-data" name="form1" id="form1"
		onsubmit="return validate()">
		<ul>
			<li>请选择要上传的文件：</li>
			<li>上传文件： <input type="file" name="file" /></li>
			<li><input type="submit" name="Submit" value="上传" />
			  <input type="reset" name="Submit2" value="重置" /></li>
		</ul>
		<%
			if (request.getAttribute("result") != null) { //判断保存在 request 范围内的对象是否为空
				out.println("<script >alert('" + request.getAttribute("result")
						+ "');</script>");
			}
		%>
	</form>
</body>
</html>
```

（2）设计 Servlet 程序 UploadServlet.java 处理文件上传请求，设置上传文件大小、保存地址等参数。

```
package com.yhx.Servlet;
import java.util.List;
import java.util.Iterator;
import java.io.File;
import java.io.IOException;
import javax.servlet.RequestDispatcher;
import javax.servlet.ServletException;
import javax.servlet.annotation.WebServlet;
import javax.servlet.http.HttpServlet;
import javax.servlet.http.HttpServletRequest;
import javax.servlet.http.HttpServletResponse;
import org.apache.commons.fileupload.*;
import org.apache.commons.fileupload.disk.DiskFileItemFactory;
import org.apache.commons.fileupload.servlet.ServletFileUpload;
@SuppressWarnings("serial")
@WebServlet("/UploadServlet")
public class UploadServlet extends HttpServlet {
	/**
	 * The doGet method of the servlet. <br>
	 * This method is called when a form has its tag value method equals to get.
```

```
     * @param request the request send by the client to the server
     * @param response the response send by the server to the client
     * @throws ServletException if an error occurred
     * @throws IOException if an error occurred
     */
    public void doGet(HttpServletRequest request, HttpServletResponse response)
            throws ServletException, IOException {
        doPost(request,response);
    }

    /**
     * The doPost method of the servlet. <br>
     * This method is called when a form has its tag value method equals to post.
     * @param request the request send by the client to the server
     * @param response the response send by the server to the client
     * @throws ServletException if an error occurred
     * @throws IOException if an error occurred
     */
public void doPost(HttpServletRequest request, HttpServletResponse response)
        throws ServletException, IOException {
    String adjunctname ;
    String fileDir = request.getSession().getServletContext().getRealPath("upload");//指定上传文件的保存
地址
    String message = "文件上传成功";
    String address = "";
    if(ServletFileUpload.isMultipartContent(request)){          //判断是否为上传文件
        DiskFileItemFactory factory = new DiskFileItemFactory();
        factory.setSizeThreshold(20*1024);                      //设置内存中允许存储的字节数
        factory.setRepository(factory.getRepository());//设置存放临时文件的目录
        ServletFileUpload upload = new ServletFileUpload(factory);//创建新的上传文件句柄

        int size = 2*1024*1024;                                 //指定上传文件的大小
        List formlists = null;                                  //创建保存上传文件的集合对象
        try {
            formlists = upload.parseRequest(request);           //获取上传文件集合
        } catch (FileUploadException e) {
            e.printStackTrace();
        }
        Iterator iter = formlists.iterator();                   //获取上传文件迭代器
        while(iter.hasNext()){
            FileItem formitem = (FileItem)iter.next();          //获取每个上传文件
            if(!formitem.isFormField()){                        //忽略不是上传文件的表单域
               String name = formitem.getName();                //获取上传文件的名称
               if(formitem.getSize()>size){            //如果上传文件大于规定的上传文件的大小
                  message = "您上传的文件太大，请选择不超过 2MB 的文件";
                  break;                                        //那么退出程序
            }
              String adjunctsize = new Long(formitem.getSize()).toString();//获取上传文件的大小
              if((name == null) ||(name.equals(""))&&(adjunctsize.equals("0")))//如果上传文件为空
                      continue;                                 //那么退出程序
            adjunctname = name.substring(name.lastIndexOf("\\")+1,name.length());
            address = fileDir+"\\"+adjunctname;                 //创建上传文件的保存地址
```

```
                File saveFile = new File(address);              //根据文件保存地址创建文件
                try {
                        formitem.write(saveFile);               //将数据写入文件
                } catch (Exception e) {
                        e.printStackTrace();
                }
            }
        }
    }
    request.setAttribute("result", message);                    //将提示信息保存在 request 对象中
    RequestDispatcher requestDispatcher = request.getRequestDispatcher("index.jsp");//设置相应返回页面
    requestDispatcher.forward(request, response);
}
    /**
     * Initialization of the servlet. <br>
     *
     * @throws ServletException if an error occurs
     */
    public void init() throws ServletException {
        …                                                       // Put your code here
    }
}
```

（3）为解决中文字符问题，设计一个过滤器 SetCharacterEncodingFilter.java。

```
package com.userCommonFile.filter;
import java.io.IOException;
import javax.servlet.Filter;
import javax.servlet.FilterChain;
import javax.servlet.FilterConfig;
import javax.servlet.ServletException;
import javax.servlet.ServletRequest;
import javax.servlet.ServletResponse;
import javax.servlet.annotation.WebFilter;
import javax.servlet.annotation.WebInitParam;
@WebFilter(
        urlPatterns = { "/*" },
        initParams = {
                @WebInitParam(name = "encoding", value = "UTF-8")
        })    //配置过滤器
public class SetCharacterEncodingFilter implements Filter{
    protected String encoding=null;
    protected FilterConfig filterConfig=null;
    protected boolean ignore=true;
    public void init(FilterConfig filterConfig)throws ServletException{
        this.filterConfig=filterConfig;
        this.encoding=filterConfig.getInitParameter("encoding");
        String value=filterConfig.getInitParameter("ignore");
        if(value==null){
            this.ignore=true;
        }else if(value.equalsIgnoreCase("true")){
            this.ignore=true;
        }else if(value.equalsIgnoreCase("false")){
            this.ignore=true;
        }else{
```

```
                this.ignore=false;
            }
        }
        public void doFilter(ServletRequest request,ServletResponse response,FilterChain chain)throws
IOException,ServletException{
            if(ignore||(request.getCharacterEncoding()==null)){
                String encoding=selectEncoding(request);
                if(encoding != null)
                    request.setCharacterEncoding(encoding);
            }
            response.setCharacterEncoding(encoding);
            chain.doFilter(request, response);
        }
        protected String selectEncoding(ServletRequest request){
            return (this.encoding);
        }
        public void destroy(){
            this.encoding=null;
            this.filterConfig=null;
        }
    }
```

7.2 HTML 解析器

HTML 解析器用于将 HTML 标记转换为可供浏览器或其他应用程序使用的数据结构，又称 HTML 分析器，它是浏览器用来读取 HTML 文本并将其呈现给用户的核心组件之一。

HTML 解析器具有两个主要功能：将 HTML 文本转换为文档对象模型，并将其加载到内存中；将 HTML 文本转换为可视化呈现的附加数据，如布局、颜色和字体。

HTML 解析器可以应用于各种 Web 应用程序开发，如网络爬虫、网络数据采集、文本挖掘、网络分析、数据挖掘等。掌握 HTML 解析器的基本原理和使用方法，可以帮助开发人员更加高效和灵活地操作 HTML 文档。同时，使用 HTML 解析器还可以扩展分析数据和处理数据的能力，为各种网络应用程序的开发提供更多的思路和手段。

7.2.1 Jsoup 组件简介

Jsoup 是一款 Java 的 HTML 解析器，可直接解析某个 URL 地址、HTML 文本内容。它提供了一套非常便捷的 API，可通过 DOM、CSS 及类似于 jQuery 的操作方法取出和操作数据。

在 Jsoup 官方网站上下载 Jsoup 组件，截至本书编写时，其最新版本是 1.16.1。在下载完成后，将包放入项目目录的 WEB-INF/lib 路径中，即可在程序中使用 Jsoup 类库。

7.2.2 Jsoup 组件的主要功能

Jsoup 组件实现了 WHATWG HTML5 规范，并将 HTML 解析为与现代浏览器相同的 DOM。其主要功能如下。

① 从一个 URL、文件或字符串中解析 HTML。

② 使用 DOM 遍历或 CSS 选择器来查找、提取数据。

③ 可操作 HTML 元素、属性、文本。

④ 根据安全的白名单清除用户提交的数据，以防 XSS 攻击。

⑤ 输出美化的、验证的、格式化的 HTML 文档。

7.2.3　使用 Jsoup 组件解析 HTML 示例

【例 7-2】使用 Jsoup 组件从 URL 中解析 HTML，并打印出所有超链接中的 URL。

```
<%@ page contentType="text/html; charset=UTF-8" pageEncoding="UTF-8" %>
<%@ page import="java.util.*"
import="java.io.*"
        import="org.jsoup.Jsoup"
        import="org.jsoup.nodes.Document"
        import="org.jsoup.nodes.Element"
        import="org.jsoup.select.Elements"
%>
<%
        String url = "http:// www.phei.com.cn";
        try {   //创建连接，获取数据，返回 Document 类型对象
                Document doc = Jsoup.connect(url).get();
                Elements links = doc.select("a[href]");         //选择所有带 href 属性的超链接标签
                for (Element link : links) {                    //遍历所有的超链接，打印带 href 属性的 URL
                        out.println(link.attr("href"));
                }
           } catch (Exception e) {
                        e.printStackTrace();
        }
%>
```

【例 7-3】使用 Jsoup 组件解析 HTML，并修改 HTML 文档的标题。

```
<%@ page contentType="text/html; charset=UTF-8" pageEncoding="UTF-8" %>
<%@ page import="java.util.*"
        import="java.io.*"
        import="org.jsoup.Jsoup"
        import="org.jsoup.nodes.Document"
        import="org.jsoup.nodes.Element"
        import="org.jsoup.select.Elements"
%>
<%
        String html = "<html><head><title>Web 程序设计</title></head>"+ "<body><p>使用 Jsoup 组件解
析 HTML，并修改 HTML 文档的标题。</p></body></html>";
        try {
            Document doc = Jsoup.parse(html);                   //解析 HTML 文本，返回 Document 类型对象
            Elements title = doc.select("head>title");          //选择文档的 title 标签
            out.println("原标题："+title.html());               //打印 title 标签文本
            title.html("修改标题");                              //修改 title 标签文本为“修改标题”
            out.println("<br/>");
            out.println("修改后标题："+title.html());           //打印修改后的 title 标签文本
        } catch (Exception e) {
            e.printStackTrace();
        }
%>
```

【例 7-4】清理 HTML，删除不受信任的元素属性，以防 XSS 攻击。

```
<%@ page contentType="text/html; charset=UTF-8" pageEncoding="UTF-8" %>
<%@ page import="java.util.*"
        import="java.io.*"
        import="org.jsoup.Jsoup"
        import="org.jsoup.nodes.Document"
        import="org.jsoup.nodes.Element"
        import="org.jsoup.select.Elements"
        import="org.jsoup.safety.Whitelist"
%>
<%
        String html = "<html><head><title>Web 程序设计</title></head>"+ "<body><p><a
            href='http://example.com/' onclick='onAnchorClick()'>清理 HTML，删除不受信任的元素属性，
            以防 XSS 攻击。</a></p></body></html>";
            try {
                Document doc = Jsoup.parse(html);            //解析 HTML 文本，返回 Document 类型对象
                String unsafeHtml = doc.select("p").html();                     //选择 p 标签并打印
                out.println(unsafeHtml);
                String safeHtml = Jsoup.clean(unsafeHtml, Whitelist.basic());   //清理文本并打印
                out.println(safeHtml);
            } catch (Exception e) {
                e.printStackTrace();
            }
%>
```

7.3 JSP 报表

信息系统中的报表处理一直有着比较重要的地位，iText 是一种快速生成各种报表的 Java 组件。通过在服务器端使用 JSP 或 JavaBean 生成报表，在客户端采用超链接显示或下载生成的报表，就能很好地解决应用系统中的报表处理问题。

7.3.1 iText 组件

iText 是著名的开放源码的站点 sourceforge 的一个项目，是用于生成 PDF 文档的一个 Java 类库。通过 iText 组件不仅可以生成包含文本、表格、图形等内容的 PDF 或 rtf 文档，而且可以将 XML 文件、HTML 文件转化为 PDF 文件。它的类库可以很好地结合 Servlet，使用 iText 与 PDF 能够使用户正确地控制 Servlet 的输出。

在 iText 官方网站上下载 iText 组件。在下载完成后，将包放入项目目录的 WEB-INF/lib 路径中，即可在程序中使用 iText 类库。若生成的 PDF 文档中有中文字符，则需要下载 iTextAsian.jar 包。

7.3.2 应用 iText 组件生成 PDF 文档

应用 iText 组件生成 PDF 文档需要以下 6 个步骤。

（1）建立 com.lowagie.text.Document 对象的实例，代码如下：

```
public Document document = new Document();
public Document(Rectangle pageSize);   //定义页面的大小
public Document(Rectangle pageSize,int marginLeft,int marginRight,int marginTop,int marginBottom);
  /*定义页面的大小，参数 marginLeft、marginRight、marginTop、marginBottom 分别为左、右、上、下
的页边距*/
```

其中，Rectangle 类对象的参数用于设定页面大小、页面背景颜色及页面方向等属性。

iText 组件定义了 A0-A10、AL、LETTER、HALFLETTER、_11x17、LEDGER、NOTE、B0-B5、ARCH_A-ARCH_E、FLSA 和 FLSE 等纸张类型，也可以自定义纸张大小，代码如下：

```
Rectangle pageSize = new Rectangle(144,720);
```

在 iText 组件中，可以通过下面的代码将 PDF 文档设定成 A4 页面大小，当然，也通过 Rectangle 类中的 rotate()方法可以将页面设置成横向，代码如下：

```
Rectangle rectPageSize = new Rectangle(PageSize.A4);        //将 PDF 文档设定成 A4 页面大小
rectPageSize = rectPageSize.rotate();                       //将页面设置成横向
Document doc = new Document(rectPageSize,50,50,50,50); //其余 4 个参数设置了页面的 4 个边距
```

（2）设定文档属性。

在文档打开之前，可以设定文档的标题、主题、关键字、作者、创建者、生产者、创建日期等属性，调用的方法如下：

```
public boolean addTitle(String title);              //设定文档的标题
public boolean addSubject(String subject);          //设定文档的主题
public boolean addKeywords(String keywords) ;       //设定文档的关键字
public boolean addAuthor(String author) ;           //设定文档的作者
public boolean addCreator(String creator) ;         //设定文档的创建者
public boolean addProducer();                       //设定文档的生产者
public boolean addCreationDate();                   //设定文档的创建日期
```

（3）对象与书写器关联。

在文档对象建立好之后，还需要建立一个或多个书写器与对象相关联，通过书写器可以将具体的文档保存为需要的格式，例如，om.lowagie.text.PDF.PDFWriter 可以将文档保存为 PDF 格式，而 com.lowagie.text.html.HTMLWriter 可以将文档保存为 HTML 格式，代码如下：

```
PDFWriter.getInstance(document, new FileOutputStream("Helloworld.PDF"));
```

（4）打开文档，代码如下：

```
document.open();
```

（5）向文档添加内容，代码如下：

```
document.add(new Paragraph("Hello World"));
```

iText 组件本身不支持中文，为了解决中文输出问题，需要下载 iTextAsian.jar 组件。在下载完成后，将包放入项目目录的 WEB-INF/lib 路径中即可。使用该组件可以实例化一个字体类，把该字体类应用到相应的文字中，就能正常显示中文。可以通过以下代码解决中文输出问题：

```
BaseFont bfChinese = BaseFont.createFont("STSong-Light", "UniGB-UCS2-H",
                        BaseFont. NOT_EMBEDDED);   //用中文的基础字体实例化一个字体类
Font ft= new Font(bfChinese, 12, Font.NORMAL);
Paragraph par = new Paragraph("Web 程序设计",ft);       //将字体类应用到一个段落中
document.add(par);                                    //将段落添加到文档中
```

在上面的代码中，STSong-Light 定义了使用的中文字体，UniGB-UCS2-H 定义文字的编码标准和样式，GB 代表编码方式为 gb2312，H 代表横排字，V 代表竖排字。

（6）关闭文档，代码如下：

```
document.close();
```

【例 7-5】生成一个 yhx.pdf 文档，在其中写入 3 行文字：南京师范大学、计算机科学与技术学院、软件工程系，并使用不同的字体、字号。

程序代码如下：

```
<%@ page language="java"    pageEncoding="gb2312"%>
```

```
<%@ page import="java.io.*,com.lowagie.text.*,com.lowagie.text.pdf.*"%>
<%   String str1="南京师范大学\n";
     String str2="计算机科学与技术学院\n";
     String str3="软件工程系";
     response.reset();
     response.setContentType("application/pdf");                    //设置文档的格式
     Document document = new Document();
     //创建 Document 实例
     ByteArrayOutputStream buffer = new ByteArrayOutputStream();
     PdfWriter.getInstance(document, buffer);
     PdfWriter.getInstance(document,new FileOutputStream("c:\\yhx.pdf"));
     //保存到文件 c:\yhx.pdf 中
     document.addTitle("这是生成 PDF 的一个例子");
     document.addAuthor("YinHX");
     document.addSubject("这是主题");
     document.addKeywords("这是关键字");
     document.addCreator("by njnu.edu.cn");
     //进行中文输出设置
     BaseFont bfChinese = BaseFont.createFont("STSong-Light",
               "UniGB-UCS2-H", BaseFont.NOT_EMBEDDED);
     Font ft1=new Font(bfChinese, 16, Font.NORMAL);
     Font ft2=new Font(bfChinese, 20, Font.ITALIC);
     Font ft3=new Font(bfChinese, 12, Font.BOLD);
     Paragraph par = new Paragraph();
     par.add(new Paragraph(str1,ft1));
     par.add(new Paragraph(str2,ft2));
     par.add(new Paragraph(str3,ft3));
     document.open();                                                //打开文档
     document.add(par);                                              //添加内容
     document.close();                                               //关闭文档
     //解决抛出 IllegalStateException 异常的问题
     out.clear();
     out = pageContext.pushBody();
     DataOutput output = new DataOutputStream(response.getOutputStream());
     byte[] bytes = buffer.toByteArray();
     response.setContentLength(bytes.length);
     for (int i = 0; i < bytes.length; i++) {
          output.writeByte(bytes[i]);
     }
%>
```

程序运行效果如图 7-1 所示。

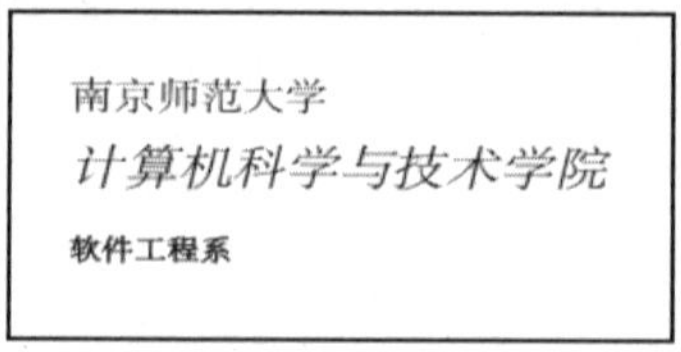
南京师范大学

计算机科学与技术学院

软件工程系

图 7-1　例 7-5 程序运行效果

7.3.3　处理表格

在 iText 组件中，处理表格的类为 com.lowagie.text.Table 和 com.lowagie.text.PDF.PDFPTable，

对于比较简单的表格处理，可以使用 com.lowagie.text.Table 类，但是如果要处理复杂的表格，就需要使用 com.lowagie.text.PDF.PDFPTable 类。在 iText 组件中，一个文档可以有很多个表格，一个表格可以有很多个单元格，一个单元格里面可以放很多个段落，一个段落里面可以放一些文字、图像。iText 组件没有行的概念，一个表格里面直接放单元格，如果在一个 3 列的表格中放入 6 个单元格，那么它就是 2 行的表格。

1. com.lowagie.text.Table 类

com.lowagie.text.Table 类的构造函数有以下 3 个：

```
Table (int columns)
Table(int columns, int rows)
Table(Properties attributes)
```

参数 columns、rows、attributes 分别为表格的列数、行数、属性。在创建表格时，必须指定表格的列数，行数可以不指定。在建立表格之后，可以设定表格的属性，如边框宽度、边框颜色、单元格之间的间距大小等属性。

【例 7-6】在 PDF 文档中生成一个表格，显示学生的成绩。

程序代码如下：

```
<%@ page language="java"   pageEncoding="gb2312"%>
<%@ page import="java.io.*,com.lowagie.text.*,com.lowagie.text.pdf.*"%>
<%@ page import="java.util.*" %>
<%   String str1="南京师范大学\n";
     String str2="计算机科学与技术学院\n";
     String str3="软件工程系";
     response.reset();
     response.setContentType("application/pdf");                //设置文档格式
     Document document = new Document();
     //创建 Document 实例
     ByteArrayOutputStream buffer = new ByteArrayOutputStream();
     PdfWriter.getInstance(document, buffer);
     PdfWriter.getInstance(document,new FileOutputStream("c:\\yhx2.pdf"));
     //保存到文件 c:\yhx2.pdf 中
     document.addTitle("这是生成 PDF 的一个例子");
     document.addAuthor("YinHX");
     document.addSubject("这是主题");
     document.addKeywords("这是关键字");
     document.addCreator("by njnu.edu.cn");
     //进行中文输出设置
     BaseFont bfChinese = BaseFont.createFont("STSong-Light",
                 "UniGB-UCS2-H", BaseFont.NOT_EMBEDDED);
     Font ft1=new Font(bfChinese, 16, Font.NORMAL);
     Font ft2=new Font(bfChinese, 20, Font.ITALIC);
     Font ft3=new Font(bfChinese, 12, Font.BOLD);
     Paragraph par = new Paragraph();
     par.add(new Paragraph(str1,ft1));
     par.add(new Paragraph(str2,ft2));
     par.add(new Paragraph(str3,ft3));
     Table table = new Table(3);  //建立列数为 3 的表格
     table.setBorderWidth(2);     //将边框宽度设置为 2
     table.setPadding(3);         //设置单元格内容与边框之间的间距
     table.setSpacing(3);         //设置单元格之间的间距
```

```
        Cell cell = new Cell(new Paragraph("成绩表",ft1));          //创建单元格作为表头
        cell.setHorizontalAlignment(Cell.ALIGN_CENTER);
        cell.setHeader(true);   //表示该单元格作为表头显示
        cell.setColspan(3);     //合并单元格，使该单元格占用 3 个列
        table.addCell(cell);
        table.endHeaders();     //在添加表头后必须调用此方法，否则在跨页时，表头不能正常显示
        cell = new Cell(new Paragraph("姓名",ft1));                  //添加单元格
        cell.setHorizontalAlignment(Cell.ALIGN_CENTER);      //居中对齐
        table.addCell(cell);
        table.addCell(new Paragraph("数学",ft1));
        table.addCell(new Paragraph("语文",ft1));
        cell = new Cell(new Paragraph("李军",ft1));
        cell.setHorizontalAlignment(Cell.ALIGN_CENTER);
        table.addCell(cell);
        table.addCell("94");
        table.addCell("99");
        cell = new Cell(new Paragraph("王小勇",ft1));
        cell.setHorizontalAlignment(Cell.ALIGN_CENTER);
        table.addCell(cell);
        table.addCell("91");
        table.addCell("95");
        cell = new Cell(new Paragraph("刘晓明",ft1));
        cell.setHorizontalAlignment(Cell.ALIGN_CENTER);
        table.addCell(cell);
        table.addCell("88");
        table.addCell("93");
        document.open();                    //打开文档
        document.add(par);                  //添加内容
        document.add(table);
        document.close();                   //关闭文档
        //解决抛出 IllegalStateException 异常的问题
        out.clear();
        out = pageContext.pushBody();
        DataOutput output = new DataOutputStream(response.getOutputStream());
        byte[] bytes = buffer.toByteArray();
        response.setContentLength(bytes.length);
        for (int i = 0; i < bytes.length; i++) {
            output.writeByte(bytes[i]);
        }
%>
```

程序运行效果如图 7-2 所示。

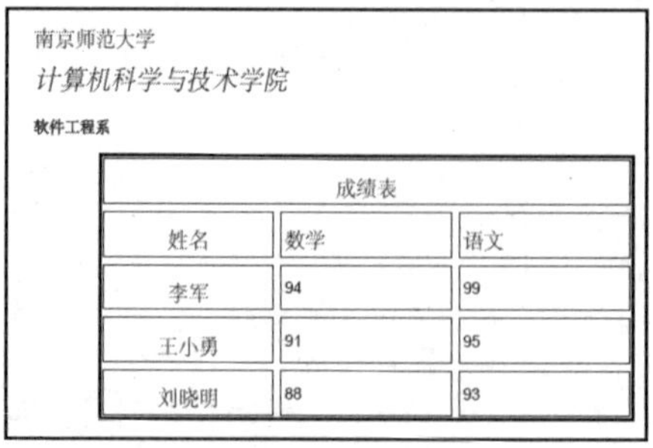

图 7-2　例 7-6 程序运行效果

2. com.lowagie.text.PdfPTable 类

com.lowagie.text.PdfPTable 类的构造函数为 PdfPTable(cols)，参数 cols 为表格的列数。定义单元格的函数为 PdfPCell cell = new PdfPCell()。添加单元格到表格的函数为 table.addCell(cell)。

com.lowagie.text.PdfPTable 类不能合并行，没有 setRowspan()方法，只能用 setColspan()方法合并列。而 com.lowagie.text.Table 类可以用 setRowspan()方法合并行，用 setColspan()方法合并列。

【例 7-7】用 com.lowagie.text.PdfPTable 类生成一个表格。

程序代码如下：

```
<%@ page language="java"  pageEncoding="gb2312"%>
<%@ page import="java.io.*,com.lowagie.text.*,com.lowagie.text.pdf.*"%>
<%@ page import="java.util.*" %>
<%  String[] tableHeader= { "姓名", "性别", "年龄","学院", "专业", "年级"};  // 表头
    int colNumber = 6;                                            //数据表字段数
    int spacing = 1;
    int padding = 1   ;
    String[][] stu={{"刘勇", "男", "19","计算机", "软件", "2018"},
         { "王蒙", "男", "18","计算机", "安全", "2018"},
         { "李月琴", "女", "19","文学院", "现代文学", "2017"},
         { "张成功", "男", "20","理学院", "数学", "2018"}};
    String str1="南京师范大学\n";
    String str2="计算机科学与技术学院\n";
    String str3="软件工程系\n\n";
    response.reset();
    response.setContentType("application/pdf");                   //设置文档格式
    //创建 PDF 文档，其左、右、上、下页边距分别为 50、50、50、50
    Document document = new Document(new Rectangle(1500, 2000), 50, 50, 50,50);
    ByteArrayOutputStream buffer = new ByteArrayOutputStream();
    PdfWriter.getInstance(document, buffer);
    PdfWriter.getInstance(document,new FileOutputStream("c:\\yhx3.pdf"));
    //保存到文件 c:\yhx3.pdf 中
    document.addTitle("这是生成 PDF 的一个例子");
    document.addAuthor("YinHX");
    document.addSubject("这是主题");
    document.addKeywords("这是关键字");
    document.addCreator("by njnu.edu.cn");
    BaseFont bfChinese = BaseFont.createFont("STSong-Light",
         "UniGB-UCS2-H", BaseFont.NOT_EMBEDDED);
    Font ft1=new Font(bfChinese, 16, Font.NORMAL);
    Font ft2=new Font(bfChinese, 20, Font.ITALIC);
    Font ft3=new Font(bfChinese, 12, Font.BOLD);
    Paragraph par = new Paragraph();
    par.add(new Paragraph(str1,ft1));
    par.add(new Paragraph(str2,ft2));
    par.add(new Paragraph(str3,ft3));
    PdfPTable datatable = new PdfPTable(colNumber);               //创建有 colNumber 个列的表格
    int[] cellsWidth = {1,1,1,1,1,1};                             //定义单元格的宽度
    datatable.setHorizontalAlignment(0);                          //设置表格居左
    datatable.setTotalWidth(150);                                 //定义表格的宽度
```

```
        datatable.setWidths(cellsWidth);
        datatable.setWidthPercentage(50);                        //表格的宽度百分比
        datatable.getDefaultCell().setPadding(padding);
        datatable.getDefaultCell().setBorderWidth(spacing);
        datatable.getDefaultCell().setHorizontalAlignment(Element.ALIGN_CENTER);
        for (int i = 0; i <colNumber; i++) {
            PdfPCell pcell=new PdfPCell();
            pcell.setPhrase(new Paragraph(tableHeader[i], ft1));
            datatable.addCell(pcell);                            // 添加表头元素
        }
        for(int r=0;r<4;r++){
            for (int i = 0; i <colNumber; i++) {
                PdfPCell pcell=new PdfPCell();
                pcell.setPhrase(new Paragraph(stu[r][i], ft1));
            datatable.addCell(pcell);                            // 添加数据
            }
        }
        document.open();                                         //打开文档
        document.add(par);                                       //添加内容
        document.add(datatable);                                 //添加表格
        document.close();                                        //关闭文档
        //解决抛出 IllegalStateException 异常的问题
        out.clear();
        out = pageContext.pushBody();
        DataOutput output = new DataOutputStream(response.getOutputStream());
        byte[] bytes = buffer.toByteArray();
        response.setContentLength(bytes.length);
        for (int i = 0; i < bytes.length; i++) {
            output.writeByte(bytes[i]);
        }
%>
```

程序运行效果如图 7-3 所示。

南京师范大学

计算机科学与技术学院

软件工程系

姓名	性别	年龄	学院	专业	年级
刘勇	男	19	计算机	软件	2018
王蒙	男	18	计算机	安全	2018
李月琴	女	19	文学院	现代文学	2017
张成功	男	20	理学院	数学	2018

图 7-3　例 7-7 程序运行效果

7.3.4　处理图像

在 iText 中，处理图像的类为 com.lowagie.text.Image，目前 iText 支持的图像格式有 GIF、JPEG、PNG、wmf 等，对于不同的图像格式，iText 用相同的构造函数来自动识别图像格式。

1. 图像的位置

图像的位置主要是指图像在文档中的对齐方式，以及图像和文本的位置关系，用 setAlignment(int alignment) 方法设置，参数 alignment 的可选值有 Image.RIGHT、

Image.MIDDLE 和 Image.LEFT，分别指右对齐、居中对齐和左对齐。当参数 alignment 为 Image.TEXTWRAP、Image.UNDERLYING 时，分别指文字绕图像显示、图像作为文字的背景显示。这两种参数可以结合使用以达到预期的效果，示例如下：

```
setAlignment(Image.RIGHT|Image.TEXTWRAP)
```

上述代码实现的显示效果为图像右对齐，且文字绕图像显示。

2. 图像的尺寸和旋转

如果图像在文档中不按原尺寸显示，那么可以通过下面的代码进行设定：

直接设定显示尺寸：public void scaleAbsolute(int newWidth, int newHeight)。

设定显示比例：public void scalePercent(int percent)，如 scalePercent(50)表示显示的大小为原尺寸的 50%。

设定图像高度和宽度的显示比例：public void scalePercent(int percentX, int percentY)。

如果图像需要在旋转一定角度后显示在文档中，那么可以通过 public void setRotation (double r)实现。其中，参数 r 为弧度，若旋转角度为 30 度，则参数 r= Math.PI*30/180。

【例 7-8】显示图片。

程序代码如下：

```
<%@ page language="java" pageEncoding="gb2312"%>
<%@ page import="java.io.*,com.lowagie.text.*,com.lowagie.text.pdf.*"%>
<%@page import="java.util.*,javax.swing.*" %>
<%
    BaseFont bfChinese = BaseFont.createFont("STSong-Light",
        "UniGB-UCS2-H", BaseFont.NOT_EMBEDDED);
    Font ft1=new Font(bfChinese, 20, Font.NORMAL);
    response.reset();
    response.setContentType("application/pdf");
    Document document = new Document();
    String filePath="njnu.jpg";
    Image jpg = Image.getInstance(filePath);
    jpg.setAlignment(Image.MIDDLE);                          //设置图片居中对齐
    Table table=new Table(1);
    table.setAlignment(Table.ALIGN_MIDDLE);                  //设置表格居中对齐
    table.setBorderWidth(0); //将边框宽度设为 0
    table.setPadding(3);                                     //设置表格边距为 3
    table.setSpacing(3);
    table.addCell(new Cell(jpg));                            //将图片加载到表格中
    Cell cellword=new Cell(new Paragraph("南京师范大学", ft1));
    cellword.setHorizontalAlignment(Cell.ALIGN_CENTER);      //设置文字水平居中对齐
    cellword.setBorder(0);
    table.addCell(cellword);                                 //添加表格
    ByteArrayOutputStream buffer = new ByteArrayOutputStream();
    PdfWriter.getInstance(document, buffer);
    document.open();
    //通过表格输出图片的内容
    document.add(table);
    document.close();
    //解决抛出 IllegalStateException 异常的问题
    out.clear();
    out = pageContext.pushBody();
        DataOutput output = new DataOutputStream(response.getOutputStream());
```

```
        byte[] bytes = buffer.toByteArray();
        response.setContentLength(bytes.length);
        for (int i = 0; i < bytes.length; i++) {
                output.writeByte(bytes[i]);
        }
%>
```

程序运行效果如图 7-4 所示。

南京师范大学

图 7-4 例 7-8 程序运行效果

本 章 小 结

本章介绍了文件上传组件 Commons-FileUpload、HTML 解析器组件 Jsoup、JSP 报表组件 iText，并用实例演示了使用这些组件进行程序开发的过程。这些组件功能实用、使用简单，大大拓展了 JSP 的功能，提高了程序设计的效率。

习 题 7

7.1 JSP 的 Commons-FileUpload 组件、Jsoup 组件和 iText 组件的作用是什么?

7.2 简述使用 Jsoup 组件抓取远程网页的基本步骤。

7.3 简述使用 iText 组件生成 PDF 文档的基本步骤。

上 机 实 验

1. 设计一个登录页面，用于判断用户类型。若是老用户，则显示用户名、密码、出生年月、性别、照片；若是新用户，则提供注册页面，其中需要填写的信息包括用户名、密码、出生年月、性别、照片，将用户的信息保存到数据库中，仅将照片的文件名保存在表中，图片保存在服务器的 img 目录中。

【目的】

（1）熟悉文件上传、下载功能。

（2）掌握数据库的基本应用。

【内容】

首先在数据库中创建一个表，输入若干用户的用户名、密码、出生年月、性别、照片文件名；然后在服务器中创建一个目录 img，用来保存用户上传的照片；最后创建项目及相关的页面完成题目要求。

【步骤】

（1）在数据库中创建一个表，输入若干用户的用户名、密码、出生年月、性别、照片文件名。

（2）在服务器中创建一个目录 img，用来保存用户上传的照片。

（3）创建项目和登录页面。

（4）识别新老用户，实现题目中的登录用户判断功能。

2. 使用 Jsoup 组件获取远程页面的链接，修改文本并输出新的链接。

【目的】

（1）熟悉 Jsoup 组件的基本功能。

（2）掌握 Jsoup 组件的常用方法和基本应用。

【内容】

创建一个页面，指定 Jsoup 组件连接的页面，获取所有带有 href 属性的链接。修改这个链接的标题为题目要求的内容，生成新的链接并在页面上显示。

【步骤】

（1）指定 Jsoup 组件连接的页面。

（2）获取页面上带有 href 属性的链接。

（3）循环链接并解析文本和地址，修改文本为“Web 程序设计”＋ 链接的序号。

（4）创建新的链接标签，文本为修改过的文本内容，链接保持不变，并在页面上输出，完成题目中的要求。

第 8 章　JavaScript 框架与技术

在现代网站和 Web 应用程序设计中，越来越多地使用 JavaScript 来实现丰富的交互及控制功能。JavaScript 在 Web 开发中占据着重要地位，其技术也日益变得复杂。为了提高开发效率，降低应用程序开发的复杂性，人们研制了各种 JavaScript 框架和库，如 JQuery、React、Angular 和 Vue 等，它们提供了常用开发功能的封装或软件框架。

AJAX（Asynchronous JavaScript and XML，异步 JavaScript 与 XML）是 JavaScript、XML、CSS、DOM 等多种已有技术的组合，可以实现客户端的异步请求操作，减少用户的等待时间，减轻服务器和带宽的负担，提供更好的服务响应。

Web 数据可视化通过 Web 技术来呈现数据和信息，可以将数据和信息以生动、直观的方式呈现给用户。ECharts 组件是目前常用的 Web 数据可视化技术，可提供丰富的图表显示样式。

8.1　JavaScript 框架和库概述

8.1.1　基本概念

Web 前端技术发展非常迅速，新技术层出不穷，但 Web 前端技术发展的主线是高效地构建 Web 人机交互界面。在构建复杂 Web 应用程序时，主要考虑的是如何更合理高效地组织代码，包括视图构建、视图状态管理、用户交互、服务端交互等。如何适应复杂场景的应用开发，保证协作效率、可维护性、可扩展性等，是 JavaScript 框架和库所要解决的问题。

JavaScript 框架（framework）是一套软件架构，提供 Web 前端项目的解决方案；JavaScript 库（library）是程序功能集合的封装，实现了代码重用。

严格来说，框架和库是有一定区别的，其主要区别在于控制权的不同：框架具有对用户代码的控制权，而库是提供给开发人员调用的代码。通常并不严格区分它们，可以把它们都理解为可供开发人员选用的一组组件，开发人员可以利用它们快速完成 Web 前端系统的构建。

8.1.2　MVVM 设计模式

早期 JavaScript 程序开发通常采用直接编写源代码或采用 JavaScript 库的方式进行，但存在开发效率不高、不利于协同开发等问题，因此，为便于协同开发和管理维护，出现了各类前端开发框架，它们大多遵循了 MVC 或 MVVM 设计模式。

在 2010 年发布的 Backbone.js 框架最先基于 MVC 思想，引入了视图和数据模型的概念。MVC 按照分层思想，将应用程序划分为模型（Model）、视图（View）、控制器（Controller）。其中，模型包括数据模型和数据访问模型，将项目中涉及的数据及相关数据处理进行封装；视图指用户界面，主要实现系统与用户的交互；控制器主要负责控制系统流程和调度，先将视图传来的任务分配给特定的模型进行处理，再将处理完的结果返回给视图。MVC 原本是 Web 后端的设计模式，其核心是实现业务逻辑和数据显示的分层设计。随着 Web 前端开发复杂性的增加，MVC 设计模式也被应用到前端框架中。

前端 MVC 模式如图 8-1 所示。View 通常是展示给用户的 HTML 页面，同时接收用户指令并传递给 Controller；Controller 实现业务逻辑，并通过 Model 改变数据状态；Model 则将新的数据传送给 View，使用户得到指令执行的结果。

MVVM 模式如图 8-2 所示，是 Web 前端对 MVC 模式的发展，将原来的 Controller 更改为 ViewModel。ViewModel 是 MVVM 的核心，负责连接 View 和 Model，提供了与 View 和 Model 的双向数据绑定。MVVM 中各层功能如下。

① Model（模型）：负责处理数据和业务逻辑，它可以从网络、数据库或其他数据源获取数据。Model 通常独立于界面，可以在多个界面之间共享。

② View（视图）：负责展示数据和用户界面，接收用户请求。

③ ViewModel（视图模型）：将 Model 数据转换为 View 所需的数据，并处理视图逻辑。ViewModel 负责从 Model 中获取数据，并将数据转换为 View 可以直接使用的形式；ViewModel 还负责监听 Model 的数据变化，并通知 View 进行更新。

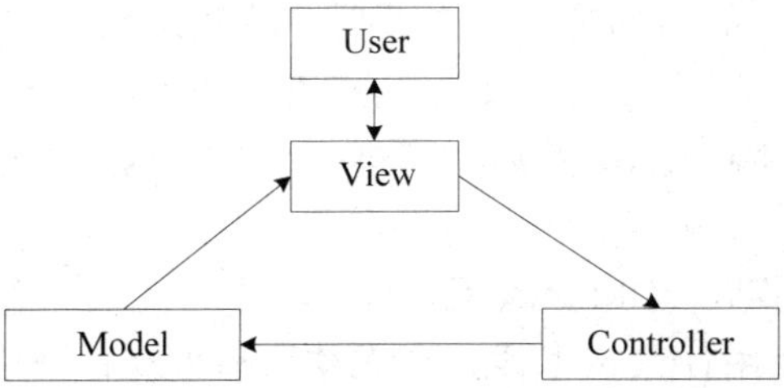

图 8-1　前端 MVC 模式

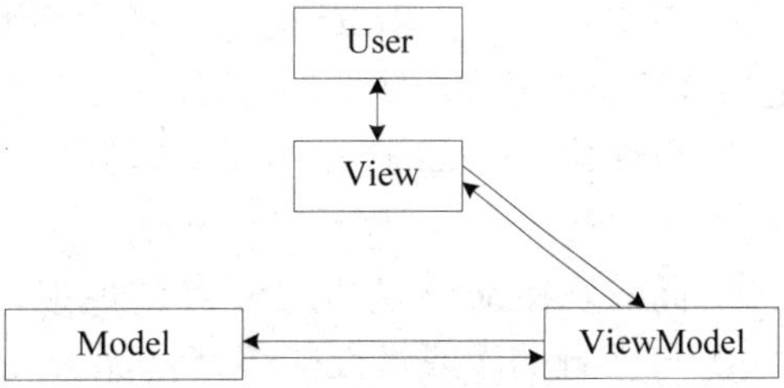

图 8-2　MVVM 模式

MVVM 主要有以下特点。

① 低耦合。View 与 Model 是相互独立的，当 View 发生变化时，Model 可以不变，而当 Model 发生变化时，View 也可以不变。

② 增强可维护性和可测试性。MVVM 的分层结构使得代码更易于维护。View 只负责展示数据和用户交互，ViewModel 负责处理业务逻辑和数据转换，Model 负责数据的获取和存储。这种分层结构使得代码更加清晰和可读，也方便进行测试。

③ 有利于协同开发。开发人员可以专注于业务逻辑和数据的开发（即开发 ViewModel），设计人员可以专注于页面设计。

④ 数据驱动界面（UI）。MVVM 采用数据绑定的方式，将 Model 的数据与 ViewModel 进行绑定。当 Model 的数据发生变化时，ViewModel 会自动更新 View 的显示，无须手动更新 UI。这种方式可以减少手动更新 UI 的代码量，提高开发效率。

8.1.3　jQuery

jQuery 由 John Resig 创建，于 2006 年首次发布，它是免费的、开源的。jQuery 是一个快速的轻量级 JavaScript 库，封装了 JavaScript 常用的功能代码，可以简化 DOM 操作、事件处理、AJAX 请求和动画效果等任务，提高开发效率。自发布以来，jQuery 被广泛应用于许多网站和 Web 应用程序的开发中。

jQuery 的核心理念是"write less,do more"（写得更少，做得更多），即将很多不太好用的 JavaScript 原生组件封装得简单易用，使开发人员可以用更少的代码完成更多的事情。

jQuery 主要有以下特点。

① 轻量级。jQuery 体积小，其核心 js 文件只有几十 KB，不会影响页面加载速度。

② 可方便地选择页面元素（可实现与 CSS 选择器对应的功能且更精确和灵活）。

③ 可动态更改页面样式和内容（可操作 DOM，动态添加和移除样式）。

④ 控制响应事件（可动态添加响应事件）。

⑤ 提供基本网页特效，开发人员可直接使用。

⑥ 快速实现通信（通过 AJAX 实现）。

⑦ 易扩展、插件丰富。

⑧ 具有高效灵活的 CSS 选择器，并且可对 CSS 选择器进行扩展。

8.1.4 React

React 起源于 Facebook 的内部项目，主要用于构建 UI。它采用声明范式，可以轻松地描述应用；通过对 DOM 的模拟，减少了与 DOM 的交互；还可以与已有的库或框架很好地配合。

React 主要有以下特点。

① 声明式设计。React 为应用的每个状态设计简洁的视图，当数据变动时，React 能高效更新并渲染合适的组件。

② 组件化。React 首先构建管理自身状态的封装组件，然后对其进行组合以构成复杂的 UI。

③ 高效。React 通过对 DOM 的模拟，减少了与 DOM 的交互。

④ 与已有的库或框架能很好地配合。无论使用什么技术栈，在无须重写现有代码的前提下，都可以通过引入 React 来开发新功能。

8.1.5 Angular

AngularJS 诞生于 2009 年，由 Misko Hevery 等创建，是一款构建用户界面的前端框架，后被 Google 收购。AngularJS 是一个应用设计框架与开发平台，用于创建高效、复杂、精致的单页面应用，通过新的属性和表达式扩展了 HTML，实现“一套框架，多种平台”，可用于移动端和桌面端。AngularJS 有着诸多特性，核心特性包括采用 MVVM 设计模式、模块化、自动化双向数据绑定、语义化标签、依赖注入等。

Angular 是 AngularJS 的重写，AngularJS2 版本发布以后，官方将其命名为 Angular，2.0 之前的版本仍被称为 AngularJS。AngularJS 是用 JavaScript 编写的，而 Angular 是用 TypeScript 编写的，是 ECMAScript 6（ES6）的超集。

AngularJS 采用高度的抽象技术，因此会损失一部分灵活性，不适合频繁进行 DOM 操作的应用，如游戏、图形界面编辑器等。

8.1.6 Vue

Vue 由尤雨溪（Evan You）创建，于 2014 年发布。Vue 采用 MVVM 体系结构，提取了 Angular 的部分特性，是一个更轻量级的渐进式 JavaScript 框架，用于构建交互式用户界面。

8.2 Vue 框架及应用

8.1 节已经提到，Vue 是一种渐进式的 JavaScript 框架。所谓渐进式，是指框架被设计为可以自下向上逐层应用的模式。开发人员可以只使用 Vue 框架提供的某层功能，也可以与其他第三方库结合使用，形成 Vue 渐进式框架，其核心概念为：组件化、MVVM 数据双向绑定、响应式虚拟 DOM 和生命周期。

8.2.1　组件化

Vue 将组成一个页面的 HTML、CSS 和 JS 合并到一个组件中，该组件可以被其他组件或页面引入以实现重复利用。通常每个.vue 文件都会被当作一个组件导出，组件既可以是一个基础组件（如按钮），也可以是一个页面（如登录页面）。

组件化很好地将一个庞大复杂的前端工程拆分为一个个组件，重复利用的性质也大大提高了开发的效率。

8.2.2　MVVM 数据双向绑定

MVVM 为 Vue 实现了数据双向绑定。当 View（用户视图）发生变化时（如填写表单），会自动同步到 ViewModel 处理相应逻辑，并将变化更新到 Model 数据库。反之，若服务端数据发生变化，也会自动同步到 ViewModel 处理相应逻辑，并将变化同步到 View 展现给用户。

在使用 Vue 之前，HTML 和 JS 之间的交互需要使用大量的 DOM 操作来实现，而 MVVM 实现的数据双向绑定减少了 DOM 操作，更高效地实现了视图和数据的交互。同时，MVVM 使界面、交互和数据层分离，便于设计人员设计界面、后端开发人员提供数据接口，而前端开发人员只需专注于业务交互逻辑的实现。

8.2.3　响应式虚拟 DOM

对于 DOM 来说，当 HTML 的一个元素（如 div）需要响应数据更改时，会刷新整个页面，导致效率较低。

浏览器会将 HTML 文件转换为 js 文件并复制一个作为虚拟 DOM。当进行数据更改时，虚拟 DOM 会将复制的 js 文件与原始 js 文件进行比较，只重新加载更改的部分，并在真实 DOM 上进行局部修改。

在 Vue 中，每个绑定 data 属性的组件都有一个 Watcher，用于检测 data 属性的更改。一旦检测到更改，就会重新渲染该组件，这就是响应式。模板转化视图过程如图 8-3 所示。

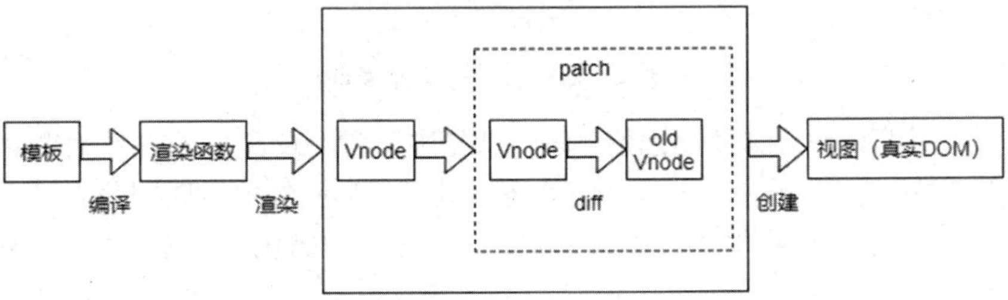

图 8-3　模板转化视图过程

8.2.4　生命周期

每个 Vue 都有生命周期，其过程为创建→挂载→更新→销毁。开发人员可以通过钩子函数（如 mounted）在组件生命周期中的不同时刻进行操作。图 8-4 为完整的 Vue 生命周期。

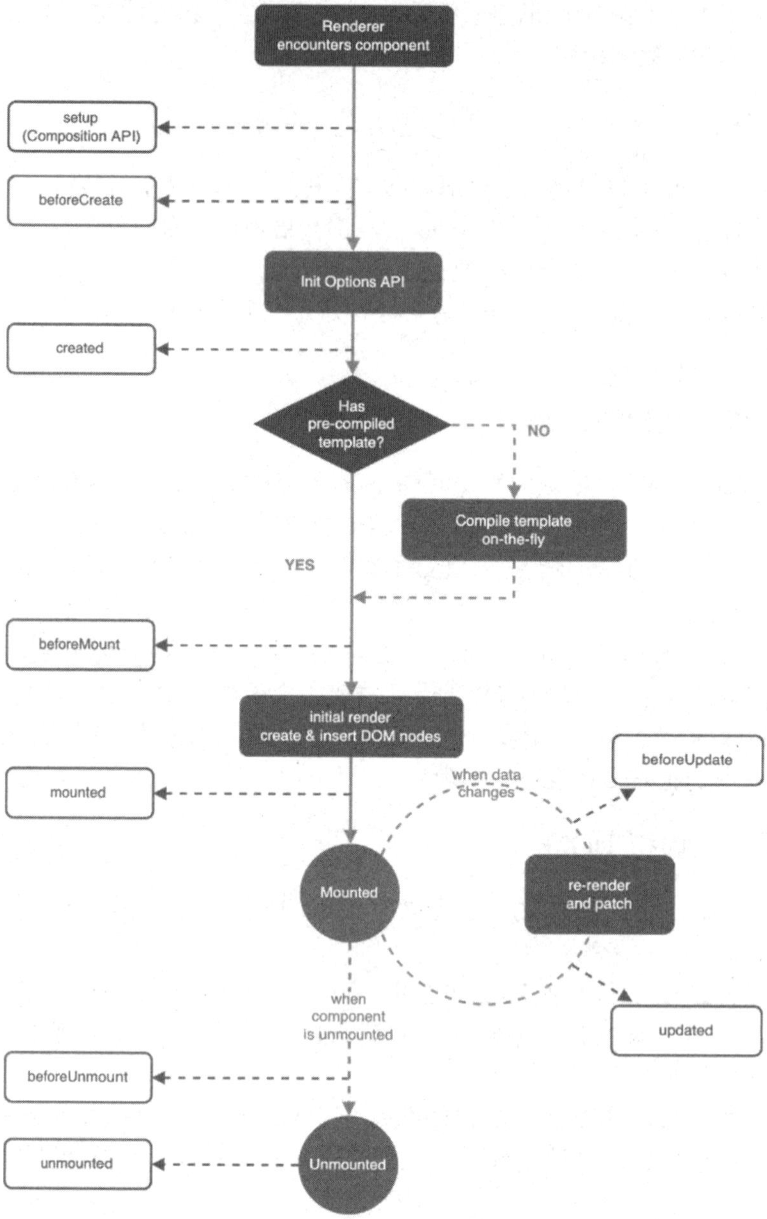

图 8-4　完整的 Vue 生命周期[①]

Vue 的生命周期指的是组件在创建、运行和销毁过程中所经历的一系列事件，通过这些事件可以让开发人员在不同阶段进行相应的逻辑处理。Vue 的生命周期分为以下 8 个阶段。

① beforeCreate：组件实例刚被创建，但是数据还未初始化。在这个阶段，无法访问 data 和 methods 等组件属性。

② created：组件的数据已经初始化完成，但是 DOM 元素还未生成。可以进行一些异步操作，如发送 AJAX 请求获取数据等。

③ beforeMount：组件即将被挂载到页面上。在这个阶段，所有的模板和组件都已经被编译成 render 函数，并进行了初始渲染。

① 引用 Vue 官方文档中的生命周期图示。

④ mounted：组件已经被挂载到页面上。此时可以访问组件的 DOM 元素，进行一些需要访问 DOM 元素的操作，如使用第三方插件等。

⑤ beforeUpdate：组件更新之前。此时可以对组件更新之前的状态和数据进行处理。

⑥ updated：组件更新完毕。在此阶段不能再更新组件的数据，否则会导致死循环。

⑦ beforeDestroy：组件即将被销毁。此时可以进行一些清理工作，如清除定时器、解绑事件等。

⑧ destroyed：组件已经被销毁。此时所有的事件监听和子组件都已经被移除。

掌握 Vue 的生命周期可以帮助开发人员更好地理解组件的运行机制，在不同阶段进行相应的逻辑处理，从而进行更加灵活、高效的组件开发。

8.2.5　Vue 基本文件结构

Vue 框架的基本文件结构如图 8-5 所示。

```
├──── build/
│    └──── ...
├──── config/
│    ├──── index.js          项目配置文件
│    └──── ...
├──── src/
│    ├──── main.js           应用入口文件
│    ├──── App.vue           应用组件
│    ├──── components/       UI 组件
│    │    └──── ...
│    └──── assets/
│         └──── ...
├──── static/                静态资源目录
├──── .babelrc
├──── .editorconfig
├──── .gitignore
├──── .postcssrc.js
├──── index.html             首页模板
├──── package.json
└──── README.md
```

图 8-5　Vue 框架的基本文件结构

8.2.6　一个 Vue 示例

本节将通过一个完整的 Vue 示例，让读者更好地了解 Vue 的目录结构，以及怎么开发一个简单的静态页面。

【例 8-1】一个完整的 Vue 示例——信息展示。

本例使用 Vue 创建了一个简单的信息展示页面。创建时使用了 Vue 模板、Vue 自定义组件、Vue 路由插件，如图 8-6 所示。

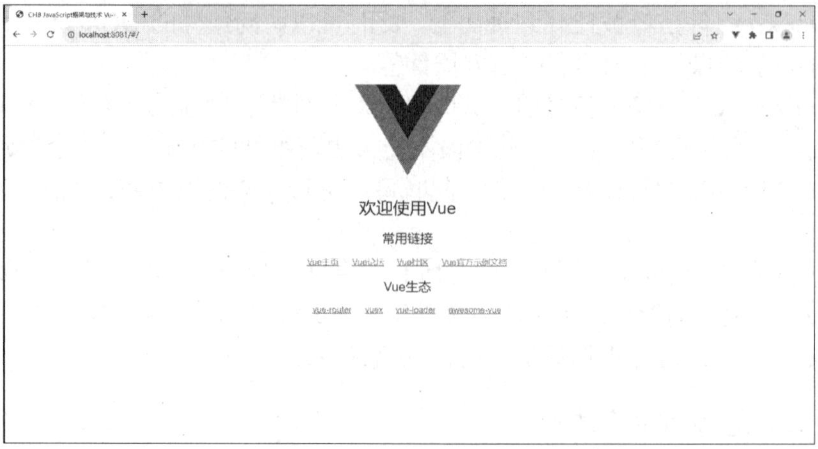

图 8-6　信息展示页面

本例主要包含以下 6 个文件。

① ./index.html：index.html 是一个总的入口文件。Vue 是单页面应用，通常挂在 id 为“app”的 div 元素下。在开发和构建过程中，框架会生成系统资源，并将这些资源的 URL 自动注入到 index.html 文件中，在进行动态渲染后呈现最终的 HTML 页面效果。

② ./config/index.js：主配置文件，它公开了构建设置的一些最常见的配置选项。

③ ./src/components/HelloWorld.vue：自定义组件，在本例中用于在页面中显示 Logo、超链接、文本等信息。

④ ./src/router/index.js：在本例中引入了 Vue 的路由插件 vue-router，这个插件可以让应用程序具有页面路由功能，从而能够在多页面之间切换，以及显示 URL 中的参数控制页面，使得 Vue 的应用更加丰富。index.js 文件是 vue-router 插件的配置文件。

⑤ ./src/main.js：应用入口文件，主要作用是初始化 Vue 实例并使用需要的插件。

⑥ ./src/App.vue：Vue 页面资源的首加载项，是主组件也是页面的入口文件，所有页面都是在 App.vue 文件下进行切换的；App.vue 文件负责构建定义及页面组件归集。

App.vue 文件的作用有以下几点。

① 一般是作为整个 Vue 项目的根组件，用来展示组件的内容。

② 在整个项目中，App.vue 被称为根组件，而 template 下的子元素在针对当前的 Vue 实例时，也被称为根组件。

各文件内容如下。

（1）./index.html 文件。

```
<!DOCTYPE html>
<html>
  <head>
    <meta charset="utf-8">
    <meta name="viewport" content="width=device-width,initial-scale=1.0">
    <title>CH8 JavaScript 框架与技术  Vue 示例</title>
  </head>
  <body>
    <div id="app"></div>//构建的文件会被自动注入此标签
  </body>
</html>
```

（2）./config/index.js 文件。

```
//本例的默认配置文件，具体的配置信息可以参考 Vue 的官方文档
const path = require('path')
module.exports = {
  dev: {
    assetsSubDirectory: 'static',
    assetsPublicPath: '/',
    proxyTable: {},
    host: 'localhost',
    port: 8080,
    autoOpenBrowser: false,
    errorOverlay: true,
    notifyOnErrors: true,
    poll: false,
    devtool: 'cheap-module-eval-source-map',
    cacheBusting: true,
    cssSourceMap: true
  },
  build: {
    index: path.resolve(__dirname, '../dist/index.html'),
    assetsRoot: path.resolve(__dirname, '../dist'),
    assetsSubDirectory: 'static',
    assetsPublicPath: '/',
    productionSourceMap: true,
    devtool: '#source-map',
    productionGzip: false,
    productionGzipExtensions: ['js', 'css'],
    bundleAnalyzerReport: process.env.npm_config_report
  }
}
```

（3）./src/components/HelloWorld.vue 文件。

```
<template>
  <div class="hello">
    <h1>{{ msg }}</h1> //可在双花括号中插入 JavaScript 变量，最终页面会将其以文本的形式渲染并
展示
    <h2>常用链接</h2>
    <ul>
      <li>
        <a href="http:// www.phei.com.cn" target="_blank">Vue 主页</a>
      </li>
      <li>
        <a href="http:// www.phei.com.cn" target="_blank">Vue 论坛</a>
      </li>
      <li>
        <a href="http:// www.phei.com.cn" target="_blank">Vue 社区</a>
      </li>
      <li>
        <a href="http:// www.phei.com.cn" target="_blank">Vue 官方示例文档</a>
      </li>
    </ul>
    <h2>Vue 生态</h2>
    <ul>
      <li>
```

```
            <a href="http:// www.phei.com.cn" target="_blank">vue-router</a>
        </li>
        <li>
            <a href="http:// www.phei.com.cn" target="_blank">vuex</a>
        </li>
        <li>
            <a href="http:// www.phei.com.cn" target="_blank">vue-loader</a>
        </li>
        <li>
            <a href="http:// www.phei.com.cn" target="_blank">awesome-vue</a>
        </li>
      </ul>
    </div>
</template>
<script>
export default {
  name: 'HelloWorld',     //自定义组件名称
  data () {
    return {
      msg: '欢迎使用 Vue'//模板中的 JavaScript 变量
    }
  }
}
</script>
<style scoped>
h1, h2 {
  font-weight: normal;
}
ul {
  list-style-type: none;
  padding: 0;
}
li {
  display: inline-block;
  margin: 0 10px;
}
a {
  color: #42b983;
}
</style>
```

（4）./src/router/index.js 文件。

```
import Vue from 'vue'//导入 Vue
import Router from 'vue-router'//导入 vue-router 组件
import HelloWorld from '@/components/HelloWorld'//导入自定义组件 HelloWorld
Vue.use(Router)//使用 vue-router 组件
export default new Router({
  routes: [
    {
      path: '/',
      name: 'HelloWorld',
      component: HelloWorld
    }
```

```
    ]
})
```

（5）./src/main.js 文件。

```
import Vue from 'vue'//导入 Vue
import App from './App'//导入 App
import router from './router'//导入 router
Vue.config.productionTip = false
new Vue({
  el: '#app',
  router,
  components: { App },
  template: '<App/>'
})
```

（6）./App.vue 文件。

```
<template>
  <div id="app">
    <img src="./assets/logo.png">
    <router-view/>//在 vue-router 中定义的路由
  </div>
</template>
<script>
export default {//导出名为 App 的模块
  name: 'App'
}
</script>
<style>//模板 CSS 样式
#app {
  font-family: 'Avenir', Helvetica, Arial, sans-serif;
  -webkit-font-smoothing: antialiased;
  -moz-osx-font-smoothing: grayscale;
  text-align: center;
  color: #2c3e50;
  margin-top: 60px;
}
</style>
```

Vue 是目前生产环境中使用最广泛的 JavaScript 框架之一，可以轻松处理大多数 Web 应用场景，并且几乎不需要手动优化，而且 Vue 完全有能力处理大规模的应用。

8.3　AJAX 技术

8.3.1　AJAX 简介

AJAX 并不是一门新的语言或技术，它是 JavaScript、XML、CSS、DOM 等多种已有技术的组合，可以实现客户端的异步请求操作，从而在不需要刷新页面的情况下与服务器进行通信，不仅能减少用户的等待时间，还能减轻服务器和带宽的负担，提供更好的服务响应。基于以上特性，使用 AJAX 技术，既可以使我们在开发时做到前后端分离，也可以让我们仅从服务器端请求少量的数据，使得 Web 应用程序更小、更快、更友好。

AJAX 应用程序独立于浏览器和平台，不需要任何浏览器插件，但需要用户允许

JavaScript 在浏览器上运行。通过在后台与服务器进行少量数据交换，AJAX 可以使网页实现异步更新，不需要重新加载整个网页。

AJAX 的工作原理如下：当某个事件发生时，如用户单击按钮或输入文本，浏览器会处理 HttpRequest，创建 XMLHttpRequest 对象并向服务器发送请求。服务器首先接收请求并创建响应，然后将数据以文本、XML、JSON 等数据格式返回给浏览器。浏览器使用 JavaScript 处理被返回的数据，并更新页面内容，AJAX 工作原理如图 8-7 所示。

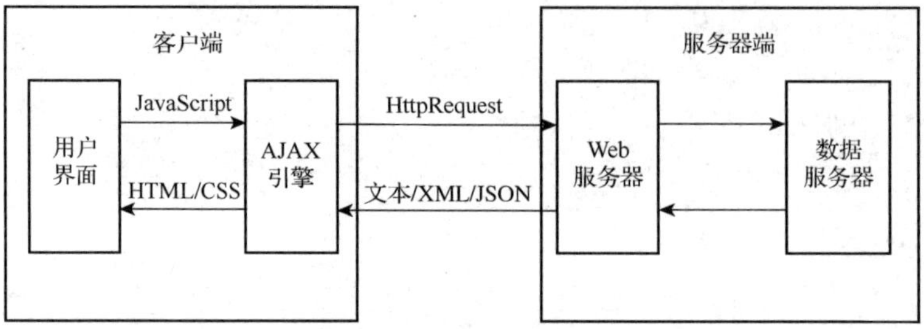

图 8-7　AJAX 工作原理

AJAX 提高了系统性能，优化了用户界面。

AJAX 在 1998 年前后得到了应用，Outlook 是第一个应用了 AJAX 的成功的商业应用程序。到 2005 年，Google 在它著名的交互应用程序中使用了 AJAX，如 Google、Google 地图、Google 搜索、Gmail 等。此后 AJAX 得到普遍应用。

8.3.2　AJAX 开发模式

AJAX 通过 XMLHttpRequest 对象采用异步方式在后台发送请求，处理服务器响应。

1. XMLHttpRequest 对象的常用方法

open()方法：设置进行异步请求目标的 URL、请求方法及其他参数信息。

send()方法：向服务器发送请求。如果请求声明为异步，那么该方法将立即返回，否则将在接收到响应后返回。

setRequestHeader()方法：为请求的 HTTP 头设置值。

abort()方法：停止或放弃当前异步请求。

getResponseHeader()方法：以字符串形式返回指定的 HTTP 头信息。

getAllResponseHeaders()方法：以字符串形式返回完整的 HTTP 头信息，其中包括 Server、Date、Content-Type 和 Content-Length。

2. XMLHttpRequest 对象的常用属性

onreadystatechange 属性：指定状态改变时所触发的事件处理器。在 AJAX 中，每个状态改变都会触发这个事件处理器，通常会调用一个 JavaScript 函数。

readyState 属性：获取请求的状态。

responseText 属性：获取服务器的响应，表示为字符串。

responseXML 属性：获取服务器的响应，表示为 XML，可以解析为一个 DOM 对象。

status 属性：返回服务器的 HTTP 状态码。

statusText 属性：返回 HTTP 状态码对应的文本，如 OK 或 Not Found（未找到）等。

3. 向服务器发送请求

在通常情况下，AJAX 发送的请求有两种类型，一种是 GET 请求，另一种是 POST 请求。但是无论发送哪种请求，都需要经过以下 4 个步骤。

（1）初始化 XMLHttpRequest 对象。为了提高程序的兼容性，需要创建一个跨浏览器的 XMLHttpRequest 对象，并且判断 XMLHttpRequest 对象的实例是否创建成功，如果不成功，那么给予提示。具体代码如下：

```
http_request=false;
if(window.XMLHttpRequest){                    //非 IE 浏览器
    http_request=new XMLHttpRequest();        //创建 XMLHttpRequest 对象
}else if(window.ActiveXObject){               //IE 浏览器
    try{
            http_request=new ActiveXObject("Msxml2.XMLHTTP");
                                              //创建 XMLHttpRequest 对象
    }catch(e){
            try{
                    http_request=new ActiveXObject("Microsoft.XMLHTTP");
                                              //创建 XMLHttpRequest 对象
            }catch(e){}
    }
}
if(!http_request){
    alert("不能创建 XMLHttpRequest 对象实例！");
return false;
}
```

（2）为 XMLHttpRequest 对象指定一个返回结果处理函数（即回调函数），用于对返回结果进行处理，具体代码如下：

```
http_request.onreadystatechange=getResult;  //调用返回结果处理函数
```

注意：当使用 XMLHttpRequest 对象的 onreadystatechange 属性指定回调函数时，不能指定要传递的参数。如果要指定传递的参数，可以用以下方法：

```
http_request.onreadystatechange=function(){getResult(param)};
```

（3）创建一个服务器连接。在创建时，需要指定发送哪种请求（即 GET 或 POST），以及设置是否采用异步方式发送请求。

采用异步方式发送 GET 请求的具体代码如下：

```
http_request.open('GET',url,true);
```

采用异步方式发送 POST 请求的具体代码如下：

```
http_request.open('POST',url,true);
```

说明：open()方法中的 url 参数可以是一个 JSP 页面的 URL，也可以是 Servlet 的映射地址。也就是说，请求处理页可以是一个 JSP 页面，也可以是一个 Servlet。

（4）向服务器发送请求。XMLHttpRequest 对象的 send()方法可以向服务器发送请求，该方法需要传递一个参数。如果发送的是 GET 请求，那么可以将该参数设置为 null；如果发送的是 POST 请求，那么可以通过该参数指定要发送的请求参数。

向服务器发送 GET 请求的代码如下：

```
http_request.send(null);  //向服务器发送请求
```

向服务器发送 POST 请求的代码如下：

```
var param="user="+form1.user.value+"&password="+form1.pwd.value;   //组合参数
http_request.send(param);  //向服务器发送请求
```

需要注意的是，在发送 POST 请求之前，还需要设置正确的请求头。具体代码如下：

```
http_request.setRequestHeader("Content-Type","application/x-www-form-urlencoded");
```

上面这句代码需要加在 send(param)语句之前。

4. 处理服务器响应

XMLHttpRequest 对象提供了两个用来访问服务器响应的属性：一个是 responseText 属性，返回字符串响应；另一个是 responseXML 属性，返回 XML 响应。

1）处理字符串响应

字符串响应通常应用在响应不是特别复杂的情况下。例如，将响应显示在提示对话框中，或者响应只是表示成功或失败的字符串，示例如下：

```
function getResult(){
    if(http_request.readyState==4){                 //判断请求状态
        if(http_request.status==200){               //若请求成功，则开始处理返回结果
            alert(http_request.responseText);       //显示判断结果
        }else {                                     //请求页面有错误
            alert("您所请求的页面有错误！");
        }
    }
}
```

如果需要将该响应结果显示到页面的指定位置，那么可以先在页面的合适位置添加一个<div>或<span>标记，设置该标记的 id 属性，如 div_result，然后在回调函数中应用以下代码显示响应结果：

```
document.getElementById("div_result").innerHTML=http_request.responseText;
```

2）处理 XML 响应

如果在服务器端需要生成特别复杂的响应，那么需要应用 XML 响应。应用 XMLHttpRequest 对象的 responseXML 属性，可以生成一个 XML 文档，现在的浏览器已经提供了很好的解析 XML 文档对象的方法。

例如，保存学生信息的 XML 文档代码如下：

```
<?xml version="1.0" encoding="UTF-8"?>
<students>
    <student>
        <no>19180105</no>
        <name>张小华</name>
    </student>
    <student>
        <no>19180108</no>
        <name>刘丽英</name>
    </student>
</students>
```

在回调函数中遍历保存学生信息的 XML 文档，并将其显示到页面中的代码如下：

```
function getResult(){
if(http_request.readyState==4){
    if(http_request.status==200){
        var xmldoc=http_request.responseXML;
        var str="";
        for (int i = 0; i <xmldoc.getElementByTagName("student").length; i++) {
            var student=xmldoc.getElementByTagName("student").item(i);
            str=str+"学号："+student.getElementByTagName("no")[0].firstChild.data+"姓名："+
            student.getElementByTagName('name')[0].firstChild.data+" <br>";
        }
```

```
            document.getElementById("stu").innerHTML=str; //显示学生信息
        }else {
            alert("您所请求的页面有错误！");
        }
    }
}
<div id="stu"></div>
```

3）处理 onreadystatechange 事件

当请求被发送到服务器时，readyState 会发生改变，这时就会触发 onreadystatechange 事件。readyState 属性存有 XMLHttpRequest 的状态信息，有 0 到 4 五个值：0 表示请求未初始化；1 表示服务器连接已建立；2 表示请求已接收；3 表示请求处理中；4 表示请求已完成，且响应已就绪。

status 属性的值如下：200 表示成功；202 表示请求被接受，但尚未成功；400 表示错误的请求；404 表示文件未找到；500 表示内部服务器错误。

在 onreadystatechange 事件中，我们规定当服务器响应已做好被处理的准备时所执行的任务。当 readyState 属性的值等于 4 且 status 属性的值为 200 时，表示响应已就绪。

8.3.3 一个 AJAX 示例

使用 AJAX 能在不更新整个页面的前提下维护数据。这使得 Web 应用程序能够更为迅捷地回应用户动作，并避免了在网络上发送那些没有改变的信息。下面我们将用一个完整的示例，来介绍怎么在前端开发中使用 AJAX。

【例 8-2】检测用户名是否唯一。

（1）创建 index.jsp 文件，在该文件中添加一个用于收集用户注册信息的表单及表单元素，以及“检测用户名”按钮的图片，并在该图片的 onClick 事件中调用 checkName()方法，检测用户名是否被注册。在页面的合适位置添加一个用于显示提示信息的<div>标记，并且通过 CSS 设置该<div>标记的样式。代码如下：

```
<%@ page language="java" contentType="text/html; charset=UTF-8"
    pageEncoding="UTF-8"%>
<!DOCTYPE HTML>
<html>
<head>
<meta charset="utf-8">
<title>AJAX 用法--检测用户名是否唯一</title>
<script type="text/javascript">
    function createRequest(url) {
        http_request = false;
        if (window.XMLHttpRequest) {                    //非 IE 浏览器
            http_request = new XMLHttpRequest();        //创建 XMLHttpRequest 对象
        } else if (window.ActiveXObject) {              //IE 浏览器
            try { //创建 XMLHttpRequest 对象
                http_request = new ActiveXObject("Msxml2.XMLHTTP");
            } catch (e) {
                try {   //创建 XMLHttpRequest 对象
                    http_request = new ActiveXObject("Microsoft.XMLHTTP");
                } catch (e) {
                }
            }
```

```
            }
            if (!http_request) {
                alert("不能创建 XMLHttpRequest 对象实例！");
                return false;
            }
            http_request.onreadystatechange = getResult;  //调用返回结果处理函数
            http_request.open('GET', url, true);          //创建与服务器的连接
            http_request.send(null);                      //向服务器发送请求
        }
        function getResult() {
            if (http_request.readyState == 4) {           //判断请求状态
                if (http_request.status == 200) {         //请求成功，开始处理返回结果
                    //设置提示内容
                    document.getElementById("toolTip").innerHTML = http_request.responseText;
                    document.getElementById("toolTip").style.display = "block"; //显示提示框
                } else {  //请求页面有错误
                    alert("您所请求的页面有错误！");
                }
            }
        }
        function checkUser(userName) {
            if (userName.value == "") {
                alert("请输入用户名！");
                userName.focus();
                return;
            } else {
                createRequest('checkUser.jsp?user='
                        + encodeURIComponent(userName.value));
            }
        }
</script>
<style type="text/css">
<!--
#toolTip {
    position: absolute;      //设置为绝对定位
    left: 331px;             //设置左边距
    top: 39px;               //设置上边距
    width: 98px;             //设置宽度
    height: 48px;            //设置高度
    padding-top: 45px;       //设置文字与上边框之间的距离
    padding-left: 25px;      //设置文字与左边框之间的距离
    padding-right: 25px;     //设置文字与右边框之间的距离
    z-index: 1;              //设置索引
    display: none;           //设置默认不显示
    color: red;              //设置文字的颜色
    background-image: url(images/tooltip.jpg);   //设置背景图片
}
#bg {
    width: 509px;            //设置宽度
    height: 298px;           //设置高度
    background-image: url(images/bg.gif);       //设置背景图片
    padding-top: 54px;
```

```
        margin: 0 auto auto auto;      //设置外边距
    }
    body {
        font-size: 12px;               //设置文字的大小
    }
    ul {
        list-style: none;              //设置不显示列表的项目符号
    }
    li {
        padding: 10px;                 //设置内边距
        font-weight: bold;             //设置文字加粗
        color: #8e6723;                //设置文字的颜色
    }
    -->
    </style>
    </head>
    <body>
    <body style="margin: 0px;">
        <form method="post" action="" name="form1">
            <div id="bg">
                <div style="position: absolute;">
                    <ul>
                        <li>用  户  名：<input name="username" type="text"
                            id="username" size="32"><img src="images/checkBt.jpg"
                            width="104" height="23" style="cursor: pointer;"
                            onClick="checkUser(form1.username);"></li>
                        <li>密　　码：<input name="pwd1" type="password" id="pwd1" size="35">
                        <div id="toolTip"></div></li>
                        <li>确认密码：<input name="pwd2" type="password" id="pwd2"
                            size="35"></li>
                        <li>E-mail　：<input name="email" type="text" id="email"
                            size="45"></li>
                        <li><input type="image" name="imageField"
                            src="images/registerBt.jpg"></li>
                    </ul>
                </div>
            </div>
        </form>
    </body>
    </html>
```

（2）编写检测用户名是否被注册的处理页面 checkUse.jsp，在该页面中判断输入的用户名是否已经被注册，并应用 JSP 内置对象 out 的 println()方法输出判断结果。代码如下：

```
<%@ page language="java" import="java.util.*" pageEncoding="UTF-8" %>
<%
    String[] userList={"李明","王阳","njnu","math"};              //用户
    String user=new String(request.getParameter("user").getBytes("ISO-8859-1"),"UTF-8");//获取用户名
    Arrays.sort(userList);                                         //对数组排序
    int result=Arrays.binarySearch(userList,user);                 //搜索数组
    if(result>-1){
        out.println("很抱歉，该用户名已经被注册！");              //输出检测结果
    }else{
        out.println("恭喜您，该用户名没有被注册！");              //输出检测结果
```

```
    }
%>
```

程序运行效果如图 8-8 所示。

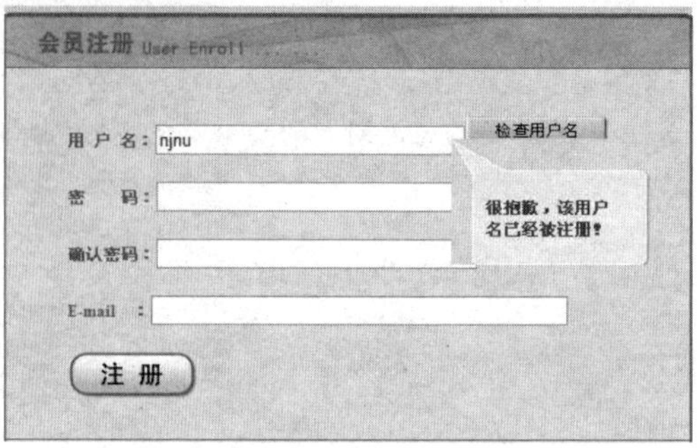

图 8-8　例 8-2 程序运行效果

8.4　Web 数据可视化

随着互联网和大数据技术的发展，数据可视化成为互联网行业重要的组成部分。Web 数据可视化对于数据分析、数据挖掘具有重要意义。Web 数据可视化是通过 Web 技术来呈现数据和信息的方法，它使用各种可视化工具和技术，如图表、地图、3D 动画、仪表板等，将数据和信息以生动、直观的方式呈现给用户。

图表是 Web 数据可视化中最常见的一种方式，它可以用于表示数据的统计结果、比例、趋势等信息。常见的图表工具和技术包括柱状图、折线图、饼图等。实现 Web 图表的技术较多，如 JSP 的 JFreeChart 等，目前常用的是 ECharts。

8.4.1　ECharts 简介

ECharts 是百度推出的一款开源的、基于 JavaScript 的可视化图表库，遵循 Apache-2.0 开源协议。ECharts 涵盖了各行业图表，满足各种需求，兼容当前绝大部分浏览器（IE8/9/10/11、Chrome、Firefox、Safari 等），并兼容多种设备。ECharts 的底层依赖于矢量图形库 ZRender，提供直观、可交互、可高度个性化定制的数据可视化图表。

ECharts 具有以下特性。

① 丰富的可视化类型。ECharts 提供了常规的折线图、柱状图、散点图、饼图、K 线图，用于统计的盒形图，用于地理数据可视化的地图、热力图、线图，用于关系数据可视化的关系图、树图、旭日图，以及漏斗图和仪表盘等。

② 支持多种数据格式。ECharts 内置 dataset 属性，支持直接传入二维表、key-value 等多种格式的数据源，无须转换即可直接使用，实现从数据到图形的映射。

③ 千万级数据的前端展现。通过增量渲染技术，配合各种细致的优化，ECharts 能够展现千万级的数据量，并且能够进行流畅的缩放、平移等交互动作。

④ 多维数据的支持及丰富的视觉编码手段。ECharts 加入了平行坐标等常见的多维数据可视化工具，配合视觉映射组件 visualMap，能够提供的丰富的视觉编码，并将不同维度的数据映射到颜色、大小、透明度、明暗度等不同的视觉通道中。

⑤ 动态数据。ECharts 由数据驱动，数据的改变驱动图表展现的改变。

此外，ECharts 还具有多渲染方案、跨平台、交互操作、绚丽特效和无障碍操作等特性。

8.4.2　ECharts 开发环境搭建

搭建 ECharts 开发环境，只需从 ECharts 官网下载并安装所需的组件包。ECharts 下载页面如图 8-9 所示。

（a）方法一

（b）方法二和方法三

图 8-9　ECharts 下载页面

ECharts 官网支持 3 种下载方法，即“方法一：从下载的源代码或编译产物安装”“方法二：从 npm 安装”“方法三：选择需要的模块，在线定制下载”。以方法三为例，安装过程如下：① 单击“在线定制”按钮，将出现如图 8-10 所示的在线定制页面；② 选择需要的图表、坐标系、组件等；③ 单击“下载”按钮，生成组件包并下载。在默认情况下，系统将生成 echarts.min.js。

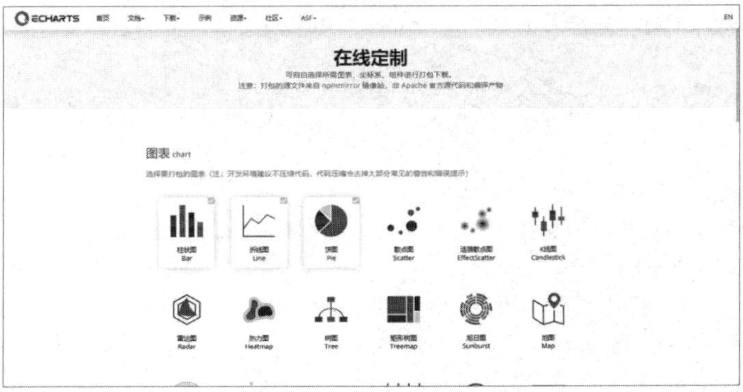

（a）选择图表、坐标系及组件

图 8-10　在线定制页面

（b）生成组件库并下载

图 8-10　在线定制页面（续）

可以将 echarts.min.js 导入 HTML 文件来使用 ECharts 生成图表，也可以在开发工具（如 VSCode、Eclipse）中导入 ECharts 组件包，利用开发工具进行 ECharts 图表显示，以提高开发效率。例 8-3 是一个使用 ECharts 显示柱状图的示例。

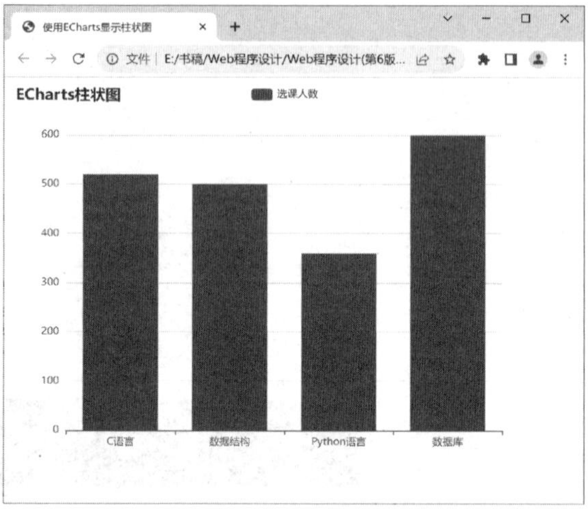

图 8-11　使用 ECharts 显示柱状图

【例 8-3】编写可显示如图 8-11 所示页面效果的 HTML 文件。

HTML 文件代码如下：

```
<!DOCTYPE html>
<html><head>
    <meta charset="utf-8">
    <title>使用 ECharts 显示柱状图</title>
    <!-- 引入 echarts.min.js -->
    <script src="echarts.min.js"></script></head>
<body> <!-- 为 ECharts 创建一个宽 640px、高 480px 的 DOM -->
    <div id="main" style="width: 640px; height:480px;"></div>
    <script type="text/javascript">
        //初始化 echarts 实例
        var myChart = echarts.init(document.getElementById('main'));
        //指定图表的配置项和数据
        var option = {
            title: { text: 'ECharts 柱状图' },
            tooltip: {},
            legend: { data:['选课人数'] },
            xAxis: { data: ["C 语言","数据结构","Python 语言","数据库"] },
            yAxis: {},
            series: [{
                name: '选课人数',
                type: 'bar',
                data: [520, 500, 360, 600]
            }]
        };
        //显示图表
        myChart.setOption(option);
```

```
    </script>
</body></html>
```

在例 8-3 中，使用<script src="echarts.min.js">语句导入 ECharts 组件包，即可在 HTML 文件中应用 ECharts 显示图表。ECharts 显示图表的过程为：①创建一个 DOM 作为图表显示区域；②初始化 echarts 实例；③指定图表的配置项和数据；④显示图表。

8.4.3　ECharts 常用组件

ECharts 常用组件可用于设置图表的显示属性，包括标题、图例、坐标轴、数据系列等。

1）标题

ECharts 中的标题组件名为 title，包含主标题和副标题，常用参数如下。

① text：主标题文本，支持用\n 换行。

② subtext：副标题文本，支持用\n 换行。

③ show：是否显示标题，默认为 true。

④ textStylc：标题文本属性，包括颜色、字体、粗体等。

⑤ left：标题显示位置。

示例如下：

```
title: {   text: 'ECharts 柱状图',              //主标题文字
           textStyle: { color: '#888' },         //主标题文字颜色
           textStyle: { fontStyle: 'italic' } ,  //主标题文字显示风格
           left: 'center'                        //标题居中显示
       }
```

2）图例

ECharts 中的图例组件名为 legend，用于区分不同的数据展示格式，常用参数如下。

① data：图例中的数据数组，与数据展示系列一一对应。

② orient：图例列表的布局朝向，有'horizontal'和'vertical'2 个值，默认为'horizontal'。

③ type：图例类型，有'plain'和'scroll'2 个值，默认为'plain'。

示例如下：

```
legend: {   data: ['选课人数']   //图例数据数组   }
```

3）坐标轴

在显示图表时常用到直角坐标系，最常用的是平面直角坐标系。坐标轴组件的作用是设置各个方向坐标轴参数。对于平面直角坐标系，X 轴和 Y 轴的组件名分别为 xAxis 和 yAxis，它们的常用参数如下。

① data：在坐标轴上显示的数据名。

② position：指定 X 轴的位置，有'top'和'bottom'2 个值，默认为'bottom'。

③ name：坐标轴的名称。

示例如下：

```
xAxis: { data: ["C 语言","数据结构","Python 语言","数据库"] },
```

4）数据系列

一个图表可以包含多个数据系列，每个数据系列又可以包含多个数据，数据系列组件 series 用于保存各个系列的数据。series 是数组，对于不同类型的图表，数组元素值的形式不同。例如，对于柱状图，series 元素的值是序列；对于饼图，series 元素的值是键值对。

ECharts 组件众多，每种组件的参数也较多，限于篇幅，只简要介绍上述 4 种常用组件，更多组件和参数，读者可查阅官网的详细说明。

8.4.4 动态图表应用示例

下面我们将使用 ECharts，通过两个实例来展示常用的图表的类型，以及怎么使用动态图表。

【例 8-4】利用 ECharts 显示华为、三星、苹果公司四个季度手机销量的柱形图（按季度），各公司手机销量如表 8-1 所示。

表 8-1 各公司手机销量（万台）

公 司	一 季 度	二 季 度	三 季 度	四 季 度
华为	3715	3958	4257	4459
三星	4018	2179	4016	3915
苹果	3865	4011	3971	2625

HTML 文件代码如下：

```
<!DOCTYPE html>
<html>
<head>
    <meta charset="utf-8">
    <title>ECharts 显示手机销量</title>
    <script src="echarts.min.js"></script>
</head>
<body>
    <div id="main" style="width: 640px;height:480px;"></div>
    <script type="text/javascript">
        var myChart = echarts.init(document.getElementById('main')); // 初始化 echarts 实例
        // 指定图表的配置项和数据
        var option = {
            title: {
                text: '手机销售情况',                    //主标题文字
                textStyle: { color: '#aaa' },            //主标题文字颜色
                textStyle: {   fontFamily: '隶书' } ,     //主标题字体
                left: 'center'                           //标题居中显示
            },
            tooltip: {},
            legend: {
                data:['华为','三星','苹果'],             //图例数据
                left:'right'                             //图例右对齐显示
            },
            xAxis: {
                name: '季度',                            //X 轴名称
                type: 'category',                        //X 轴数据的类型为离散类型
                data: ["一季度","二季度","三季度","四季度"]     //X 轴的类目数据
            },
            yAxis: {
                name: '销量（万台）',                    //Y 轴名称
                type: 'value'                            //Y 轴数据的类型为连续类型
            },
            series: [{
                name: '华为',                            //序列名
                type: 'bar',                             //柱状图
                data: [3715, 3958, 4257, 4459],          //数据值
```

```
                label: { show: true,                                //显示数据标签
                        position: 'top'                             //在顶部显示数据标签
                }
            },
            {
                name: '三星',
                type: 'bar',
                data: [4018, 2179, 4016, 3915],
                label: { show: true,
                        position: 'top'
                }
            },
            {
                name: '苹果',
                type: 'bar',
                data: [3865, 4011, 3971, 2625],
                label: { show: true,
                        position: 'top'
                }
            }]
        };
        // 显示图表
        myChart.setOption(option);
    </script>
</body>
</html>
```

例 8-4 在浏览器中的运行效果如图 8-12 所示。

【例 8-5】 利用 ECharts 显示华为、三星、苹果公司三季度手机销量的饼图，如图 8-13 所示，各公司手机销量如表 8-1 所示。

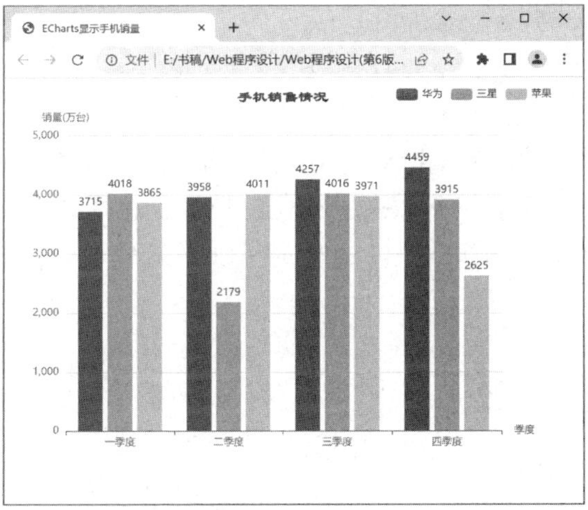

图 8-12　例 8-4 在浏览器中的运行效果

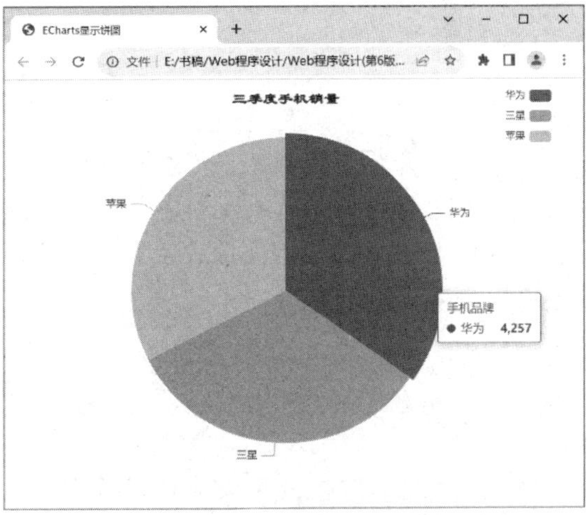

图 8-13　利用 ECharts 显示手机销量的饼图

HTML 文件代码如下：

```
<!DOCTYPE html>
<html><head><meta charset="utf-8"><title>ECharts 显示饼图</title>
    <script src="echarts.min.js"></script></head>
<body>
```

```
    <div id="main" style="width: 640px;height:480px;"></div>
    <script type="text/javascript">
        var myChart = echarts.init(document.getElementById('main'));
        var option = {
            title: {
                text: '三季度手机销量',
                textStyle: { color: '#aaa' },
                textStyle: {   fontFamily: '隶书' },
                left: 'center'
            },
            tooltip: {},
            legend: {
                orient: 'vertical',
                data:['华为','三星','苹果'],
                left:'right'
            },
            series: [{
                name: '手机品牌',
                type: 'pie',                                    //饼图
                data: [
                    { value: 4257 , name: '华为' },      //键值对，name 为键，value 为值
                    { value: 4016 , name: '三星' },
                    { value: 3971 , name: '苹果' }
                ]
            }
          ]
        };
        myChart.setOption(option);
    </script>
</body></html>
```

本 章 小 结

本章主要介绍了 JavaScript 框架和库的基本概念、MVVM 设计模式、常用的 JavaScript 框架、Vue 框架及应用、AJAX 技术和用 ECharts 实现 Web 数据可视化的技术，这些开发框架和技术功能强大且使用便捷，大大拓展了 Web 客户端的设计能力，提高了开发效率，增强了页面表现效果。

习 题 8

8.1 简述 JavaScript 框架和库的含义。

8.2 什么是 MVVM 设计模式？它有哪些主要的特点？

8.3 试列举 2~3 个常用的 JavaScript 框架，并说明其特点。

8.4 简述 Vue 的生命周期。

8.5 什么是 AJAX？简述 AJAX 中使用的技术。

8.6 简述 AJAX 的工作原理。

8.7 简述 ECharts 的主要特点。

8.8　ECharts 常用组件有哪些？简述它们的主要功能。

上 机 实 验

1. 使用 Vue 实现一个功能完整的用户注册页面。

【目的】

（1）熟悉 Vue 的开发过程。

（2）掌握 Vue 框架组件的属性和方法。

【内容】

创建用户注册页面，实现注册页面的用户交互。

【步骤】

（1）创建一个用户注册页面，页面由标题、信息输入框和“确认”按钮组成，信息输入框分为用户名、密码、邮箱地址和手机号码输入框等。

（2）添加交互逻辑。当用户单击“确认”按钮时，检查用户名、密码、邮箱地址和手机号码输入框中的信息。其中，用户名和密码为必填项，并且密码长度要大于 6 位，用户输入的邮箱地址和手机号码须经过校验，只有格式正确才允许注册。

（3）根据提交的结果显示是否完成注册的提示。

2. 使用 ECharts 显示图表。

【目的】

（1）熟悉使用 ECharts 显示图表的开发过程。

（2）掌握标题、图例、坐标轴、数据系列等组件的使用方法。

【内容】

编写能够显示如图 8-14 所示的手机销量水平聚合柱状图的 HTML 文件。

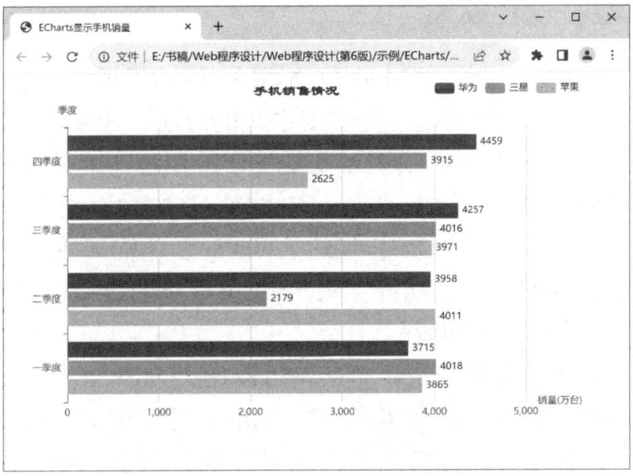

图 8-14　手机销量水平聚合柱状图

【步骤】

（1）打开记事本程序。

（2）输入能够生成如图 8-14 所示柱状图的 HTML 文件，并嵌入对 ECharts 组件的使用与参数设置代码，保存为 ex8-2.html 文件。

（3）双击运行 ex8-2.html 文件，在浏览器中查看结果。

第 9 章　Java EE 框架技术

为了提高程序开发效率，降低维护难度，在实际项目开发中，开发人员经常使用各种框架和工具，基于 Java EE 的应用开发是目前最流行的软件开发技术之一，其中 Spring、Srping MVC、MyBatis 就是比较有代表性的三个轻量级框架。

Java EE 的体系结构一般分为以下三层。

表示层：由用户界面和用户生成界面的代码组成。

中间层：包含系统的业务和逻辑功能代码。

数据层：负责存取数据库的数据和对数据进行封装。

三层体系结构的优点是一个组件的更改不会影响其他两个组件。例如：如果用户需要更换数据库，那么只需修改数据层组件代码。同样地，如果需要更改用户界面设计，那么只需修改表示层组件代码。由于表示层和数据层相互独立，因而可以方便地扩充表示层，使系统具有良好的可扩展性。

9.1　Java EE 框架技术概述

我们可以把框架理解为某种应用的半成品，也就是一组供用户选用的组件，用户可以通过它们构建自己的系统。简单地说，就是使用别人准备好的组件来实施自己的项目。框架技术是在 Java EE 的基础上形成的，而应用程序是在框架的基础上创建的。

9.1.1　MVC 模型与设计模式

MVC 是三个单词的缩写，分别为 Model（模型）、View（视图）和 Controller（控制器），是一种程序设计理念。MVC 模型的目的是实现系统的分层，应用程序被划分为 Model 层、View 层、Controller 层三部分。MVC 模型就是把一个应用程序的开发按照业务逻辑、数据、视图进行分离并组织代码。把应用的模型按一定的层次规则抽取出来，将业务逻辑聚集到一个部分中，在改进和个性化定制界面及用户交互的同时，不需要重新编写业务逻辑。Model 层负责封装应用的状态，并实现应用功能。View 层负责将内容呈现给用户，Controller 层负责控制 View 层发送的请求和程序的流程。

Model 层用于实现系统中的业务逻辑，通常可以用 JavaBean 或 EJB 来实现；View 层用于与用户进行交互，通常可以用 JSP 来实现；Controller 层是 Model 层与 View 层之间沟通的桥梁，它可以处理用户的请求并选择恰当的视图用于显示，同时它可以解释用户的输入并将它们映射为 Model 层可执行的操作，通常可以用 Servlet 来实现。

传统的 Java Web 应用程序是采用 JSP+Servlet+JavaBean 实现的，这种模式实现了最基本的 MVC 分层，有负责前端展示的 JSP、负责流程逻辑控制的 Servlet，以及负责数据封装的 JavaBean。但是这种结构仍然存在问题，例如：在 JSP 页面中需要使用<%%>符号嵌入很多的 Java 代码，造成页面结构混乱；Servlet 和 JavaBean 承担了大量的跳转和运算工作，耦合紧密，程序复用度低，等等。

而基于 Java EE 架构模式的 MVC，在 Model 层定义了数据模型和业务逻辑。为了将数据访问与业务逻辑分离，降低代码之间的耦合，提高业务精度，Model 层又具体划分为 DAO 层和业务层。DAO 即 Data Access Object，其主要职能是将访问数据库的代码封装起来，让这些代码不会在其他层出现或暴露给其他层。业务层是整个系统最核心也最具有价值的一层，该层封装应用程序的业务逻辑，处理数据，关注客户需求，在业务处理过程中会访问原始数据或产生新数据。DAO 层提供的 DAO 类能很好地帮助业务层完成数据处理，业务层本身侧重于对客户需求的理解和业务规则的适应。总体来说，DAO 层不处理业务逻辑，只为业务层提供辅助，完成获取原始数据或持久层数据等操作。

9.1.2　Spring 框架简介

Spring 是一个轻量级的 Java 开源框架，由 Rod Johnson 创建，是为了解决企业应用开发的复杂性而创建的，它使 Java EE 开发更加容易。Spring 的核心是控制反转（Inversion of Control，IoC）和面向切面编程（Aspect Oriented Programming，AOP）。

控制反转是面向对象编程中的一种设计原则，可以用来降低代码之间的耦合度，其实就是利用 Java 中的反射机制。其中最常见的方式为依赖注入（Dependency Injection，DI），还有一种方式为依赖查找（Dependency Lookup）。控制反转可以在一个对象被创建时，由调控系统内所有对象的外界实体将该对象所依赖的对象引用传递给它。也可以说，依赖被注入到对象中。

面向切面编程是通过预编译方式和运行期动态代理来实现程序功能的统一维护的一种技术。Spring 提供了面向切面编程的丰富支持，允许通过分离应用的业务逻辑与系统级服务[如审计（auditing）和事务（transaction）管理]来进行内聚性的开发，应用对象只需实现它们应该做的，即完成业务逻辑。

Spring 的目的是避免对象与对象之间的关系通过代码来关联，而是通过配置类说明进行管理。Spring 根据这些配置，在其内部通过反射进行动态组装对象和动态注入，不使用 new 运算符就能自动产生一个对象，也就是在运行时动态地创建、调用对象。

Spring 的基本架构包括核心模块（Spring Core）、上下文模块（Spring Context）、AOP 模块（Spring AOP）、DAO 模块（Spring DAO）、Web 模块（Spring Web）等，如图 9-1 所示。这些模块提供了企业级开发需要的所有功能，而且每个模块都可以单独使用，也可以和其他模块组合使用，灵活且方便的部署可以使开发的程序更加简洁灵活。Spring 的工作过程大致分为请求分发、请求处理、视图处理、视图渲染和异常处理等几个步骤。

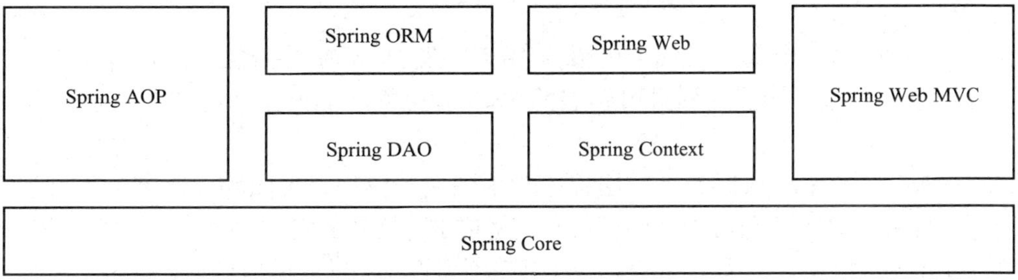

图 9-1　Spring 的基本架构

1. 请求分发

用户向服务器发送请求 URL，请求被 Spring 前端控制 DispatcherServlet 捕获。

2. 请求处理

DispatcherServlet 首先对请求 URL 进行解析，得到 URI（请求资源标识符）；然后根据该 URI，调用 HandlerMapping 获得该 Handler 配置的所有相关对象（包括 Handler 对象及 Handler 对象对应的拦截器）；最后以 HandlerExecutionChain 对象的形式返回。DispatcherServlet 根据获得的 Handler，选择一个合适的 HandlerAdapter 来提取 Request 中的模型数据，填充 Handler（入参），接着开始执行 Handler（Controller）。在填充 Handler 的入参过程中，根据用户的配置，Spring 将帮助用户做一些额外的工作，包括使用 HttpMessageConveter 将请求消息（如 JSON、XML 等数据）转换成一个对象，并将对象转换为指定的响应信息，以及对请求消息进行数据转换等。

3. 视图处理

Handler 在执行完后，会向 DispatcherServlet 返回一个 ModelAndView 对象，其中包含视图名称和模型数据。DispatcherServlet 根据 ModelAndView 中的视图名称，调用已注册到 Spring 容器中的 ViewResolver，解析出一个具体的 View 对象（如 JSP、Thymeleaf、Freemarker 等）。随后，DispatcherServlet 将模型数据传递给解析出的 View 对象，并调用其 render()方法，完成视图的渲染，生成最终的响应内容。

具体过程如下：首先，DispatcherServlet 会根据 LocaleResolver 识别请求中的 Locale。开发人员可以自己实现 LocaleResolver 接口，并通过 IoC 注入 DispatcherServlet。然后，DispatcherServlet 会判断 ModelAndView 中是否已经包含了接口 View 的具体实现。如果包含，那么直接调用 View 中的方法 render(Map model, HttpServletRequest request, HttpServletResponse response)；如果不包含，那么说明该 ModelAndView 只是包含了 View 的名称引用，DispatcherServlet 会调用 ViewResolver 的 resolveViewName(String viewName, Locale locale)方法来解析其真正的视图，该方法会返回一个 View 的具体实现。

4. 视图渲染

Spring 支持多种视图技术，其中比较常用的包括 JSTL 视图（JSP 标准标签库）、Veloctiy 视图、FreeMarker 视图等。Spring 对 JSTL 视图的渲染是通过 JstlView 类具体实现的。

5. 异常处理

若在 Hander 处理请求时抛出异常，则 DispatcherServlet 会查找 HandlerExceptionResolver 接口的具体实现。

9.1.3 Spring MVC 框架简介

Spring MVC 是一个基于 Java 的框架，用于开发 Web 应用程序。它是 Spring 框架的一部分，提供了一种用于构建灵活且可扩展的 Web 应用程序的模型、视图、控制器（MVC）架构。

Spring MVC 的主要目标是将应用程序的不同层（模型、视图和控制器）进行解耦，以提高应用程序的可维护性和可测试性，它通过将请求处理逻辑分离为多个组件来实现该目标。

在 Spring MVC 中，模型（Model）表示应用程序的业务逻辑和数据，视图（View）负责呈现模型数据并生成用户界面，控制器（Controller）接收用户的输入，并根据用户请求与模型交互，选择适当的视图呈现给用户。

图 9-2 是 Spring MVC 在实际开发中的架构图，分为两部分：框外的部分是 Web 程序的浏览器部分，用户通过浏览器与系统进行交互；框内的部分是 Web 程序的后台部分，包括控

制器（Controller 类）、业务逻辑（Service 类）、数据模型（实体类）、数据持久层（MyBatis）和数据库管理系统（DBMS）。

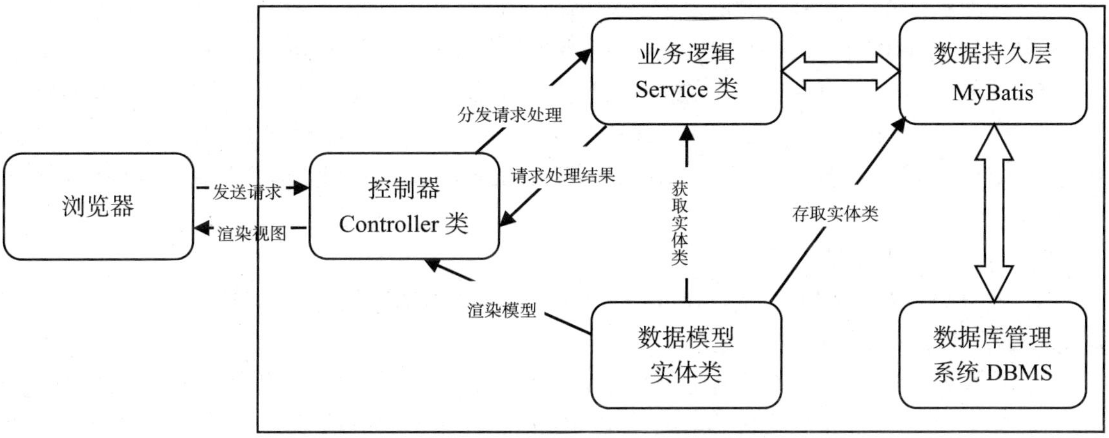

图 9-2　Spring MVC 在实际开发中的架构图

Spring MVC 框架的关键特性和概念如下。

① DispatcherServlet：它是 Spring MVC 的核心组件，负责将请求分发给适当的处理程序（Controller），并选择合适的视图进行渲染。

② 控制器（Controller）：控制器是一个使用注解或实现特定接口的类，用于处理来自客户端的请求。它可以通过处理方法映射识别请求，并在处理请求后生成模型数据或视图。

③ 模型（Model）：模型代表应用程序的数据和业务逻辑。在处理请求期间，控制器可以从数据库、服务或其他数据源中获取数据，并将其传递给视图来进行渲染。

④ 视图（View）：视图负责呈现模型数据并生成最终的用户界面。它可以使用 JSP、Thymeleaf、Freemarker 等模板引擎，也可以是 JSON、XML 等其他类型的输出。

⑤ 数据绑定：Spring MVC 提供了强大的数据绑定机制，使开发人员能够将请求参数绑定到控制器的方法参数或模型对象中。这样可以方便地处理表单提交、查询字符串参数等。

⑥ 校验（Validation）：Spring MVC 支持基于注解的校验机制，可以轻松校验表单数据的有效性。开发人员可以使用注解、自定义验证器等方式进行数据校验。

⑦ 异常处理：Spring MVC 具有强大的异常处理机制，开发人员可以通过全局异常处理器或针对特定控制器方法的异常处理注解来处理异常情况，并返回适当的错误视图或 JSON 响应。

⑧ 拦截器（Interceptor）：拦截器允许开发人员拦截请求，并在请求处理过程中执行预处理或后处理逻辑。它可以用于实现日志记录、身份验证、权限检查等功能。

Spring MVC 的工作步骤可以总结为以下几个阶段。

① 客户端发送请求：当客户端发送一个 HTTP 请求时，请求会被发送到 Spring MVC 的 DispatcherServlet 中。

② DispatcherServlet 的处理：DispatcherServlet 是 Spring MVC 的核心控制器，它接收并处理所有的请求。DispatcherServlet 根据请求的 URL 和配置的处理器映射器（HandlerMapping）来确定请求应该由哪个处理器（Controller）来处理。

③ 处理器的处理：处理器是 Spring MVC 中的一个组件，它负责处理请求并生成响应。处理器会根据请求的参数和业务逻辑来处理请求，并将处理结果封装成一个 Model 对象。

④ 视图解析：处理器将处理结果封装成的 Model 对象传递给视图解析器

（ViewResolver）。视图解析器会根据配置的视图解析规则来确定哪个视图（View）应该用于渲染模型数据。

⑤ 视图的渲染：视图负责将模型数据渲染成最终的 HTML、XML 或 JSON 等格式的响应。视图可以是 JSP、Thymeleaf、Freemarker 等模板引擎的视图，也可以是其他自定义的视图。

⑥ 返回响应给客户端：视图渲染完成后，DispatcherServlet 会将最终响应返回给客户端。

在整个工作过程中，Spring MVC 还提供了一些其他功能，如拦截器（Interceptor）、数据绑定（Data Binding）、异常处理（Exception Handling）等，以帮助开发人员更好地处理请求和处理结果。

Spring MVC 框架的主要特点如下。

① 轻量级：Spring MVC 是 Spring 框架的一部分，它采用了轻量级的设计和架构，使得开发和部署变得更加简单和高效。

② 松耦合：Spring MVC 采用了 MVC 设计模式，将应用程序的不同层分离，使得代码更加清晰和易于维护。开发人员可以将业务逻辑和展示逻辑分开，降低各个组件之间的依赖性。

③ 灵活性：Spring MVC 提供了丰富的配置选项和可扩展性，开发人员可以根据自己的需求进行配置和定制，以适应不同的业务场景，并满足不同需求。

④ 易于测试：Spring MVC 的解耦性和模块化设计使得单元测试和集成测试变得更加容易。开发人员可以针对不同的组件进行独立的测试，提高代码质量和可靠性。

⑤ 安全性：Spring MVC 提供了一系列的功能，如身份验证（Authentication）和授权（Authorization），帮助开发人员保护应用程序，提升其安全性。

⑥ 整合性：Spring MVC 可以与其他 Spring 框架和第三方库进行无缝集成，如 Spring Boot、Spring Security、MyBatis 等，使得开发过程更加高效和便捷。

总体来说，Spring MVC 具有轻量级、松耦合、灵活性、易于测试、安全性和整合性等优点，使得它成为一种被广泛应用的 Web 应用开发框架。

9.1.4 MyBatis 框架简介

通过 JDBC 操作数据库，运用的是面向过程的编程思想，需要打开数据库连接、使用复杂的 SQL 语句进行读写、关闭连接，获得的数据又需要转换或封装才可以使用，这是一个非常烦琐的过程。为了解决这一问题，出现了 ORM（Object Relational Mapping，对象关系映射）模式。通过 ORM 模式，可以实现运用面向对象的编程思想来操作关系数据库。

MyBatis 框架是 ORM 模式的一种实现，实际上就是将 Java 中的对象与关系数据库中的表进行映射，实现在它们之间自动转换的解决方案。开发人员可以使用简单直观的配置文件或注解来定义 SQL 语句，并通过 MyBatis 的 API 来执行 SQL 语句和获取结果。

图 9-3 是 MyBatis 工作原理。

MyBatis 的工作步骤如下。

① 读取 MyBatis 配置文件：mybatis-config.xml 为 MyBatis 的全局配置文件，配置了 MyBatis 的运行环境等信息，如数据库连接信息。

② 加载映射文件：映射文件即 SQL 映射文件，该文件配置了操作数据库的 SQL 语句，需要在 MyBatis 配置文件 mybatis-config.xml 中加载。可以在 mybatis-config.xml 文件中加载多个映射文件，每个文件对应数据库中的一张表。

③ 构造会话工厂：通过 MyBatis 的环境等配置信息构建会话工厂 SqlSessionFactory。

④ 创建会话对象：由会话工厂创建 SqlSession 对象，该对象包含了执行 SQL 语句的所

有方法，它也是一个接口，既可以执行发送过去的 SQL 语句并返回结果，也可以获取 Mapper。

⑤ Executor 执行器：MyBatis 底层定义了一个 Executor 接口用于操作数据库，它将根据 SqlSession 传递的参数动态地生成需要执行的 SQL 语句，同时负责维护用于查询的缓存。

⑥ MappedStatement 对象：在 Executor 接口的执行方法中有一个 MappedStatement 类型的参数，该参数是对映射信息的封装，用于存储要映射的 SQL 语句的 id、参数等信息。

⑦ 输入参数映射：输入参数类型可以是 Map、List 等集合类型，也可以是基本数据类型和 POJO 类型。输入参数映射过程类似于 JDBC 对 PreparedStatement 对象设置参数的过程。

⑧ 输出结果映射：输出结果类型可以是 Map、List 等集合类型，也可以是基本数据类型和 POJO 类型。输出结果映射过程类似于 JDBC 对结果集的解析过程。

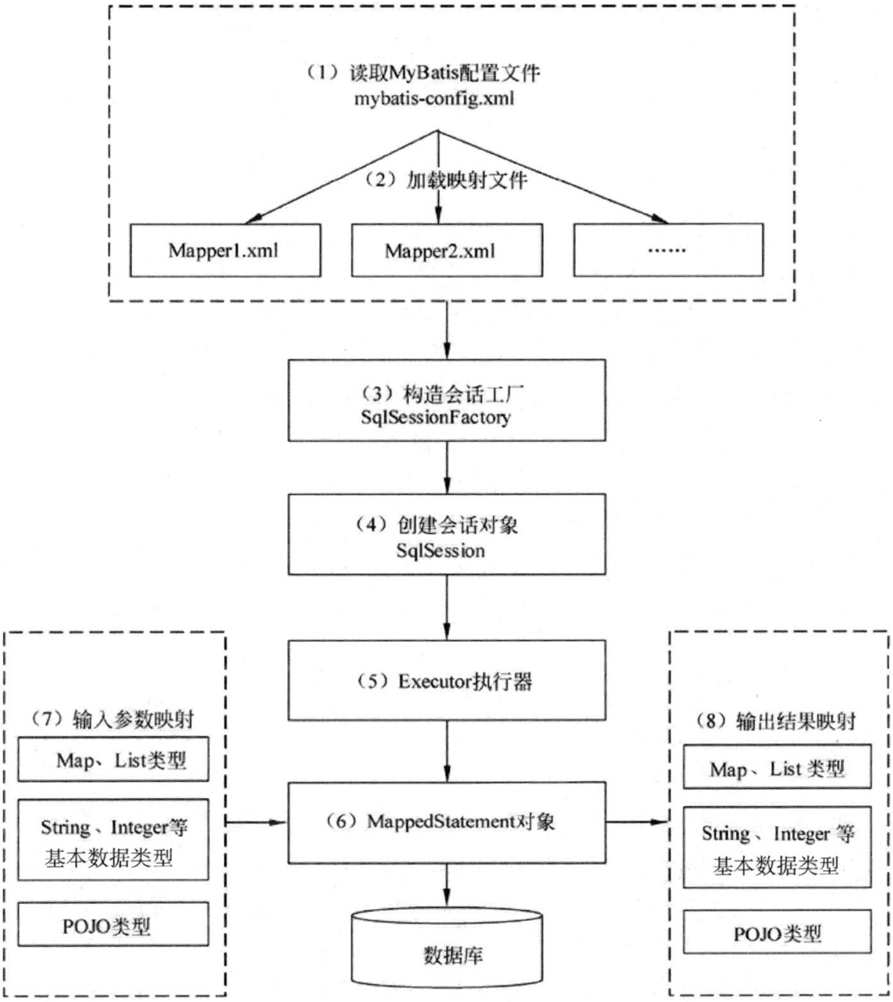

图 9-3　MyBatis 工作原理

MyBatis 框架的主要特点如下。

① 简单易用：MyBatis 使用简单直观的配置文件和注解来映射 Java 对象和数据库表，使得开发人员可以快速上手并进行数据库操作。

② 灵活性：MyBatis 提供了灵活的 SQL 映射功能，开发人员可以自由地编写和调整 SQL 语句，以满足不同的业务需求。同时，MyBatis 还支持动态 SQL 和参数化查询，可以根据不同的条件生成不同的 SQL 语句。

③ 高性能：MyBatis 通过使用预编译的 SQL 语句和数据库连接池等技术，提供高效的数据库访问性能。此外，MyBatis 还支持一级缓存和二级缓存，可以进一步提升查询性能。

④ 易于集成：MyBatis 可以与各种主流的 Java 框架和技术进行集成，如 Spring、Spring Boot、Spring MVC 等。它还支持多种数据库，包括 MySQL、Oracle、SQL Server 等。

⑤ 易于测试：MyBatis 的代码可测试性很高，可以使用单元测试和集成测试来验证 SQL 语句的正确性和性能。

9.2 Spring MVC 框架

Spring MVC 是 Spring 框架的一部分，提供了一种用于构建灵活且可扩展的 Web 应用程序的模型视图控制器（MVC）架构。要想使用 Spring MVC，必须先安装和配置 JDK、Java Web 服务器，本书选择开源的 Tomcat 作为服务器，然后下载、配置 Spring MVC 框架。

9.2.1 Spring MVC 的下载

在 Spring 的官方网站下载 Spring 的步骤是：首先单击“Artifacts”，然后选择“libs-snapshot-local→org→springframework→spring”，最后选择合适的版本下载。在下载完成后，解压下载好的压缩包，找到 lib 文件夹，将类库复制到 Web 应用的 WEB-INF/lib 文件夹中。

另外，还可以使用构建工具（如 Maven 或 Gradle）来管理和下载 Spring MVC 的依赖项。通过在项目的构建文件中添加 Spring MVC 的依赖项，构建工具将自动下载并管理所需的文件。这是一种更常见且推荐的获取 Spring MVC 的方式。

9.2.2 Spring MVC 接口

Spring MVC 接口是指一组定义并规范在 Spring MVC 框架中的各个组件之间如何进行交互和协作的接口。这些接口定义了一系列的方法和约定，用于处理请求、调度处理器、渲染视图等核心功能。

在 Spring MVC 中，接口扮演着不同的角色，如 HandlerMapping、HandlerAdapter、ViewResolver 等。每个接口都有不同的实现类，开发人员可以根据自己的需求选择合适的实现类或自定义实现类来扩展框架的功能。

例如：HandlerMapping 接口定义了将请求映射到处理器的方法，常见的实现类有 RequestMappingHandlerMapping 和 SimpleUrlHandlerMapping；HandlerAdapter 接口定义了将请求交给处理器进行处理的方法，常见的实现类有 RequestMappingHandlerAdapter 和 SimpleControllerHandlerAdapter；ViewResolver 接口定义了将逻辑视图名解析为具体视图对象的方法，常见的实现类有 InternalResourceViewResolver 和 JsonViewResolver。

Spring MVC 框架中的核心接口如下。

① HandlerMapping（处理器映射器）：负责将请求映射到相应的处理器（Controller）上。常用的 HandlerMapping 接口有 RequestMappingHandlerMapping、SimpleUrlHandlerMapping 等。

② HandlerAdapter（处理器适配器）：负责将请求交给处理器进行处理。HandlerAdapter 根据处理器的类型选择合适的适配器进行处理。常见的 HandlerAdapter 接口有 RequestMappingHandlerAdapter、SimpleControllerHandlerAdapter 等。

③ HandlerInterceptor（处理器拦截器）：用于在请求处理前后进行拦截和处理。可以用

于实现权限验证、日志记录、性能监控等功能。常见的 HandlerInterceptor 接口有 HandlerInterceptor、WebRequestInterceptor 等。

④ ViewResolver（视图解析器）：负责将逻辑视图名解析为具体的视图对象。常见的 ViewResolver 接口有 InternalResourceViewResolver、JsonViewResolver 等。

⑤ View（视图）：负责渲染处理器处理后的结果，并将结果返回给客户端。常见的 View 接口有 View、AbstractView 等。

⑥ ModelAndView（模型和视图）：用于封装处理器处理后的结果数据和逻辑视图名。常见的 ModelAndView 接口有 ModelAndView、ModelMap 等。

⑦ RedirectView（重定向视图）：用于实现重定向功能，将请求重定向到指定的 URL。常见的 RedirectView 接口有 RedirectView、RedirectAttributes 等。

⑧ Model（模型）：用于封装处理器在处理时所需要的数据。常见的 Model 接口有 Model、ModelMap 等。

这些接口和组件共同构成了 Spring MVC 框架的核心，通过它们的协作，可以实现请求的分发、处理器的调用、视图的渲染和结果的返回。开发人员可以通过实现这些接口或配置相关的组件来定制和扩展 Spring MVC 的功能。

9.2.3 Spring MVC 注解

注解是现在流行的框架开发方式。Spring MVC 注解用于在 Spring MVC 框架中标记和配置控制器、请求处理方法、请求参数和视图等。通过使用这些注解，可以简化 Spring MVC 的配置和开发，提高开发效率。

1. @Controller 注解

@Controller 注解用于标记一个类为控制器，使该类处理请求并返回响应。在使用时不需要再实现 Controller 接口，只需要先将@Controller 注解加入控制器类，再通过 Spring 的扫描机制找到标注该注解的控制器，自动生成相应的 Bean，示例代码如下：

```
package com.wpd.controller;
import org.springframework.stereotype.Controller;
...
//Controller 注解
@Controller
public class ControllerTest{
...
}
```

为了保证 Spring 能够找到控制器类，还需要在 Spring MVC 的配置文件中添加相应的扫描配置信息，具体步骤如下。

① 在配置文件的声明中引入 spring-context。

② 使用<context: component-scan>元素指定需要扫描的类包。

完整的配置文件如下：

```
<?xml version="1.0" encoding="UTF-8"?>
<beans xmlns="Index of /schema/beans"
        xmlns:xsi="http://www.w3.org/2001/XMLSchema-instance"
        xmlns:context="Index of /schema/context"
        xsi:schemaLocation="Index of /schema/beans
          http://www.springframework.org/schema/beans/spring-beans-4.3.xsd
          Index of /schema/context
```

```
        http://www.springframework.org/schema/context/spring-context-4.3.xsd">
    <!--  指定需要扫描的类包  -->
    <context:component-scan base-package="com.wpd "/>
</beans>
<context: component-scan>
```

元素的属性 base-package 指定了需要扫描的类包为 com.wpd。

在运行时，该类包及其子包下所有标注了注解的类都会被 Spring 处理。与实现 Controller 接口的方式相比，使用注解的方式显然更加简单。同时，Controller 接口的实现类只能处理一个单一的请求动作，而基于注解的控制器可以同时处理多个请求动作，在使用上更加灵活。因此，在实际开发中通常都会使用基于注解的方式。

需要注意的是，由于在使用注解方式时，程序的运行需要依赖 Spring 的 AOP 包，因此需要向 lib 目录中添加 spring.aop-4.3.6 RELEASE.jar，否则程序运行时会报错。

2. @RequestMapping 注解

@RequestMapping 注解用于映射请求路径到处理方法上，可以用于类级别和方法级别。该注解可以指定请求的 HTTP 方法、请求参数、请求头等条件。

Spring 通过@Controller 注解找到相应的控制器类后，还需要知道控制器内部对每个请求是如何处理的，这就需要使用@RequestMapping 注解。该注解用于映射一个请求或一个方法，它可以将 handleRequest()方法映射到特定的 URL 上，当客户端请求该路径时，框架会调用 handleRequest()方法来处理请求，该注解标注在方法或类上。

当@RequestMapping 注解标注在方法上时，该方法将成为请求处理方法，它会在程序接收到对应的 URL 请求时被调用。

【例 9-1】将@RequestMapping 注解标注在方法上。

```
package com.wpd.controller;
import org.springframework.stereotype.Controller;
import org.springframework.ui.Model;
import org.springframework.web.bind.annotation.ModelAttribute;
import org.springframework.web.bind.annotation.RequestMapping;
import com.wpd.entity.User;
…
@Controller
public class UserController {     //@RequestMapping 注解标注在方法上
    @RequestMapping("")
    public String Create(Model model) {
        return "create";
    }
    //@RequestMapping 注解标注在方法 save()上
    @RequestMapping("/save")
    public String Save(@ModelAttribute("form") User user, Model model) {
        // user 是视图层传给控制层的表单对象
        //model 是控制层返回给视图层的对象
        model.addAttribute("user", user);
        return "detail";
    }
}
```

在例 9-1 中，可通过 http://localhost:8088/SpringMVC/访问程序中的 Create ()方法，Save()方法可以通过 http://localhost:8088/SpringMVC/save 访问。

当@RequestMapping 注解标注在类上时，该类中的所有方法都将映射为相对于类级别的请求，表示该控制器所处理的所有请求都被映射到 value 属性值所指定的路径中，示例代码如下：

```
@Controller
//@RequestMapping 注解标注在类上
@RequestMapping(value = "/controll")
public class UserController {
//@RequestMapping 注解标注在方法上
        @RequestMapping("")
        public String Create(Model model) {
                return "create";
        }
//@RequestMapping 注解标注在方法 save()上
        @RequestMapping("/save")
        public String Save(@ModelAttribute("form") User user, Model model) {
                //user 是视图层传给控制层的表单对象
                //model 是控制层返回给视图层的对象
                model.addAttribute("user", user);
                return "detail";
        }
}
```

由于在类上添加了@RequestMapping 注解，并且其 value 属性值为“/controll”，因此上述代码方法的请求路径将变为 http://localhost:8088/SpringMVC/controll/。如果该类中还包含其他方法，那么在其他方法的请求路径中也需要加入“/controll”。

@RequestMapping 注解可指定多个属性，如表 9-1 所示。

表 9-1　@RequestMapping 注解可指定的属性

属性名	类型	是否必要	说明
consumes	String[]	否	用于指定处理请求的内容类型，如： consumes="text/plain" consumes={"text/plain","application/*"}
headers	String[]	否	指定只有 request 中包含某些指定的 headers 值，对应的方法才能处理请求。如： @RequestMapping(value="/something",headers="content-type=text/*")
name	String[]	否	指定映射地址的别名
params	String[]	否	指定只有 request 中包含某些参数值时，对应的方法才能处理请求
method	String[]	否	映射指定请求的方法类型，包括 GET、POST、PUT、HEAD、OPTIONS、PATCH、DELETE、TRACE
produces	String[]	否	指定返回类型，返回类型必须是 request 请求头中包含的类型，如： produces="text/plain" produces={"text/plain","application/*"} produces=MediaType.APPLICATION_JSON_UTF8_VALUE
value	String[]	否	默认属性，用于映射一个请求的地址到方法上，可以标注在类和方法上。如： @RequestMapping("/login")，相当于@RequestMapping(value="/login")

所有属性都是可选的，但其默认属性是 value。当 value 是其唯一属性时，可以省略属性名，例如，下面两条语句的含义相同：

```
@RequestMapping(value="/controller")
@RequestMapping("/controller")
```

3. Mapping 注解

Mapping 注解有多种类型，包括@GetMapping、@PostMapping、@PutMapping、

@DeleteMapping、@PatchMapping，分别用于指定处理 GET、POST、PUT、DELETE、PATCH 方式的请求的方法。它们是在 Spring 4.3 版本中引入的组合注解，用于简化常用的 HTTP 请求方式的映射，并更好地表达被注解方法的语义。这些组合注解的作用如下。

- @GetMapping：匹配 GET 方式的请求。
- @PostMapping：匹配 POST 方式的请求。
- @PutMapping：匹配 PUT 方式的请求。
- @DeleteMapping：匹配 DELETE 方式的请求。
- @PatchMapping：匹配 PATCH 方式的请求。

以@GetMapping 注解为例，该组合注解是@RequestMapping(method=RequestMethod.GET)的缩写，它会将以 GET 方式发送的 HTTP 请求映射到特定的处理方法上。

在实际开发中，传统的@RequestMapping 注解使用方式如下：

```
@RequestMapping(value="/user/{id}",method = RequestMethod.GET)
public String getUserById(string id){
    ...
}
```

而使用新注解@GetMapping 后，可以省略 method 属性，从而简化代码，使用方式如下：

```
@GetMapping(value="/user/{id}")
public String getUserById(string id){
    ...
}
```

4. @RequestParam 注解

@RequestParam 注解用于将请求参数绑定到方法的参数上。通过@RequestParam 注解，可以获取请求中的指定参数的名称、是否必需、默认值等，并将其赋值给方法参数。

@RequestParam 注解的常用属性如下。

① value 或 name：指定请求参数的名称。在默认情况下可以省略，与方法参数的名称相同。

② required：指定请求参数是否是必需的，默认为 true，表示必需。如果设置为 false，那么当请求中没有该参数时，方法参数将被赋值为 null。

③ defaultValue：指定请求参数的默认值。当请求中没有该参数时，方法参数将被赋值为默认值。

使用@RequestParam 注解的示例代码如下。

```
@GetMapping("/user")
public String getUser(@RequestParam("id") int userId) {
    //处理获取用户的逻辑
    return "user";
}
```

在上述示例中，使用@RequestParam 注解将请求参数 id 绑定到方法参数 userId 上。当请求路径为/user?id=123 时，方法参数 userId 将被赋值为 123。

除了基本类型的参数，@RequestParam 注解还可以用于绑定复杂类型的参数，如对象或集合，示例代码如下：

```
@PostMapping("/user")
public String addUser(@RequestParam("name") String name, @RequestParam("age") int age) {
    //处理添加用户的逻辑
    return "redirect:/users";
}
```

在上述示例中，使用@RequestParam 注解将请求参数 name 和 age 绑定到方法参数上。当请求路径为/user?name=Sample&age=20 时，方法参数 name 将被赋值为 Sample，方法参数 age 将被赋值为 25。

5. @PathVariable 注解

@PathVariable 注解用于将请求路径中的变量绑定到方法的参数上。通过@PathVariable 注解，可以获取请求路径中的指定变量，并将其赋值给方法参数。

@PathVariable 注解的常用属性如下。

① value 或 name：指定请求路径中的变量名。在默认情况下，该变量名与方法参数的名称相同。

② required：指定请求路径中的变量是否是必需的，默认为 true，表示必需。如果设置为 false，那么当请求路径中没有该变量时，方法参数将被赋值为 null。

使用@PathVariable 注解的示例代码如下：

```
@GetMapping("/user/{id}")
public String getUser(@PathVariable("id") int userId) {
    //处理获取用户的逻辑
    return "user";
}
```

在上述示例中，使用@PathVariable 注解将请求路径中的变量 id 绑定到方法参数 userId 上。当请求路径为/user/123 时，方法参数 userId 的值将被赋值为 123。

除了基本类型的参数，@PathVariable 注解还可以用于绑定复杂类型的参数，如对象或集合，示例代码如下：

```
@PostMapping("/user/{id}")
public String updateUser(@PathVariable("id") int userId, @RequestBody User user) {
    //处理更新用户的逻辑
    return "redirect:/users";
}
```

在上述示例中，使用@PathVariable 注解将请求路径中的变量 id 绑定到方法参数 userId 上，并使用@RequestBody 注解将请求体的内容绑定到方法参数 user 上。当请求路径为/user/123，请求体为 JSON 格式的用户信息时，方法参数 userId 将被赋值为 123，方法参数 user 将包含请求体中的用户信息。

6. @RequestBody 注解

@RequestBody 注解用于将请求体的内容绑定到方法的参数上，常用于处理 JSON 或 XML 格式的请求体。

@RequestBody 注解的常用属性为 required，指定请求体是否是必需的，默认为 true，表示必需。如果设置为 false，那么当请求体为空时，方法参数将被赋值为 null。

使用@RequestBody 注解的示例代码如下：

```
@PostMapping("/user")
public String addUser(@RequestBody User user) {
    //处理添加用户的逻辑
    return "redirect:/users";
}
```

在上述示例中，使用@RequestBody 注解将请求体的内容绑定到方法参数 user 上。当请求体为 JSON 格式的用户信息时，方法参数 user 将包含请求体中的用户信息。

@RequestBody 注解还可用于绑定集合或数组类型的参数，示例代码如下：

```
@PostMapping("/users")
public String addUsers(@RequestBody List<User> userList) {
    //处理批量添加用户的逻辑
    return "redirect:/users";
}
```

在上述示例中，使用@RequestBody 注解将请求体的内容绑定到方法参数 userList 上。当请求体为 JSON 格式的用户列表时，方法参数 userList 将包含请求体中的用户列表。

7. @ResponseBody 注解

@ResponseBody 注解用于将方法返回值直接作为响应体返回给客户端，常用于返回 JSON 或 XML 格式数据。

@ResponseBody 注解的常用场景如下。

① 返回 JSON 格式的数据：当方法的返回值是对象或集合时，使用@ResponseBody 注解可以将返回值序列化为 JSON 格式，并作为响应体返回给客户端。

② 返回 XML 格式的数据：当方法的返回值是对象或集合时，使用@ResponseBody 注解可以将返回值序列化为 XML 格式，并作为响应体返回给客户端。

③ 返回字符串或基本类型的数据：使用@ResponseBody 注解可以直接将方法的返回值作为文本格式的响应返回给客户端。

示例代码如下：

```
@GetMapping("/user/{id}")
@ResponseBody
public User getUser(@PathVariable("id") int userId) {
    //处理获取用户的逻辑
    User user = userService.getUserById(userId);
    return user;
}
```

在上述示例中，使用@ResponseBody 注解将方法的返回值 User 序列化为 JSON 格式，并作为响应体返回给客户端。

除了在方法上使用@ResponseBody 注解，还可以在控制器类上使用@RestController 注解，该注解相当于在每个方法上都添加@ResponseBody 注解，示例代码如下：

```
@RestController
public class UserController {
    @GetMapping("/user/{id}")
    public User getUser(@PathVariable("id") int userId) {
        //处理获取用户的逻辑
        User user = userService.getUserById(userId);
        return user;
    }
}
```

在上述示例中，使用@RestController 注解标记控制器类，表示该类的所有方法都会将返回值作为响应体返回给客户端。

8. @ModelAttribute 注解

@ModelAttribute 注解用于将请求参数绑定到方法的参数上，并将其添加到模型中，常用于提交表单。

@ModelAttribute 注解的常用场景如下。

① 将请求参数绑定到方法参数上：当方法的参数使用@ModelAttribute 注解时，Spring

MVC 会自动将请求参数的值绑定到该参数上。如果请求参数的名称与方法参数的名称一致，那么可以省略@ModelAttribute 注解，示例代码如下：

```
@PostMapping("/user")
public String addUser(@ModelAttribute("user") User user) {
    //处理添加用户的逻辑
    return "redirect:/users";
}
```

在上述示例中，使用@ModelAttribute 注解将请求参数的值绑定到方法参数 user 上。

② 将方法的返回值作为模型数据传递给视图：当方法的返回值被@ModelAttribute 注解修饰时，Spring MVC 会将该返回值作为模型数据传递给视图，示例代码如下：

```
@GetMapping("/user/{id}")
@ModelAttribute("user")
public User getUser(@PathVariable("id") int userId) {
    //处理获取用户的逻辑
    User user = userService.getUserById(userId);
    return user;
}
```

在上述示例中，使用@ModelAttribute 注解将方法的返回值 user 作为模型数据传递给视图。

除了在方法上使用@ModelAttribute 注解，还可以在控制器类的方法上使用@ModelAttribute 注解，表示该方法会在每个请求处理方法执行之前被调用，用于准备模型数据，示例代码如下：

```
@Controller
public class UserController {
    @ModelAttribute("user")
    public User getUser() {
        //处理获取用户的逻辑
        User user = userService.getCurrentUser();
        return user;
    }
    …
    }
}
```

在上述示例中，使用@ModelAttribute 注解修饰的方法 getUser()会在每个请求处理方法执行之前被调用，用于准备模型数据 user。后面的请求处理方法 getUserPage()就可以直接使用模型数据 user，并将其传递给视图。

9. @Valid 注解

@Valid 注解是 JavaBean 验证规范（JSR-303）中的注解之一，常与 javax.validation 中的注解一起使用，通过为方法参数或方法返回值添加@Valid 注解，可以触发验证框架，对其进行验证。

在 Spring MVC 中，@Valid 注解通常与@ModelAttribute 注解一起使用，用于验证请求参数的有效性。当使用@Valid 注解时，Spring MVC 会自动根据验证规则对请求参数进行验证，并将验证结果存储在 BindingResult 对象中，示例代码如下：

```
@PostMapping("/user")
public String addUser(@Valid @ModelAttribute("user") User user, BindingResult bindingResult) {
    if (bindingResult.hasErrors()) {
        //处理验证错误
```

```
            return "error";
        }
        //处理添加用户的逻辑
        return "redirect:/users";
    }
```

在上述示例中，使用@Valid 注解对方法参数 user 进行验证。如果验证失败，那么会将错误信息存储在 BindingResult 对象中，可以通过 bindingResult.hasErrors()方法判断是否存在验证错误。

除了在方法参数上使用@Valid 注解，还可以在方法返回值上使用@Valid 注解，用于验证方法的返回值的有效性，示例代码如下：

```
@GetMapping("/user/{id}")
public String getUser(@PathVariable("id") int userId) {
    //处理获取用户的逻辑
    User user = userService.getUserById(userId);
    //验证用户对象的有效性
    ValidationUtils.validate(user);
    return "user";
}
```

在上述示例中，使用@Valid 注解对方法返回值 user 进行验证。如果验证失败，那么会抛出 ValidationException 异常。

使用@Valid 注解可以方便地对方法参数或方法返回值进行验证，确保数据的有效性。在 Spring MVC 中，通常与@ModelAttribute 注解一起使用，用于验证请求参数的有效性。

10. @SessionAttributes 注解和@SessionAttribute 注解

@SessionAttributes 注解和@SessionAttribute 注解的作用是取代 HttpSession，虽然可以在 Controller 中用 HttpSession 完成会话功能，但这样就将 HttpSession 与控制器耦合在了一起，不符合 Spring IoC 的设计原则。

通过在控制器类上添加@SessionAttributes 注解，可以指定哪些模型属性需要存储到会话中，示例代码如下：

```
@Controller
@SessionAttributes("user")
public class UserController {
    @GetMapping("/user/{id}")
    public String getUser(@PathVariable("id") int userId, Model model) {
        User user = userService.getUserById(userId);
        model.addAttribute("user", user);
        return "user";
    }
}
```

在上述示例中，使用@SessionAttributes 注解将模型属性 user 存储到会话中。当执行请求处理方法 getUser()时，会将用户对象 user 添加到模型中，并自动存储到会话中。

通过在方法参数上添加@SessionAttribute 注解，可以从会话中获取指定名称的模型属性的值，示例代码如下：

```
@GetMapping("/user/profile")
public String getUserProfile(@SessionAttribute("user") User user) {
    //处理逻辑
    return "profile";
}
```

在上述示例中，使用@SessionAttribute 注解将会话中的模型属性 user 注入到方法参数 user 中，可以直接使用方法参数 user 来访问会话中存储的用户对象。

使用@SessionAttributes 和@SessionAttribute 注解可以方便地将模型属性存储到会话中，并从会话中获取模型属性的值。当在多个请求之间共享数据时，这两个注解非常有用。

11. @ExceptionHandler 注解

@ExceptionHandler 注解用于处理控制器中的异常。通过在控制器类或方法上添加@ExceptionHandler 注解，可以指定处理特定异常的方法，示例代码如下：

```
@Controller
public class UserController {
    @GetMapping("/user/{id}")
    public String getUser(@PathVariable("id") int userId) {
        User user = userService.getUserById(userId);
        if (user == null) {
            throw new UserNotFoundException("User not found");
        }
        return "user";
    }
    @ExceptionHandler(UserNotFoundException.class)
    public ModelAndView handleUserNotFoundException(UserNotFoundException ex) {
        ModelAndView modelAndView = new ModelAndView("error");
        modelAndView.addObject("message", ex.getMessage());
        return modelAndView;
    }
}
```

在上述示例中，当控制器方法 getUser()抛出 UserNotFoundException 异常时，会调用 handleUserNotFoundException()方法进行处理。

使用@ExceptionHandler 注解可以方便地处理控制器中的异常，提供统一的异常处理逻辑。可以根据需要在全局异常处理器或控制器方法中添加@ExceptionHandler 注解，用于处理特定的异常。

12. @RequestMappingHandlerAdapter 注解

@RequestMappingHandlerAdapter 注解用于自定义处理器适配器的配置，将带有@RequestMapping 注解的方法映射到对应的请求路径上，并对其进行处理。@RequestMappingHandlerAdapter 注解的主要功能如下。

① 处理请求参数绑定：当请求到达时，@RequestMappingHandlerAdapter 注解会根据方法的参数和请求的参数进行绑定。它会根据参数类型、注解等信息，将请求参数转换为方法参数，并将其传递给对应的处理方法。

② 处理返回值：@RequestMappingHandlerAdapter 注解会将处理方法的返回值转换为适当的响应格式，如 JSON、XML 等，并将其返回给客户端。

③ 处理异常：当处理方法抛出异常时，@RequestMappingHandlerAdapter 注解会捕获异常并进行处理。它会根据异常类型和配置的异常处理器，选择合适的异常处理器进行处理，并将相应的错误信息返回给客户端。

④ 支持数据格式转换：@RequestMappingHandlerAdapter 注解支持对请求和响应的数据进行格式转换。它可以根据请求头中的 Content-Type 和 Accept 字段，选择合适的消息转换器进行数据的转换和序列化。

⑤ 支持请求方法匹配：@RequestMappingHandlerAdapter 注解可以根据请求的 HTTP 方法（GET、POST、PUT 等）来匹配对应的处理方法，即根据请求的方法和处理方法上的@RequestMapping 注解的 method 属性进行匹配。

⑥ 支持拦截器：可以应用配置的拦截器（HandlerInterceptor）对请求进行预处理和后处理。它会在请求处理方法执行前和执行后，调用拦截器的相应方法。

通过配置和使用@RequestMappingHandlerAdapter 注解，可以实现灵活的请求处理和响应，支持多种数据格式和异常处理方式，还可以应用拦截器对请求进行处理，提高代码的可读性和可维护性，同时也提供了更好的扩展性和定制性。

9.2.4 请求处理方法的参数类型

在控制器类中，每个请求处理方法都可以有多个不同类型的参数。handleRequest()方法的参数是其对应请求的参数，即 HttpServletRequest 和 HttpServletResponse。除此之外，还可以使用其他类型的参数，例如，如果在请求处理方法中需要访问 HttpSession 对象，那么可以添加 HttpSession 作为参数，Spring 会将对象正确地传递给方法，其使用示例如下：

```
@RequestMapping(value="/controller")
public ModelAndView (HttpSession session)
{
    ...
    return mv;
}
```

控制器处理请求的方法可以有多个不同的参数，既可以是 Servlet 中的一些参数，如 HttpServletRequest、HttpSession，也可以是 Spring MVC 定义的一些数据类型，如 Model。下面列举的是可以在请求中出现的参数类型。

- javax.servlet.ServletRequest
- javax.servlet.http.HttpServletRequest
- javax.servlet.ServletResponse
- javax.servlet.http.HttpServletResponse
- javax.servlet.http.HttpSession
- org.springframework.web.context.request.WebRequest
- org.springframework.web.context.request.NativeWebRequest
- java.util.Locale
- java.util.TimeZone(Java6+)
- java.time.ZoneId(onJava8)
- java.io.InputStream
- java.io.Reader
- java.io.OutputStream
- java.io.Writer
- org.springframework.http.HttpMethod
- java.security.Principal
- @PathVariable
- @MatrixVariable
- @RequestParam

- @RequestHeader
- @RequestBody
- @RequestPart
- @SessionAttribute
- @RequestAttribute
- HttpEntity<?>
- java.util.Map
- org.springframework.ui.Model
- org.springframework.ui.ModelMap
- org.springframework.web.servlet.ModelAndView
- org.springframework.web.servlet.mvc.support.RedirectAttributes
- org.springframework.validation.Errors
- org.springframework.validation.BindingResult
- org.springframework.web.bind.support.SessionStatus
- org.springframework.web.util.UriComponentsBuilder

需要注意的是，org.springframework.ui.Model 类型是一个包含 Map 对象的 Spring MVC 类型。如果方法中添加了 Model 参数，那么每次调用该请求处理方法时，Spring MVC 都会创建 Model 对象，并将其作为参数传递给方法。

9.2.5　请求处理方法的返回类型

在控制器类中，每个请求处理方法都可以有一个或多个类型的返回值。除 Model 这种类型外，请求处理方法还可以返回其他类型的数据。Spring MVC 支持的常见请求处理方法的返回类型如下。

- ModelAndView
- Model
- Map
- View
- String
- void
- HttpEntity<?>
- ResponseEntity<?>
- Callable<?>
- DeferredResult<?>

在上述返回类型中，常见的返回类型有 Model、ModelAndView、String 和 void。其中，Model 类型用于封装数据模型；可以在 ModelAndView 类型中添加 Model 数据，并指定视图；String 类型的返回值可以跳转视图，但不能携带数据；而 void 类型主要在异步请求时使用，它只返回数据，不会跳转视图。

Model 对象常使用以下方法保存数据模型：

```
addAttribute(String attributeName,Object attributeValue)
```

示例代码如下：

```
@Controller
```

```
public class UserController {

    @RequestMapping("")
    public String Create(Model model) {
        return "create";
    }

    @RequestMapping("/save")
    public String Save(@ModelAttribute("form") User user, Model model) {
        //user 是视图层传给控制层的表单对象
        //model 是控制层返回给视图层的对象
        //保存数据到 model 对象中
        model.addAttribute("user", user);
        return "detail";
    }
}
```

在控制器的请求处理方法中，如果返回结果中既包含数据，也包含视图，那么可以考虑使用 ModelAndView 返回类型，因为这个对象既可以保存数据，也可以保存视图。

使用 ModelAndView 可以将请求处理方法的返回结果和模型数据封装起来，方便传递给视图进行渲染。它可以用于返回视图名称、传递模型数据，以及在重定向时传递数据。在请求处理方法中，可以先创建一个 ModelAndView 对象并设置相应的属性，然后将其作为方法的返回值返回给 Spring MVC 框架。框架会根据配置的视图解析器来解析视图名称，并将模型数据传递给视图进行渲染。

ModelAndView 包含的主要属性如下。

① View：表示要返回的视图名称。可以是一个逻辑视图名，也可以是一个具体的视图路径。当请求处理方法返回 ModelAndView 对象时，Spring MVC 会根据视图解析器的配置，将逻辑视图名解析为具体的视图路径。

② Model：表示要传递给视图的模型数据。可以通过 addObject()方法向模型中添加数据，也可以通过 getModel()方法获取模型数据。

③ RedirectAttributes：用于在重定向时传递数据。可以通过 addFlashAttribute()方法向重定向的 URL 传递数据。

ModelAndView 提供了一些方法来操作这些属性，如 setViewName()方法、addObject()方法、getModel()方法等，示例代码如下：

```
@Controller
@RequestMapping(value="/user")
public class UserController{
    @GetMapping(value="/id")
    public ModelAndView getUser (User user,ModelAndView mv){
        //使用 addObject()方法，向 ModelAndView 中添加 user 对象
        mv.addObject("user",user);
        //使用 setViewName()方法，设置要返回的视图的名称为 getUserResult
        mv.setViewName("getUserResult");
        //返回 ModelAndView 实例 mv
        return mv;
    }
}
```

由于 ModelAndView 未能实现数据与视图之间的解耦，因此在开发时，方法的返回值类

型通常为 String。既然 String 类型的返回值不能携带数据，那么在方法中是如何将数据带入视图页面呢？这就用到了上面所讲解的 Model 参数类型，通过该参数类型即可添加需要在视图中显示的属性，示例代码如下：

```
@Controller
public class UserController {
…
    @RequestMapping("/save")
    public String Save(@ModelAttribute("form") User user, Model model) {
        model.addAttribute("user", user);
        return "detail";
    }
}
```

在上述代码中，增加了一个 Model 类型的参数，通过该参数实例的 addAttribute()方法即可添加所需数据，Save()方法会在处理完成后将参数 model 转发到 detail.jsp 页面。String 类型除了可以返回上述代码中的视图页面，还可以进行重定向与请求转发，具体方式如下。

① redirect 重定向。

例如，在修改用户信息后，将请求重定向到用户查询方法的实现代码如下：

```
@RequestMapping(value="/update")
   public String update(HttpServletRequest request, HttpServletResponse response,   Model model){
       //重定向
       return "redirect: queryUser";
   }
```

② forward 请求转发。

例如，当用户执行修改操作时，转发到用户修改页面的实现代码如下：

```
@RequestMapping(value="/edit")
   public String toEdit(HttpServletRequest request, HttpServletResponse response,   Model model){
       //请求转发
       return "forward: editUser";
   }
```

9.2.6　Spring MVC 注解开发实例

使用注解开发 Spring MVC 非常简单高效，用到的注解主要是@Controller 和@RequestMapping。下面通过一个例子来演示如何使用注解进行开发。

【例 9-2】 创建用户，并显示创建用户结果。用户首先打开“创建用户”页面，如图 9-4 所示，在输入用户信息并单击“创建”按钮后，进入结果页面 detail.jsp，如图 9-5 所示，具体要求如下。

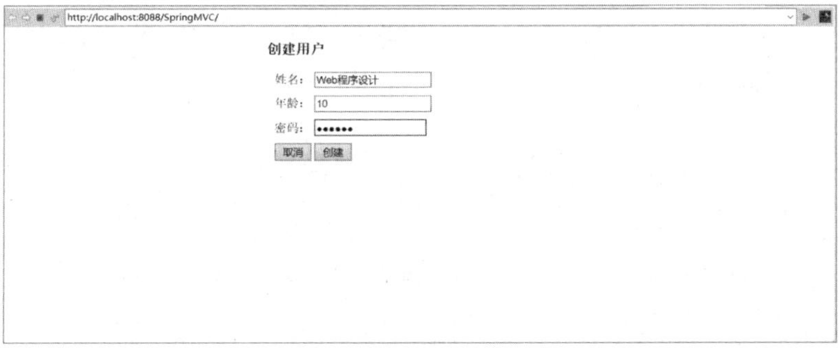

图 9-4　“创建用户”页面

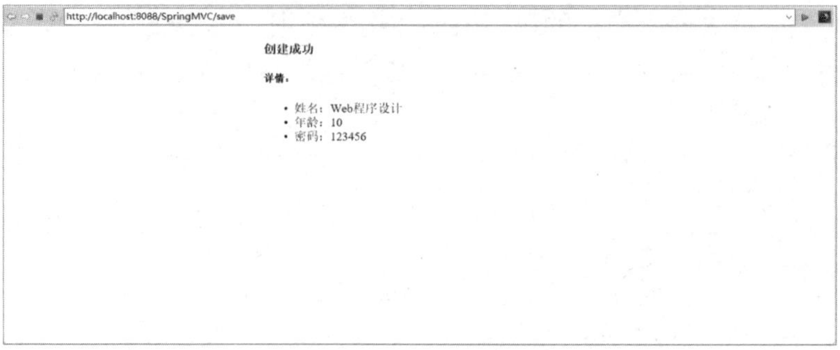

图 9-5 结果页面

（1）“创建用户”页面显示“姓名”“年龄”“密码”输入文本框及“取消”和“创建”按钮，页面为 create.jsp。

（2）当用户输入信息，并单击“创建”按钮时，调用 UserController 的 save()方法。

（3）在 save()方法中将“创建用户”页面传递过来的姓名、年龄和密码保存在 Model 对象中，转发到 detail.jsp 页面。

（4）在 detail.jsp 页面展示用户输入的姓名、年龄和密码。

开发步骤如下。

（1）在文件系统中打开项目，在选择解压后的项目文件目录后，单击“完成”按钮，导入该项目的所有文件。项目整体结构如图 9-6 所示。

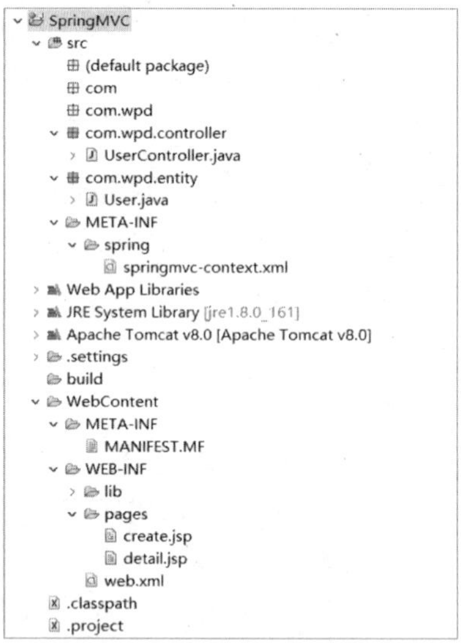

图 9-6 项目整体结构

（2）在 web.xml 文件中设置过滤器，统一编码为 UTF-8 以解决中文乱码问题；配置 Spring MVC 中的核心控制器 DispatcherServlet，设置 springmvc-context.xml 的路径。

web.xml 文件代码如下：

```
<?xml version="1.0" encoding="UTF-8"?>
<web-app xmlns:xsi="http://www.w3.org/2001/XMLSchema-instance"
    xmlns="http://java.sun.com/xml/ns/javaee"
    xsi:schemaLocation="http://java.sun.com/xml/ns/javaee http://java.sun.com/xml/ns/javaee/web-app_3_0.xsd"
    id="WebApp_ID" version="3.0">
    <!-- 解决中文乱码问题 -->
    <filter>
```

```
            <filter-name>CharacterEncodingFilter</filter-name>
            <filter-class>org.springframework.web.filter.CharacterEncodingFilter</filter-class>
            <init-param>
                <param-name>encoding</param-name>
                <param-value>UTF-8</param-value>
            </init-param>
            <init-param>
                <param-name>forceEncoding</param-name>
                <param-value>true</param-value>
            </init-param>
        </filter>
        <filter-mapping>
            <filter-name>CharacterEncodingFilter</filter-name>
            <url-pattern>/*</url-pattern>
        </filter-mapping>
        <servlet>
            <servlet-name>appServlet</servlet-name>
            <servlet-class>org.springframework.web.servlet.DispatcherServlet</servlet-class>
            <init-param>
                <param-name>contextConfigLocation</param-name>
                <param-value>classpath:META-INF/spring/springmvc-context.xml</param-value>
            </init-param>
            <load-on-startup>1</load-on-startup>
        </servlet>
        <servlet-mapping>
            <servlet-name>appServlet</servlet-name>
            <url-pattern>/</url-pattern>
        </servlet-mapping>
    </web-app>
```

在上述代码中，<load-on-startup>元素和<init-param>元素都是可选的。如果<load-on-startup>元素的值为 1，那么在应用程序启动时就会立即加载该 Servlet；如果<load-on-startup>元素不存在，那么应用程序就会在第一个 Servlet 请求时加载该 Servlet。如果<init-param>元素存在并且通过其子元素配置了 Spring MVC 配置文件的路径，那么应用程序在启动时就会加载配置路径下的配置文件；如果没有通过<init-param>元素配置，那么应用程序就会到 WEB-INF 目录下寻找配置文件。

（3）配置 springmvc-context.xml 文件，该文件主要用于开启注解功能、配置视图解析器，代码如下：

```
    <?xml version="1.0" encoding="UTF-8"?>
    <beans:beans
        xmlns:beans="http://www.springframework.org/schema/beans"
        xmlns:xsi="http://www.w3.org/2001/XMLSchema-instance"
        xmlns:context="http://www.springframework.org/schema/context"
        xmlns:mvc="http://www.springframework.org/schema/mvc"
        xmlns:p="http://www.springframework.org/schema/p"
        xsi:schemaLocation="http://www.springframework.org/schema/mvc http://www.springframework.org/
schema/mvc/spring-mvc-3.0.xsd
            http://www.springframework.org/schema/beans http://www.springframework.org/schema/beans
spring-beans-3.0.xsd
            http://www.springframework.org/schema/context http://www.springframework.org/schema/
context/spring-context-3.0.xsd ">
        <mvc:annotation-driven />
```

```
    <!-- 对包中的所有类进行扫描，以实现创建 JavaBean 和自动依赖注入功能 -->
    <context:component-scan base-package="com.wpd" />
    <!-- 以下两个类用来启动基于 Spring MVC 的注解功能，将控制器与方法映射加入到容器中 -->
    <beans:bean class="org.springframework.web.servlet.mvc.annotation.DefaultAnnotationHandlerMapping" />
    <beans:bean
    class="org.springframework.web.servlet.mvc.annotation.AnnotationMethodHandlerAdapter" />
    <!-- 这个类用于 Spring MVC 视图解析 -->
    <beans:bean id="viewResolver"
        class="org.springframework.web.servlet.view.InternalResourceViewResolver">
        <beans:property name="prefix" value="/WEB-INF/pages/" />
        <beans:property name="suffix" value=".jsp" />
    </beans:bean>
</beans:beans>
```

（4）创建 create.jsp 页面，代码如下：

```
<%@ page language="java" contentType="text/html; charset=UTF-8"pageEncoding="UTF-8" %>
<!DOCTYPE html PUBLIC "-//W3C//DTD HTML 4.01 Transitional//EN" "http://www.w3.org/TR/html4/
loose.dtd">
<html>
<head>
<meta http-equiv="Content-Type" content="text/html; charset=UTF-8">
<title>ch9 实例 9.2 创建用户</title>
<style>
    .form-create{
        margin:0 auto;
        width:400px;
    }
    .form-create div{
        margin:10px;
    }
</style>
</head>
<body>
    <form action="save" method="post">
        <div class="form-create">
            <h3>创建用户</h3>
            <div>
                <label>姓名：</label>
                <input type="text" id="name" name="name" tabindex="1">
            </div>
            <div>
                <label>年龄：</label>
                <input type="text" id="age" name="age" tabindex="2">
            </div>
            <div>
                <label>密码：</label>
                <input type="password" id="pwd" name="pwd" tabindex="3">
            </div>
            <div id="buttons">
                <input id="reset" type="reset" tabindex="4" value="取消">
                <input id="submit" type="submit" tabindex="5" value="创建">
            </div>
        </div>
```

```
        </form>
</body>
</html>
```

（5）创建 detail.jsp 页面，代码如下：

```
<%@ page language="java" contentType="text/html; charset=UTF-8" pageEncoding="UTF-8" %>
<!DOCTYPE html PUBLIC "-//W3C//DTD HTML 4.01 Transitional//EN"
                "http://www.w3.org/TR/html4/loose.dtd">
<html>
<head>
<meta http-equiv="Content-Type" content="text/html; charset=UTF-8">
<title>ch9 实例 9.2 创建用户结果</title>
<style>
        .form-detail{
                margin:0 auto;
                width:400px;
        }
</style>
</head>
<body>
        <div class="form-detail">
                <h4>创建成功</h4>
                <h5>详情：</h5>
                <ul>
                        <li><label>姓名：</label><label>${user.name}</label></li>
                        <li><label>年龄：</label><label>${user.age}</label></li>
                        <li><label>密码：</label><label>${user.pwd}</label></li>
                </ul>
        </div>
</body>
</html>
```

（6）创建 Controller 控制器类，代码如下：

```
//添加@Controller 注解表示这是控制器，用于处理用户请求
//Spring 通过包扫描机制自动加载控制器类并创建相应的 JavaBean
@Controller
//处理用户请求的控制器
public class UserController {
        @RequestMapping("")
        //项目访问默认页面为"/"
        public String Create(Model model) {
                return "create";
                //转发到 create.jsp 页面
        }
        @RequestMapping("/save")
        //处理页面传递的表单内容
        public String Save(@ModelAttribute("form") User user, Model model) {
                // user 是视图层传给控制层的表单对象
                // model 是控制层返回给视图层的对象
                model.addAttribute("user", user);
                return "detail";
                //转发到 detail.jsp 页面
        }
}
```

（7）创建用户类 User，包括其属性和方法，代码如下：

```
public class User implements Serializable {
    private static final long serialVersionUID = 1L;
    private Integer id;          //编码
    private String name;         //姓名
    private String pwd;          //密码
    private Integer age;         //年龄
    private Date creatTime;      //创建时间
    public Integer getId() {
        return id;
    }
    public void setId(Integer id) {
        this.id = id;
    }
    public String getName() {
        return name;
    }
    public void setName(String name) {
        this.name = name;
    }
    public String getPwd() {
        return pwd;
    }
    public void setPwd(String pwd) {
        this.pwd = pwd;
    }
    public Integer getAge() {
        return age;
    }
    public void setAge(Integer age) {
        this.age = age;
    }
    public Date getCreatTime() {
        return creatTime;
    }
    public void setCreatTime(Date creatTime) {
        this.creatTime = creatTime;
    }
}
```

本 章 小 结

本章主要介绍了 MVC、Spring、Spring MVC、MyBatis 框架的基本概念，重点阐述了 Spring MVC 框架的基础知识、接口、注解，包括请求处理方法的参数类型和请求处理方法的返回类型，并通过实例讲解了 Spring MVC 框架的开发过程，为进一步学习 Java EE 打下基础。

习 题 9

9.1 Java EE 的体系结构一般分为哪几层?

9.2 什么是 MVC?

9.3 简述 Spring 的工作过程。

9.4 简述 MyBatis 的工作过程。

9.5 什么是 Spring MVC 的控制器?

9.6 简述 Spring MVC 的接口。

9.7 简述 Spring MVC 的常用注解。

9.8 Spring MVC 有哪些特点?

上 机 实 验

设计一个通讯录管理系统。

【目的】

熟悉 SSM 的开发过程，包括 Spring、Spring MVC 和 MyBatis 的配置及用法。

【内容】

通讯录的主要功能包括：添加联系人、删除联系人、修改联系人、查询联系人、联系人列表等。

【步骤】

（1）设计联系人数据库，并使用 MyBatis 连接数据库。

（2）添加联系人，使用 Spring MVC 注解方式验证输入。

（3）删除联系人。

（4）修改联系人。

（5）查询联系人。

（6）查看联系人列表。

第 10 章　JSP 综合应用实例

10.1　留言板

本节介绍的留言板实例，应用了 JavaBean、数据库、EL 表达式和 JSTL 标签，并用过滤器解决了中文乱码问题。由于用 JavaBean 处理业务逻辑、用标签处理页面，因此页面代码更加简洁。

10.1.1　设计目标

由于用户填写的留言信息要保存到数据库中，因此需要在数据库中创建一个表 t_message，该表有 3 个字段：usr、title、content，分别表示留言者、留言标题、留言内容。

留言输入界面如图 10-1 所示，查看留言界面如图 10-2 所示。

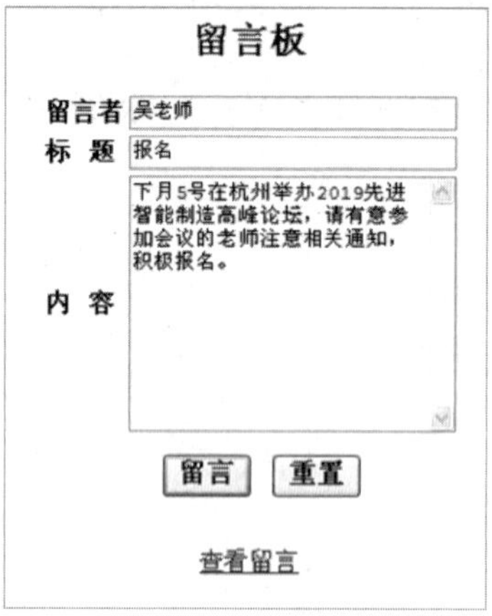

图 10-1　留言输入界面

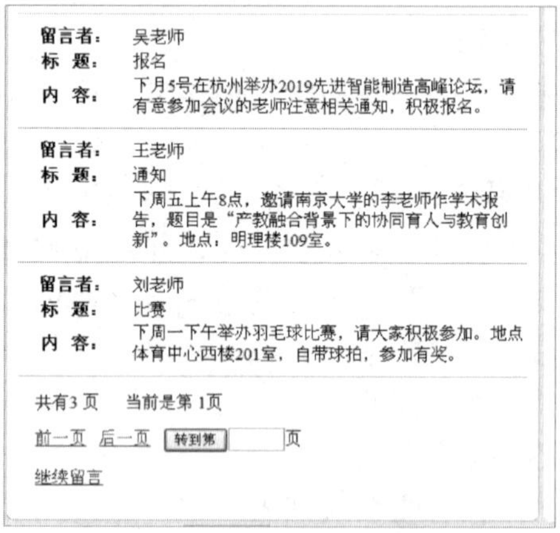

图 10-2　查看留言界面

10.1.2　设计实体类

我们为表 t_message 创建一个 JavaBean 实体类 T_message，也就是将表中的每个字段与 JavaBean 的属性对应起来，并实现 getter 和 setter 方法。

新建名为 T_message 的 JavaBean 用于显示留言信息，它的 3 个属性为 usr、title、content，与表 t_message 对应，分别表示留言者、留言标题、留言内容，并生成相应的 setter 和 getter 方法，代码如下：

```
package y1.y2;
public class T_message {
        private String usr;
        private String title;
        private String content;
        public String getUsr() {
                return usr;
        }
```

```
        public void setUsr(String usr)throws Exception {
            this.usr = usr;
        }
        public String getTitle() {
            return title;
        }
        public void setTitle(String title) {
            this.title = title;
        }
        public String getContent() {
            return content;
        }
        public void setContent(String content) {
            this.content = content;
        }
}
```

10.1.3　设计数据库处理程序

新建名为 DB 的 JavaBean 用于实现数据库的连接、查询、更新、关闭功能，这里连接的是 SQL Server 2008 数据库，其他数据库的连接方式与其类似，DB.java 的代码如下：

```
package y1.db;
import java.sql.*;
public class DB
{       private String className;
        private String url;
        private String sql,usr,pwd;
        private ResultSet rst=null;
        private Connection con ;
        private Statement smt;
        public DB()
        {       className="com.microsoft.sqlserver.jdbc.SQLServerDriver";
                url="jdbc:sqlserver://127.0.0.1:1433;DatabaseName=Message";
                usr="yhx";
                pwd="123456";
                getStatement();
        }
        public void getDriver()
        {       try{
                        Class.forName(className);
                }catch(ClassNotFoundException e){System.out.print(e.toString());}
        }
                public void getConnection()
        {       try{
                        getDriver();
                        con=DriverManager.getConnection(url,usr,pwd);
                }catch(Exception e){System.out.print("连接失败!");}
        }
        public void getStatement()
        {       try{
                        getConnection();
        smt=con.createStatement(ResultSet.TYPE_SCROLL_SENSITIVE,ResultSet.CONCUR_READ_ONLY);
                }catch(Exception e){}
```

```
    }
    public ResultSet getResultSet(String sql)
    {     try{
                rst=smt.executeQuery(sql);
          }catch(Exception e){}
          return rst;
    }
    public int update(String sql)
    {     int ret=0;
          try{
                ret=smt.executeUpdate(sql);
          }catch(Exception e){}
          return ret;
    }
    public void closed()
    {     try{
                if(rst!=null)rst.close();
                if(smt!=null)smt.close();
                if(con!=null)con.close();
          }catch(Exception e){}
    }
}
```

10.1.4 设计留言处理程序

新建名为 SaveMessage 的 JavaBean 用于处理留言初始状况，并把留言写入数据库。留言的信息被保存在 application 的名为 conta 的对象中。为便于处理上下文信息，SaveMessage 继承了 HttpServlet。无论是处理留言初始状况，还是把新留言写入数据库，都要更新分页信息，分页信息保存在 session 的 pageParam 对象中。

该程序有两个主要方法，一个是 initMess()方法，用来完成初始化工作。因为 SaveMessage 继承了 HttpServlet，所以能够为 initMess()方法提供两个参数，即 HttpServletRequest request 和 HttpServletResponse response，从而获取上下文。当留言板程序第一次运行时，首先检查 application 中是否已经存在名为 conta 的对象。若不存在，则将数据库的 t_Message 表中的数据加载到 conta 对象中；若已经存在，或者数据库的 t_Message 表中还没有数据，则直接返回。

另一个是 saveMess()方法，用来将新留言存储到 application 的 conta 对象中，并将新留言写到数据库 t_Message 表中。方法 insert()专门用来将新留言写到数据库 t_Message 表中。

程序 SaveMessage.java 的代码如下：

```
package y1.db;
import   java.util.*;
import   y1.y2. T_message ;
import y1.db.DB;
import java.io.*;
import javax.servlet.*;
import javax.servlet.http.*;
import java.sql.*;
@SuppressWarnings("serial")
public class SaveMessage extends HttpServlet{
    ServletContext context = null;
    T_message c;
    ArrayList initAl;
```

```
        ArrayList cont;
        private HttpServletRequest request=null;
        private HttpServletResponse response=null;
        ServletContext application;
        HttpSession session;
        public T_message getC() {
        return c;
    }
    public void setC(T_message c) {
        this.c = c;
    }
            public void doGet(HttpServletRequest request,HttpServletResponse response) throws IOException,
ServletException {
                this.doPost(request,response);
            }
            public void doPost(HttpServletRequest request,HttpServletResponse response) throws IOException,
ServletException {
                this.request=request;

            }
    public void initMess(HttpServletRequest request,HttpServletResponse response)
    throws Exception
    {   String sql="select * from t_Message";
        DB db=new DB();
        ResultSet rst=(ResultSet)db.getResultSet(sql);
        session=request.getSession();
        application=request.getServletContext();
        cont=(ArrayList)application.getAttribute("conta");
        if(cont==null)
        {   if(rst!=null)
            {   cont=new ArrayList();
                while(rst.next())
                {
                    T_message c=new T_message ();
                    c.setUsr(rst.getString(1));
                    c.setTitle(rst.getString(2));
                    c.setContent(rst.getString(3));
                    cont.add(c);
                }
                application.setAttribute("conta",cont);
            }
        }
        db.closed();
    }
    public void saveMess(HttpServletRequest request,HttpServletResponse response)
    {
        initAl=new ArrayList();
        application=request.getServletContext();
        session=request.getSession();
        cont=(ArrayList)application.getAttribute("conta");
        if(cont==null)
    {   initAl.add(c);
        application.setAttribute("conta",initAl);
```

```
    }
    else
    {
        cont.add(c);
        application.setAttribute("conta",cont);
    }
    insert(c);
    }
    public int insert(T_message c)
    {   DB db=new DB();
        String sql;
        int ret;
        sql="insert into t_Message(usr,title,content) values('";
        sql=sql+c.getUsr()+"','";
        sql=sql+c.getTitle()+"','";
        sql=sql+c.getContent()+"')";
        ret=db.update(sql);
        db.closed();
        return ret;
    }
    }
```

10.1.5 设计页面

（1）设计 index.jsp 页面，首先完成初始化工作，然后实现跳转到 main.jsp 页面的功能。代码如下：

```
<%@ page language="java" contentType="text/html; charset=UTF-8"
    pageEncoding="UTF-8"%>
<%@ page import="y1.db.SaveMessage" %>
<html>
<head>
</head>
<body>
<%
SaveMessage sm=new SaveMessage();
sm.initMess(request, response);
%>
<jsp:forward page="main.jsp"/>
</body>
</html>
```

（2）设计用于输入留言信息的 main.jsp 页面，在该页面中提供一个表单用来输入留言及查看留言。在提交表单后，由 dealMess.jsp 页面处理新的留言。在处理完成后，回到 main.jsp 页面继续输入留言或查看留言。运行 main.jsp 程序所呈现的留言输入界面如图 10-1 所示。

代码如下：

```
<%@page contentType="text/html; charset=utf-8" pageEncoding="utf-8"%>
<%@ taglib prefix="c" uri="http://java.sun.com/jsp/jstl/core" %>
<html>
<head>
<style type="text/css">
th,td{text-align:left}
.p0{font-size:24px;font-weight:bold}
```

```
.p1{font-size:18px;font-weight:bold;}
.p2{text-align:center}
</style>
<title>欢迎使用留言板</title>
</head>
<body>
<center class="p0">留言板</center><br>
<center>
<form action="dealMess.jsp" method="post">
<table>
<tr>
<th>留言者</th><td><input type="text" name="usr" size=30/></td>
</tr>
<tr><th>标   题</th><td><input type="text" name="title" size=30/></td></tr>
<tr><th>内   容</th><td>
<textarea name="content" rows="10" cols="24"></textarea>
</td></tr>
<tr ><td height=50px valign="middle" colspan="2" class="p2">
    <input class="p1" type="submit" value="留言"/>
  <input class="p1" type="reset" value="重置"/>
</td></tr>
</table>
</form>
</center>
<br>
<center> <a href="disp.jsp?currentPage=1">查看留言</a></center>
</body>
</html>
```

（3）设计 dealMess.jsp 页面，在程序中调用 SaveMessage 类中的 saveMess()方法处理新留言。在处理完成后，回到 main.jsp 继续输入留言或查看留言。

代码如下：

```
    <%@ page contentType="text/html; charset=UTF-8"     pageEncoding="UTF-8"%>
    <%@ page import="y1.y2. T_message,y1.db.SaveMessage " %>
<html>
<body>
<jsp:useBean id="bn" class="y1.y2. T_message ">
    <jsp:setProperty name="bn" property="*"/>
</jsp:useBean>

<% SaveMessage sm=new SaveMessage();
T_message c=new T_message ();
c.setContent(bn.getContent());
c.setTitle(bn.getTitle());
c.setUsr(bn.getUsr());
sm.setC(c);
sm.saveMess(request,response);
%>
<jsp:forward page="main.jsp"/>
</body>
</html>
```

（4）设计 disp.jsp 页面实现留言的查看功能。

首先将保存在 application 中的 conta 对象取出，conta 对象中保存了全部的留言信息；然后根据传递过来的当前页参数 currentPage，显示当前页面及对应留言。在显示页面后，提供分页显示功能，这里实现了“前一页”“后一页”“跳转到指定页”的分页显示功能（见图 10-2）。

在处理分页显示时，涉及参数包括 currentPage（当前页）、total（共有多少条留言）、pageSize（每页显示几条留言）、pageCounts（共有多少页）、begin（从第几条开始显示）。在程序中将 pageSize 设为 3 表示每页显示 3 条留言。关键参数是 currentPage，其他参数均可通过计算得到，如 total=list.size()、pageCounts= (total-1)/pageSize+1。但在 EL 表达式中，除运算的结果可能有小数且会进行四舍五入，虽然可以用 fmt 标签指定小数位是 0，但是由于本书没有介绍 fmt 标签，因此采用 pageCounts= ((total-1)-(total-1)%pageSize)/pageSize+1 确定总页数。begin 可以通过(currentPage-1)*pageSize 得到，这样能同时考虑到 currentPage 的边界问题。

代码如下：

```
<%@ page language="java" contentType="text/html; charset=utf-8"%>
<%@ taglib prefix="c" uri="http://java.sun.com/jsp/jstl/core" %>
<!DOCTYPE html PUBLIC "-//W3C//DTD HTML 4.01 Transitional//EN" "http://www.w3.org/TR/html4/
loose.dtd">
<html>
<head>
<style type="text/css">
.p4{
display:inline;
}
tr{height:20px}
p{line-height:15px}
th{width:100px;}
td{white-space: normal;}
</style>
<meta http-equiv="Content-Type" content="text/html; charset=utf-8">
<title>Insert title here</title>
</head>
<body>
<c:set var="currentPage" value="${param.currentPage}"/>
<c:set var="total" value="${applicationScope.conta.size()}"/>
<c:set var="pageSize" value="3"/>
<c:set var="pageCounts" value="${((total-1)-(total-1)%pageSize)/pageSize+1}"/>
<c:set var="begin" value="${(currentPage-1)*pageSize}"/>
<c:if test="${currentPage<1}"> <c:set var="currentPage" value="1"/></c:if>
<c:if test="${currentPage>pageCounts}"> <c:set var="currentPage" value="${currentPage-1}"/></c:if>
<c:if test="${begin<0}"><c:set var="begin" value="0"/></c:if>
<c:if test="${begin>total}"><c:set var="begin" value="${total-1}"/></c:if>
<hr>
<c:forEach items="${applicationScope.conta}" var="v1" varStatus="id"
begin="${begin}"
end="${begin+pageSize-1}"
step="1"
>
    <c:if test="${id.index<total}">
    <table>
```

```
        <tr><th>留言者：</th><td>${v1.usr}</td></tr>
        <tr><th>标   题：</th><td>${v1.title}</td></tr>
        <tr><th>内   容：</th><td >${v1.content} </td></tr>
        </table>
        <hr>
          </c:if>
</c:forEach>
<p>
     共有${pageCounts} 页          
当前是第 ${currentPage}页</p>
<p>
    <a href="disp.jsp?currentPage=${currentPage-1}">前一页</a>  
<a href="disp.jsp?currentPage=${currentPage+1}">后一页</a>  
<form class="p4" >
<input  type="submit" value="转到第"/><input type="text" name="currentPage" size="3"/>页
</form></p>
<p>    <a href="main.jsp">继续留言</a></p>
</body>
</html>
```

10.1.6　设计字符编码过滤器

（1）设计过滤器程序。

由于 Web 容器内部所使用的编码格式并不支持中文字符集，因此浏览器请求中的中文数据就会变成乱码。在 Web 程序开发过程中，如果在每个程序中都指定字符集编码格式，那么不仅开发过程过于烦琐，还容易漏掉某个编码设置。但通过过滤器来处理字符编码，就可以做到既简单又万无一失。当然如果要使过滤器起作用，就需要配置 web.xml。这里设计的过滤器程序 CharactorFilter.java 是一个通用程序，其他项目同样可以使用。

代码如下：

```
package y1.y2;
import java.io.IOException;
import javax.servlet.Filter;
import javax.servlet.FilterChain;
import javax.servlet.FilterConfig;
import javax.servlet.ServletException;
import javax.servlet.ServletRequest;
import javax.servlet.ServletResponse;
public class CharactorFilter implements Filter {
        String encoding = null;
        @Override
        public void destroy() {
                encoding = null;
        }
        @Override
        public void doFilter(ServletRequest request, ServletResponse response,
                        FilterChain chain) throws IOException, ServletException {
                        if(encoding != null){
                        //设置 request 的编码格式
                        request.setCharacterEncoding(encoding);
                        //设置 response 字符编码
                        response.setContentType("text/html; charset="+encoding);
```

```
        }
        //传递给下一个过滤器
        chain.doFilter(request, response);
    }
    @Override
    public void init(FilterConfig filterConfig) throws ServletException {
        //获取初始化参数
        encoding = filterConfig.getInitParameter("encoding");
    }
}
```

（2）在 web.xml 中配置过滤器。

代码如下：

```
<?xml version="1.0" encoding="UTF-8"?>
<web-app xmlns:xsi="http://www.w3.org/2001/XMLSchema-instance"
xmlns="http://java.sun.com/xml/ns/javaee" xmlns:web="http://java.sun.com/xml/ns/javaee/web-app_2_5.xsd"
xsi:schemaLocation="http://java.sun.com/xml/ns/javaee http://java.sun.com/xml/ns/javaee/web-app_2_5.xsd"
id="WebApp_ID" version="2.5">
    <display-name>10.3</display-name>
    <welcome-file-list>
        <welcome-file>index.jsp</welcome-file>
        <welcome-file>default.jsp</welcome-file>
    </welcome-file-list>
    <!-- 声明过滤器 -->
    <filter>
        <!-- 过滤器名称 -->
        <filter-name>CharactorFilter</filter-name>
        <!-- 过滤器的完整类名 -->
        <filter-class>y1.y2.CharactorFilter</filter-class>
        <!-- 初始化参数 -->
        <init-param>
            <!-- 参数名 -->
            <param-name>encoding</param-name>
            <!-- 参数值 -->
            <param-value>UTF-8</param-value>
        </init-param>
    </filter>
    <!-- 过滤器映射 -->
    <filter-mapping>
        <!-- 过滤器名称 -->
        <filter-name>CharactorFilter</filter-name>
        <!-- URL 映射 -->
        <url-pattern>/*</url-pattern>
    </filter-mapping>
</web-app>
```

10.2 教务管理系统

在教务管理系统的实例中，综合运用了本书第 1 章到第 9 章的知识，包括二级菜单的设计等技巧。该实例全面采用 Struts2 框架的思想与技术，特别是利用 Java 的泛型技术，给出了几个非常实用的数据库查询通用方法，可以广泛应用到各类 Web 应用开发中，通过本实例的学习，读者可以基本掌握 Struts2 框架的思想与开发过程。

10.2.1 系统功能

（1）该系统根据用户身份分为“教师”“学生”“教务员”3 大功能模块，如图 10-3 所示。

（2）教师模块有“查看个人资料”“修改个人资料”“录入成绩”“注销”等功能，如图 10-4 所示。

（3）学生模块有“查看个人资料”“修改个人资料”“查看成绩”“注销”等功能，如图 10-5 所示。

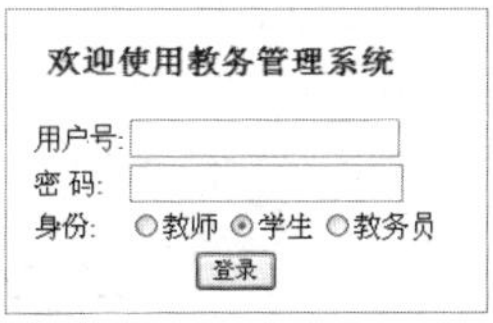

图 10-3 系统功能模块

图 10-4 教师模块功能

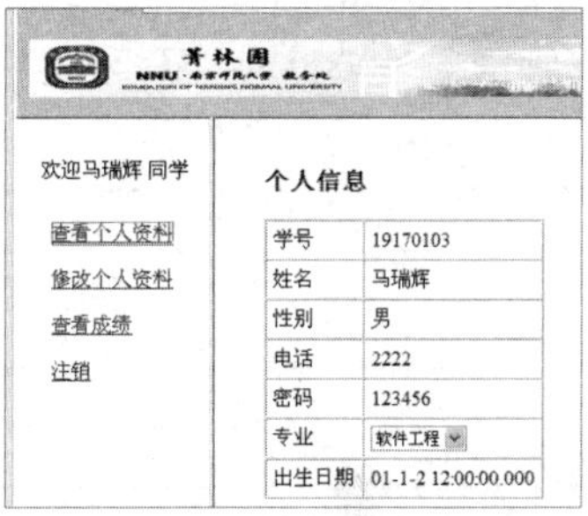

图 10-5 学生模块功能

（4）教务员模块有“教务员”“学院”“专业”“教师”“学生”“课程”“开课”“查询”和“注销”等功能，除“查询”和“注销”外的功能均包含“显示”“增加”“修改”“删除”相应信息的子功能，如图 10-6 所示。这里采用了二级菜单显示的技术，在程序模块中提供了“查询学生成绩”“按课程查询学生成绩”“按专业查询学生成绩”“查询任课教师所教课程的学生成绩”等子功能。在“开课”功能下还有“根据开课信息自动生成成绩记载表”子功能。

图 10-6 教务员模块功能

10.2.2 数据库设计

本例设计了 8 个表用来处理相关数据，每个表的表名、功能、结构、类型、约束（包括主键）说明如下。

1. 学生基本信息表 student

学生基本信息表 student 用来保存学生的基本信息，当学生登录时，系统需要根据该表的学号和密码校验学生的输入是否正确，如表 10-1 所示。

表 10-1 学生基本信息表 student

字 段 名	类 型	说 明
sno	char(8)	学号，主键

续表

字 段 名	类 型	说 明
name	char(20)	姓名
sex	char(2)	性别，加 check 校验
birth	datetime	出生日期
dept	char(6)	专业代码，外键
phone	char(11)	联系电话
password	char(20)	密码

2. 课程基本信息表 course

课程基本信息表 course 用来保存课程的基本信息，如课程名、成绩类型是百分制还是等级制等，如表 10-2 所示。

表 10-2 课程基本信息表 course

字 段 名	类 型	说 明
cno	char(6)	课程号，主键
name	char(20)	课程名
credit	int	学分
grade_type	int	成绩类型，0 表示百分制，1 表示等级制

3. 成绩记载表 sc

成绩记载表 sc 用来记载学生的成绩信息，如课程号、任课教师的工号、开课学期等，如表 10-3 所示。

表 10-3 成绩记载表 sc

字 段 名	类 型	说 明
id	int identity(1,1)	自增类型，主键
sno	char(8)	学号，外键
cno	char(6)	课程号，外键
grade0	int	百分制成绩，加 check 校验
grade1	char(6)	等级制成绩，加 check 校验
stype	int default 1	选修次数，1 表示第一次选修，2 表示第二次选修
term	char(6)	开课学期，如 201802 表示 2018 年第二学期
tno	char(6)	任课教师的工号，外键

4. 教师基本信息表 teacher

教师基本信息表 teacher 用来记载教师的基本信息，如工号、姓名、性别、联系电话、密码等，当教师登录时，系统需要根据该表的工号和密码校验教师的输入是否正确，如表 10-4 所示。

表 10-4 教师基本信息表 teacher

字 段 名	类 型	说 明
tno	char(6)	任课教师的工号，主键
name	char(20)	姓名
sex	char(2)	性别，加 check 校验
phone	char(11)	联系电话
password	char(20)	密码

5. 开课信息表 subject

开课信息表 subject 用来记载所开课程的基本信息，如开课学期、课程号、专业代码、任课教师的工号、上课教室等，如表 10-5 所示。

表 10-5　开课信息表 subject

字 段 名	类　　型	说　　明
id	int identity(1,1)	自增类型，主键
term	char(6)	开课学期，如 201801 表示 2018 年第一学期
cno	char(6)	课程号，外键
dept	char(6)	专业代码，外键
tno	char(6)	任课教师的工号，外键
room	char(6)	上课教室
flag	int default 0	标志位，0 表示没有将选课学生添加到成绩记载表 sc 中；1 表示已添加。一旦添加，就不能修改、删除该记录

6. 教务员基本信息表 admin

教务员基本信息表 admin 用来记载教务员的基本信息，如教务员工号、姓名、联系电话、密码等，当教务员登录时，系统需要根据该表的工号和密码校验教务员的输入是否正确，如表 10-6 所示。

表 10-6　教务员基本信息表 admin

字 段 名	类　　型	说　　明
eno	char(6)	教务员工号，主键
name	char(20)	姓名
phone	char(11)	联系电话
password	char(20)	密码

7. 专业代码表 speciality

专业代码表 speciality 用来记载专业的代码、名称、所属学院代码等信息，如表 10-7 所示。

表 10-7　专业代码表 speciality

字 段 名	类　　型	说　　明
no	char(6)	专业代码，主键
name	char(20)	专业名称
college	char(2)	所属学院代码，外键

8. 学院代码表 college

学院代码表 college 用来记载学院的代码、名称、院长等信息，如表 10-8 所示。

表 10-8　学院代码表 college

字 段 名	类　　型	说　　明
no	char(6)	学院代码，主键
name	char(20)	学院名称
dean	char(20)	院长

10.2.3　设计实体类

为便于处理表中数据，我们为每个表都创建一个 JavaBean 实体类，也就是将表中的每个字段都与 JavaBean 的属性对应起来，并实现 getter 和 setter 方法，例如，学院代码表 college 的对应的 JavaBean 实体类相关代码如下：

```
public class College
{	private String no,name,dean;
	public String getNo() {return no;	}
	public void setNo(String no) {this.no = no;	}
	public String getName() {return name;	}
```

```
        public void setName(String name) {this.name = name;     }
        public String getDean() {return dean;     }
        public void setDean(String dean) { this.dean = dean; }
    }
```

其他 7 个表对应的 JavaBean 实体类与此类似。

为便于处理教师上课信息，我们专门设计了一个实体类 Tclass，该类有以下几个属性：tno、cno、cname、dept、deptname、term，均为 String 类型，分别表示任课教师的工号、课程号、课程名、专业代码、专业名称、开课学期。还有一个 int 型属性 grade_type，表示课程的成绩类型是百分制还是等级制，每个属性都有相应的 getter 和 setter 方法。

10.2.4 文件组织架构

1. action 架构

对框架技术而言，文件组织架构非常重要，必须对系统所使用的所有文件、资源，包括文件的命名进行科学规划、合理分类，并分别存放在不同的文件目录中，既可以确保文件组织架构条理清晰，也便于系统的开发、维护、更新，在团队合作开发中尤为重要。

对 action 中方法的命名也必须合理规划，否则会使得 struts.xml 的配置臃肿、复杂。在本例中由于方法命名科学、规范，因此 struts.xml 的配置显得非常简洁。

在本例中，我们将所有的 action 都放到 com.action 包中，其中，有关登录的 action 被命名为 LoginAction，处理学生信息的 action 被命名为 StudentAction，处理教师信息的 action 被命名为 TeacherAction，处理教务员信息的 action 被命名为 AdminAction。将处理数据库的 JavaBean 放到 com.db 包中，将每个数据表对应的 JavaBean 实例放到 com.model 包中，如图 10-7 所示。

2. 视图架构

将与学生有关的视图文件放到 student 目录中，将与教师有关的视图文件放到 teacher 目录中，将由教务员处理的所有视图文件放到 admin 目录中。由于教务员模块功能繁多，因此我们又在其中设立了 admin、college、course、query、speciality、student、subject、teacher 子目录，与功能菜单对应，分别存放相关的视图文件。系统文件组织架构如图 10-8 所示。

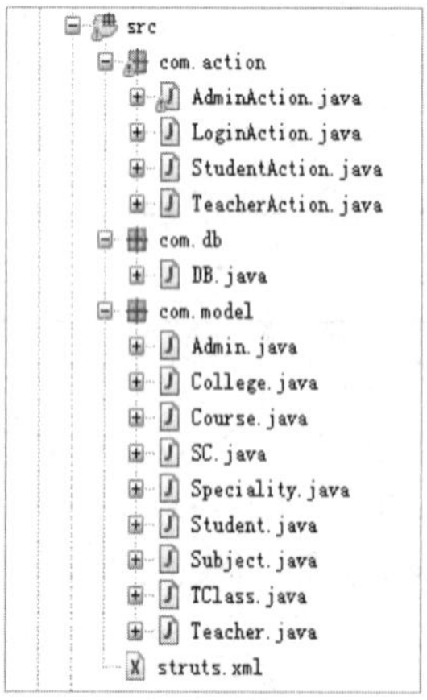

图 10-7 action 及其他 JavaBean 组织架构

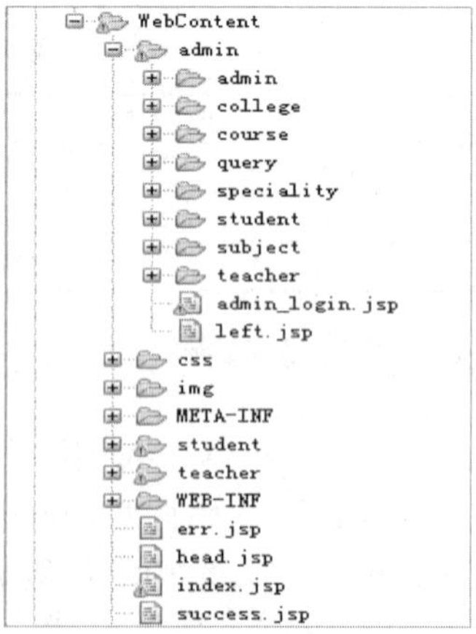

图 10-8 系统文件组织架构

css 目录用于存放样式文件，img 目录用于存放图片文件。在根目录下只有 4 个文件，index.jsp 是主页文件，err.jsp、head.jsp、success.jsp 是公共文件，分别表示错误处理视图、显示 log 标记、操作成功视图。

10.2.5　设计数据库处理程序

数据库连接、读写、关闭的相关程序 DB.java 与 10.1 节类似，不同的是，这里增加了 3 个重要的通用方法，并且通过 Java 的泛型技术使得这些方法可以被广泛使用。由于使用了 Java 的泛型，因此需要导入 reflect 包。

1. queryToList()方法

queryToList()方法的功能是实现查询，可以将查询的结果保存在 lsit 中并返回。

该方法有 2 个参数：一个是 String 类型，表示查询语句；另一个是 Object 类型，表示查询的结果集中的记录（行）。返回值是 Object 类型的 list，也就是把查询的结果用 list 表示。这是一个通用的方法，例如，要得到“select * from student”的结果，可以用下列语句实现：

```
String sql="select * from student";
Object obj=new Object();
List<Object> list=db.queryToList(sql, obj);
```

在 Struts2 中处理 list 数据非常方便，可以很容易地在页面上输出 list 内容。

queryToList()方法的代码如下：

```
public    List<Object> queryToList(String sql,Object obj) throws SQLException
{          if(obj==null)return null;
           rst=smt.executeQuery(sql);
           List list = new ArrayList();
           ResultSetMetaData md = rst.getMetaData();
           int columnCount = md.getColumnCount();//获取行的数量
           while (rst.next())
           {     Map rowData = new HashMap();//声明 Map
                 for (int i = 1; i <= columnCount; i++)
                       rowData.put(md.getColumnName(i), rst.getObject(i));
                 list.add(rowData);
           }
           this.closed();//释放相关资源，见 10.1 节中的 DB.java
           return list;
}
```

2. queryToListObject()方法

queryToListObject()方法的功能是实现查询，可以将查询的结果保存在 lsit 中并返回，与 queryToListObject()方法的区别在于参数类型不同。

它有 2 个参数：一个是 String 类型，表示查询语句；另一个是泛型，表示查询的结果集中的记录（行）。返回值是泛型的 list，也就是把查询的结果用 list 表示。这是一个通用的方法，在这个方法中还实现了如何动态地获取对象属性名、动态地调用对象的 setXXX 方法等。示例代码如下：

```
String sql="select * from student";
Student obj=new Student ();
List< Student > list=db.queryToListObject(sql, obj);
```

queryToListObject()方法的代码如下：

```
public    <T> List<T> queryToListObject(String sql,T obj) throws SQLException, NoSuchMethodException,
SecurityException, InstantiationException, IllegalAccessException, IllegalArgumentException, InvocationTargetException
{      if(obj==null)return null;
       rst=smt.executeQuery(sql);
```

```
        Class<?> classType = obj.getClass();
        ArrayList<T> list = new ArrayList<T>();
        Field[] fields = classType.getDeclaredFields(); //得到对象中的字段
        ResultSetMetaData rsmd = rst.getMetaData();
        int columnCount = rsmd.getColumnCount();   //获取列的数量
        while (rst.next())
        {     T objectCopy = (T) classType.getConstructor(new Class[] {}).newInstance(new Object[] {});
              for (int i = 1; i <= columnCount; i++)
              {     Field field=null;
                    String fieldName=rsmd.getColumnName(i);
                    // 获得属性的首字母并转换为大写，与 setXXX 对应
                    String firstLetter = fieldName.substring(0, 1).toUpperCase();
                    String setMethodName = "set" + firstLetter+ fieldName.substring(1);
                    for(int j=0;j<fields.length;j++)
                    {     if(fields[j].getName().equals(fieldName))
                          {     field=fields[j];
                                break;
                          }
                    }
                    Method setMethod = classType.getMethod(setMethodName,new Class[] { field.getType() });
//调用对象的 setXXX 方法
                    setMethod.invoke(objectCopy, new Object[] { rst.getObject(i)});
                    }
                    list.add(objectCopy);
              }
              this.closed();
              return list;
        }
```

3. updateBatch()方法

updateBatch()方法的功能是一次执行多条 SQL 语句。

它只有一个 String 类型的数组参数，表示 SQL 语句组(是除 SELECT 语句外的 UPDATE、INSERT、DELETE 等数据操纵语句及数据定义语句)，可以完成多条 SQL 语句的执行，返回值是 int 型的数组，表示每条 SQL 语句影响的记录数。代码如下：

```
    public   int[] updateBatch(String[] sqls) throws Exception
    {     if (sqls == null)
          {     return null;   }
          try
          {     for (int i = 0; i < sqls.length; i++)
                {     smt.addBatch(sqls[i]);//将所有的 SQL 语句添加到 Statement 中
                }
                //一次执行多条 SQL 语句
                return smt.executeBatch();
          }catch (SQLException e) { e.printStackTrace(); }
          finally { this.closed();        }
          return null;
    }
```

10.2.6　设计 action 类

本例设计了 4 个 action 类：LoginAction、StudentAction、TeacherAction、AdminAction。下面分别进行说明。

1. LoginAction 类

LoginAction 类负责处理与登录相关的事宜，有 3 个 String 类型的属性 userNo、userPwd、operator，它们与表单对应，表示登录时输入的用户名、密码，以及选择的用户身份，这里用户身份为教师、学生、教务员三者之一。在 execute()方法中根据用户身份分别到 teacher、student、admin 表中验证用户名和密码，并将验证成功的用户信息保存到 user 对象中，便于其他事务引用用户的信息。这里用 queryToListObject()方法较好，能够方便地将不同表中的查询结果统一封装到 user 对象中。核心代码如下：

```
public String execute() throws Exception
{	String resultMessage="";//表示结果状态，供其他视图使用，如 err.jsp 和 success.jsp
	ActionContext  ac=ActionContext.getContext();
	ac.getSession().put("resultMessage",resultMessage);
	if(operator.equals("student"))       //若是学生，则到 student 表中验证
	{	String sql="select * from Student where sno='"+userNo+"' and password='"+userPwd+"'";
		DB db=new DB();
		Student obj=new Student();
		List<Student> list=db.queryToListObject(sql,obj);
		if(list.isEmpty())
		{	return "error";
		}
		else
		{	obj=(Student)list.get(0);
			ac.getSession().put("user", obj);
			return "student";
		}
	}
	if(operator.equals("teacher"))       //若是教师，则到 teacher 表中验证
	{	String sql="select * from teacher where tno='"+userNo+"' and password='"+userPwd+"'";
		DB db=new DB();
		Teacher obj=new Teacher();
		List<Teacher> list=db.queryToListObject(sql,obj);
		if(list.isEmpty())
		{	return "error";
		}
		else
		{	obj=(Teacher)list.get(0);
			ac.getSession().put("user", obj);
			return "teacher";
		}
	}
	if(operator.equals("admin"))              //若是教务员，则到 admin 表中验证
	{	String sql="select * from admin where eno='"+userNo+"' and password='"+userPwd+"'";
		DB db=new DB();
		Admin obj=new Admin();
		List<Admin> list=db.queryToListObject(sql,obj);
		if(list.isEmpty())
		{	return "error";
		}
		else
		{	obj=(Admin)list.get(0);
			ac.getSession().put("user", obj);
			return "admin";
```

```
            }
        }
        return "error";
    }
```

2. StudentAction 类

StudentAction 类负责处理以学生身份登录的用户的相关事宜，该类声明了两个属性，一个是 Student 实体类型的对象 student，另一个是 SC 实体类型的对象 sc，便于处理学生基本信息和成绩信息。此外，定义了一个 ActionContext 类型的对象 ac，其值为 ActionContext.getContext()。还定义了一个 String 类型的变量 resultMessage，表示结果状态，提供给其他视图。

该类设计了几个核心方法，第 1 个方法是 dispPerson()方法，用来显示个人信息。注意，这里的方法名和返回值一样，这样就可以在配置文件中使用通配符，极大地简化配置文件，本例的 action 中设计的方法基本都是这样命名的。在本例中，几个 action 共有近百个方法，每个 action 请求都需要在 struts.xml 中配置，如果命名不科学，配置文件就会异常复杂、臃肿，不利于项目的开发、组织、维护、更新。而本例在命名时对整个项目统筹兼顾、科学规划，使得配置文件极其简洁，仅仅数行就解决了各类 action 的近百个请求。

由于个人信息在登录成功时已经保存在 user 对象中，一般不需要再次提取，因此直接返回字符串“dispPerson”即可，但学生个人信息还包括其所在的专业，而专业名称保存在 speciality 表中，因此我们还要在 dispPerson 中将专业名称信息提取出来保存到 lists 对象中，这样在视图中显示学生个人信息时就可以将专业代码转换为专业名称了。方法 dispPerson() 的代码如下：

```
    public String dispPerson() throws NoSuchMethodException, SecurityException, InstantiationException,
IllegalAccessException, IllegalArgumentException, InvocationTargetException, SQLException
    {       String sql;
            DB db=new DB();
            sql="select no,name,college from speciality";//查询专业名称
            Speciality obj=new Speciality();
            List<Speciality> lists=db.queryToListObject(sql,obj);
            ActionContext    ac=ActionContext.getContext();
            ac.getSession().put("lists", lists);
            return "dispPerson";
    }
```

第 2 个方法是 modifyPerson()方法，用来完成个人信息的修改，由于数据库表中的出生日期是 datetime 类型的，因此在 Java 中处理时，需要用 DateFormat 类转换 datetime 类型，方法 modifyPerson()的代码如下：

```
    public String modifyPerson()
    {       String sql;
            DateFormat format = new SimpleDateFormat("yyyy-MM-dd hh:mm:ss");
            String bt=format.format(student.getBirth());
            sql="update Student set name='"+student.getName()+"',";
            sql=sql+"sex='"+student.getSex()+"',dept='"+student.getDept()+"',";
            sql=sql+"birth='"+bt+"',";
            sql=sql+"phone='"+student.getPhone()+"',";
            sql=sql+"password='"+student.getPassword()+"' ";
            sql=sql+"where sno='"+student.getSno()+"'";
            DB db=new DB();
            int ret=db.update(sql);
```

```
        ac.getSession().put("user",student);
        if(ret<=0)
        {   resultMessage="修改失败！ ";
            ac.getSession().put("resultMessage",resultMessage);
            return "error";
        }
        else
        {   resultMessage="修改成功！ ";
            ac.getSession().put("resultMessage",resultMessage);
            return SUCCESS;
        }
    }
```

第 3 个方法是 dispScore()方法，用来列出学生在某学期的成绩。由于有些课程是百分制，有些是等级制，而且存放在不同的列中，因此用 case 语句统一进行转换，代码如下：

```
    public String dispScore() throws NoSuchMethodException, SecurityException, InstantiationException,
IllegalAccessException, IllegalArgumentException, InvocationTargetException, SQLException
    {   String sql;
        DB db=new DB();
        sql="select a.cno as 'cno',b.name as 'cname',";
        sql=sql+"'grade'=case when b.grade_type=0  then cast(grade0 as char(6)) else cast(grade1 as char(6))
end ";
        sql=sql+" from sc a,course b";
        sql=sql+" where a.cno=b.cno and a.term='";
        sql=sql+sc.getTerm()+"' and a.sno='";
        sql=sql+sc.getSno()+"'";
        Object obj=new Object();
        List<Object> list=db.queryToList(sql, obj);
        ac.getSession().put("list", list);
        return "dispScore";
    }
```

第 4 个方法是 quit()方法，用来注销当前程序，代码如下：

```
    public String quit()
    {   ac.getSession().clear();
        return "index";         //返回登录页面
    }
```

3. TeacherAction 类

TeacherAction 类负责处理以教师身份登录的用户的相关事宜，该类有以下几个属性：teacher、sc、subject、tclass，分别对应 Teacher、SC、Subject、Tclass 实体类型。此外，定义了一个 ActionContext 类型的对象 ac，其值为 ActionContext.getContext()。还定义了一个 String 类型的变量 resultMessage，表示结果状态，提供给其他视图。

TeacherAction 类主要有以下几个方法。

第 1 个是 dispPerson()方法，用来显示教师个人信息，由于个人信息在登录成功时已经保存在 user 对象中，因此无须再次提取，直接返回结果即可，代码如下：

```
    public String dispPerson()
    {   return "dispPerson";
    }
```

第 2 个方法是 modifyPerson()方法，用来完成个人信息的修改，这个方法与 StudentAction 类中的 modifyPerson()方法相似，仅仅是构造的 SQL 语句有所差异，其他代码都相同，SQL 语句如下：

```
    sql="update teacher set name='"+teacher.getName()+"',";
    sql=sql+"sex='"+teacher.getSex()+"',";
    sql=sql+"phone='"+teacher.getPhone()+"',";
    sql=sql+"password='"+teacher.getPassword()+"' ";
    sql=sql+"where tno='"+teacher.getTno()+"'";
```

第 3 个方法是 dispClass()方法，用于列出该教师某学期的工作情况，即所教的课程，代码如下：

```
    public String dispClass() throws SQLException, NoSuchMethodException, SecurityException,
InstantiationException, IllegalAccessException, IllegalArgumentException, InvocationTargetException
    {    String sql;
         sql="select a.tno as 'tno',a.cno as 'cno',b.name as 'cname',a.dept as 'dept',c.name as 'deptname' ,a.term as
'term',grade_type from subject a,course b,speciality c ";
         sql=sql+" where a.cno=b.cno and a.dept=c.no and ";
         sql=sql+"tno='"+subject.getTno()+"' and ";
         sql=sql+" term='"+subject.getTerm()+"'";
         DB db=new DB();
         TClass obj=new TClass();
         List<TClass> list=db.queryToListObject(sql, obj);
         if(list.isEmpty())return "error";
         else
         {    ac.getSession().put("list", list);
              return "dispClass";
         }
    }
```

第 4 个方法是 inputScore()方法，用来生成录入所教课程的学生成绩界面，该方法返回的结果视图 inputScore.jsp 即为录入成绩界面，代码如下：

```
    public String inputScore() throws SQLException
    {    String sql;
         if(tclass.getGrade_type()<1) //判断成绩类型，若为百分制，则查询 grade0 列
         {    sql="select a.id,a.sno,b.name,a.grade0";
              sql=sql+" from sc a,student b ";
              sql=sql+" where a.sno =b.sno and b.dept ='"+tclass.getDept()+"' ";
              sql=sql+" and tno='"+tclass.getTno()+"' and term='";
              sql=sql+tclass.getTerm()+"'";
              sql=sql+" and cno='"+tclass.getCno()+"'";
         }//若为等级制，则查询 grade1 列
         {    sql="select a.id,a.sno,b.name,a.grade1";
              sql=sql+" from sc a,student b ";
              sql=sql+" where a.sno =b.sno and b.dept ='"+tclass.getDept()+"' ";
              sql=sql+" and tno='"+tclass.getTno()+"' and term='";
              sql=sql+tclass.getTerm()+"'";
         }

         DB db=new DB();
         Object obj=new Object();
         List<Object> list=db.queryToList(sql, obj);
         if(list.isEmpty())return "error";
         else
         {    ac.getSession().put("list", list);
              ac.getSession().put("tclass", tclass);
              return "inputScore";
         }
```

```
}
```

第 5 个方法是 saveScore()方法，用来保存学生成绩到数据库中，采用了批量处理的方法，代码如下：

```
public String saveScore() throws Exception
{     String sql[];
      HttpServletRequest request = ServletActionContext.getRequest();
      int cc=Integer.parseInt(request.getParameter("cc")); //表示保存的记录数
      int grade_type=Integer.parseInt(request.getParameter("grade_type"));//成绩类型
      sql=new String[cc];
      for(int i=0;i<cc;i++)
      {     String s;
            if(grade_type1<1)
            {     s=request.getParameter("grade0"+i);
                  sql[i]="update sc set grade0="+s;
            }
            else
            {     s=request.getParameter("grade1"+i);
                  sql[i]="update sc set grade1='"+s+"' ";
            }
            s=request.getParameter("id"+i);
            sql[i]=sql[i]+"    where id="+s;
      }
      DB db=new DB();
      int ret[]=db.updateBatch(sql);
      if(ret.length>0)
      {     resultMessage="保存成功！";
            ac.getSession().put("resultMessage", resultMessage);
            return SUCCESS;
      }
      else
      {     resultMessage="保存失败！";
            ac.getSession().put("resultMessage", resultMessage);
            return "error";
      }
}
```

4. AdminAction 类

教务管理系统的核心是教务员，负责整个系统的基础数据的维护，该系统由 8 个部分组成，分别对应教务员模块的 8 个主要功能，每个功能中的子功能都由 AdminAction 类的相应方法实现，这些方法可以总结为：dispXXX、deleteXXX、modifyXXX、insertXXX、updaOneXXX 等，分别表示“显示”“删除”“修改”“插入”“更新”一个对象的功能。除处理的具体对象不同，即 SQL 语句有差异外，方法的架构都一样。由于 AdminAction 类几乎要处理所有的数据，所以需要将所有的实体类都声明为属性，并实现相应的 getXXX 和 setXXX 方法。下面一一进行介绍。

（1）第 1 类：dispXXX 方法。

以 dispSpeciality()方法为例，该方法用于显示所有专业信息，因为专业信息中含有所属学院代码，而一般显示专业信息时应该将其转换成学院名称，学院名称保存在 college 表中，所以还要将学院代码表 college 的信息封装到 listc 对象中。代码如下：

```
public String dispSpeciality() throws NoSuchMethodException, SecurityException, InstantiationException,
```

```
IllegalAccessException, IllegalArgumentException, InvocationTargetException, SQLException
    {   DB db=new DB();
        String sql="select * from speciality";
        Speciality obj=new Speciality();
        List<Speciality> list=db.queryToListObject(sql,obj);
        DB db1=new DB();
        sql="select no,name,dean from college";
        College objc=new College();
        List<College> listc=db1.queryToListObject(sql,objc);
        if(list.isEmpty())
        {   resultMessage="查询失败！";
            ac.getSession().put("resultMessage", resultMessage);
            return "error";
        }
        else
        {   ActionContext   ac=ActionContext.getContext();
            ac.getSession().put("list", list);
            ac.getSession().put("listc", listc);
            return "dispSpeciality";
        }
    }
```

本例还用到了 dispPerson()、dispAllAdmin()、dispCollege()、dispTeacher()、dispAllStudent()、dispCourse()、dispSubject()等方法，除 dispPerson()方法外，其余方法都较为相似。dispPerson()方法用于显示当前登录成功的教务员个人信息，因为个人信息已保存在 user 对象中，所以方法体中仅需返回 dispPerson。

（2）第 2 类：deleteXXX 方法。

以 deleteSpeciality()方法为例，该方法用于删除指定的专业，即给定专业代码，删除该记录，代码如下：

```
public String deleteSpeciality()
    {   String sql;
        sql="delete from speciality where no='"+speciality.getNo()+"'";
        DB db=new DB();
        int ret=db.update(sql);
        if (ret>0)
        {   resultMessage="删除成功！";
            ac.getSession().put("resultMessage", resultMessage);
            return SUCCESS;
        }
        else
        {   resultMessage="删除失败！";
            ac.getSession().put("resultMessage", resultMessage);
            return "error";
        }
    }
```

本例还用到了 deleteAdmin()、deleteCollege()、deleteTeacher()、deleteStudent()、deleteCourse()、deleteSubject()等类似的方法。

（3）第 3 类：modifyXXX 方法。

对于 midifyXXX 方法，本例采用了 3 种实现技术，第 1 种是直接修改数据，一次修改一条，即根据指定关键字修改。以 modifyPerson()方法为例，根据工号修改数据，代码如下：

```
public String modifyPerson()
{	String sql;
	sql="update Admin set name='"+admin.getName()+"',";
	sql=sql+"phone='"+admin.getPhone()+"',";
	sql=sql+"password='"+admin.getPassword()+"' ";
	sql=sql+"where eno='"+admin.getEno()+"'";
	DB db=new DB();
	int ret=db.update(sql);
	ActionContext	ac=ActionContext.getContext();
	ac.getSession().put("user",admin);
	if(ret<=0)
	{	resultMessage="修改失败！";
		ac.getSession().put("resultMessage", resultMessage);
		return "error";
	}
	else
	{	resultMessage="修改成功！";
		ac.getSession().put("resultMessage", resultMessage);
		return SUCCESS;
	}
}
```

第 2 种也是一次修改一条数据，但是该方法为间接修改，实际是先让用户输入关键字，再将该关键字的其他信息检索出来并显示，供用户修改。

以 modifySubject()方法为例，当用户给定要修改的序号后，首先检查标志位是否为零，然后将该记录检索出来交由 updateOneSubject.jsp 视图页面显示，当用户修改完后，由 updateOneSubject()方法完成实际修改，modifySubject()方法的代码如下：

```
public String modifySubject() throws NoSuchMethodException, SecurityException, InstantiationException, IllegalAccessException, IllegalArgumentException, InvocationTargetException, SQLException
{	String sql="select * from subject where id="+subject.getId()+" and flag=0";
	DB db=new DB();
	Subject obj=new Subject();
	List<Subject> list=db.queryToListObject(sql,obj);
	if(list.isEmpty())return "error";
	else
	{	obj=(Subject)list.get(0);
		ActionContext	ac=ActionContext.getContext();
		ac.getSession().put("obj", obj);
		return "updateOneSubject";
	}
}
```

类似的方法还有 modifyCourse()、modifyStudent()，最后都是交由 updateOneCourse()、updateOneStudent()完成实际修改的。

第 3 种是把所有的数据以表的形式显示给用户，用户可以修改除关键字外的部分指定或全部数据，这种方法简明直观，适用于记录数较少的情形，否则效率较低，以 modifySpeciality()方法为例，代码如下：

```
public String modifySpeciality() throws Exception
{	String sql[];
	HttpServletRequest request = ServletActionContext.getRequest();
	int cc=Integer.parseInt(request.getParameter("cc")); //表示要修改的记录数
	sql=new String[cc];
```

```
        for(int i=0;i<cc;i++)
        {       String s;
                s=request.getParameter("name"+i);
                sql[i]="update speciality set name='"+s+"',college='";
                s=request.getParameter("college"+i);
                sql[i]=sql[i]+s+"' where no='";
                s=request.getParameter("no"+i);
                sql[i]=sql[i]+s+"'";
        }
        DB db=new DB();
        db.updateBatch(sql);
        return SUCCESS;
}
```

在本例中，与此方法类似的方法还有 modifyAdmin()、modifyCollege()、modifyTeacher()，它们都采用了批量修改的方法。

（4）第 4 类：insertXXX 方法。

该类方法用于向表中添加记录，比较简单，以 insertSpeciality()方法为例，向表 speciality 中插入一条记录，代码如下：

```
public String insertSpeciality()
{       String sql;
        sql="insert into speciality(no,name,college) values('";
        sql=sql+speciality.getNo()+"','";
        sql=sql+speciality.getName()+"','";
        sql=sql+speciality.getCollege()+"')";
        DB db=new DB();
        int ret=db.update(sql);
        if (ret>0)    return "insertSpeciality";
        else return "error";
}
```

类似的方法还有 insertAdmin()、insertCollege()、insertTeacher()、insertStudent()、insertCourse()、insertSubject()等。

（5）第 5 类：updateOneXXX 方法。

该类方法每次执行只更新一条记录，以 updateOneCourse()方法为例，代码如下：

```
public String updateOneCourse()
{       String sql;
        sql="update course set name='"+course.getName()+"',";
        sql=sql+"credit="+course.getCredit()+",grade_type="+course.getGrade_type();
        sql=sql+" where cno='"+course.getCno()+"'";
        DB db=new DB();
        int ret=db.update(sql);
        if(ret<=0)
        {       resultMessage="修改失败！";
                ac.getSession().put("resultMessage", resultMessage);
                return "error";
        }
        else
        {       resultMessage="修改成功！";
                ac.getSession().put("resultMessage", resultMessage);
                return SUCCESS;
        }
```

```
}
```

类似的方法还有 updateOneStudent()、updateOneSubject()。

（6）第 6 类：insertToSC()方法。

insertToSC()方法的功能是根据开课信息生成成绩记载表，即将选课的学生名单添加到成绩记载表 sc 中，同时将标志位 flag 由 0 置为 1，代码如下：

```
public String insertToSC() throws Exception
{	resultMessage="生成失败！ ";
	String sql;
	sql="select sno,a.cno,a.term,a.tno from subject a,student b";
	sql=sql+" where a.dept=b.dept and a.flag=0";
	DB db=new DB();
	SC obj=new SC();
	List<SC> list=db.queryToListObject(sql,obj);
	if(list!=null)
	{	int cc=list.size();
		String sql2[]=new String[cc];
		for(int i=0;i<cc;i++)
		{	sql2[i]="insert into sc(sno,cno,term,tno) values('";
			sql2[i]=sql2[i]+list.get(i).getSno()+"','";
			sql2[i]=sql2[i]+list.get(i).getCno()+"','";
			sql2[i]=sql2[i]+list.get(i).getTerm()+"','";
			sql2[i]=sql2[i]+list.get(i).getTno()+"')";
		}
		DB db1=new DB();
		int r[]=db1.updateBatch(sql2);
		if(r.length>0)
		{	sql="update subject set flag=1 where flag=0";
			DB db2=new DB();
			db2.update(sql);
			resultMessage="生成成功！ ";
			ac.getSession().put("resultMessage", resultMessage);
			return SUCCESS;
		}
		else
		{	resultMessage="生成失败！ ";
			ac.getSession().put("resultMessage", resultMessage);
			return "error";
		}
	}
	ac.getSession().put("resultMessage", resultMessage);
	return "error";
}
```

（7）第 7 类：查询方法。

本例设计了 4 个查询方法，第 1 个查询方法是 queryStudentScore()，功能是根据给定的学号和学期查询该学生的所有课程的成绩。由于有些课程是百分制，有些是等级制，而且存放在不同的列中，因此用 case 语句统一转换，查询结果由视图 queryStudentScore.jsp 输出，代码如下：

```
	public String queryStudentScore() throws SQLException, NoSuchMethodException, SecurityException,
InstantiationException, IllegalAccessException, IllegalArgumentException, InvocationTargetException
	{	String sql;
```

```
        DB db=new DB();
        sql="select a.cno as 'cno',b.name as 'cname',";
        sql=sql+"'grade'=case when b.grade_type=0  then cast(grade0 as char(6)) else cast(grade1 as char(6))
end ";
        sql=sql+" from sc a,course b";
        sql=sql+" where a.cno=b.cno and a.term='";
        sql=sql+sc.getTerm()+"' and a.sno='";
        sql=sql+sc.getSno()+"'";
        Object obj=new Object();
        List<Object> list=db.queryToList(sql, obj);
        ac.getSession().put("list", list);
        sql="select name from student where sno='"+sc.getSno()+"'";
        DB db1=new DB();
        Student t=new Student();
        List<Student> listt=db1.queryToListObject(sql, t);
        ac.getSession().put("sname", listt.get(0).getName());
        return "queryStudentScore";
    }
```

第 2 个查询方法是 queryCourseScore()，功能是根据给定的课程号和学期查询选修该课程的所有学生的成绩，查询结果由视图 queryCourseScore.jsp 输出，代码如下：

```
    public String queryCourseScore() throws SQLException, NoSuchMethodException, SecurityException,
InstantiationException, IllegalAccessException, IllegalArgumentException, InvocationTargetException
    {   String sql;
        DB db=new DB();
        sql="select a.sno as 'sno',c.name as 'sname',";
        sql=sql+"'grade'=case when b.grade_type=0  then cast(grade0 as char(6)) else cast(grade1 as char(6))
end ";
        sql=sql+" from sc a,course b,student c";
        sql=sql+" where a.cno=b.cno and a.sno=c.sno and a.term='";
        sql=sql+sc.getTerm()+"' and a.cno='";
        sql=sql+sc.getCno()+"'";
        Object obj=new Object();
        List<Object> list=db.queryToList(sql, obj);
        ac.getSession().put("list", list);
        sql="select name from course where cno='"+sc.getCno()+"'";
        DB db1=new DB();
        Course t=new Course();
        List<Course> listt=db1.queryToListObject(sql, t);
        ac.getSession().put("cname", listt.get(0).getName());
        return "queryCourseScore";
    }
```

第 3 个查询方法是 querySpecialityScore()，功能是根据给定的专业代码和学期查询所有学生的全部课程成绩，查询结果由视图 querySpecialityScore.jsp 输出，代码如下：

```
    public String querySpecialityScore() throws SQLException, NoSuchMethodException, SecurityException,
InstantiationException, IllegalAccessException, IllegalArgumentException, InvocationTargetException
    {   String sql;
        DB db=new DB();
        sql="select a.sno as 'sno',c.name as 'sname',b.name as 'cname',";
        sql=sql+"'grade'=case when b.grade_type=0  then cast(grade0 as char(6)) else cast(grade1 as char(6))
end ";
        sql=sql+" from sc a,course b,student c";
        sql=sql+" where a.cno=b.cno and a.sno=c.sno and a.term='";
```

```
            sql=sql+subject.getTerm()+"' and c.dept='";
            sql=sql+subject.getDept()+"'";
            Object obj=new Object();
            List<Object> list=db.queryToList(sql, obj);
            ac.getSession().put("list", list);
            sql="select name from speciality where no='"+subject.getDept()+"'";
            DB db1=new DB();
            Speciality t=new Speciality();
            List<Speciality> listt=db1.queryToListObject(sql, t);
            ac.getSession().put("spname", listt.get(0).getName());
            return "querySpecialityScore";
    }
```

第 4 个查询方法是 queryTeacherScore()，功能是根据给定的教师工号和学期查询该教师所教的所有课程的学生成绩，查询结果由视图 queryTeacherScore.jsp 输出，代码如下：

```
    public String queryTeacherScore() throws SQLException, NoSuchMethodException, SecurityException,
InstantiationException, IllegalAccessException, IllegalArgumentException, InvocationTargetException
    {       String sql;
            DB db=new DB();
            sql="select a.sno as 'sno',c.name as 'sname',b.name as 'cname',";
            sql=sql+"'grade'=case when b.grade_type=0   then cast(grade0 as char(6)) else cast(grade1 as char(6))
end ";
            sql=sql+" from sc a,course b,student c";
            sql=sql+" where a.cno=b.cno and a.sno=c.sno and a.term='";
            sql=sql+sc.getTerm()+"' and a.tno='";
            sql=sql+sc.getTno()+"'";
            Object obj=new Object();
            List<Object> list=db.queryToList(sql, obj);
            ac.getSession().put("list", list);
            sql="select name from teacher where tno='"+sc.getTno()+"'";
            DB db1=new DB();
            Teacher t=new Teacher();
            List<Teacher> listt=db1.queryToListObject(sql, t);
            ac.getSession().put("tname", listt.get(0).getName());
            return "queryTeacherScore";
    }
```

10.2.7　设计视图

视图分为公共视图、学生视图、教师视图、教务员视图 4 部分，分别放置在项目的根目录、student、teacher、admin 子目录中。其中，教务员视图部分又分为教务员信息管理、学院信息管理、专业信息管理、教师信息管理、学生信息管理、课程信息管理、开课信息管理、查询等 8 个部分，分别放置在 admin 目录下的 admin、college、speciality、teacher、student、course、subject、query 子目录中，如图 10-8 所示。这些视图的命名一般与 action 中的方法相对应，大致分为导航视图、dispXXX.jsp、modifyXXX.jsp、inputXXX.jsp、insertXXX.jsp、deleteXXX.jsp、updateOneXXX.jsp、queryXXXScore.jsp 等。

1. 视图组织架构

由于本例中系统涉及视图较多，因此必须分类组织、存放，本例的根目录的视图架构如图 10-9 所示，student 和 teacher 的视图架构如图 10-10 所示，admin 的视图架构如图 10-11 所示。

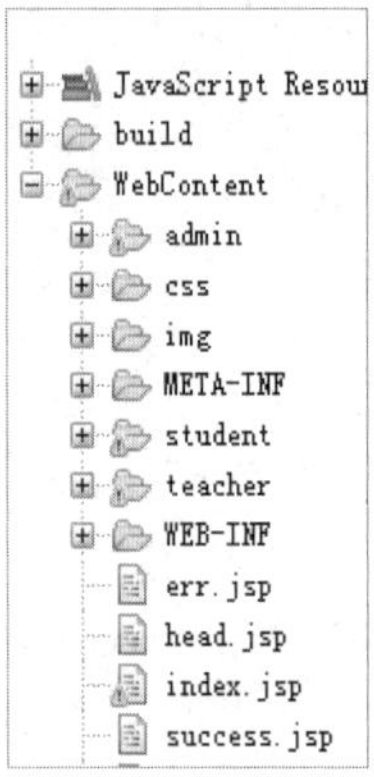

图 10-9　根目录的视图架构

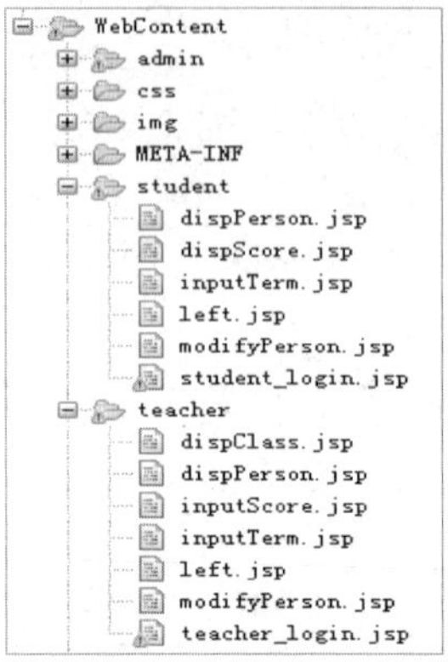

图 10-10　student 和 teacher 的视图架构

图 10-11　admin 的视图架构

2. 公共视图

本例的公共视图有 4 个，其中，index.jsp 是系统主页，即登录页面，index.jsp 的运行结果如图 10-3 所示，代码如下：

```
<%@ page contentType="text/html; charset=UTF-8"   pageEncoding="UTF-8"%>
<%@ taglib prefix="s" uri="/struts-tags" %>
<!DOCTYPE html PUBLIC "-//W3C//DTD HTML 4.01 Transitional//EN" "http://www.w3.org/TR/html4/
loose.dtd">
<html>
    <head>
        <meta http-equiv="Content-Type" content="text/html; charset=UTF-8">
        <link rel="stylesheet" type="text/css" href="../css/main.css"/>
    </head>
    <body>
        <div id="main_index">
            <h3>   欢迎使用教务管理系统</h3>
            <s:form action="loginAction">
                <s:textfield label="用户号" name="userNo" size="20"/>
                <s:password label="密    码" name="userPwd" size="22"/>
                <s:radio name="operator" label="身份"
                    list="#{'teacher':'教师','student':'学生','admin':'教务员' }"
                    listKey="key"
                    listValue="value" value="#{'student':'学生'}"/>
                <s:submit value="登录" align="center"/>
            </s:form>
        </div>
    </body>
</html>
```

第 2 个公共视图是 success.jsp，在操作成功时显示，核心代码只有一句，用于显示返回的状态信息，代码如下：

```
<s:property value="#attr.resultMessage"/>
```

第 3 个公共视图是 err.jsp，在操作失败时显示返回的状态信息，核心代码如下：

```
<s:property value="#attr.resultMessage"/>
<a href="index.jsp" target="_top">返回</a>
```

第 4 个公共视图是 head.jsp，其作用是在页面顶部显示一张 log 图片，代码如下：

```
<body bgcolor="#D9DFAA">
    <img src="img/banner.jpg" width="100%" height="100%"/>
</body>
```

3. 导航视图

导航视图有 left.jsp 和 XXX_login.jsp 两类，用来展示功能菜单、指定显示输入内容和输出内容的区域，其中 XXX_login.jsp 类型的视图有 3 个：admin_login.jsp、student_login.jsp 和 teacher_login.jsp，分别位于 admin 目录、student 目录、teacher 目录下，代码内容基本相似。例如，admin_login.jsp 的代码如下：

```
<html>
    <head>
        <meta http-equiv="Content-Type" content="text/html; charset=UTF-8">
        <link rel="stylesheet" type="text/css" href="../css/main.css"/>
    </head>
    <frameset rows="18%,*" border="0">
        <frame src="head.jsp"   scrolling="no">
        <frameset cols="22%,*" id="bd" frameborder="1" >
            <frame id="bg"   src="admin/left.jsp"   />
            <frame name="right" />
        </frameset>
    </frameset>
</html>
```

left.jsp 类型的视图也有 3 个： student 目录下的 left.jsp、teacher 目录下的 left.jsp、admin 目录下的 left.jsp，它们之间的差异仅仅体现在菜单内容方面。

注意：在超链接中的 action 请求的内容，都是 XXX_ZZZ 或 XXX_YYY_ZZZ 格式，其中 XXX 代表 action 名，YYY 代表目录名，ZZZ 代表方法名。例如，student_dispPerson 表示请求 StudentAction 中的 dispPerson() 方法，而 admin_college_dispCollege 表示请求 AdminAction 中的 dispCollege()方法，college 代表 admin 中的子目录名为 college。如果读者在 action 的配置中使用这种约定，就可以极大地简化 struts.xml 文件的配置，参见本章的 10.2.9 节。

student 目录中的 left.jsp 页面如图 10-5 所示，代码如下：

```
<!DOCTYPE html PUBLIC "-//W3C//DTD HTML 4.01 Transitional//EN" "http://www.w3.org/TR/html4/
loose.dtd">
<html>
<head>
<meta http-equiv="Content-Type" content="text/html; charset=UTF-8">
<title>Insert title here</title>
<link rel="stylesheet" type="text/css" href="../css/main.css"/>
<base target="right"/>
</head>
<body>
<div id="main">
    <p>欢迎<s:property value="#attr.user.name" escape="false"/>同学</p>
    <ul>
        <li><a href="student_dispPerson" >查看个人资料</a></li>
```

```
            <li><a href="modifyPerson.jsp" >修改个人资料</a></li>
            <li><a href="dispScore.jsp" >查看成绩</a></li>
            <li><a href="student_quit" target="_top">注销</a></li>
        </ul>
</div>
</body>
</html>
```

teacher 目录下的 left.jsp 页面如图 10-4 所示，其部分代码如下：

```
<ul>
<li><a href="teacher_dispPerson">查看个人资料</a></li>
<li><a href="modifyPerson.jsp">修改个人资料</a></li>
<li><a href="inputTerm.jsp">录入成绩</a></li>
<li><a href="teacher_quit" target="_top">注销</a></li>
</ul>
```

因为教务员模块的功能比较多，所以 admin 目录下的 left.jsp 分为 8 个部分，并采用 JavaScript 技术实现二级菜单，运行的效果如图 10-6 所示，代码如下：

```
<%@ page language="java" contentType="text/html; charset=UTF-8"
        pageEncoding="UTF-8"%>
<%@ taglib prefix="s" uri="/struts-tags" %>
<!DOCTYPE html PUBLIC "-//W3C//DTD HTML 4.01 Transitional//EN" "http://www.w3.org/TR/html4/
loose.dtd">
<html>
<head>
        <base target="right"/>
        <script type="text/javascript"><!--//--><![CDATA[//><!--
        startList = function() {
                if (document.all&&document.getElementById) {
                navRoot = document.getElementById("menu");
                var allli = navRoot.getElementsByTagName("li")
                for (i=0; i<allli.length; i++) {
                        node = allli[i];
                        node.onmouseover=function() {
                                this.className+=" current";
                        }
                        node.onmouseout=function() {
                                this.className=this.className.replace(" current", "");
                        }
                }
        }
}
window.onload=startList;
//--><!]]></script>
<meta http-equiv="Content-Type" content="text/html; charset=UTF-8">
<title>Insert title here</title>
<link rel="stylesheet" type="text/css" href="../css/main.css"/>
<link rel="stylesheet" type="text/css" href="../css/admin.css"/>
</head>
<body>
<div id="menu">
        <ul>
                <li><a href="@#">教务员</a>
                        <ul>
```

```
            <li><a href="admin_admin_dispPerson" >显示教务员信息</a></li>
            <li><a href="admin/modifyPerson.jsp" >修改教务员信息</a></li>
            <li><a href="admin_admin_dispAllAdmin" >显示所有教务员</a></li>
            <li><a href="admin/insertAdmin.jsp" >增加教务员</a></li>
            <li><a href="admin/modifyAdmin.jsp" >修改所有教务员的信息</a></li>
            <li><a href="admin/deleteAdmin.jsp" >删除教务员</a></li>
        </ul>
    </li>
    <li><a href="#">学院</a>
        <ul>
            <li><a href="admin_college_dispCollege" >显示学院信息</a></li>
            <li><a href="college/insertCollege.jsp" >增加学院信息</a></li>
            <li><a href="college/modifyCollege.jsp">修改学院信息</a></li>
            <li><a href="college/deleteCollege.jsp">删除学院信息</a></li>
        </ul>
    </li>
    <li><a href="#">专业</a>
        <ul>
            <li><a href="admin_speciality_dispSpeciality">显示专业信息</a></li>
            <li><a href="speciality/insertSpeciality.jsp">增加专业信息</a></li>
            <li><a href="speciality/modifySpeciality.jsp">修改专业信息</a></li>
            <li><a href="speciality/deleteSpeciality.jsp">删除专业信息</a></li>
        </ul>
    </li>
    <li><a href="#">教师</a>
        <ul>
            <li><a href="admin_teacher_dispTeacher">显示教师信息</a></li>
            <li><a href="teacher/insertTeacher.jsp">增加教师信息</a></li>
            <li><a href="teacher/modifyTeacher.jsp">修改教师信息</a></li>
            <li><a href="teacher/deleteTeacher.jsp">删除教师信息</a></li>
        </ul>
    </li>
    <li><a href="#">学生</a>
        <ul>
            <li><a href="admin_student_dispAllStudent">显示学生信息</a></li>
            <li><a href="student/insertStudent.jsp">增加学生信息</a></li>
            <li><a href="student/modifyStudent.jsp">修改学生信息</a></li>
            <li><a href="student/deleteStudent.jsp">删除学生信息</a></li>
        </ul>
    </li>
    <li><a href="">课程</a>
        <ul>
            <li><a href="admin_course_dispCourse">显示课程信息</a></li>
            <li><a href="course/insertCourse.jsp">增加课程信息</a></li>
            <li><a href="course/modifyCourse.jsp">修改课程信息</a></li>
            <li><a href="course/deleteCourse.jsp">删除课程信息</a></li>
        </ul>
    </li>
    <li><a href="#">开课</a>
        <ul>
            <li><a href="admin_subject_dispSubject">显示开课信息</a></li>
```

```
                <li><a href="subject/insertSubject.jsp">增加开课信息</a></li>
                <li><a href="subject/modifySubject.jsp">修改开课信息</a></li>
                <li><a href="subject/deleteSubject.jsp">删除开课信息</a></li>
                <li><a href="admin_subject_insertToSC">生成成绩记载表</a></li>
            </ul>
        </li>
        <li><a href="#">查询</a>
            <ul>
                <li><a href="query/inputSno.jsp">按学生查询成绩</a></li>
                <li><a href="query/inputSpeciality.jsp">按专业查询成绩</a></li>
                <li><a href="query/inputTno.jsp">按老师查询成绩</a></li>
                <li><a href="query/inputCno.jsp">按课程查询成绩</a></li>
            </ul>
        </li>
        <li><a href="admin_admin_quit" target="_top">注销</a></li>
    </ul>
</div>
</body>
</html>
```

4. dispXXX.jsp 类视图

图 10-12　显示个人信息

在本例中，dispXXX.jsp 类视图分为 2 种情形，其中一种是 dispPerson.jsp，由于用户的信息已经在登录成功时被保存到 user 对象中，因此这里将 user 对象中的内容按格式显示出来即可。本例有 3 类 user 对象，即 Student、Teacher、Admin，不同类的属性不一样。例如，对学生而言，有 sno、name、sex、dept 等属性，而在显示专业代码 dept 时，应该转换将其为专业名称，这需要事先将专业代码表 speciality 中的数据查询出来并保存到 lists 对象中（在 StudentAction 的 dispPerson()方法中完成）。显示学生个人信息的 dispPerson.jsp 页面如图 10-12 所示，代码如下：

```
<%@ page language="java" contentType="text/html; charset=UTF-8"
pageEncoding="UTF-8"%>
<%@ taglib prefix="s" uri="/struts-tags" %>
<!DOCTYPE html PUBLIC "-//W3C//DTD HTML 4.01 Transitional//EN" "http://www.w3.org/TR/html4/
loose.dtd">
<html>
<head>
    <link rel="stylesheet" type="text/css" href="../css/main.css"/>
    <meta http-equiv="Content-Type" content="text/html; charset=UTF-8">
<head>
<body>
<div id="main">
    <h3>个人信息</h3>
    <table border="1" cellspacing="0" cellpadding="5">
        <tr><td>学号<td><s:property value="#attr.user.sno"/>
        <tr><td>姓名<td><s:property value="#attr.user.name"/>
        <tr><td>性别<td><s:property value="#attr.user.sex"/>
        <tr><td>电话<td><s:property value="#attr.user.phone"/>
```

```
                <tr><td>密码<td><s:property value="#attr.user.password"/>
                <tr><td>专业<td>
                <s:select list="#attr.lists" listKey="no" listValue="name" value="#attr.user.dept" escape="false"
theme="simple"/>
                <tr><td>出生日期<td><s:property value="#attr.user.birth"/>
            </table>
        </div>
        </body>
        </html>
```

另一种 dispXXX.jsp 类视图用于显示查询结果，由于本例的查询结果一般保存在名为 list 的对象中，因此根据 list 中对象的类型分别将属性值按需要的格式显示出来即可。这类视图有 dispAllAdmin.jsp、dispCollege.jsp、dispCourse.jsp、dispSpeciality.jsp、dispScore.jsp、dispAllStudent.jsp、dispSubject.jsp、dispTeacher.jsp，除 dispScore.jsp 外，其他视图都分别位于 admin 路径的相关子目录中，而 dispScore.jsp 不在 admin 路径，而是位于 WebContent 的 student 目录中。显示课程信息表 course 内容的 dispCourse.jsp 位于 admin/course 目录中，其显示界面如图 10-13 所示，其中的部分代码如下：

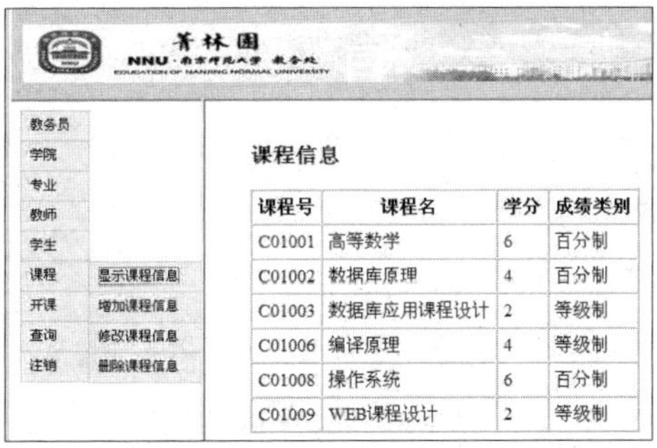

图 10-13　dispCourse.jsp 显示界面

```
<h3>课程信息</h3>
<table border="1" cellspacing="0" cellpadding="5">
    <tr><th>课程号</th><th>课程名</th><th>学分</th><th>成绩类别</th></tr>
    <s:iterator value="#attr.list" status="st">
        <tr><td><s:property value="#attr.list[#st.index].cno"/></td>
            <td><s:property value="#attr.list[#st.index].name"/></td>
            <td><s:property value="#attr.list[#st.index].credit"/></td>
            <td>
                <s:set name="t1" value="#attr.list[#st.index].grade_type"/>
                <s:if test="#t1==0">百分制</s:if>
                <s:if test="#t1==1">等级制</s:if>
            </td>
        </tr>
    </s:iterator>
</table>
```

5. modifyXXX.jsp 类视图

本例中的 modifyXXX.jsp 类视图分为 3 种。第 1 种是 modifyPerson.jsp，用于修改个人信息，初始值都保存在 user 对象中。例如，修改教师个人信息的 modifyPerson.jsp 的页面如图 10-14 所示，主要代码如下：

图 10-14　修改教师个人信息

```
<s:form action="teacher_modifyPerson" theme="simple">
<table><tr>
<th>工号<td><s:textfield name="teacher.tno" value="%{#attr.
user.tno}" readonly="true"/>
<tr><th>姓名<td><s:textfield name="teacher.name" value="%
{#attr.user.name}"/>
```

```
<tr><th>性别<td><s:textfield name="teacher.sex" value="%{#attr.user.sex}"/>
<tr><th>电话<td><s:textfield name="teacher.phone" value="%{#attr.user.phone}"/>
<tr><th>密码<td><s:textfield name="teacher.password" value="%{#attr.user.password}"/>
<tr><th colspan="2"><s:submit value="修改"/></th></tr>
</table>
</s:form>
```

第 2 种是用于修改一条记录的，包括 modifyCourse.jsp、modifyStudent.jsp、modifySubject.jsp，这类视图仅提供一个输入课程号、学号或开课信息序号的页面表单。当用户提交请求后，由 action 中相关的 modifyXXX 方法处理，在取出相关的其他数据后，转到相应的 updateOneXXX.jsp 页面。这些页面只显示相应的供用户修改其他信息的表单，当用户修改完成并提交请求时，才由 action 中相关的 updateOneXXX 方法完成修改。例如，modifyCourse.jsp 的主要代码如下：

```
<s:form action="admin_course_modifyCourse" theme="simple">
    输入要修改课程的课程号<s:textfield name="course.cno" size="8" escape="false"/>
    <s:submit value="确定" escape="false"/>
</s:form>
```

注意，action 中的请求是 XXX_YYY_ZZZ 格式的，其中 XXX 代表 action 名，YYY 代表目录名，ZZZ 代表方法名。即 admin_course_modifyCourse 表示请求 AdminAction 中的 modifyCourse()方法，course 代表 admin 中的子目录名为 course，在配置 action 时使用。

第 3 种是用于修改多条记录的，包括 modifyAdmin.jsp、modifyCollege.jsp、modifySpeciality.jsp、modifyTeacher.jsp，由 action 中的相关方法为这类视图提供相应的初始值，并保存在 list 对象中。这类视图会根据这些初始值动态生成一个表单供用户修改信息，在用户提交请求后，由 action 中的相应方法完成数据库数据的修改。例如，modifyAdmin.jsp 的界面如图 10-15 所示，主要代码如下：

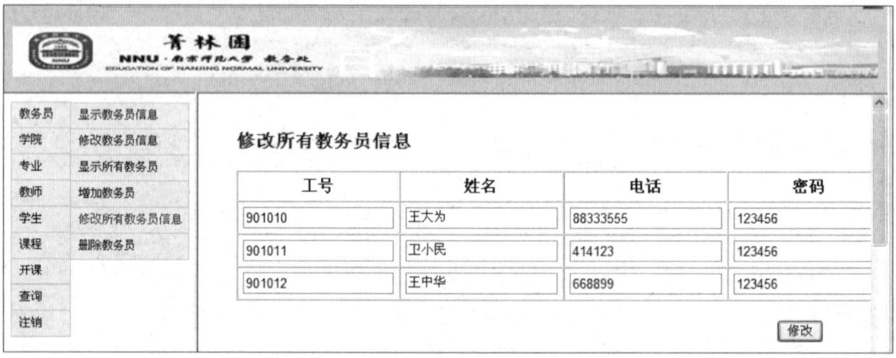

图 10-15　modifyAdmin.jsp 的界面

```
<s:form action="admin_admin_modifyAdmin">
<table border="1"   cellspacing="0" cellpadding="5">
<tr><th>工号</th><th>姓名</th><th>电话</th><th>密码</th></tr>
<s:iterator value="#attr.list" status="st">
<tr><td><s:textfield name="eno%{#st.index}" value="%{#attr.list[#st.index].eno}"   theme="simple"/></td>
<td><s:textfield name="name%{#st.index}" value="%{#attr.list[#st.index].name}"   theme="simple"/></td>
<td><s:textfield name="phone%{#st.index}" value="%{#attr.list[#st.index].phone}"   theme="simple"/></td>
<td><s:textfield name="password%{#st.index}" value="%{#attr.list[#st.index].password}" theme="simple"/></td>
</tr>
</s:iterator>
<tr><td><s:hidden name="cc" value="%{#attr.list.size()}">
```

```
</s:hidden><td >
<s:submit value="修改"/></td></tr>
</table>
</s:form>
```

6. updateOneXXX.jsp 类视图

这类视图有 3 个，分别为 updateOneCourse.jsp、updateOneStudent.jsp、updateOneSubject.jsp，由 action 中的相关方法给这类视图提供相应的初始值，并保存在 obj 对象中。这类视图会根据这些初始值动态生成一个表单供用户修改，在用户提交请求后，由 action 中的相应方法完成数据库数据的修改。例如，updateOneCourse.jsp 的运行界面如图 10-16 所示，主要代码如下：

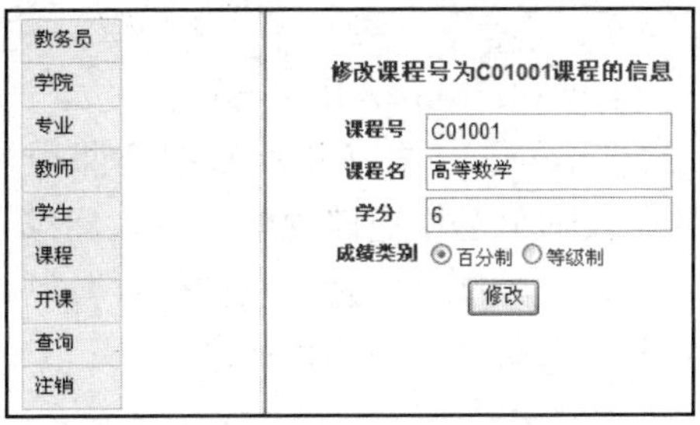

图 10-16　updateOneCourse.jsp 的界面

```
<h3>修改课程号为<s:property value="#attr.obj.cno" escape="false"/>课程的信息</h3>
<s:form action="admin_course_updateOneCourse" theme="simple">
<table><tr><th>课程号</th>
<td><s:textfield name="course.cno" value="%{#attr.obj.cno}" readonly="true"/></td></tr>
<tr><th>课程名</th>
<td><s:textfield name="course.name" value="%{#attr.obj.name}"/></td></tr>
<tr><th>学分</th>
<td><s:textfield name="course.credit" value="%{#attr.obj.credit}"/></td></tr>
<tr><th>成绩类别</th><td>
<s:radio name="course.grade_type" list="#{'0':'百分制','1':'等级制'}"
listKey="key" listValue="value" value="%{#attr.obj.grade_type}"/></td></tr>
<tr><th colspan="2"><s:submit value="修改"/></th></tr>
</table>
</s:form>
```

7. inputXXX.jsp 类视图

这类视图有 inputTerm.jsp、inputCno.jsp、inputSno.jsp、inputTno.jsp、inputSpeciality.jsp、inputScore.jsp，除 inputScore.jsp 外，其他视图都是先提供一个表单让用户输入学期、课程号、学号、教师工号和专业代码中的 2 个值，再由 action 请求生成相应的查询结果并保存在 list 对象中，最后由相关视图显示。例如，学生查询本人成绩的 inputTerm.jsp 界面如图 10-17 所示（由于在 inputTerm.jsp 中使用了 attr.user.sno 获取学生的学号，因此学生在查询本人成绩时只需输入学期），查询结果由 dispScore.jsp 显示，如图 10-18 所示，inputTerm.jsp 主要代码如下：

图 10-17　inputTerm.jsp 界面

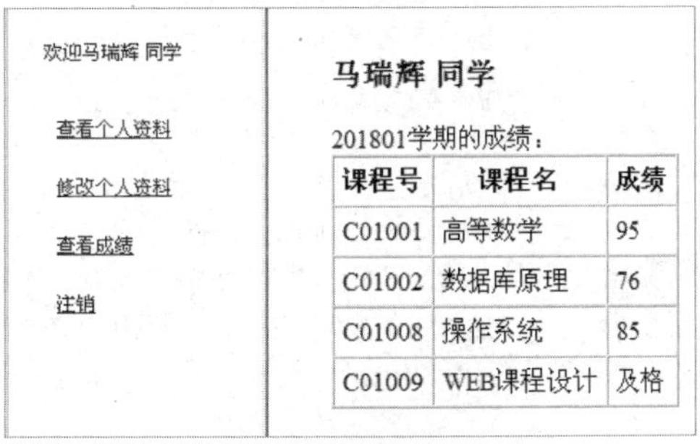

图 10-18　查询结果

```
<h3>查询本人成绩</h3>
<s:form action="student_dispScore" theme="simple">
请输入要查询的学期：<s:textfield name="sc.term" size="10"/>
<s:hidden name="sc.sno" value="%{#attr.user.sno}"/>
<br><s:submit value="查询"/>
</s:form>
```

inputScore.jsp 用于教师录入学生成绩，该视图首先将任课教师在指定学期（在 inputTerm.jsp 中指定）所承担的课程显示出来（由 dispClass.jsp 显示，如图 10-19 所示），然后在教师单击相应课程的“录入成绩”超链接时进入 inputScore.jsp，对应界面如图 10-20 所示。由于有的课程成绩类型是百分制，有的是等级制，因此成绩录入界面要根据课程成绩类型来动态变化，主要代码如下：

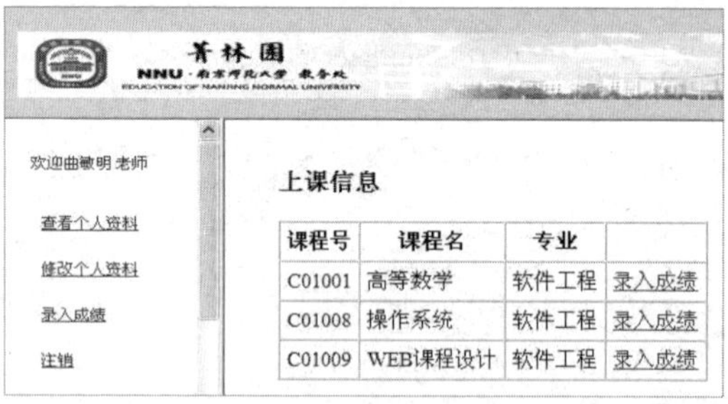

图 10-19　任课教师在指定学期所承担的课程

图 10-20　inputScore.jsp 界面

```
<h3>欢迎<s:property value="#attr.user.name" escape="false"/>老师录入成绩</h3>
课程名：<s:property value="tclass.cname" escape="false"/><br>
<s:if test="tclass.grade_type<1">
    <s:form action="teacher_saveScore" theme="simple">
        <table border="1" cellspacing="0" cellpadding="5">
            <tr><th>学号</th><th>姓名</th><th>成绩(百分制)</th><th>备注</th></tr>
            <s:iterator value="#attr.list" status="st">
                <tr><td><s:property value="#attr.list[#st.index].sno"/></td>
                <td><s:property value="#attr.list[#st.index].name"/></td>
                <td><s:textfield name="grade0%{#st.index}" value="%{#attr.list[#st.index].grade0}" />
</td>
                <td><s:hidden name="id%{#st.index}" value="%{#attr.list[#st.index].id}"></s:hidden>
</td>
                </tr>
            </s:iterator>
        </table>
        <s:hidden name="cc" value="%{#attr.list.size()}"></s:hidden>
        <s:hidden name="grade_type1" value="%{#attr.tclass.grade_type}"></s:hidden>
        <br><s:submit value="提交"/>
    </s:form>
</s:if>
<s:else>
    <s:form action="teacher_saveScore" theme="simple">
    <table border="1" cellspacing="0" cellpadding="5">
        <tr><th>学号</th><th>姓名</th><th>成绩(等级制)</th><th>备注</th></tr>
        <s:iterator value="#attr.list" status="st">
            <tr><td><s:property value="#attr.list[#st.index].sno"/></td>
            <td><s:property value="#attr.list[#st.index].name"/></td>
            <td><s:textfield name="grade1%{#st.index}" value="%{#attr.list[#st.index].grade1}" /></td>
```

```
                <td><s:hidden name="id%{#st.index}" value="%{#attr.list[#st.index].id}"></s:hidden>
</td>
                </tr>
                </s:iterator>
            </table>
            <s:hidden name="cc" value="%{#attr.list.size()}"></s:hidden>
            <s:hidden name="grade_type1" value="%{#attr.tclass.grade_type}"></s:hidden>
            <br><s:submit value="提交"/>
        </s:form>
    </s:else>
```

8. deleteXXX.jsp 类视图

这类视图都由教务员操作，功能是根据输入的关键字删除相关记录，有 deleteAdmin.jsp、deleteCollege.jsp、deleteCourse.jsp、deleteSpeciality.jsp、deleteStudent.jsp、deleteSubject.jsp、deleteTeacher.jsp，表示删除教务员、学院、课程、专业、学生、开课信息、教师的一条记录。另外，为便于教务员操作，在页面上列出了表中相关的数据。图 10-21 是删除课程信息的 deleteCourse.jsp 界面，其主要代码如下：

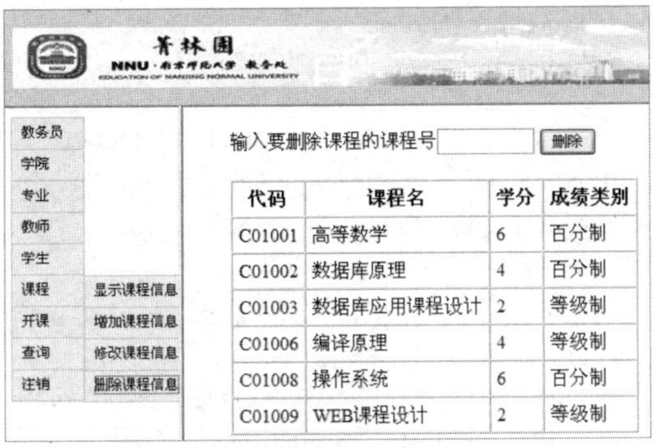

图 10-21　删除课程信息

```
<s:form action="admin_course_deleteCourse" theme="simple">
    输入要删除课程的课程号<s:textfield name="course.cno" size="8" escape="false"/>
    <s:submit value="删除" escape="false"/>
</s:form><br>
<table border="1" cellspacing="0" cellpadding="5">
    <tr><th>代码</th><th>课程名</th><th>学分</th><th>成绩类别</th></tr>
    <s:iterator value="#attr.list" status="st">
        <tr><td><s:property value="#attr.list[#st.index].cno"/></td>
        <td><s:property value="#attr.list[#st.index].name"/></td>
        <td><s:property value="#attr.list[#st.index].credit"/></td>
        <td><s:set name="t1" value="#attr.list[#st.index].grade_type"/>
            <s:if test="#t1==0">百分制</s:if>
            <s:if test="#t1==1">等级制</s:if>
        </td></tr>
    </s:iterator>
</table>
```

9. insertXXX.jsp 类视图

这类视图都由教务员操作，用于增加新的相关数据，有 insertAdmin.jsp、insertCollege.jsp、insertCourse.jsp、insertSpeciality.jsp、insertStudent.jsp、insertSubject.jsp、insertTeacher.jsp 等 7 个视图，分别用于增加新的教务员、学院、课程、专业、学生、开课信息、教师等。例如，

insertStudent.jsp 用于增加新的学生，界面如图 10-22 所示，因为学生表中的专业是以专业代码形式存储的，而这里应该转换为专业名称，所以采用下拉列表供用户选择专业，其主要代码如下：

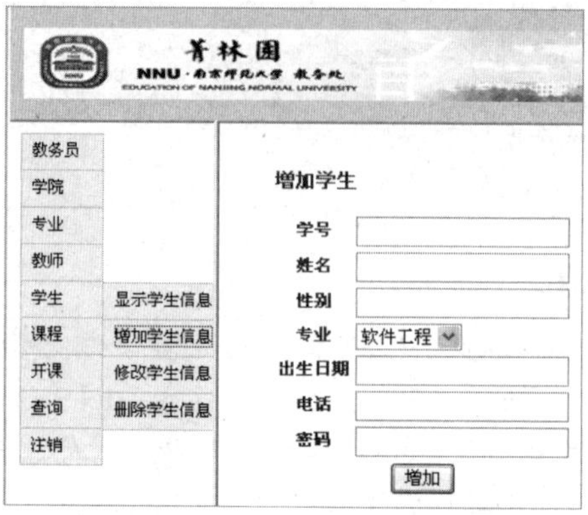

图 10-22　insertStudent.jsp 界面

```
<h3>增加学生</h3>
<s:form action="admin_student_insertStudent" theme="simple">
    <table>
        <tr><th>学号<td><s:textfield  name="student.sno" value=""/>
        <tr><th>姓名<td><s:textfield  name="student.name" value=""/>
        <tr><th>性别<td><s:textfield  name="student.sex" value=""/>
        <tr><th>专业<td>
        <s:select list="#attr.lists" listKey="no" listValue="name" name="student.dept" escape="false"
theme="simple"/>
        <tr><th>出生日期<td><s:textfield  name="student.birth" value=""/>
        <tr><th>电话<td><s:textfield name="student.phone" value=""/>
        <tr><th>密码<td><s:textfield name="student.password" value=""/>
        <tr><th colspan="2"><s:submit value="增加"/></th></tr>
    </table>
</s:form>
```

10. queryXXXScore.jsp 类视图

这类视图的功能是查询学生指定学期的成绩，共有 4 个，分别为 queryCourseScore.jsp、querySpecialityScore.jsp、queryStudentScore.jsp、queryTeacherScore.jsp，分别表示查询某课程某学期的所有学生的成绩、某专业某学期的所有学生的全部课程成绩、某学生某学期的全部课程成绩、某教师某学期所教全部课程的所有学生的成绩。这些视图的查询流程是，先由 inputXXX.jsp 提供用户输入的两个参数，一个是学期，另一个是课程号、专业代码、学号或教师工号，当用户提交查询请求后，再由 queryXXXScore.jsp 视图显示结果。

例如，在查询某学生某学期的全部课程成绩时，用户在 inputSno.jsp 页面输入要查询的学号和学期参数，如图 10-23 所示。当用户提交查询请求后，由 queryStudentScore.jsp 页面显示查询结果，如图 10-24 所示。queryStudentScore.jsp 的主要代码如下：

```
<h3><s:property value="#attr.sname" escape="false"/>同学</h3>
<s:property value="sc.term"/>学期的成绩：
<table border="1" cellspacing="0" cellpadding="5">
    <tr><th>课程号</th><th>课程名</th><th>成绩</th></tr>
    <s:iterator value="#attr.list" status="st">
        <tr><td><s:property value="#attr.list[#st.index].cno"/></td>
```

```
            <td><s:property value="#attr.list[#st.index].cname"/></td>
            <td><s:property value="#attr.list[#st.index].grade"/></td>
            </tr>
        </s:iterator>
    </table>
```

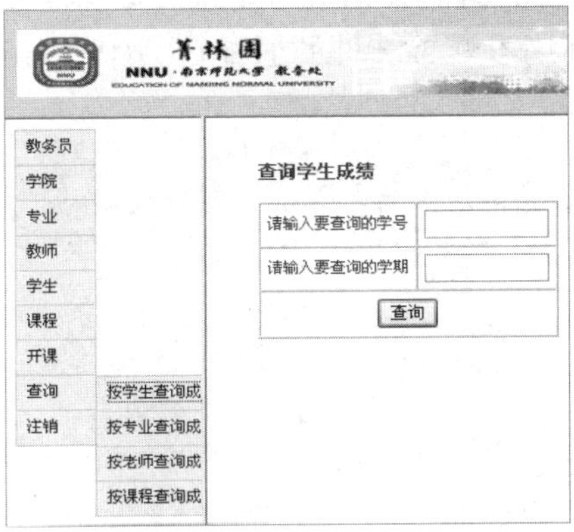

图 10-23　输入要查询的学号和学期参数

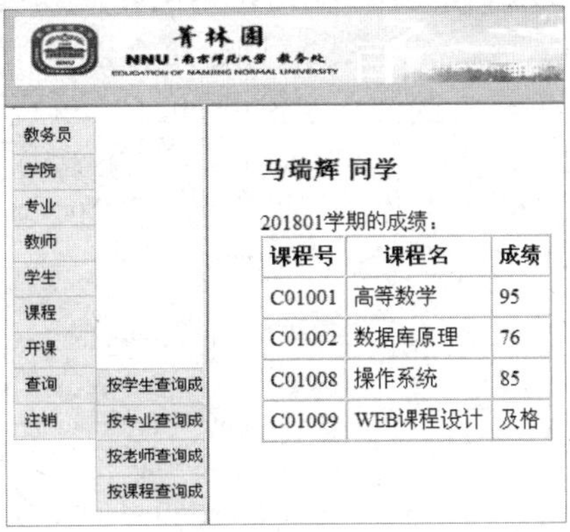

图 10-24　显示查询结果

10.2.8　设计样式表

本例的样式文件有两个，一个是 admin.css，主要用于修饰二级菜单界面，代码如下：

```
body { font-family: Verdana; font-size: 12px; line-height: 1.5; }
img { border-style: none; }
a { color: #000; text-decoration: none; }
a:hover { color: #F00; }
#menu { width: 60px; border: 1px solid #CCC; border-bottom:none;}
#menu ul { list-style: none; margin: 0px; padding: 0px; }
#menu ul li { background: #eee; padding: 0px 8px; height: 26px; line-height: 26px; border-bottom: 1px solid #CCC; position:relative; }
#menu ul li ul { display:none; position: absolute; left: 60px; top: 0px; width:100px; border:1px solid #ccc; border-bottom:none; }
#menu ul li.current ul { display:block;}
#menu ul li:hover ul { display:block;}
```

另一个是 main.css，主要用于修饰各个页面，代码如下：

```
#main_index{position:absolute;float:none;clear:none;z-index:1;height:400px;width:300px;margin-top:5px;left:60px;top:80px;}
#bg{background-color:grey;bg-color:grey}
#bd{border:1pt;}
body {bg-color: #2E3033;font-family: Arial, Helvetica, sans-serif;font-size: 12px;line-height: 17px;color:#333;}
#main{position:absolute;float:none;clear:none;z-index:1;height:800px;width:600px;margin-top:10px;left:20px;top:5px;}
#main ul {list-style:none;width:200px;margin: 0px; padding: 0px; }
#main ul li { padding: 0px 8px; height: 36px; line-height: 36px; }
#main p{height:26px;}
#log{position:absolute;float:none;clear:none;z-index:1;height:70px;width:400px;margin-bottom:10px;left:10px;top:0px;background-image:url("../img/head.gif");}
#top{position:absolute;float:none;clear:none;z-index:1;height:50px;width:600px;margin-bottom:10px;left:10px;top:90px;}
#content{position:absolute;float:none;clear:none;z-index:1;height:800px;width:600px;margin-top:5px;left:10px;top:10px;}
```

10.2.9 设计配置文件

本例的核心配置文件有两个，分别为 struts.xml 和 web.xml。

Struts2 框架的核心配置文件就是 struts.xml，它既负责管理所有的业务控制器 action，也负责调度所有的视图。由于本例在规划设计时，对项目的组织架构进行了统一安排，目录名、文件名、方法名、请求信息的命名合理、科学，充分利用了配置文件的通配符，因此 struts.xml 配置文件非常简洁。本例的 struts.xml 配置信息如下：

```
<?xml version="1.0" encoding="UTF-8"?>
<!DOCTYPE struts PUBLIC "-//Apache Software Foundation//DTD Struts Configuration 2.1//EN"
"http://struts.apache.org/dtds/struts-2.1.dtd">
<struts>
    <package name="default" extends="struts-default">
        <global-results>
            <result name="error">/err.jsp</result>
            <result name="success">/success.jsp</result>
            <result name="index">/index.jsp</result>
        </global-results>
        <action name="loginAction" class="com.action.LoginAction" >
            <result name="student">/student/student_login.jsp</result>
            <result name="teacher">/teacher/teacher_login.jsp</result>
            <result name="admin">/admin/admin_login.jsp</result>
        </action>
        <action name="student_*" class="com.action.StudentAction" method="{1}">
            <result name="{1}">/student/{1}.jsp</result>
        </action>
        <action name="admin_*_*" class="com.action.AdminAction" method="{2}">
            <result name="{2}">/admin/{1}/{2}.jsp</result>
            <result name="updateOneStudent">/admin/student/updateOneStudent.jsp</result>
            <result name="updateOneCourse">/admin/course/updateOneCourse.jsp</result>
            <result name="updateOneSubject">/admin/subject/updateOneSubject.jsp</result>
        </action>
        <action name="teacher_*" class="com.action.TeacherAction" method="{1}">
            <result name="{1}">/teacher/{1}.jsp</result>
        </action>
    </package>
</struts>
```

web.xml 文件负责加载 Struts2 框架的核心控制器，配置内容如下：

```
<?xml version="1.0" encoding="UTF-8"?>
<web-app version="2.5"
    xmlns="http://java.sun.com/xml/ns/javaee"
    xmlns:xsi="http://www.w3.org/2001/XMLSchema-instance"
    xsi:schemaLocation="http://java.sun.com/xml/ns/javaee
    http://java.sun.com/xml/ns/javaee/web-app_2_5.xsd">
    <display-name></display-name>
    <welcome-file-list>
        <welcome-file>index.jsp</welcome-file>
    </welcome-file-list>
    <filter>
        <filter-name>struts2</filter-name>
        <filter-class>
org.apache.struts2.dispatcher.ng.filter.StrutsPrepareAndExecuteFilter
```

```
            </filter-class>
        </filter>
        <filter-mapping>
            <filter-name>struts2</filter-name>
            <url-pattern>/*</url-pattern>
        </filter-mapping>
</web-app>
```

本 章 小 结

本章通过两个实例介绍了 Web 应用系统的开发过程，作为综合运用所学知识的实践项目，具有实用价值，并且通用性强。经过实例训练，读者能够有效地掌握 Java EE 架构的设计模式、体系结构、技术规范，有利于提高读者的 Web 应用系统开发能力。

附录A　HTML语言常用标记和属性

1. 文件头标记

<head>…</head>：HTML 文件头部开始和结束标记。

2. 文件标题标记

<title>…</title>：HTML 文件标题，是显示于浏览器标题栏的字符串。

3. 样式标记

<style>…</style>：CSS 样式定义标记，属性为 type，用于指明样式的类别，默认值为 text/css。

4. 搜索引擎标记

<meta>：为搜索引擎定义页面主题及页面刷新等信息。<meta>标记的其属性有以下几种。

- name：meta 名字。
- http-equiv：说明 content 属性内容的类别。
- content：定义页面内容，一些特定内容要与 http-equiv 属性配合使用。

例如：若 http-equiv="refresh"，则 content 中是页面刷新的时间；若 http-equiv="content-language"，则 content 中是页面语言；若 http-equiv="PICS-Label"，则 content 中是页面内容的等级；若 http-equiv="expires"，则 content 中是页面过期的日期。

5. 文件体标记

<body>…</body>：表明 HTML 文件体部的开始和结束，<body>标记的属性如表 A-1 所示。

表 A-1　<body>标记的属性

属　性	取　值	含　义	默 认 值
bgcolor	颜色值	页面背景颜色	#FFFFFF
text	颜色值	HTML 文件中文字的颜色	#000000
link	颜色值	HTML 文件中待链接的超链接对象的颜色	无
alink	颜色值	HTML 文件中链接中的超链接对象的颜色	无
vlink	颜色值	HTML 文件中已链接的超链接对象的颜色	无
background	图像文件名	页面的背景图像	无
topmargin	整数	页面显示区距窗口上边框的距离，以像素为单位	0
leftmargin	整数	页面显示区距窗口左边框的距离，以像素为单位	0

6. 图像标记

<img>：向页面中插入一幅图像。<img>标记的属性有以下几种。

- src：指定图像文件的地址。该属性值必须指明。值的形式可以是一个本地文件名，也可以是一个 URL。
- border：指定图像边框的粗细，值为整数。值为 0 表示无边框；值越大，边框越粗。
- width：指定图像宽度，值为整数，单位为像素。若不指出该属性值，则浏览器根据图像的实际尺寸显示图像。
- height：指定图像高度，值为整数，单位为像素。若不指出该属性值，则浏览器根据图像的实际尺寸显示图像。
- alt：当图像无法显示时，将显示该属性值。

7. 文字显示和段落控制标记

文字显示属性主要有字体、字号、颜色，段落控制显示对象的分段。常用的文字显示和段落控制标记如表 A-2 所示。

表 A-2　常用的文字显示和段落控制标记

标　记	含　义
<font>…</font>	分别以属性 face、size、color 控制字体、字号、字颜色的显示特性
<I>…</I>	斜体
<B>…</B>	粗体
<U>…</U>	加下画线
_…	下标
[…]	上标
<big>…</big>	大字体
<small>…</small>	小字体
<h1> ~ <h6>	标题格式，数字越大，显示的标题字号越小
<p>…</p>	分段标记，属性有布局方式 align：left 表示左对齐；center 表示居中对齐；right 表示右对齐
<div>…</div>	块容器标记，其中的内容是一个独立段落
<hr>	分隔线，属性有：width（线的宽度）、color（线的颜色）
<center>…</center>	文字居中显示

8. 超链接标记

<a>…</a>：创建超链接。它有以下 2 种属性。

- href：指出目标页面的 URL。
- target：指明目标页面显示的窗口。

9. 图像热区链接相关标记

采用<map>和<area>标记可以创建图像热区链接。<map>标记用于定义映射图像；<area>标记用于定义图像热区，有 shape 和 coords 属性，分别用于设置区域形状和坐标位置。shape 属性值和 coords 属性值如表 A-3 所示。

表 A-3　shape 属性值和 coords 属性值

shape 属性值	含　义	coords 属性值	含　义
circle	圆形	x,y,r	(x,y)为圆心坐标，r 为半径
rect	矩形	x1,y1,x2,y2	(x1,y1)为左上角坐标，(x2,y2)为右下角坐标
poly	多边形	x1,y1,x2,y2, x3,y3…	(x1,y1)、(x2,y2)、(x3,y3)为多边形各顶点的坐标

10. 列表标记

<ul>…</ul>、<ol>…</ol>、<dl>…</dl>分别为无序列表、有序列表和定义列表，当使用这些标记定义列表时，需要在内部使用<li>给出各表项。

11. 预定格式标记

<pre>…</pre>：预定格式的信息。

12. 表格标记

<table>…</table>：定义表格的开始和结束。<table>标记的属性如表 A-4 所示。

表 A-4　<table>标记的属性

属　性	取　值	含　义	默 认 值
border	整数	表格边框粗细，若该值为 0，则表格没有边框；值越大，表格边框越粗	0
width	百分比值	表格宽度，以相对于充满窗口的百分比计，如 60%	100%
	整数	表格宽度，以像素为单位	
cellpadding	整数	每个表项内容与表格边框之间的距离，以像素为单位	0

续表

属　性	取　值	含　义	默 认 值
cellspacing	整数	表格边框之间的距离，以像素为单位	2
bordercolor	颜色值	表格边框的颜色	#000000
background	图像文件名	表格的背景图像	无
align	left|center|right	表格的位置	left

<tr>…</tr>：定义表格一行的开始和结束。<tr>标记的属性如表 A-5 所示。

表 A-5　<tr>标记的属性

属　性	取　值	含　义	默 认 值
align	left|center|right	本行各表格项的横向排列方式	left（左对齐）
bgcolor	颜色值	本行各表格项的背景颜色	#000000
valign	top|middle|bottom	本行各表格项的纵向排列方式	middle
width	百分比值|整数	本行宽度（受<table>标记的 width 属性值制约）	无
height	整数	本行高度，以像素为单位	无

<td>…</td>：定义表格中一个单元格的开始和结束。<td>标记的属性如表 A-6 所示。

表 A-6　<td>标记的属性

属　性	取　值	含　义	默 认 值
align	left|center|right	本表格项的横向排列方式	left（左对齐）
bgcolor	颜色值	本表格项的背景颜色	#000000
valign	top|middle|bottom	本表格项的纵向排列方式	middle
width	百分比值|整数	本表格项宽度	无
height	整数	本表格项高度，以像素为单位	无
background	图像文件名	本表格项的背景图像	无
colspan	整数	按列横向结合	1
rowspan	整数	按行纵向结合	1

13. 表单标记

<form>…</form>：定义表单的开始和结束。其属性包括以下几种。

- method（方法）：取值为 post 或 get。
- action：指出用户所提交的数据将由哪个服务器的哪个程序处理，可处理用户提交的数据的服务器程序种类较多，如 CGI 程序、ASP 脚本程序、PHP 程序等。

<textarea>：允许输入多行文字。

<select>：下拉列表选择。以<option>标记给出各选项。

<input>：定义表单的输入域，由 type 属性值给出。可由 type 属性给出的输入域类型如表 A-7 所示。

表 A-7　由 type 属性给出的输入域类型

输 入 域	说　明
text（文本框）	输入一行文字
radio（单选按钮）	当有多个选项时，只能选择其中一项
checkbox（复选框）	当有多个选项时，可以选择其中多项
submit（提交按钮）	将数据传递给服务器
password（密码输入框）	将用户输入的字符以“*”显示
reset（重置按钮）	将用户输入的数据清除
hidden（隐藏域）	在浏览器中不显示，但可通过程序获取其值或改变其值。主要用于需要通过浏览器向服务器传递数据，但不想让浏览器用户知道的情形
button（按钮）	普通按钮，按下后的操作需设计程序完成

<input>标记的其他属性还有以下 2 种。

- name：输入域的名称。
- value：输入域的值。

14. 框架标记

<frameset>…</frameset>：定义框架特性。框架标记<frameset>的属性如表 A-8 所示。

表 A-8　框架标记<frameset>的属性

属　性	取　值	含　义	默 认 值
rows	百分比值	将窗口上下（横向）分割，其值为每个框架的高度占整个窗口高度的百分比	无
	整数	将窗口上下（横向）分割，其值为每个框架的高度，以像素为单位	
cols	百分比值	将窗口左右（纵向）分割，值的格式和含义与 rows 属性类似	无
	整数		
frameborder	yes|no	是否显示框架边框	yes
bordercolor	颜色值	框架边框颜色	gray（灰）

<frame>：指明框架所对应的 HTML 或脚本文件。<frame>标记的属性如表 A-9 所示。

表 A-9　<frame>标记的属性

属　性	取　值	含　义	默 认 值
src	HTML 文件名	框架对应的 HTML 文件	无
name	字符串	框架的名字，可在程序和<a>标记的 target 属性中引用	无
noresize	无	不允许用户改变框架窗口大小	无
scrolling	yes|no|auto	框架边框是否出现滚动条	auto
marginwidth	整数	框架内容与左、右边缘的距离，以像素为单位	0
marginheight	整数	框架内容与上、下边缘的距离，以像素为单位	0

15. 浮动框架 iframe

<iframe src="URL" ></iframe>：定义浮动框架，包含<frame>标记的主要属性，并增加了以下属性。

- width、height：分别指出框架的宽度和高度。
- frameborder：指明是否显示边框。

说明：16~20 为 HTML5 新增的标记。

16. DOCTYPE 和字符集

- <!DOCTYPE html>：所有 HTML5 文档均以此开头。
- <meta charset="utf-8">：字符集的声明。

17. 语义化标记

HTML5 新增的主要语义化标记有<article>、<header>、<footer>、<section>等，如表 A-10 所示。

表 A-10　HTML5 新增的主要语义化标记

标　记	含　义
<article>	用于在页面中呈现一套结构完整且独立的内容部分
<header>	标记头部区域的内容
<footer>	标记尾部区域的内容
<section>	页面中的一块区域
<aside>	定义文章的侧边栏
<nav>	定义导航类辅助内容
<figure>、<figcaption>	定义图形与文字

18. HTML5 新增表单元素

- <datalist>：创建输入域的选项列表，由<option>标记列出各选项。
- <keygen>：创建密钥对，当提交表单时，私钥存储在本地，公钥发送到服务器上。
- <output>：用于定义不同类型的输出，如计算或脚本输出。

19. <input>元素新增类型

- email 类型：自动校验输入内容是否为合法 E-mail 地址。
- url 类型：在浏览器中自动将用户输入的值转化为合法的 URL 参数。
- number 类型：包含数值的输入域，能对接收的数字进行限制。
- 日期时间类型：输入日期时间等。
- color 类型：创建一个颜色选择器。
- search 类型：创建一个搜索框。
- range 类型：创建一个滑动条。
- tel 类型：创建一个电话号码字段。

20. 音视频标记

- <audio>：支持 MP3、WAV 和 Ogg 格式的音频文件。
- <video>：支持 MP4、Ogg 和 WebM 格式的视频文件。

附录 B　CSS 样式表属性

1. 字体属性（见表 B-1）

表 B-1　字体属性

属　　性	说　　明
font-family	字体
font-size	字号
font-style	字体风格
font-weight	字体加粗
font-variant	字体变化
font	字体综合设置

2. 颜色和背景属性（见表 B-2）

表 B-2　颜色和背景属性

属　　性	说　　明
color	指定页面元素的前景颜色
background-color	指定页面元素的背景颜色
background-image	指定页面元素的背景图像
background-repeat	决定一个指定的背景图像被重复的方式。默认值为 repeat
background-attachment	指定背景图像是否跟随页面内容滚动。默认值为 scroll
background-position	指定背景图像的位置
background	背景属性综合设置

3. 文本属性（见表 B-3）

表 B-3　文本属性

属　　性	说　　明
letter-spacing	设定字符之间的间距
text-decoration	设定文本的修饰效果，line-through 是删除线，blink 是闪烁效果。默认值为 none
text-align	设定文本横向排列对齐方式
vertical-align	设定元素纵向的对齐方式
text-indent	设定块级元素第一行的缩进量
line-height	设定相邻两行的间距

4. 方框属性（见表 B-4）

表 B-4　方框属性

属　　性	说　　明
margin-top	设定 HTML 文件内容与块元素的上边界距离。当值为百分比时，表示该距离参照其上级元素的大小来设定。默认值为 0
margin-right	设定 HTML 文件内容与块元素的右边界距离
margin-bottom	设定 HTML 文件内容与块元素的下边界距离
margin-left	设定 HTML 文件内容与块元素的左边界距离
margin	设定 HTML 文件内容与块元素的上、右、下、左边界距离。若只给出 1 个值，则将该值应用于 4 个边界，若只给出 2 个或 3 个值，则未显式给出值的边用其对边的设定值
padding-top	设定 HTML 文件内容与上边框之间的距离
padding-right	设定 HTML 文件内容与右边框之间的距离

续表

属　　性	说　　明
padding-bottom	设定 HTML 文件内容与下边框之间的距离
padding-left	设定 HTML 文件内容与左边框之间的距离
padding	设定 HTML 文件内容与上、右、下、左边框的距离。设定值的个数与边框的对应关系同 margin 属性
border-top-width	设定元素上边框的宽度
border-right-width	设定元素右边框的宽度
border-bottom-width	设定元素下边框的宽度
border-left-width	设定元素左边框的宽度
border-width	设定元素上、右、下、左边框的宽度。设定值的个数与边框的对应关系同 margin 属性
border-top-color	设定元素上边框的颜色
border-right-color	设定元素右边框的颜色
border-bottom-color	设定元素下边框的颜色
border-left-color	设定元素左边框的颜色
border-color	设定元素上、右、下、左边框的颜色。设定值的个数与边框的对应关系同 margin 属性
border-style	设定元素边框的样式。设定值的个数与边框的对应关系同 margin 属性。默认值为 none
border-top	设定元素上边框的宽度、样式和颜色
border-right	设定元素右边框的宽度、样式和颜色
border-bottom	设定元素下边框的宽度、样式和颜色
border-left	设定元素左边框的宽度、样式和颜色
width	设定元素的宽度
height	设定元素的高度
float	设定文字围绕于元素周围。left：元素靠左，文字围绕在元素右边；right：元素靠右，文字围绕在元素左边；none：以默认位置显示
clear	清除元素浮动。none：不清除元素浮动；left：文字左侧不能有浮动元素；right：文字右侧不能有浮动元素；both：文字两侧都不能有浮动元素

5. 列表属性（见表 B-5）

表 B-5　列表属性

属　　性	说　　明
list-style-type	表项的项目符号。disc：实心圆点；circle：空心圆；square：实心方形；decimal：阿拉伯数字；lower-roman：小写罗马数字；upper-roman：大写罗马数字；lower-alpha：小写英文字母；upper-alpha：大写英文字母；none：不设定
list-style-image	用图像作为项目符号
list-style-position	设置项目符号是否在文字里面，并与文字对齐
list-style	综合设置项目符号属性

6. 表格属性（见表 B-6）

表 B-6　表格属性

属 性 名	取　　值	含　　义
border-collapse	collapse | separate	设置是否合并表格边框，collapse 为合并边框
border-spacing	长度值 [长度值] 如 10px; 或 10px 5px;	设置相邻单元格之间的间距。若只设置 1 个值，则水平间距和垂直间距均为该值；若设置 2 个值，则分别为水平间距和垂直间距
width	长度值 或 百分比	设置表格的宽度
height	长度值	设置单元格的高度
background-color	颜色值	设置表格的背景颜色
padding	长度值	设置边框和表格内容之间的间距
caption-side	top | bottom	设置表格标题的位置
border	边框的粗细、线条样式、颜色等； 如 border: 1px solid red;	综合设置表格的边框属性

7. 浮动属性（见表 B-7）

表 B-7　浮动属性

属 性 名	取　值	含　义
float	left | right | none	设置是否浮动及浮动方向
clear	left | right | both | none	清除浮动，即设置元素的相应侧不允许出现浮动元素
display	block | inline | inline-block | none	设置元素显示方式
overflow	visible | hidden | scroll | auto	设置内容溢出边框时的处理方式

8. 定位属性（见表 B-8）

表 B-8　定位属性

属　性	说　明
top	设置元素与窗口上端的距离
left	设置元素与窗口左端的距离
position	设置元素位置的模式
z-index	z-index 可以将页面中的元素分成多个“层”，并让多个层“堆叠”来营造出三维空间效果

附录 C　JavaScript 常用对象的属性、方法、事件处理和函数

1. 对象（包括 JavaScript 内置对象、BOM 对象、DOM 对象）

（1）Array 对象。功能：创建并操作数组。其属性和方法如表 C-1 和表 C-2 所示。

表 C-1　Array 对象的属性

属　性	说　明
length	数组中元素的个数
prototype	为 Array 对象添加一个属性

表 C-2　Array 对象的方法

方　法	说　明
join	返回由数组中所有元素连接而成的字符串
reverse	逆转数组中的各个元素
sort	对数组元素排序

（2）String 对象。功能：处理字符串。其属性和方法如表 C-3 和表 C-4 所示。

表 C-3　String 对象的属性

属　性	说　明
length	字符串长度

表 C-4　String 对象的方法

方　法	说　明
charAt(position)	返回 String 对象实例中位于 position 位置上的字符，其中 position 为正整数或 0。注意，字符串中的字符位置从 0 开始计算
indexOf(str) indexOf(str,start-position)	字符串查找，str 是待查找的字符串。当在 String 对象实例中查找 str 时，若给出 start-position，则从 start-position 位置开始查找，否则从 0 开始查找。若找到，则返回 str 在 String 对象实例中的起始位置，否则返回−1
lastIndexOf(str)	该方法与 indexOf()类似，区别在于它是从右往左查找的
substring(position) substring(position1,position2)	返回 String 对象的子串。若只给出 position，则返回从 position 开始至字符串结束的子串；若给出 position1 和 position2，则返回从二者中较小值开始至较大值结束的子串
toLowerCase() toUpperCase()	分别将 String 对象实例中的所有字符改变为小写、大写
big()	以大字号显示字符
Italics()	斜体字显示
bold()	粗体字显示
blink()	字符闪烁显示
small()	以小字号显示字符
fixed()	固定高亮字显示
fontsize(size)	控制字号大小等
Anchor()	返回一个字符串，该字符串是网页中的一个锚点名
link()	返回一个字符串，该字符串用来在网页中构造一个超链接
fontcolor(color)	返回一个字符串，该字符串可改变网页中的文字颜色
fontsize()	返回一个字符串，该字符串可改变网页中的文字大小

（3）Math 对象。功能：提供数学常量、函数。其属性和方法如表 C-5 和表 C-6 所示。

表 C-5　Math 对象的属性

属　性	说　明
E	常数 e，自然对数的底，近似值为 2.718
LN2	2 的自然对数，近似值为 0.693
LN10	10 的自然对数，近似值为 2.303
LOG2E	以 2 为底，e 的对数，即 $\log_2 e$，近似值为 1.442
LOG10E	以 10 为底，e 的对数，即 $\log_{10} e$，近似值为 0.434
PI	圆周率，近似值为 3.142
SQRT1_2	0.5 的平方根，近似值为 0.707
SQRT2	2 的平方根，近似值为 1.414

表 C-6　Math 对象的方法

方　法	说　明
sin(val)	返回 val 的正弦值，val 的单位是 rad（弧度）
cos(val)	返回 val 的余弦值，val 的单位是 rad
tan(val)	返回 val 的正切值，val 的单位是 rad
asin(val)	返回 val 的反正弦值，val 的单位是 rad
exp(val)	返回 e 的 val 次方
log(val)	返回 val 的自然对数
pow(bv,ev)	返回 bv 的 ev 次方
sqrt(val)	返回 val 的平方根
abs(val)	返回 val 的绝对值
ceil(val)	返回大于或等于 val 的最小整数值
floor(val)	返回小于或等于 val 的最小整数值
round(val)	返回 val 四舍五入得到的整数值
random( )	返回 0～1 范围内的随机数
max(val1,val2)	返回 val1 和 val2 之间的大者
min(val1,val2)	返回 val1 和 val2 之间的小者

（4）Number 对象。功能：给出系统最大值、最小值及非数字常量的定义。其属性如表 C-7 所示。

表 C-7　Number 对象的属性

属　性	说　明
MAX_VALUE	数值型最大值，值为 1.7976931348623517e+308
MIN_VALUE	数值型最小值，值为 5e–324
NaN	非合法数字值
POSITIVE_INFINITY	正无穷大
NEGATIVE_INFINITY	负无穷大

（5）Date 对象。功能：封装有关日期和时间的操作。属性：无。其方法如表 C-8 所示。

表 C-8　Date 对象的方法

方　法	说　明
getYear()	返回对象实例日期的年份值。如果年份在 1900 年后，那么返回值的后两位，例如，当值为 1998 时，将返回 98；如果年份在 100～1900 范围内，那么返回完全值
getMonth()	返回对象实例日期的月份值，其值在 0～11 范围内，0 代表一月
getDate()	返回对象实例日期中的天，其值在 1～31 范围内
getDay()	返回对象实例日期是星期几，其值在 0～6 范围内，0 代表星期日
getHours()	返回对象实例日期的小时值，其值在 0～23 范围内
getMinutes()	返回对象实例日期的分钟值，其值在 0～59 范围内

续表

方　法	说　明
getSeconds()	返回对象实例日期的秒值，其值在 0 ~ 59 范围内
getTime()	返回一个整数值，该值等于从 1970 年 1 月 1 日 00:00:00 到该对象实例存储的时间所经过的毫秒数
getTimezoneOffset()	返回当地时区与 GMT 标准时的差别，单位是分钟（GMT 时间是基于格林尼治时间的标准时间，也称 UTC 时间）
SetDate()	设置日期时间值
SetHours()	设置时间的小时值
SetMinutes()	设置时间的分钟值
SetSeconds()	设置时间的秒值
SetTime()	以整数值设置小时值，该值等于从 1970 年 1 月 1 日 00:00:00 到该对象实例存储的时间所经过的毫秒数
SetYear()	设置年份值
ToGMTString()	将日期时间值转换为 GMT 值
ToLocalString()	将日期时间值转换为本地时间值
ToString()	将日期时间值转换为字符串
UTC()	静态方法，将字符串参数表示的日期转换为一个整数值，该值等于从 1970 年 1 月 1 日 00:00:00 到当前时间的毫秒数
Parse()	静态方法，将数值参数表示的日期转换为一个整数值，该值等于从 1970 年 1 月 1 日 00:00:00 到当前时间的毫秒数

（6）window 对象。功能：描述浏览器窗口特征，其属性、事件和方法如表 C-9、表 C-10 和表 C-11 所示。

表 C-9　window 对象的属性

属　性	说　明
parent	代表当前窗口或框架（frame）的父窗口
self	代表当前窗口
top	代表主窗口
window	代表当前窗口或框架（frame）的父窗口
status	浏览器当前状态栏显示的内容
defaultStatus	浏览器状态栏显示的默认值
opener	是一个窗口名，该窗口是由方法 open()打开的最新窗口
frames	是一个数组，数组的各个成员是窗口内的各个框架

表 C-10　window 对象的事件

事　件	说　明
Load	在 HTML 文件载入浏览器时触发，事件处理名为 onLoad
UnLoad	在离开页面时触发，事件处理名为 onUnLoad

表 C-11　window 对象的方法

方　法	说　明
alert()	生成警告对话框
confirm()	生成带有确定和否认的对话框
prompt()	生成带有提示信息的对话框
open()	打开一个新窗口
close()	关闭一个窗口
focus()	使窗口获得焦点
blur()	使窗口失去焦点
setTimeout()	设置超时时间
clearTimeout()	清除超时设置

续表

方　法	说　明
scroll()	使窗口滚动到指定位置

（7）navigator 对象。功能：显示正在使用的浏览器的版本信息。其属性和方法如表 C-12 和表 C-13 所示。

表 C-12　navigator 对象的属性

属　性	说　明
appName	以字符串形式表示的浏览器名称
appVersion	以字符串形式表示的浏览器版本信息，包括浏览器的版本号、操作系统名称等
appCodeName	以字符串形式表示的浏览器代码名称，其值一般为 Mozilla
userAgent	以字符串形式表示的完整的浏览器版本信息，包括 appName、appVersion 和 appCodeName 信息
mimeType	在浏览器中可以使用的 MIME 类型
plugins	在浏览器中可以使用的插件

表 C-13　navigator 对象的方法

方　法	说　明
javaEnabled()	返回逻辑值，表示客户浏览器是否可以使用 Java

事件处理：无。

（8）document 对象。功能：用在 HTML 文件对应的页面中。其属性和方法如表 C-14 和表 C-15 所示。

表 C-14　document 对象的属性

属　性	说　明
alinkColor	被激活的超链接文本颜色，即在鼠标单击超链接时，超链接文本所呈现的颜色
bgColor	页面背景颜色
fgColor	页面前景颜色，即页面文字的颜色
laseModified	HTML 文件最后被修改的日期，是只读属性
linkColor	未被访问的超链接的文本颜色
referrer	用户先前访问的 URL
title	HTML 文件的标题，对应<title>标记
URL	本 HTML 文件的完整的 URL
vlinkColor	已被访问的超链接的文本颜色
anchors 数组	HTML 文件中的 anchor 对象的序列
images 数组	封装页面中的图像信息
links 数组	HTML 文件中的超链接，通过它可以得到超链接的信息并加以控制

表 C-15　document 对象的方法

方　法	说　明
write()	输出内容到 HTML 文件中
writeln()	输出内容到 HTML 文件中
open()	打开一个已存在的文件或创建一个新文件来写入内容
close()	关闭文件
clear()	清理文件中的内容

事件处理：无。

（9）form 对象。功能：封装网页中由<form>标记定义的表单信息。其属性和方法如表 C-16 和表 C-17 所示。

表 C-16　form 对象的属性

属　　性	说　　明
action	在用户提交表单后启动的服务器应用程序的 URL，与<form>标记定义中的 action 属性相对应
name	表单的名称，与<form>标记定义中的 name 属性相对应
method	指出浏览器将信息发送到由 action 属性指定的服务器的方法，它的值只能是 get 或 post。form 对象的此属性对应<form>标记定义中的 method 属性
target	指出服务器应用程序的执行结果返回的窗口，对应<form>标记定义中的 target 属性
encoding	指出被发送的数据的编码方式，对应<form>标记定义中的 enctype 属性
elements	是一个数组，其元素是表单的各个输入域对象
length	表单中输入域的个数

表 C-17　form 对象的方法

方　　法	说　　明
submit()	触发 Submit 事件，引起 onSubmit 事件处理的执行
reset()	清除表单中的所有输入，并将各输入域的值设为原来的默认值，该方法将触发 onReset 事件处理的执行

事件处理：onSubmit、onReset。

（10）history 对象。功能：作为历史清单对象，保存窗口或框架在某个时间段内访问的 URL 列表，并提供在列表中查找它们的方法。其属性和方法如表 C-18 和表 C-19 所示。

表 C-18　history 对象的属性

属　　性	说　　明
current	当前历史项的 URL
length	历史列表中的项数
next	下一个历史项的 URL
previous	上一个历史项的 URL

表 C-19　history 对象的方法

方　　法	说　　明
back()	装载历史列表中的上一个 URL
forword()	装载历史列表中的下一个 URL
go()	该方法的参数可以是整数，也可以是字符串。当参数是整数 i 时，该方法将装载历史列表中与当前 URL 位置相距 i 的 URL，i 既可为正数，也可为负数。当参数是字符串时，该方法将装载历史列表中包含该字符串的最近的 URL

事件处理：无。

（11）location 对象。功能：存储当前的 URL 信息，可通过对该对象赋值来改变当前的 URL。其属性如表 C-20 所示。

表 C-20　location 对象的属性

属　　性	说　　明
hash	对应 hash 数，即锚点名，如#follow-up
host	主机名或主机 IP 地址，如 www.njim.edu.cn
hostname	主机和端口的组合，如 www.njim.edu.cn:2000
href	整个 URL
pathname	路径，如/java/index.html
port	服务器端口号，如 2000
protocol	协议，如 http
search	查询信息，在查询信息前加上问号，表明这些信息包含在 URL 的最后一项

（12）DOM 树节点的属性和方法。HTML DOM 通过树结构来表示网页元素的对象模型。网页标记和内容是 DOM 树的节点。通过操作节点可以非常灵活地对网页进行各种操作。DOM 树节点属性和对象集合如表 C-21 所示，访问 DOM 树节点的常用方法如表 C-22 所示。

表 C-21　DOM 树节点的属性和对象集合

属性名或对象集合名	访问权限	说明
nodeName	只读	返回节点的标记名
nodeType	只读	返回节点的类型：1 表示标记；2 表示属性；3 表示文字；8 表示注释；9 表示文档
firstChild	只读	返回第一个子节点的对象集合
lastChild	只读	返回最后一个子节点的对象集合
parentNode	只读	返回父节点对象
previousSibling	只读	返回左兄弟节点对象
previousElementSibling	只读	返回左兄弟元素节点对象
nextSibling	只读	返回右兄弟节点对象
nextElementSibling	只读	返回右兄弟元素节点对象
style	读/写	元素的样式属性
nodeValue	读/写	文字节点的内容，若为其他类型的节点，则返回 null
childNodes	读/写	所有子节点的集合

表 C-22　访问 DOM 树节点的常用方法

方法	语法格式	说明
getElementById()	document.getElementById(idName)	通过 id 属性获取元素，返回元素对象
getElementsByname()	document.getElementsByName(name)	通过 name 属性获取元素，返回元素对象数组
getElementsByTagName()	document.getElementsByTagName(tag)	通过 tag 标记获取元素，返回元素对象数组
getElementsByClassName()	document.getElementsByClassName(class)	通过类名获取元素，返回元素对象数组，为 HTML5 DOM 新增方法
getAttribute()	element.getAttribute(attributeName)	获取 attributeName 属性值
setAttribute()	element.setAttribute(attributeName, attributeValue)	将 attributeName 属性值设置为 attributeValue
createElement()	document.createElement(TagName)	建立 HTML 元素节点，参数 TagName 为标记名
createTextNode()	document.createTextNode(string)	建立文本节点，参数 string 为文本内容
createAttribute()	document.createAttribute (attrName)	建立名为 attrName 的属性节点
appendChild()	element.appendChild(Node)	为 element 节点添加一个子节点 Node，返回新增的节点对象
insertBefore()	element.insertBefore(newNode,existingNode)	在 element 节点的子节点 existingNode 之前插入一个新的子节点 newNode
removeChild()	element.removeChild(Node)	删除当前节点下指定的子节点 Node，若删除成功，则返回被删节点，否则返回 null
hasChildNodes()	element.hasChildNodes()	判断 element 节点是否有子节点，若有，则返回 true，否则返回 false

2. 函数

（1）eval()：参数 string 是一个字符串，该字符串的内容应是一个合法表达式。eval()函数在求出表达式的值后，返回该值。

语法格式：eval(string)。

（2）isNaN()：测试参数表达式的值是否为 NaN，若是，则返回 true，否则返回 false。

语法格式：isNaN(testValue)。

（3）parseInt()：进行参数分析。参数 str 是一个字符串，可选参数 radix 是整数，若给出，则表示基数，若未给出，则表示基数为 10。parseInt()函数先对字符串形式的表达式求值，再对该值进行判断。若求出的值是整数，则将其转换为相应基数的数值；若不能求出整数值，则返回 NaN 或 0。

语法格式：parseInt(str[,radix])。

（4）parseFloat()：进行参数分析。parseFloat()函数的使用与 parseInt()类似，其所求的值为浮点数。

语法格式：parseFloat(str)。

附录 D　JSP 内置对象

1. request 对象（见表 D-1）

表 D-1　request 对象的主要方法

方　　法	功　　能
String getParameter(String name)	获取表单提交的名为 name 的参数值。若参数不存在，则返回 null
String[] getParameterValues(String name)	获取表单提交的所有名为 name 的参数值，常用于获取复选框的值
Enumeration getParameterNames()	获取客户端提交的全部参数名
String getProtocol()	获取使用的协议（如 HTTP/1.1、HTTP/1.0）
String getRermoteAddr()	获取客户端的 IP 地址
String getRemoteHost()	获取客户机的主机名称
String getRemotePort()	获取客户机的主机端口
String getMethod()	获取客户端提交信息的方式（GET/POST）
void setCharacterEncoding (String code)	设置 request 的字符编码方式
String getHeader()	获取 HTTP 头文件中的 accept、accept-encoding 和 Host 的值
String getServerName()	获取接收请求的服务器主机名
int getServerPort()	获取服务器接收请求的端口号
getRequestURI()	获取发出请求字符串的客户端地址

2. response 对象（见表 D-2）

表 D-2　response 对象的主要方法

方　　法	功　　能
void sendRedirect(String URL)	将网页定位到 URL 指向的页面
void setHeader(String head, String value)	用新的值覆盖原 HTTP 头部属性值，如 response.setHeader("Refresh","5");
void addHeader(String head, String value)	添加一个新的响应头及其值， 如 response.addHeader("Content-type","text/html;charset=uft-8");
void setContentType(String type)	设置 MIME 类型
void setStatus(int sc)	设置状态码
void sendError(int sc)	向客户端发送 HTTP 状态码
void addCookie(Cookie c)	将 Cookie 写入客户端
ServletOutputStream getOutputStream()	向客户端返回一个二进制输出字节流
PrintWriter getWriter()	向客户端返回一个输出字符流

3. session 对象（见表 D-3）

表 D-3　session 对象的主要方法

方　　法	功　　能
long getCreationTime()	返回 session 对象被创建的时间，以毫秒为单位，从 1970-1-1 零点开始计时
Object getAttribute(String name)	返回 session 对象中与指定名称绑定的对象，若不存在，则返回 null
String getId()	返回 session 对象的 ID。服务器每创建一个 session 对象都会为其分配一个 ID，作为会话的唯一标识
long getLastAccessedTime()	返回客户端最后被访问的时间，以毫秒为单位，从 1970-1-1 零点开始计时
int getMaxInactiveInterval()	返回 session 最大生存时间，以秒为单位
void setMaxInactiveInterval(int interval)	设置 session 失效时间，以秒为单位
void invalidate()	取消 session 对象
boolean isNew()	返回是否为一个新的客户端

续表

方　法	功　能
void setAttribute(String name, Object value)	使用指定的名称和值来产生一个对象并绑定到 session 中
void removeAttribute(String name)	移除 session 中指定名称的对象

4. application 对象（见表 D-4）

表 D-4　application 对象的主要方法

方　法	功　能
Object getAttribute(String name)	返回 application 对象中与指定名称绑定的对象，若不存在，则返回 null
void setAttribute(String name, Object value)	设置指定名称的属性值
void removeAttribute(String name)	从 application 对象中删除名称为 name 的属性
String getInitParameter(String name)	获取应用程序中名为 name 的初始化参数值
Enumeration getInitParameterNames()	获取应用程序中的全部初始化参数名称
Enumeration getAttributeNames()	获取所有 application 属性名称
String getServerInfo()	获取服务器名称和版本

5. out 对象（见表 D-5）

表 D-5　out 对象的主要方法

方　法	功　能
void print ()、void println()	向客户端输出字符串。二者区别在于 println()方法会在输出数据（即 HTML 代码）后加上换行符
void flush()	将缓冲区内容输出到客户端
void clear()	清除缓冲区，不将数据输出到客户端
void clearBuffer()	清除缓冲区，并将数据输出到客户端
int getBufferSize()	返回缓冲区字节数，单位为 KB
int getRemaining()	返回缓冲区剩余可用字节数
boolean isAutoFlush()	当缓冲区已满时，是否自动清空
void close()	关闭输出流

6. page 对象（见表 D-6）

表 D-6　page 对象的主要方法

方　法	功　能
class getClass()	返回当前 Object 的类
int hashCode()	返回当前 Object 的 hash 代码
String toString()	将 Object 对象转换为 String 类的对象
boolean equals(Object obj)	比较对象和指定的对象是否相等
void copy (Object obj)	将对象复制到指定的对象中
Object clone()	复制对象

7. pageContext 对象（见表 D-7）

表 D-7　pageContext 对象的主要方法

方　法	功　能
int getAttributesScope(String name)	获取属性名为 name 的属性范围
Object getAttribute(String name,int scope)	获取指定范围内的 name 属性值。范围参数有四个：PAGE_SCOPE、REQUEST_SCOPE、SESSION_SCOPE、APPLICATION_SCOPE
Enumeration getAttributeNamesInScope(int scope)	获取 scope 范围内的属性名
void setAttribute(String name, Object value, int scope)	设置指定范围内的属性值
Object findAttribute(String name)	查找在所有范围中属性名为 name 的属性对象
void removeAttribute(String name, int scope)	移除在范围 scope 内、名为 name 的对象
forward(String relativeUrlPath)	将当前页面转发到另一个页面或 Servlet 组件上

8. config 对象（见表 D-8）

表 D-8　config 对象的主要方法

方　　法	功　　能
String getInitParameter(String name)	获取名为 name 的初始化参数值
Enumeration getInitParameterNames()	获取所有初始化参数的名称
ServletContext get ServletContext ()	获取 Servlet 的名称

9. exception 对象（见表 D-9）

表 D-9　exception 对象的主要方法

方 法 名	功　　能
String getMessage()	返回描述异常的消息
String toString()	返回关于异常的简短描述
void printStackTrace()	显示异常及其栈轨迹
Throwable FillInStackTrace()	重写异常的执行栈轨迹

参考文献

[1] 刘兵. 轻松学 Web 前端开发入门与实战 HTML5+CSS3+JavaScript+Vue.js+jQuery[M]. 北京：中国水利水电出版社，2020.

[2] 史胜辉. Java EE 轻量级框架 Struts2+Spring+Hibernate 整合开发[M]. 北京：清华大学出版社，2014.

[3] 史胜辉，王春明. Java Web 框架开发技术（Spring+Spring MVC+MyBatis）[M]. 北京：清华大学出版社，2020.

[4] 贾志城，王云. JSP 程序设计（慕课版）[M]. 北京：人民邮电出版社，2016.

[5] 余乐. 网页设计与网站建设从入门到精通[M]. 北京：清华大学出版社，2017.

[6] 龙马高新教育. 网页设计与网站建设从入门到精通[M]. 北京：北京大学出版社，2009.

[7] Obscreinc. 配色设计原理[M]. 暴凤明，译. 北京：中国青年出版社，2018.

[8] 耿祥义，张跃平. JSP 实用教程[M]. 4 版. 北京：清华大学出版社，2020.

[9] 明日科技. Java Web 从入门到精通[M]. 2 版. 北京：清华大学出版社，2017.

[10] 明日科技. 案例学 Web 开发前端[M]. 长春：吉林大学出版社，2018.

[11] 王大伟. ECharts 数据可视化入门、实战与进阶[M]. 北京：机械工业出版社，2020.

[12] 何月顺.JSP 动态网页设计案例教程[M]. 北京：电子工业出版社，2021.

[13] 工业和信息化部教育与考试中心. Web 前端开发（初级上、下）、（中级上、下）、（高级上、下）[M]. 北京：电子工业出版社，2019.

[14] 李唯，程永恒. Java EE 轻量级框架应用开发教程[M]. 北京：人民邮电出版社，2016.

[15] 王英瑛，乔小燕，吕廷华. JSP Web 开发案例教程[M]. 北京：清华大出版社，2013.

[16] 王占中，崔志刚. Java Web 开发实践教程[M]. 北京：清华大学出版社，2016.

[17] 陈香凝，张建军，任淑霞. Java Web 编程技术——JSP+Servlet+MVC[M]. 天津：天津大学出版社，2019.

[18] MICK. SQL 基础教程[M]. 孙淼，罗勇，译. 2 版. 北京：人民邮电出版社，2017.

[19] 张益珲，曹艳琴. 循序渐进 Vue.js 3.x 前端开发实战[M]. 北京：清华大学出版社，2023.

[20] 李雁翎，刘征，翁彧，等. 轻松学 MySQL 数据库基础从入门到实战[M]. 北京：中国水利水电出版社，2021.